KB052193

일본 국·공유지 활용과 PPP

민관협력백서

국토연구원
「세계 국·공유지를 보다」 시리즈 04

KOUMIN RENKEI HAKUSHO 2018~2019 KOUYUCHI KATSUYOU TO PPP
© Toyo University PPP Research Center 2018
Originality published in Japan in 2018 by JIJI Press Publication Service, Inc., TOKYO
tanslation rights arranged with JIJI Press Publication Service, Inc., TOKYO.
through TOHAN CORPORATION, TOKYO and Shinwon Agency Co., Seoul.

일본 국·공유지 활용과 PPP

민관협력백서 2018~2019

초판 1쇄 펴낸날 2021년 12월 28일
엮은이 도요대학교 PPP연구센터
옮긴이 김경덕
기   획 국토연구원 국·공유지 연구센터
펴낸이 박명권
펴낸곳 도서출판 한숲 | 신고일 2013년 11월 5일 | 신고번호 제2014-000232호
주소 서울특별시 서초구 방배로 143, 2층
전화 02-521-4626 | 팩스 02-521-4627 | 전자우편 klam@chol.com
편집 남기준 | 디자인 이은미
출력·인쇄 한결그래픽스

ISBN 979-11-87511-33-5 93530

＊파본은 교환하여 드립니다.

값 17,000원

일본 국·공유지 활용과 PPP

Public Private Partnership
민관협력백서

도요대학교 PPP연구센터 엮음
김경덕 옮김
국토연구원 국·공유지 연구센터 기획

公民連携白書

도서출판

한솜

* 역자 주: 원서에서 이 책의 제목은 '공민연휴(公民連携)'로 표기되어 있다. '공민(公民)'
은 공공을 뜻하는 공(公)과 민간을 뜻하는 민(民)의 합성어이고 '연휴(連携)'라는 표현은
협력·협조·제휴한다는 뜻에서 쓰였다. 하지만, 이러한 의미의 공민(公民)에 해당하는 일
반적인 용어는 일본에서도 주로 '관민'이나 '민관'이 사용되고 있다. 이에 이 책에서는 "
공민연휴(公民連携)"를 한국어 의미상 보다 적합할 것으로 판단되는 '민관협력'으로 번
역했다.

들어가며

이 책은 전국의 민관협력* 관계자들에게 다수의 사례와 논점을 제공함으로써 정부와 민간시장 각각의 역할 등에 관한 범국민적 논의에 일조하는 것을 목적으로 하는데, 2006년 전문 사회인을 대상으로 하는 도요東洋 대학교 PPPPublic/Private Partnership 대학원에 "민관협력" 전공이 개설된 이후 매년 발행되고 있으며 이번이 13번째 발행이다.

13회에 걸친 연속 발행은 결코 쉬운 일이 아니었다. 그럼에도 13번째 발간을 맞이할 수 있었던 것은 PPP 추진을 위해 후원해 주신 기관과 이 책을 애독하고 있는 모든 독자, 그리고 기획 단계부터 수고해 주신 시사통신時事通信 출판국의 나가타 잇슈永田 一周 씨의 지원 덕분이었다. 이 자리를 빌려 다시 한 번 감사의 말씀을 전한다.

이번 호의 I부 주제는 공적 부동산 활용(국·공유지 활용과 PPP)이다. 일본에는 대량의 공적 부동산이 있다. 저자가 2017년도에 추산한 바에 따르면, 현재 공공시설의 잉여분을 임대하는 것만으로도 정부는 연간 2.6조엔의 수입을 얻을 것으로 예상되며 이는 단년도에 그치는 것이 아니라 향후 지속적으로 발생하는 수입이다.

또한, 앞으로는 학교 통폐합에 따라 이 같은 공공시설 잉여 부동산이 더욱 증가할 것으로 보인다. 현재 일본은 인구 감소, 특히 생산연령의 인구 감소로 인한 세수 저하, 고령화로 인한 사회보장 비용 증가, 인프라의 노후화로 인한 재투자 부담이 증가하고 있다. 공적 부동산의 유효활용은 이런 문제를 해결할 수 있는 매우 적절한 수단이다.

따라서 이번 특집에서는 저자들이 이 주제에 관한 각자의 담당 영역을 집필했다. 구체적으로, 네모토 유지根本 祐二(도요 대학교)는 "공적 부동산의 관점에서 본 학교 통폐합의 미래", 기카와 키요시吉川 淸志(지바현 나라시노시)는 "공

적 부동산의 유효활용 추진에서 민간에 대한 기대", 기쿠치 마리에菊地 マリ
エ(공공 R 부동산)는 "민관협력의 불편한 진실", 하라 마사시原 征史(야마토 리스)는
"민간의 관점에서 본 공적 부동산PRE에 대한 기대와 과제", 사이토 히로키
齋藤 宏城(아오모리현 히라카와시)는 "인프라 축소 및 절약 행정을 목적으로 한 지자
체 청사 문제", 난바유難波悠(도요 대학교)는 "일본에서의 토지은행 가능성", 마
유즈미 마사노부黛 正伸(일본 국제협력기구 전문가)는 "슬럼 생활환경 개선 방법",
원자거袁子挙(도요 대학교) · 하류何流(도요 대학교)는 "중국의 토지 소유와 유휴 농경
지 이용"을 집필했다. 모두 민관 관계자들이 유용하게 참고할 수 있는 논
문이라 생각하며 자신있게 추천한다.

Ⅱ부는 'PPP 동향'에 대해서이다. 우선, 서장序章은 PPP 연구센터장인 네
모토 유지根本 祐二가 집필한 '최근 PPP 정책의 전개'이다. 그리고 이후 1장
부터는 PPP를 공공서비스형, 공공자산 활용형, 규제 · 유도형의 세 가지
유형에 따라 정리한 후, PPP를 둘러싼 환경과 PPP 각 분야의 동향을 정
리했다. 여기서 소개한 사례는 예년과 같이 시사통신사 'iJAMP'의 정보를
바탕으로 했으며 대상으로 삼은 기간은 2017년 9월에서 2018년 8월이다.
소개하고 있는 사례 수는 994개에 달하는데 이는 다른 유사한 서적들과
비교할 때 압도적으로 많은 것이다.

부디 이 책이 관련 분야에 관한 연구와 사업을 추진하는 많은 분들께 참고
가 되기를 바란다.

『민관협력백서』 저자를 대표해
도요 대학교 네모토 유지

「세계 국·공유지를 보다」 시리즈를 펴내며

국토연구원 국·공유지 연구센터는 우리나라 국·공유지 정책을 체계적, 지속적으로 연구하기 위해 2019년 설립되었습니다.

우리나라 국·공유지 정책은 국·공유지를 처분 위주에서 유지·보전 중심으로, 최근에는 적극 활용에 초점을 맞추는 정책으로 변화해 가고 있습니다. 정부 입장에서는 경제 활력 제고, 국가균형발전, 생활SOC 확충 등 공익을 위해 국·공유지를 활용하는 것이 중요하다고 여기고 있습니다. 또한 미래 세대를 위해 국·공유지의 가치를 높이고, 보다 효율적으로 관리하려는 노력도 하고 있습니다. 국토연구원 국·공유지 연구센터도 정부와 발맞추어 성공적인 국·공유지 정책을 만들기 위한 노력을 수행할 것입니다.

국토연구원 국·공유지 연구센터에서 이번에 기획한 「세계 국·공유지를 보다」 시리즈는 유휴 국·공유지에 주목하는 세계 각국의 정책 이야기가 담겨 있습니다. 이 시리즈 발간물이 그 중요성에도 불구하고 그간 부족했던 우리나라 국·공유지 연구의 시작점이 되기를 기대합니다.

이 시리즈물이 발간되는 과정에서 함께 애써주신 국토연구원 국·공유지 연구센터 관계자분들께 감사드립니다.

국토연구원 원장
강현수

「세계 국·공유지를 보다」 시리즈를 기획하며

「세계 국·공유지를 보다」 시리즈의 네 번째 책인 『일본 국·공유지 활용과 PPP – 민관협력백서公民連携白書』는 일본 국·공유재산을 활용한 민간개발에 대한 사례 연구입니다. 「세계 국·공유지를 보다」 시리즈의 첫 번째 책인 『미지의 땅』에서 우리는 미국 주요 도시에서 점차 증가하는 유휴지 문제에 대해 공감할 수 있었습니다. 이후 두 번째 책인 『공터에 활기를』에서는 현재 주목받는 정책 중 하나인 그린 뉴딜 관점에서 어떻게 유휴지 문제를 해결할 수 있는가에 대해 생각해볼 수 있었습니다. 세 번째 책인 『뉴 인클로저』는 국유지의 처분으로 인한 사회적 변화에 대한 고민을 영국의 사례를 통해 전망하고자 했습니다. 네 번째 책인 『일본 국·공유지 활용과 PPP』는 우리의 관심을 바로 옆 나라인 일본으로 돌려 일본의 국·공유지 활용 정책과 그 사례에 대해 소개하고자 합니다.

국·공유지 연구센터의 번역 시리즈 중 네 번째 책으로 이 책을 선택하게 된 것은 인구 구조의 변화와 전염병 시대의 도래 등 빠른 사회변화에 대한 국유재산의 활용 방안을 일본의 사례를 통해 이해하고자 함에 있습니다. 최근 우리나라의 국유재산 활용 정책 또한 국유재산의 적극적인 활용을 위해 민간개발을 확대하고, 국유지의 장기임대를 검토하는 등 국유재산의 유연한 활용을 위한 방향으로 전환하고 있습니다. 이 시점에서 국유지와 공유지를 적극적으로 민간과 함께 개발하고 지역에 기여하는 일본의 사례를 통해 우리 또한 국유재산과 공유재산의 활용안을 제고할 필요가 있습니다.

일본은 2006년 도요 대학교 내 민관협력 전공학과를 두고 민관협력에 대한 발간물을 매년 발행하고 있으며, 이 책은 그중 13번째 책으로 공적 부동산의 활용을 통한 민관협력 방안을 담았습니다. 각 분야의 전문가들은 현재 일본이 겪는 인구 감소로 인한 세금 수익의 지속적인 저하, 고령화로 인한 사회보장 비용의 증가, 인프라 노후화로 인한 재투자의 부담 증가와 같은 일본이 당면한 문제의 해결 방안으로서 공적 부동산의 활용 방안을 사례를 중심으로 풀어냈습니다.

앞서 말했듯이, 이 책은 「세계 국·공유지를 보다」 시리즈의 네 번째 책입니다. 국토연구원 국·공유지 연구센터는 앞으로도 독일, 프랑스 등 세계 각국의 국·공유지 관련 전략을 다룬 책들을 순서대로 발간할 예정입니다. 작은 관심 부탁드립니다.

2021년 12월

국·공유지 연구센터 센터장
이승욱

차례

PART I

국·공유지
활용과 PPP

1장.
공적 부동산의 관점에서 본
학교 통폐합의 미래

도요(東洋) 대학교

네모토 유지(根本 祐二)

1. 들어가며

이 장은 폐교된 초·중학교의 활용 가능성을 국·공유지의 유효활용이라는 관점에서 검토한 것이다. 〈도표 I-1-1〉은 전국 시·구·정·촌市·區·町·村이 보유한 공공시설 연면적의 용도별 상세내역을 나타낸다.[1] 이에 따르면,

도표 I-1-1. 전국 시·구·정·촌 공공시설 연면적 용도별 내역

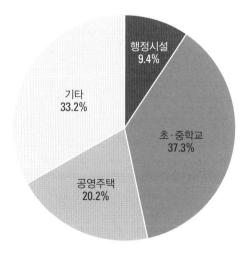

도표 I-1-2. 공립 초·중학교 토지면적·건물 연면적　**도표 I-1-3.** 공립 초·중학교 수 변화(문부과학성)

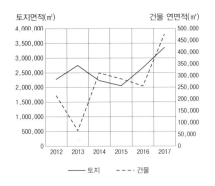

초·중학교는 전체 용도의 37.3%로 가장 큰 비중을 차지하고 있다. 초·중
학교의 통폐합으로 인해 이미 많은 공적 부동산이 발생했다는 점과 향후
인구 감소를 감안할 때 공적 부동산이 더욱 증가할 것이라는 점을 고려해,
그렇게 늘어난 공적 부동산의 유효활용 가능성을 검토했다. 여기서 전제
가 되는 학교 통폐합에 관한 예측은 필자가 2018년 3월에 발표한 논문[2]을
바탕으로 했다.

2. 학교 수의 변화와 장래

〈도표 I-1-2〉는 공립 초·중학교의 토지와 건물의 바닥 면적 감소 추이
를 나타낸 것이다.[3] 이에 따르면, 데이터가 공개되기 시작한 2012년 이후
매년 수십만㎡에 달하는 토지가 줄어들고 있음을 알 수 있다. 즉, 공적 부
동산의 토지와 건물 수십만㎡가 매년 민간 부동산 시장으로 유입되고
있다.

학교 면적이 감소하는 것은 학교 수가 감소하고 있기 때문이다. 〈도표
I-1-3〉은 공립 초·중학교 수의 변화를 나타낸 것이다.[4] 이에 따르면, 초
등학교는 절정기인 1957년에 26,755개였으나 2017년에는 19,591개로 약
7,200개 감소했다. 마찬가지로 중학교는 절정기인 1948년 15,326개에서
2017년 9,421개로 약 6,100개 감소했다. 초등학교와 중학교의 감소 수를

도표 Ⅰ-1-4. 공립 초등학교 재학자 수·학교 수 변화 **도표 Ⅰ-1-5.** 공립 초등학교 1개당 재학자 수 변화

 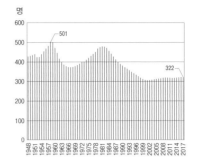

합치면 13,000개에 달한다.[5] 이와 같이, 이미 다수의 학교가 폐교된 것을 알 수 있으며 향후에도 폐교 수는 계속 증가할 것으로 예상된다.

〈도표Ⅰ-1-4〉는 공립 초등학교의 학생 수와 학교 수의 변화를 나타낸 것이다.[6] 이에 따르면, 학생 수는 두 차례의 베이비붐을 거쳐 1970년대 이후 계속 감소하고 있으며 최근의 학생 수는 과거 최고치인 1957년에 비해 52.9% 감소한 반면, 학교 수는 26.8% 감소하는 데 그쳤다.

감소율에 차이가 나는 이유는, 학생 수 감소가 저출산에 의해 필연적으로 발생하는 것인 반면, 학교 수 감소는 정치적인 의사결정에 따라 비로소 이루어지기 때문이다. 〈도표1-1-5〉는 공립 초등학교 한 학교당 학생 수의 변화를 나타낸 것이다. 이에 따르면, 과거 절정기였던 1957년에는 한 학교당 501명이었으나 최근에는 한 학교당 322명으로 학생이 감소한 것을 알 수 있다. 뒤에서 설명하겠지만, 이 규모는 한 학교당 적정 규모와 관련이 있으므로 학생 수의 적정 규모를 확보하기 위해서는 학교를 새롭게 통폐합할 필요가 있다.

3. 학교의 적정 규모

향후의 학교 통폐합을 예측하기 위해서는 적정 규모, 즉 한 학교당 학생 수의 적정 수준을 상정할 필요가 있다. 문부과학성은 법령 등에서 학교 수

나 규모에 관한 기준을 제시했는데, 〈도표 I −1−6〉은 학교의 적정 규모에 대한 기준으로 ①학급당 학생 수, ②학교당 학급 수, ③학급당 면적(건물 바닥 면적), ④통학거리의 네 가지가 있음을 보여준다. 이런 객관적 기준이 존재하는 공공기관은 학교 외에는 없다. 초·중학교는 의무교육으로서 일본 어디에서나 공평하게 교육을 받을 수 있도록 운영되고 있다.

위의 네 가지 기준 중 ①, ②를 이용하면 초등학교의 적정 규모 학생 수 N이 산출된다. 우선 ①에서는 각 학년을 한 학급으로 할 경우의 학생 수가 산출되는데, 1~2학년[7]이 35명, 3~6학년이 40명이므로 총 230명이다. ②에서는 적정 학급 수가 한 학년당 2~3학급으로 산출된다. 그리고 이를 곱하면 460~690명, 즉 12학급을 기준(한 학년당 2학급)으로 할 때 460명에서 18학급을 기준(한 학년당 3학급)으로 할 때는 690명이 된다.

따라서 학생 수가 이를 밑도는 소규모 학교에는 여러 폐해가 생길 수 있다. 문부과학성은 「공립 초·중학교의 적정 규모·적정 배치 등에 관한 안내서」(文部科學省, 「公立小學校·中學校の適正規模·適正配置等に關する手引」)를 통해 그러한

도표 I −1−6. 학교 규모 등의 기준

항목	근거	기준	비고
①학급당 학생 수	공립 초·중학교의 학급 편성 및 교직원 정원 도표준에 관한 법률(의무 도표준법) 3조	40명(초등학교 한 학년은 35명)	예측상 초등학교 2학년도 35명으로 함
②학교당 학급 수	학교교육법 시행규칙 41조 (중학교 79조)	12학급 이상 18학급 이하	지속가능한 수준으로서 18학급으로 함
③학급 수당 면적	의무교육학교 등의 시설비의 국고 부담 등에 관한 법률 시행령 7조	학급 수, 특별지원학급·다목적교실 등의 유무에 따라 지정	특별지원학급 2개 교실, 다목적 교실 등의 설치를 전제로 함
④통학거리	의무교육학교 등의 시설비의 국고 부담 등에 관한 법률 시행령 4조	초등학교: 약 4km 이내, 중학교: 약 6km 이내	
	공립 초·중학교의 적정 규모·적정 배치에 관한 절차	적절한 교통수단으로 약 1시간 이내	스쿨버스

소규모 학교의 경우 학급을 바꿀 수 없거나 다양한 교육이 어렵거나 클럽 활동의 종류가 한정되는 등, 단체학습을 실시하는 데에 여러 제약이 있음을 지적했다(도표I-1-7). 그러므로 현재는 물론 앞으로도 학교당 학생 수를 460~690명의 규모로 확보하는 것이 어른들의 의무라고 생각된다.

그런데 이런 수치를 감안한다면, 〈도표I-1-5〉에 나타난 현재의 한 학교당 학생 수 322명이 얼마나 적은 수인지 알 수 있다. 절정기 때는 학생 수가 적정 규모였다지만, 그 후 저출산으로 인해 학생 수는 줄어들고 있는데 그 감소에 따른 학교의 통폐합은 적절히 추진되지 않아 교육이 적정 규모에서 실시되지 못하고 있는 실정이다.

지역주민들이 종종 지역의 거점인 학교가 없어지는 것을 반대하기 때문에 통폐합을 추진할 수 없다는 이야기를 듣기도 하지만, 학교를 적정 규모로 유지하는 것은 아이들을 위한 것이지 어른들을 위한 것이 아니다. 따라서 어른들이 아닌 아이들을 위해 어떻게 해야 할 것인지 신중히 논의해야 한다.

4. 통폐합 예측

통폐합의 필요성을 이해했다고 하더라도 구체적으로 어느 정도의 통폐합이 필요한지에 따라 정책의 방향도 달라진다. 이에 따라 필자는 적정 규모를 실현하기 위해 전국의 학교를 동일한 기준으로 통폐합할 경우 어떻게 되는지에 관해 예측해 봤다. 구체적인 계산법은 다음과 같다.

① 현재 학생 수가 향후 30% 감소할 것으로 가정한다[국립 사회보장 인구문제 연구소(國立社會保障 人口問題 研究所)의 청소년 인구 예측 참조].

② 적정 규모는 초등학교 460~690명, 중학교 480~720명으로 한다.

③ ①+②로 적정 규모를 유지할 수 있는 학교 수 N을 산출한다. 이는 향후 전국의 모든 학생들에게 적정 규모를 확보해 주기 위해 필요한 초·중학교 수가 된다. N보다 적을 경우 과대 규모가 되고 N보다 많을 경우 과소 규모가 된다.

④ 어느 학교를 남길지는 현재 학생 수가 큰 쪽에서 N번째까지의 학교로 한
다. 현재 학생 수가 많다는 것은 해당 지자체가 살기 좋은 지역을 만들기 위
해 노력한 결과라고 볼 수 있다.
⑤ 그 외 학교는 가장 가까운 학교로 통합한다. 통학거리가 긴 경우 스쿨버스
등을 도입한다.

초·중학교를 각각 같은 방법으로 계산한다. 계산 결과는 〈도표 I-1-8〉
과 같다. 12학급을 기준으로 할 경우, 초·중학교 중 존속되는 학교의 수는
총 13,782개이며 15,196개가 통폐합 대상이 된다. 18학급을 기준으로 할
경우, 존속 학교는 429개가 되며 19,549개가 통폐합 대상이 된다. 즉, 전
국적으로 5,000~20,000개의 학교가 폐교된다.
〈도표 I-1-9〉는 〈도표 I-1-8〉의 결과를 지도로 나타낸 것이다. 검은
동그라미는 초등학교의 위치를 나타낸다. 왼쪽이 현재의 모습인데 홋카이
도의 산간지역을 제외하면 검은 동그라미가 거의 일본 전체에 분포돼 있

도표 I-1-7. 소규모 학교의 폐해

(참고) 문부과학성 공립 초·중학교의 적정 규모·적정 배치 등에 관한 안내서

소규모 학교의 폐해

① 학급 이동이 전부 또는 일부 학년에서는 불가능
② 학급 간의 협력 교육활동 불가능
③ 증원 없이는 학습능력별 지도 등 다양한 지도 형태를 취하기 어려움
④ 클럽 활동이나 동아리 활동의 종류가 한정됨
⑤ 운동회·문화제·소풍·수학여행 등 단체 활동·행사의 교육 효과가 저하됨
⑥ 남녀 비율의 편중이 발생하기 쉬움
⑦ 상·하급생 간의 교류가 적어지고 학습이나 진로 선택의 모범이 되는 선배의 수가 적어짐
⑧ 체육의 구기종목이나 음악의 합창·합주와 같은 단체학습 실시에 제약이 있음
⑨ 조 활동이나 학급 배정에 제약이 있음
⑩ 협동 학습에서 다루는 과제에 제약이 있음
⑪ 학습능력이 우수한 학생에게 학급 전체의 교육 수준이 맞추어지기 쉬움
⑫ 학생지도 시 문제 학생의 문제 행동에 학급 전체가 받는 영향이 큼
⑬ 학생의 다양한 발언을 유도하기 어렵고 수업 진행이 곤란함
⑭ 교원과 학생 간의 심리적 거리가 필요 이상으로 가까워짐

도표 Ⅰ-1-8. 학교 통폐합 대상 학교 수

학교별		적정 규모 학생 수	현재 학교 수	존속 학교 수	통폐합 대상 학교 수
12학급 기준	초등학교	460	19,617	9,679	9,938
	중학교	480	9,361	4,103	5,258
	합계		28,978	13,782	15,196
18학급 기준	초등학교	690	19,617	6,453	13,164
	중학교	720	9,361	2,976	6,385
	합계		28,978	9,429	19,549

다. 오른쪽은 통폐합 예측 결과를 나타낸 것인데 흰 동그라미는 통폐합 대상 학교를 나타낸다. 이 그림에서는 전국이 흰 동그라미로 채워진 것처럼 보이지만 실제로는 다수의 학교가 존속 학교로 남게 된다.

직감적으로는 인구밀도가 높은 대도시권에 존속 학교가 많을 것이라 생각할 수 있지만 실제로는 다소 상이한 결과가 나왔다.

도표 Ⅰ-1-9. 학교 통폐합 예측 결과(18학급 기준의 초등학교 위치)

도표 I-1-10. 도쿄와 유바리시의 예측 결과

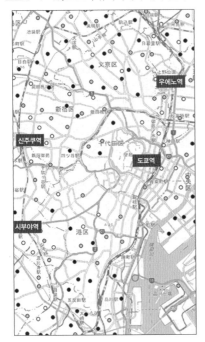

5. 도쿄와 유바리夕張 비교

〈도표 I-1-10〉에서 왼쪽 그림은 도쿄* 도심을 예측한 결과이다. 이를 보면 확실히 도쿄 도심에 존속 학교가 많지만 이와 동시에 통폐합 대상 학교도 다수 존재한다. 이는 도쿄 도심에서도 저출산에 의해 학생 수가 감소되고 있지만 학교 통폐합은 그다지 진행되지 않았음을 보여준다. 〈도표 I-1-10〉의 오른쪽 그림은 유바리夕張시 중심부이다. 현재 유바리시에는 초등학교가 한 개뿐이다. 이전에 이 지역은 인구가 10만 명을 넘었지만, 주력 산업인 석탄업의 쇠퇴 이후 인구가 지속적으로 감소되어 현재는 1만 명을 밑돌고 있다. 이로 인해 학교도 초·중학교 모두 9개였던 것이 통합되어 초등학교, 중학교 각각 1개씩만 남았다.

그리고 여기서 주목할 점은 〈도표I-1-10〉에서 두 지도의 축척이 동일하

도표 I-1-11. 도쿄와 유바리시의 예측 결과

	인구	면적	초등학교 수	초등학교 1개 학교당 평균거리	통폐합 예측 결과(12학급 기준)	통폐합 예측 결과(18학급 기준)
도쿄특별구	9,509천명	626.7㎢	834	0.49km	668	427
유바리시	8천명	763.1㎢	1	15.31km	0	0

다는 점이다. 즉 유바리시와 도쿄특별구(23구)를 비교하면 유바리시의 면적이 더 넓다. 하지만 초등학교 수는 도쿄특별구가 834개인 데 비해 유바리시는 1개에 불과하다. 이는 〈도표I-1-6〉의 기준이 학생 수를 적정 규모로 설정하는 것에 맞추어져 있기 때문에 나온 결과이다.

또한 〈도표I-1-6〉에는 거리 기준 ④도 적용된다. 이는 적정 규모를 중시한 나머지 자칫 통학거리가 너무 멀어지지 않도록 하기 위한 거리적 제한이다. 이에 따르면 스쿨버스를 이용하는 경우, 통학에 소요되는 시간을 60분 이내(최대거리 30km까지를 평균 시속 30km로 허용)로 해야 한다. 지도로 거리를 계산하면 유바리시에서 가장 먼 마을에서도 학교까지의 거리가 이 허용 범위인 30km 이내인 것을 알 수 있다. 참고로, 지역 면적을 초등학교 수로 나누어 이를 통학 거리로 환산했을 때의 값을 평균 거리로 계산하면, 유바리시는 15.31km인데 비해 도쿄특별구는 0.49km이다. 즉, 도쿄특별구는 평균적으로 1km 내에 초등학교가 있다는 것인데, 유바리시에서는 거리상 이에 훨씬 미치지 못하는 상황임을 알 수 있다. 따라서 도쿄특별구는 이런 좋은 입지 여건을 갖춘 만큼 굳이 국민 세금으로 우대할 필요가 없기 때문에 규정을 엄격하게 적용할 경우, 165~407개를 폐교해야 한다. 이 경우 대도시인 도쿄특별구에 있는 학교도 학교 교육에 적절한 규모를 가지게 되고 동시에 공적 부동산으로서의 유효활용도 기대할 수 있다. 이미 진행된 폐교 이용 사례에서도 흥미로운 것들이 있다. 부동산 가치가 높은 도쿄특별구의 경우, 사무실이나 사립학교의 용도로 임대된 사례가

많다. 〈도표 I-1-12〉는 도심지인 신주쿠구의 '공유재산 이용·활용 리스트'에서 소개된 사례인데, 그중에서도 요시모토 흥업 도쿄 본사로 다시 태어난 구 요쓰야 제5초등학교의 예는 유명하다. 그러나 유효활용이 대도시권에만 국한된 것은 아니다. 유바리시도 통폐합으로 생긴 폐교를 양도·대여하고 있다. 조건은 무상이며 이용자가 비용을 부담하지 않도록 운영하고 있다. 그 대신 지역주민을 고용해야 한다는 조건이 있다. 현재까지 폐교로 인한 이 공유지에 총 55명의 지역주민이 고용됐는데, 이는 현재 유바리시의 최대급 고용주인 '시티즌 유바리'의 종업원 수가 약 240명인 것을 감안하면 상당히 큰 일자리라 할 수 있다.

그리고 대피소 협정도 중요한 논점이다. 지역의 학생 수 감소로 학교 통폐합이 불가피하다고 하더라도 대피소가 없어지는 것은 곤란하다는 주장은 대체시설이 없을 경우에는 불가피한 논의사항일 것이다. 그러나 대체시설이 있는 경우라면 이런 주장이 적절하다고 할 수 없을 것이다. 이에 따라 유바리시는 당해 시설을 재해 시 대피소로 활용할 수 있도록 하는 내용

도표 I-1-12. 폐교 활용 상황

구 학교명		용도 · 비고
구 요도바시 제3초등학교·유치원		사단법인 사무소
우시고메하라정 초등학교(철거지)		간병(介護) 법인 보건시설
		어린이집
구 요쓰야 제2중학교	교정	간병(介護) 법인 보건시설
	교사	전문학교
구 요도바시 중학교		통신제 학교
구 요쓰야 제5초등학교		사무소 등
구 요쓰야 제4초등학교		미술관
		갤러리
구 히가시토야마 중학교(철거지)		소규모 노인 특별요양시설
구 니시토야마 제2중학교		사립 유치원

의 대피소 협정을 폐교를 활용하는 사업주와 추진하고 있다. 대피소 협정을 이미 체결했거나 체결 예정인 사례는 폐교 활용 사례 총 7건 중 5건이다. 여기서 우리는 유바리시와 같이 입지조건이 좋지 않은 지역에서도 공적 부동산을 활용할 수 있다는 시사점을 얻을 수 있다.

6. 학교 통폐합과 공적 부동산의 관계

끝으로 학교 통폐합과 공적 부동산의 관계에 대해 정리하고자 한다. 첫째, 폐교가 많다. 그 통폐합 규모는 학급 수 기준이 18학급이든 12학급이든 전국 초·중학교 1,500~2,000개가 대상이 된다. 그런데 이를 다른 공공 용

도표 I-1-13. 유바리시 폐교 활용 상황

구 학교명	양도·대여처	조건	용도·조건 등	지역주민 고용
(구)유바리 초등학교	일반사단법인 라부라스	무상 대여	복지(장애인 자립지원, 육아지원 등), 야채 재배, 가공, 지역 카페	7
(구)와카나주오 초등학교	일반재단법인 홋카이도·유바리 클럽	무상 대여	유바리 로쿠메이칸 등 운영	10
(구)고난 초등학교	주식회사 스포츠비아	무상 대여	야외체험사업	5
(구)고난 중학교	일반사단법인 Palette Farm	무상 대여	장애인 자립지원사업, 시금치 등의 재배	25 (장애인 20)
(구)미도리 초등학교 (구)미도리 중학교	NPO 법인 아리사다	무상 대여	장애아동 지원사업, 육아지원사업, 장애인 스포츠 보급사업, 우체국	3
(구)다케노우에 초등학교	다케노우에 자치회	지정관리	자치회 활동	–
(구)노조미 초등학교	사회복지법인 유바리 녹색모임	무상 양도	노인 요양시설	5
합계				55

도표 I-1-14. 기능이 집중됨으로써 편의성이 높아진 이미지

©いらすとや

도로 전용한다면 공공시설 축소라는 정부의 목표와 부합되지 않는다. 물론 방치할 경우에는 아무런 부가가치도 생기지 않는다. 따라서 민간에 의한 이용은 필연적인 결론이다.

둘째, 폐교는 전국 각지에 있다. 일반적으로는 대도시보다 소규모 지역에 많다. 유바리시와 같이 부동산 가치가 낮다 하더라도 무상 대여할 경우 민간사업자를 유치할 가능성은 높아질 것인데 여기에 지역주민 고용까지 기대할 수 있다면 지역경제 활성화 효과도 클 것이다. 또한 도쿄특별구를 분석한 결과, 대도시권에서도 상당수의 폐교가 발생할 것으로 나타났다. 대도시의 폐교 부지는 귀중한 대규모 미이용 부동산으로서 업무, 주택, 상업 등의 시설로 이용할 수 있는 무궁한 가능성을 가지고 있다. 또한, 매각이

나 임대를 통한 수익도 기대할 수 있다.

셋째, 통폐합되지 않고 유지되는 학교도 추가 용지를 필요로 한다는 점이다. 통폐합되는 전국 초·중학교는 9,000~15,000개에 달한다. 이는 현재 초·중학교의 절반에서 3분의 1에 해당하는 규모이며 1만 개 내외에서 그 이상의 학교가 신설 혹은 정비되게 된다. 이 학교들은 학생수 460~690명 규모이다. 현재의 학생 규모가 이보다 적은 학교의 경우, 통폐합으로 학생수가 많아지면 실질적으로 학교 부지가 좁아진다. 즉, 주변 토지를 구입할 필요가 있다는 뜻이다. 필자가 여러 시를 대상으로 계산해 본 결과, 통폐합 대상 학교의 토지를 매각한 자본의 일부는 기존 학교 증축 비용을 충분히 충당할 수 있는 것으로 나타났다.

통폐합을 추진함으로써 남겨야 할 시설을 남길 수 있게 된다. 통폐합되지 않는 학교는 주변 지역에 도시의 핵심 기능을 집중시킨다. 구체적으로는 학교 주변에 있는 공공시설의 기능을 학교시설과 공용화하거나 학교 혹은 그 주변으로 기능만 이전하는 방식으로 학교의 다기능화를 추진한다. 예를 들어 음악실, 조리실, 도서실, 체육관, 강당·홀 등 학교에도 있고 지역 사회교육시설에도 있는 시설은 학교 또는 학교 주변에 집약해 학교와 지역주민 모두가 이용하도록 공용화하면 될 것이다. 또한 육아지원시설, 노인복지시설 등도 학교 주변으로 이전하게 되면 다양한 세대가 이용하는 지역 거점이 된다.

지역 거점으로서 학교에 매일 많은 사람들이 왕래하게 되면 병원, 약국, 우체국, 은행, 카페, 미용실 등이 필요하므로 기존에는 수익 창출의 여지가 없어 입주하지 않던 민간시설도 입주할 수 있게 된다. 학교 주변이 지역의 거점으로서 다수의 주민이 모여드는 장소로 바뀌게 되면 수요가 집중돼 민간사업자가 투자하기 쉬워진다.

7. 나가며

정부는 PPP/PFI 추진 실행 계획PPP/PFI推進アクションプラン에서 인구 20만 명

이상의 지자체에 대해 2023년도까지의 중점기간 중에 '각 2건 이상'의 공적 부동산 활용계획을 실시하도록 요청했다. 이상에서 설명한 바와 같이, 적어도 학교 통폐합에 관한 한, 이에 해당하는 공적 부동산이 없는 지자체는 전무할 것이며 조건이 열악한 지역에서도 추진할 가치가 충분하다. 공적 부동산은 기본적으로 민간에게 리스크를 전가하는 것이므로 지자체의 재정 부담도 크지 않다. 활용 용도에 관한 아이디어 제안 등의 지혜를 얻기에도 용이하므로, 이를 통해 정부의 수치적 목표 이상의 큰 성과가 있기를 기대한다.

---

1. 총무성 공공시설 상황 조사 경년비교도표 15개 공유재산에서 산출했다.

2. 네모토 유지, "인구 감소 시대의 지역 거점 설정과 인프라 정비에 관한 고찰", 도요 대학교 PPP 연구센터 vol.08, 2018년 3월(根本祐二「人口減少時代における地域據点設定とインフラ整備の在り方に關する考察」東洋大學PPP研究センター紀要vol.08 2018年 3月) 참조

3. 주석1과 동일

4. 주석1과 동일

5. 통합 전의 어느 한 학교의 부지에 통합 후의 학교가 건설되는 경우도 있으므로 이 숫자가 그대로 부동산 유효활용의 대상이 되지는 않는다.

6. 주석1과 동일

7. 2학년도 1학년과 마찬가지로 학급 인원을 35명으로 한다.

* 역자 주: 일본의 행정구역은 광역자치단체인 도(都), 도(道), 부(府), 현(県)과 기초자치단체인 시(市), 정(町), 촌(村)으로 구성된다. 우리가 흔히 말하는 동경의 일본어 발음은 도쿄이며, 엄밀하게 말하면 동경이란 '도쿄(東京) 23구'로 표기된다. 그리고 도쿄도는 도쿄 23구를 둘러싼 크고 작은 기초자치단체로 구성되어 있다. 즉, 우리가 연상하는 동경은 도쿄 23구를 말하는 것이므로 정확한 기술을 위해 원칙적으로는 '도쿄도'를 사용했지만 문맥에 따라서는 '도쿄'로 표기하기도 했다.

2장.
공적 부동산의 유효활용 추진에서 민간에 대한 기대

나라시노시(習志野市) 정책경영부 자산관리실

기카와 키요시(吉川 清志)

현재 많은 지자체가 다양한 공적 부동산을 적절히 활용하여 당면한 지역적·사회적 문제를 해결하기 위해 각 지역에 맞는 정책을 진행하고 있다. 하지만 그 정책들이 모두 성공했다고 단언할 수는 없다. 물론 공적 부동산 활용 사업에는 다양한 이해관계자들이 얽혀 있기 때문에, 각각의 입장에 따라 평가하는 관점이 다를 수밖에 없어서 성공과 실패를 가늠하는 데 차이가 있다. 그러나 앞으로 성공 사례를 더욱 늘려 가는 것은 물론, 실패 사례에 대해서도 그 원인을 조사·분석하고 결과를 공유해 다음의 성공으로 이어가는 것이 중요하다.

공적 부동산의 유효활용 결과에 대한 평가는 다양하지만 각 지역의 지자체가 향후 해결해야 할 과제에 대해 고민할 때, 공적 부동산의 유효활용은 상당히 중요한 주제로 부각된다. 또한 공적 부동산이 형성돼 온 과정 등을 분석할 때에는 그 유효활용의 성과가 '주민의 이익'으로 이어지는 것이 가장 중요하며, 공적 부동산의 유효활용을 추진해 나갈 때에는 이 점을 염두에 두고 보다 많은 주민이 만족할 수 있도록 사업을 진행하는 것이 중요하다.

이런 관점으로, 나라시노시에서 공적 부동산의 유효활용이 추진되고 있는 배경과 구체적인 사례들을 소개하고 그 경험을 통해 민간에 대한 기대와 요망 등에 대한 개인적인 견해를 제시하고자 한다.

1. 공적 부동산의 유효활용 추진 배경

현재 많은 지자체에서는 국·공유자산 개혁의 일환으로 공적 부동산의 유
효활용을 공적 부동산 전략으로서 추진하고 있다. 다수의 지자체가 이같
은 정책을 추진하게 된 계기는 2005년 3월 총무성이 수립한 "지방자치단
체의 행정 개혁 추진을 위한 새로운 지침 수립에 관해地方公共団体における行政改
革の推進のための新たな指針の策定について" 및 2006년 8월 총무성이 수립한 "지방자
치단체의 행정 개혁의 보다 나은 추진을 위한 지침 수립에 관해地方公共団体
における行政改革の更なる推進のための指針の策定について"에 근거한, 이른바 "집중 개혁
플랜集中改革プラン"에 의한 것이었다.

이 계획에 '지방자치단체 행정이 담당해야 하는 역할의 중점화'로서 민간
위탁 등의 추진, 지정관리자 제도, PFI의 적절한 활용이 거론됨으로써 현
재 PPP, 이른바 민관협력을 추진하게 된 것으로 보인다. 이와 더불어 지
자체 재정 개혁의 일환으로서 '자산·채무관리'에 관해서는 '각 지방자치단
체는 재무서류의 작성·활용 등을 통해 자산·채무에 관한 정보 공개와 관
리를 보다 철저히 함과 동시에 … 미이용 재산의 매각 촉진이나 자산의 유
효활용 등을 내용으로 하는 자산·채무 개혁의 방향성과 구체적인 정책을
3년 이내에 수립할 것'이라는 내용의 제언이 포함돼 있다.

현재의 공적 부동산 유효활용에 관한 관점이나 방향성은 이 같은 일련의
과정에서 시작된 것이라고 볼 수 있다. 한편, 현실적인 공적 부동산 유효
활용의 필요성이 고조된 또 하나의 배경은 정부가 2013년 11월에 수립한
"인프라 장수명화長壽命化* 기본계획インフラ(長壽命化基本計畫)"에 근거한 사회 인
프라의 노후화에 대한 대책이라 할 수 있다.

"인프라 장수명화 기본계획"이 수립된 배경에는, 도로, 교량, 상하수도 등
의 인프라나 학교, 유치원·어린이집, 마을회관, 도서관, 청사 등 우리가

일상적으로 이용하는 사회기반시설인 공공 건축물들이 노후화되어 대책 마련이 시급하지만 지자체의 재정이 여유롭지 않고 정책 추진을 위한 재원 확보도 현실적으로 쉽지 않다는 상황이 있다.

현재 각지의 지자체는 이 같은 대책을 추진하기 위한 기본적인 방향성과 관점을 정리한 "공공시설 등 종합관리계획"을 수립했는데, 이 계획의 방향성도 이와 유사하다. 즉, 이 계획의 기본 방향성은 인프라의 '장수명화長壽命化', '재원 확보', '광역적 협력', '양적 축소'이다. 이 중 중요한 것은 '재원 확보' 방법으로서 각 지자체가 소유하고 있는 공적 부동산의 현황을 파악하고 향후 도시조성을 고려하여 앞으로도 이용되지 않거나 이용률이 저조할 것으로 예상되는 공적 부동산을 민간에게 매각, 임대함으로써 재원을 확보하고자 하는 것이다. 이 같은 동향이 공공서비스 개혁에서의 민간 활력의 유효활용 추진과 하나가 됨으로써 현재의 국·공유자산을 유효하게 활용하는 데에 큰 흐름이 된 것으로 판단된다. 물론, 이 같은 대책이 추진되고 있는 배경에는 일본이 직면한 인구 감소, 저출산·고령화, 경제 상황의 악화와 이에 수반되는 조세수입 저하 등 사회적 요인이 작용하고 있다는 점은 이미 잘 알려져 있다.

2. 나라시노시의 공적 부동산 유효활용 사례

나라시노習志野시에서 공적 부동산의 유효활용이 시작된 것은 1996년에 행정개혁본부가 시장 직속으로 설치되고 제1차 행정 개혁 대강大綱인 "21세기를 향한 행정 개혁 플랜21世紀への行革プラン"에 '항시적인 재원 확보'의 방법으로서 '미이용지 유효활용 촉진 프로젝트 설치'와 '시유지의 유효활용 추진' 등을 수립하면서부터이다. 구체적인 대책으로는 폐기된 위생처리장 부지를 개발 사업자에게 매각해 택지 개발을 유도하거나, 공립 유치원이나 어린이집 부지를 민간사업자에게 매각하는 등의 방법으로 재원화를 추진해 왔다. 이 같은 대책은 제2차, 제3차 그리고 현재의 행정·재정 개혁으로 이어져 매년 예산 편성에 있어 중요한 재원으로 계상되고 있다. 이 중, 최

근 공적 부동산의 유효활용 사례로서 세 가지를 소개하고자 한다.

(1) 미모에 5번지 시유지 활용 사업

이 사업이 시행된 곳은 게이세이(京成) 미모에(實籾)역 북쪽 출구 인근 상가의 중앙에 위치한 지구로, 지역주민 등의 의견을 수렴해 해당 지구에 토지구획정리 사업으로 생긴 약 1,300㎡의 국·공유지를 지역 활성화를 위한 토지이용으로 실현하고자 한 사업이다.

사업 내용은 시가 제시한 시민연락소, 다목적홀(300명 규모), 공영 주차장·자전거 주차장을 확보한 후, 해당 국·공유지를 민간사업자에게 매각 혹은 임차하여 제안된 개발계획을 실시하는 것이었는데, 사업자 선정은 공모제안방식을 택했다. 결과적으로 다섯 명의 사업자가 사업계획을 제출했으며 심사위원회의 심사 결과, 해당 국·공유지를 민간사업자가 2억 7천만 엔에 매입해 시가 제시한 각 시설을 통합한 '복합시설형 간병(介護) 유료 양로원'을 건설하고 완공 후에는 통합된 공공시설을 국·공유지 취득비와 동일 금액인 2억 7천만 엔에 시가 다시 매입하는 방식의 제안이 선정됐다.

이 사업의 특징 중 하나는 사업 방식의 변경이다. 2012년도 말에 사업계약을 체결했지만 건설 시장의 급격한 환경 변화로 건설비가 급등해 사업이 난항을 겪고 있었다. 그런데 이렇게 사업이 지연되는 상황 속에서 사업방식을 변경함으로써 2014년도 초에 계약을 변경해 사업을 추진할 수 있도록 한 것이다. 구체적으로는 사업 목적 달성에 중점을 두고 부동산 양도에 대해 유연하게 대응함으로써, 시설을 건설하고 유지관리하는 특수목적법인 A사와 시설을 운영하는 B사를 계약 대상에 추가하기로 했다. 그 결과, 현재는 시설이 완공되었으며 사업 또한 순조롭게 진행되고 있다.

(2) '사이좋은 유치원' 부지 활용 사업

이 사업은 도쿄역에서 고속열차 기준으로 30분 거리에 있는, 교통편의가 좋은 JR 쓰다누마(津田沼)역 남쪽 출구에 인접한 시유지('사이좋은 유치원' 부지:

약 7,700㎡)에 대한 사업이다. 동 사업은 당해 부지에 있던 기존의 공공 주차장, 자전거 주차장을 확보한 후, 공공성·공익성을 고려해 주민 교류와 육아지원 등의 공공·공익시설을 공급한다는 공익적 목적을 포함하고 있다. 이 지역은 나라시노시의 정문에 해당하는 지역인 만큼 토지이용의 목표를 매력적인 중심시가지 형성에 두고 추진했으며, 나라시노시의 시급한 과제인 신청사 건설 및 공공시설 노후화 대책에 필요한 재원 확보도 목적으로 했다. 또한 민간 활력을 통한 사업 추진을 도모하기 위해 공모제안방식으로 사업자를 선정했다.

결과적으로 6개 사업자 및 그룹이 사업을 제안했으며, 심사 결과 시가 공모 조건으로 제시한 최저 매각 가격 32억 엔을 상회하는 56억엔을 제시하고 시민광장, 마을회관, 어린이집 등 지역사회에 공헌할 수 있는 시설을 포함한 고층 복합주택(44층)을 제안한 그룹이 선정됐다. 동 사업의 특징으로는 해당 시유지의 고도 이용을 도모하기 위해, 인접한 사유지(약 500㎡)까지를 포함해 종합적으로 개발할 것을 공모 조건으로 제시했다는 점이다.

(3) 오쿠보 지구 공공시설 재생사업

이 사업은 나라시노시가 추진하고 있는 공공시설 재생계획(공공건축물에 관한 개별시설계획)의 시범사업으로 나라시노시 최초의 PFI Private Finance Initiative 방식에 의한 사업이다.

구체적으로는 게이세이京成 오쿠보大久保역 앞에 위치한 오쿠보 마을회관·시민회관, 오쿠보 도서관(이상은 사회교육시설), 근로회관(근로자 복지시설)의 4개 시설 3개 건물에 대해 주변 1km 내에 위치한 마을회관, 도서관, 평생학습센터(이상은 사회교육시설), 아즈마 어린이회관(아동복지시설)의 기능을 새로운 시설에 통합하고 인접한 중앙공원(다목적 광장, 어린이공원, 야구장, 파크골프장)과 함께 종합적으로 정비하는 사업이다.

아울러 시설들을 통합함에 따라 폐쇄되는 4개 시설의 부지는 재원 확보를 목표로 하는 동시에 지역문제 해결이라는 관점에서 민간참여에 의한 유효활용을 검토하고 있다.

이 사업의 특징은 권역 내에 있는 8개 시설(7개 건물)의 기능을 3개 건물에 통합하고 장수명화를 목표로 한 기존 건물의 활용, 민관협력으로서의 PFI 방식의 도입, 부지 일부에 정기차지권 설정, 나아가 폐쇄되는 시설 부지의 재원화를 포함한 유효활용책의 검토 등이다. 또한 이 사업은 공적 부동산 유효활용의 모범 사례이기도 하다.

3. 공적 부동산의 유효활용 추진에서 민간에 대한 기대

이 장에서는 위에서 소개한 각 지자체의 사업 경험을 고려해 향후 공적 부동산의 유효활용을 추진할 때 민간에게 '기대' 또는 '부탁'하고 싶은 점에 관한 몇 가지 사견을 제시하고자 한다.

(1) 지자체 공무원은 부동산 활용에 관한 경험이 부족하다

공적 부동산의 유효활용을 추진하고자 한다면 부동산의 매매나 임대차 등에 관련된 여러 법규나 규제 등에 대한 전문적인 지식과 경험이 필요하다. 그러나 대다수의 지자체에서는(공적 부동산의 유효활용을 적극적으로 추진하고자 하는 일부 지자체를 제외하고는) 그 같은 사업을 추진할 지식과 경험을 가진 공무원을 찾아보기 힘들다. 혹여 그 같은 공무원이 있다고 해도 해당되는 관련 부서에 반드시 배치되는 것도 아니다. 더욱이 최근에는 재정난으로 인해 증원 요건 등을 인건비 절약을 위해 엄격히 적용하고 있으므로 지식과 경험을 겸비한 그런 새로운 인재를 확보하기가 쉽지 않다. 따라서 공적 부동산의 유효활용을 추진하기 위한 부서가 있다고 하더라도 그 부서의 담당자가 부동산 관련 업무에 능숙하지 못한 경우에는 유효활용을 위한 제안, 계획 등을 검토하는 첫 단계부터 여러 난관에 부딪히게 된다. 이런 점을 감안한다면, 민간의 여러분은 대다수 지자체의 이런 현실에 대한 충분한 이해를 토대로, 지자체로부터 상담을 받거나 지자체에 무언가를 제안할 때 가능한 한 알기 쉬운 정보를 제공하고 상세하게 설명해 주는 것이 좋다. 또한 민간에서 당연하게 사용되는 용어나 상관습商慣習 같은 것도 지자체 공무원에게는 의미가 모호한 경우가 많다. 따라서 여러분이 적절한 의사소통을 통해 담당 공무원이 관련 지식을 풍부하게 습득할 수 있게 하는 노력도 필요하다. 또한, 최근 지자체가 실시하는 사업의 발안 단계나 사업화 검토 단계에 활용되고 있는 시장조사sounding에서 지자체의 이런 실정을 이해하고 민간이 적극적으로 참여해 민관 상호 간의 협력을 심화할 필요가 있다.

(2) 공적 부동산 활용을 추진하는 담당자는 소수파이다

앞에서 설명한 배경 하에, 현재 도시조성이나 도시의 행정 및 재정 운영에 있어서 공적 부동산의 유효활용이 중요한 위치를 차지하게 됨에 따라 대다수의 지자체에 공적 부동산 활용과 관련된 부서가 설치되었다. 하지만 이 부서의 위상은 행정 조직 내부에서 그다지 높지 않기 때문에 담당자가 전체 조직 내 소수파인 경우가 많다. 또한 공적 부동산 활용을 추진할 때는 담당자의 업무 부담이 큰데, 이는 지역주민을 대상으로 한 사업 설명과 조정이라든지 의회에 대한 대응, 관청 내부적인 조정과 더불어 해당 부동산 취득 당시의 사정 등과 관련해 표면적으로 드러나지 않았던 이른바 기존 문제들도 해결해야 하는 등 많은 작업이 필요하기 때문이다. 따라서 담당 공무원의 이 같은 애로사항을 이해하고, 담당자로부터 문의 등을 받을 때에는 친절하고 적극적으로 답해 주기를 부탁한다. 아울러 좋은 아이디어가 있으면 적극적으로 제안해 주었으면 한다. 그리고 제안에 대해 지자체의 답변을 받기까지 시간이 다소 오래 걸리더라도 그것은 관청 내의 조정과 절차 등에 관련된 어려움 때문인 경우가 많으므로 이런 사정도 이해해 주기를 바란다. 물론 이 같은 민간 활동에 일정한 비용이 필요하다는 점은 이해할 수 있다. 그렇지만 국·공유자산의 활용이라는 관점, 나아가 부동산 시장의 확대라는 관점에서 여러분은 우리가 함께 살아갈 도시를 조성하는 이른바, 공공사업의 담당자라는 책임감을 가지고 사업에 임해 주기를 바란다.

(3) 공적 부동산 유효활용의 원칙은 '지속가능한 도시조성'이다

공적 부동산 유효활용의 목적 중에는 재원을 확보하는 것도 포함되지만 최종적인 목적은 사업의 결과로 도시가 활력을 되찾아 지역 경제활동을 활성화시키고 이로 인한 세수 증가로 지속가능한 도시를 조성하는 것이다. 이 같은 목적을 달성하기 위해서는 민과 관이 각각의 장점을 살리고 약점을 보완하며 공공사업의 담당자라는 책임감을 가지고 힘을 합쳐 사업을 추진하는 것이 매우 중요하다. 따라서 지자체에 대한 정보 제공이나 제안은 각 지자체의 상황이나 과제, 도시조성의 방향성 등을 이해한 후, 자사 제품의 판매 수단으로서가 아니라 도시조성에 대한 종합적인 관점에서 이에 기여할 수 있는 것으로 해 주기를 부탁하고 싶다.

(4) 공적 부동산의 유효활용 결과는 주민의 이익으로 이어질 필요가 있다

공적 부동산의 유효활용 추진에 큰 장벽이 되고 있는 요인 중 하나는 일부 주민들의 극심한 반대이다. "주민이 낸 세금으로 실시하는 사업을 민간사업자에게 맡기는 것은 결국 민간사업자가 이득을 보는 것일 텐데 이를 정부가 적극적으로 돕는 것인가?" "정부가 직접 사업을 실시하는 것과 비교할 경우, 민간은 수익을 얻어야 하므로 같은 성과를 거둔다 하더라도 결과적으로 이용료가 높아지지 않을까?" "민간이 효율적으로 사업을 실시함으로써 행정이 실시하는 것보다 비용이 낮아져 이로부터 민간사업자가 수익을 얻는다고는 하지만 결과적으로 서비스의 질이 낮아지는 것은 아닌가?" "민간의 비용 절약은 인건비를 줄이는 것이므로 결국 일자리가 줄어드는 것이 아닌가?" 등의 다양한 반대 의견들이 있다. 이렇게 반대하는 주민들은 민간사업자가 정당한 경제활동을 하고 거기에서 얻은 이익을 세금 등 다양한 형태로 사회에 환원함으로써 경제 순환의 담당자로서 활동하게 된다는 점을 설명해도 좀처럼 이해해 주지 않는다. 따라서 이런 불신감을 불식시키기 위해서는 민간이 공공사업의 담당자로 참여한 국·공유자산의 유효활용 사업이 주민 자신들에게도 큰 이익이 됐다는 것을 실감하게 하는

사례를 지속적으로 만들어 나가는 것이 중요하다. 또한 민간사업자는 국·
공유자산 활용 사업에 참여함으로써 (당연히) 큰 수익을 올리기를 바라겠지
만 해당 사업의 결과가 주민의 이익, 주민의 만족도 향상으로도 이어지도
록 노력해 주기를 바란다. 그리고 이를 위해서라도 민간사업자와 사업을
담당하는 지자체 담당자 간에는 긴밀한 정보 공유와 의사소통, 협력이 매
우 중요하다. 또한 민관 상호 간의 충분한 의사소통은 중요하지만 지자체
관계자와 특정한 민간사업자의 관계가 긴밀한 경우에는 유착에 대한 의구
심이 생길 수도 있다. 따라서 이런 점에 대해서도 지자체 측은 공평성과
투명성의 관점에서 신중히 접근해야 한다.

(5) 공공을 함께 만들어간다는 의식을 공유해야 한다

공공은 모두가 함께 만들어가는 것이므로, 민간의 여러분도 공공 조성에
서 큰 역할을 담당하게 된다. 따라서 민과 관의 경계를 초월해 각자의 강
점을 살리는 한편, 각자의 부족한 점을 보완함으로써 미래지향적인 도시
를 조성할 필요가 있다. 끝으로 경제발전 과정에서 지금까지 축적된 많은
지식과 경험, 법률과 제도를 현재 일본이 직면한 상황으로 인해 발생하고
있는 수많은 과제를 해결하고 지속가능한 사회를 만들기 위해 적절히 이
용해야 한다는 것은 당연한 논리이다. 하지만 이제는 기존의 경험과 제도
에 따른 대책만으로는 극복하기 어려운 국면을 맞이하고 있다. 따라서 현
재 전환기적 사회에 살고 있는 우리는 일본의 미래를 담당할 세대를 위한
연결자의 역할로서 민과 관을 불문하고 자신과 관련된 활동 속에서 혁신
innovation을 일으켜야 한다. 이 같은 관점은 공적 부동산의 유효활용에 있
어서도 특히 필요하다.

---

* 역자 주: '인프라 장수명화'는 시설의 개보수를 통해 설치된 시설을 장기적으로 사용
  하자는 의도에서 나온 개념이다. 정부 차원의 인프라의 장기적인 사용을 위한 방침과
  계획의 영향으로 지자체도 관련 방침과 계획을 수립해 추진하고 있다.

3장.
민관협력의 불편한 진실

공공 R 부동산
기쿠치 마리에(菊地 マリエ)

1. 공공 R 부동산이란

공공 R 부동산은 일본 전역에 급증하고 있는 유휴 공공 부동산을 보다 쉽고 효율적으로 활용할 수 있도록 유휴 공공 부동산과 기업 간의 매칭 미디어를 운영함으로써 관련 기획 등의 업무를 추진하고 있다. 사업은 크게 미디어 사업과 컨설팅 사업으로 나누어져 있다. 미디어 사업에서는 공모 중이거나 지반조사 중에 있는 유휴 공공자산을 취재하고 그 가치를 전달할 수 있는 기사를 작성하는데, 작성한 기사를 웹사이트에 게재함으로써 행정과 민간을 연결시키는 역할을 하고 있다. 컨설팅 사업에서는 대상 부동산 선정에서부터 주민 합의 형성을 위한 워크숍이나 공모 기획 등에 이르기까지 공모 및 모집의 전前 단계에서 시기와 과제에 맞는 서비스를 제공하고 있다.

대상이 되는 고객은 활용하고자 하는 국·공유자산을 보유하고 있는 정부 및 그 국·공유자산을 활용하고자 하는 민간기업으로서 민관 모두를 포함한다. 그리고 이런 점이 공공 R 부동산의 사업 내용이자 특징이라고 할 수 있다. 공공 R 부동산의 모체인 도쿄 R 부동산은 14년 전부터 민간 부동산을 중개하는 웹사이트를 운영하면서 지금까지 별로 가치가 없다고 여겨지던 노후 부동산을 '복고적이고 아름답다', '창고 같다', '새롭게 변신 가능하다' 등과 같은 독특한 관점에서 새로운 가치를 부여해 온 선구자적 존재이다. 이 도쿄 R 부동산은 그 혁신성으로 인해 많은 팬과 인적 네트워크를 보유하고 있다.

공공 R 부동산은 웹사이트를 운영하는 R 부동산 주식회사의 대표이사이자 건축가인 바바 마사타카馬場 正尊가 『공공 공간의 리노베이션公共空間のリノベーション』이라는 저서를 출판하면서 시작하게 됐는데, 이른바 R 부동산의 공공판이라 할 수 있다. 이 공공 R 부동산은 기존의 도시 컨설팅이나 종합 연구소와는 달리, 공공 공간 활용을 추진할 때 필요한 부동산 및 설계 분야에서 축적된 실적이나 노하우를 지니고 있으며 무엇보다 자사 미디어Owned Media를 보유하고 있기에 정보 발신력 등에서 강점을 지니고 있다(웹사이트: www.realpublicestate.jp).

일본어의 '공공公共'이란 단어에는 영어 단어로 표현되는 세 가지 의미가 포함돼 있다. 즉 일본어 '공공'은 영어의 official(공권력의, 공식적인), open(열린, 공개된), common(공용의, 모두의)의 세 가지 의미를 내포하고 있다. 그동안 일본의 행정은 지나치게 민간을 관리하는 주체로서의 공권력으로 official에 치우쳐 있었다. 그러나 이제 우리는 모두가 함께 만들고 사용하는 common을 추구하고 있다. 공공 R 부동산은 이 common을 이루어 가는 과정에서 중립적인 입장을 유지하고 민과 관이 같은 관점과 목표 하에 정책 및 사업을 추진할 수 있도록 이들의 소통을 돕는 통역사와 같은 존재로서 종종 그 조정 역할을 담당한다.

공공 R 부동산이 2015년에 처음 서비스를 시작한 후, 3년이 지난 현재, 공공 공간과 관련된 상황은 크게 변화했다. 국가는 각종 규제를 완화했고 거의 모든 지자체가 공공시설 등에 대한 종합관리계획을 수립함에 따라 기존에는 선진적인 정책의 대명사처럼 사용되던 '민관협력'이라는 용어가 이제는 극히 일반적인 용어로 사용되고 있다. 하지만 일반화와 형식화는 표리일체表裏一體라 할 수 있다. 예를 들어, 최근 유행하고 있는 '대화형 시장조사', '여론조사' 등의 뜻으로 사용되는 '사운딩sounding'의 경우를 보자. 사운딩은 민관협력을 위한 유용한 방법으로 활용돼 왔지만, 아이디어를 무분별하게 공모하는 지자체가 증가하면서 민관 간의 정보 비대칭성을 해결하고자 한 본래의 목적이 퇴색돼 버렸다. 이런 상황이라면 민관협력이라는 형식적인 용어만 난발되고 충실한 내용은 뒤따르지 못한 채, 한 시대의 트렌드 정도로 끝날 수도 있을 것이다. 게다가 민간기업들도 사운딩에 지쳐가고 있어서 역효과가 나는 것이 아니냐는 우려의 목소리 또한 나오고 있다.

2. 성공 모델에 의존하지 않는다

이 사운딩 현상에서 알 수 있는 바와 같이, 한 번 성공한 방법은 순식간에 전국의 지자체로 확산된다. 하지만 이 업계에 관련된 사람들이라면 누구나 희미하게나마 눈치 채고 있을 만한 불편한 진실을 지적하고자 한다. 그것은 바로 프로젝트가 성공할 수 있는 소위 '성공의 방정식' 같은 것은 존재하지 않는다는 것이다.

물론, 성공 사례를 알고 있는 것은 좋은 일이다. 그러나 어떤 프로젝트도 대상 시설, 입지, 지자체 규모 등 많은 변수가 존재하는 탓에 방법만을 모방하는 것으로는 동일한 결과를 얻을 수 없다. 프로젝트 성공의 관건은 방법을 모방하는 것이 아니라 담당자, 관리자, 리더가 올바로 이해하고 있느냐에 달려 있다. 그럼, 무엇을 올바로 이해하면 되는 것일까?

공공 R 부동산은 유휴 공공시설과 기업을 연결시키는 경우가 많지만, 단순히 서로의 연락처만 전달하고 이후의 의사소통은 공공과 민간기업에게 맡길 경우에 결국 계약이 성사되지 않는 사례를 필자는 종종 접해 왔다. 특히, 행정기관과의 사업이 처음인 민간기업은 공공이 요구하는 사항들을 이해하지 못하는 경우가 많다. 마찬가지로 공공도 민간을 이해하지 못하는 경우가 많다. 결국, 서로 이해하지 못한 채 계약이 결렬되는 경우가 빈번히 발생한다. 예를 들어, 즐거운 마을을 조성하고 싶다는 관점은 같다고 하더라도 사용하는 언어나 전제 조건이 상이하면 의사소통을 하려다가 오히려 서로에 대한 이해 상충과 불신감만 높이는 결과를 초래하게 된다. 이런 점에서, 공공 R 부동산이 민과 관을 중개하는 프로젝트 코디네이터를 담당하고 있는 입장에서 민과 관의 인식에 차이가 있다는 점을 감안하고 관이 가졌으면 하는 마인드 네 가지와 사업 대상 선정 프로세스의 네 가지 포인트에 관해 설명하고자 한다.

3. 공공 공간을 적절히 활용하기 위한 네 가지 마인드

(1) 목적의 공유

우선 대전제로서, 공공 공간 활용에 대해 '무엇을 위해 할 것인가'라는 사업 목적을 명확히 정의하고 공유하는 것이 중요하다. 어렵게 생각할 필요는 없다. 이는 많은 지자체에서 일어나는 공통적인 현상에 대한 것이다. 공공이 민관협력을 선택하는 이유는 인구 감소와 인구 구성의 변화(생산연령 인구의 감소와 고령 인구의 증가), 산업 쇠퇴에 따라 재원 확보가 어려워지자 이에 대한 대응책으로서 민간과의 합의가 필요한 유휴 상태의 공공자산을 활용해 재정 부담을 줄이고, 가능하다면 수익도 얻기 위해서가 아닐까. 물론, 재정 재건은 일차적인 수단일 뿐이고 궁극적인 목적은 이를 통해 시민들이 지속적으로 행복하게 생활할 수 있게 하는 것이다. 너무나 당연하고 단순한 이야기이다. 하지만 그것이 좀처럼 바라는 대로 되지 않는 것이 현실이다. 어떤 시설이든 그 시설을 다른 용도로 활용하고자 할 때는, 거기에 여러 부서와 다양한 입장의 사람들이 관련돼 있을 뿐만 아니라 서로간의 이해도 상충되곤 한다. 그러나 그런 상황 속에서도 각자의 입장과 의견을 정부 내부적으로 서로 공유하게 되면, 부서나 입장이 다르더라도 올바른 판단을 내릴 수 있을 것이다.

(2) 시간과 비용 의식

민과 관의 인식 차이 중, 가장 큰 것 중 하나가 시간에 대한 의식이다. 민간기업에서 시간은 돈이며, 낭비되는 시간은 곧 비용의 증가를 의미한다. 자사 입장에서 볼 때, 메리트가 적은 사운딩도, 관공서 내에서 조정하는 데 걸리는 시간도, 민간 입장에서 보면 생산성 없는 애매한 시간으로서 낭비되는 비용이다. 따라서 다른 사업에 투자할 수 있는 시간을 희생하고 있는 민간기업의 기회 손실이나 비용 의식을 항상 염두에 두어야 한다. 또한, 사업은 살아있는 생명체와 같아서 기업의 상태나 사업 환경, 시장의 상황 변화로 인해 기업의 요구나 자세도 쉽게 바뀐다. 따라서 타이밍이 중요하다. 시기에 따라서는 사업자가 손을 뗄 수도 있으므로 적시에 정보를 얻지 못하는 것은 공공에게도 큰 부담이 된다. 하지만 행정은 민간기업이 희생하고 있는 이런 비용이나 리스크에 관계없이 사업을 연도별 예산에 따라 느긋하게 진행시키곤 한다. 행정은 민간이 원하는 대로 하면 잘될 것이라는 관점에서 취하는 행동이라도 민간에 대한 배려가 없다면 오히려 민간 측에 큰 부담이 될 수 있다. 아울러 프로세스 내에서 의사결정 등이 지연돼 시간이 지체되는 것은 민관 모두에게 악영향을 미칠 가능성이 있다는 점에도 유의해야 한다.

(3) 공급과 사람의 수급 균형

또 한 가지 지적하고 싶은 것은 사회 수급 균형에 관한 인식이다. 이는 현재 일본의 기초자치단체가 보유한 국·공유재산이 자체적으로 유지관리할 수 있는 양을 초과하고 있다는 사실과 관련된다. 인구가 증가하던 시대에는 국·공유재산을 활용해야 할 곳이 많았지만 이제는 그렇지 않다. 즉, 이제껏 경험한 적 없는 '인구 감소'라는 변화에 시급히 대응해야 하는 상황으로 바뀐 것이다. 현재 이에 대한 대응이 미흡하다는 것은 국·공유재산을 활용하는 콘텐츠 홀더(시설을 활용하는 민간사업자)가 부족하다는 의미이기도 하다. 활용되지 못하는 국·공유재산이 남아나고, 민간에게 공급하고자 하는 국·공유재산이 수요를 웃도는 수급 불균형의 국면이 도래한 것이다. 이를 해결하기 위해서는 단순한 규제 완화의 관점으로는 부족하며, 관이 민을 선택하는 제도 자체를 변경할 필요가 있다.

(4) 공평성의 사고방식

공모란 원래 시민의 세금으로 이루어진 '모두의 것'에 대해 행정이 경쟁을 통해 이를 가장 효율적으로 활용해 줄 적절한 사업자를 선택하는 것인데, 이 공모의 구조는 제공되는 국·공유재산보다 이를 활용하고자 하는 민간사업자가 많아서 민간사업자 간의 경쟁이 많았던 시대의 시장을 염두에 두고 상정된 것이 아닐까? 공평한 것은 중요하다. 그러나 규칙만 따지고 시설이 활용되지 않는다면, 마치 시민의 자산을 지키기 위해 돌다리를 두들기다 돌다리를 깨뜨려 버리는 듯한 결과를 초래할 수도 있다. 행정은 이제 official, 즉 '관리하는' 입장만을 고수할 것이 아니라, 시민의 자산을 위탁받아 관리하고 있다는 인식하에 '공평성'을 그 자산을 최대한 '운용한다'는 관점으로 전환한다면 민간에 더 가까이 다가설 수 있을 것이다.

4. 민관협력 프로세스의 네 가지 포인트

(1) 물건 선정

최근에는 수의계약형의 민간 제안 제도가 등장했다. 민간 제안 제도란, 일정 수준 이하로 저이용 혹은 미이용되고 있어 민간사업자의 제안을 받아들여도 무방한 시설을 공표하고 그중, 민간이 제안한 대상 시설부터 활용을 검토하는 방식이다. 기존에는 활용하고자 하는 시설을 통상 정부 측이 지정해 민간에게 제안을 요청하는 방식이었다. 따라서 지자체 측에서 먼저 민간기업이 매력을 느낄 만한 물건을 판단하는 것은 용이하지 않다. 민간사업자 또한 사업 내용에 따라 요구하는 내용이 상이하다. 따라서 정보를 미리 공개함으로써 시설 선정 단계에서부터 민간사업자에게 사용하고 싶은 시설에 대해 의견을 묻는 것이 바람직하리라 본다. 아울러 앞에서 언급한 시간과 비용 또는 공평성에 대해 다시 검토하고 수의계약형 민간 제안 제도를 적극적으로 활용한다면 민간이 제안할 수 있는 선택지가 한층 더 넓어질 것이다.

(2) 가격 결정의 논리

다음으로는, 시설을 임대 혹은 매각하는 금액에 관한 것이다. 대상 시설이 넘쳐나는 상황임에도 불구하고 상당히 강경한 태도를 고수하는 지자체가 많다. 어떤 시설을 민간사업자에게 임대할 때의 가격 결정에는 주로 ①노선 가격, ②인근 시세, ③조례 등 기존 규칙으로 정해진 사용료의 세 가지 규칙이 적용된다. 의회에서는 임대가격을 설명하기 위해 사용료의 규칙을 산출 근거로 하는 경우가 많지만 행정이 대상 시설 등을 임대하고 이를 민간이 투자해 재정비하는 비용을 지불하는 방식에서는 채산이 맞지 않는 경우가 많다. 특히, 가격은 대상 물건에 따라 상이하므로 일률적으로 말할 수는 없지만, 노후화로 인해 불필요해진 시설을 민간이 새로운 거점으로 재생시키는 프로젝트라면 우선, 지금까지 행정이 지출했던 시설 관리 비용을 절감할 수 있다는 이점이 있다. 게다가 사업 내용에 따라서는 인구 증가, 고용창출, 육아, 도시조성 등 타 부서가 담당하고 있는 정책 과제가 해결될 여지도 있다. 이런 점을 감안한다면 가격을 효율적으로 산출할 수 있을 것이다. 따라서 가격은 민과 관 모두의 이점과 단점을 면밀히 조사해 어떤 형태로든 타협이 가능하도록 적정하게 산출하기를 바란다.

(3) 프로모션과 합의 형성

공유자산을 임대·매각할 경우, 관청 내 조정을 중요시하는 것과 마찬가지로 '전달 방식'에도 유의해 주었으면 한다. 이와 관련된 것은 민간기업이 말하는 소위 광고, 선전 등의 프로모션 비용이다. 아무리 좋은 건물이 있다고 해도 관련 정보가 그것을 사용하고 싶은 사람에게 전달되지 않으면 해당 건물은 무용지물이나 다름없다. 프로모션이란, 전달 방법을 비롯해 프로세스 자체의 디자인까지를 가리킨다. 프로모션은 지금까지 지자체의 업무로 인식되지 않았기 때문에 그 노하우나 실적이 부족하다. 따라서 프로모션은 민간에 의뢰하는 것도 하나의 방법이다. 예를 들면, 공공 R 부동산은 정보를 적절히 전달하기 위해 지역에 대한 이해를 돕는 투어를 실시하거나 토크 이벤트를 통해 '즐거운 설명회' 같은 행사를 연출함으로써 자칫 이해관계가 대립되기 쉬운 주민과 지자체 간의 의사소통을 원활히 하고 주민 합의를 이루어 내는 등 정보 전달 방법을 적극적으로 활용하고 있다. 민간에게 긍정적인 정보를 전달하는 것은 민간기업의 투자 의욕 향상에 도움이 되며 이는 곧 원활한 사업추진으로도 이어진다. 이때, 행정이 유의해야 할 점은 사업 전반을 민간에게 맡기지 않는 것이다. 항상 행정이 중심을 잡은 상태에서 민간기업이 충분히 힘을 발휘할 수 있도록 도와야 한다. 즉 민관협력 사업을 추진할 때 행정이 해야 할 가장 중요한 역할은 민간기업을 존중하면서도 공공의 목적을 착실히 달성할 수 있도록 균형을 잘 잡는 것이라고 할 수 있다.

(4) 일괄 발주와 발주처

공공 R 부동산에는 시설 보수 공사가 정해져 있거나 이미 진행되고 있는 단계가 되고서야, 이 사업에 사업자를 유치해 주었으면 한다는 상담이 들어오는 일이 많다. 이런 현상은 물론 정부의 예산 조치 시기가 관련돼 있기 때문이기도 하지만 결과적으로는 어떤 세입자가 들어가는지도 모르는 상태에서 공사가 시작되는 것과 같다. 따라서 활용 사업자가 최종 결정된 후에 배관이나 설비를 다시 해야 하는 일이 빈번하다. 그러므로 보수 공사 발주를 활용 사업자가 결정된 후에 하거나, 공사 발주와 활용 사업자 모집을 동시에 한다면 재보수로 인한 비용 낭비를 줄일 수 있다. 민간 시장에서는 이것이 상식적이고 통상적인 순서이다. 이어서 국·공유재산을 활용하는 민간사업자에 대한 바람을 말해 두고자 한다. 지금까지는 기업 유치, 대기업 유치, 공장 유치가 중심이었지만 앞으로의 공공시설 활용은 지역의 중소기업과 스타트업 기업을 비롯하여 새로운 것을 시작하고 싶은 시민들의 사업과 활동을 고려해야 할 것이다. 공공시설을 활용하는 목적은 궁극적으로는 정부 재정의 낭비를 없애고 풍요로운 시민 생활을 실현하는 것이니만큼, 이를 통해 지역경제에 기여하고 시민이 바라는 유익한 장소를 제공함으로써 시민의 행복을 추구하는 것이 바람직할 것이다. 그리고 이와 같은 목적을 달성하기 위해서는 공모 참여 자격이나 심사 기준인 실적 판단 방식 등에 대한 유연한 대처가 필요하다. 공공 R 부동산에서는 공공시설 활용을 검토할 때에 자산 활용 담당 부서 외에 산업진흥과나 관광과 등의 도움을 받는 경우가 많다. 이는 이 부서들이 지역의 민간사업자들과 밀접하게 접촉하고 있기 때문에 이들을 통해 콘텐츠 소유자와 연결될 수 있는 경우가 많기 때문이다. 무언가를 시작하고 싶은 개인은 지역의 소중한 자산이다. 지역의 자원을 항상 주시하고 이와 소통하는 것은 지역 커뮤니티의 새로운 거점이 될 유휴 공공자산 이용을 촉진하기 위한 중요한 요소이다. 평소부터 지역주민과 인적 네트워크를 구축해 두는 것은 이 사업과 그다지 관계없을 것처럼 보이지만, 실상은 이것이 승패를 가르는 경우도 많다.

끝으로, 언론은 종종 부정적인 관점에서 공공시설을 줄여야 한다는 의견을 제시하기도 하지만, 행정은 도시의 가장 큰 부동산 소유자이므로 유휴 공간 및 유휴시설 활용이 그 사업 파트너와 활용의 관점에 따라 도시환경을 향상시킬 수 있는 좋은 기회라는 점을 잊지 말았으면 한다. 궁극적인 목적은 시민의 사랑을 받는 시설을 만드는 것이므로, 중요한 것은 주민과 의회를 함께 참여시키고 모두가 만족할 수 있는 사업을 만들어나가는 것이다. 공공 R 부동산도 일본의 공공공간 활용이라는 과제를 해결하기 위해 도전과 실험을 계속해 나가고자 한다.

4장.
민간의 관점에서 본
공적 부동산에 대한 기대와 과제

야마토(大和) 리스 도쿄 본점 건축 제2영업소
하라 마사시(原 征史)

이 장의 목적은 공적 부동산PRE: Public Real Estate을 한층 더 활용하기 위해 '관'에게 기대해야 하는 것과, 추진 과제를 명확히 함으로써 구체적인 사업을 위한 민관 소통의 토대를 제시하는 것이다. 또한 이 장의 내용은 저자 개인의 사견이며 저자가 소속된 조직의 공식 견해와는 관계가 없음을 밝혀둔다.

1. 공적 부동산의 현황

(1) 국가 시책

국토교통성은 2018년 3월 「공적 부동산의 민간 활용 안내서公的不動産(PRE)の 民間活用の手引き」(이하 "공적 부동산 안내서")와 "부동산증권 방식을 이용한 공적 부동산 민간 활용 가이드라인不動産証券化手法を用いたPRE民間活用のガイドライン"(이하 "공적 부동산 가이드라인")을 개정해 공적 부동산의 민간 활용 촉진을 위해 지자체 공무원이 실무에 이용할 수 있는 안내서를 공표했다. 또한, 「PPP/PFI 추진 실행 계획PPP/PFI推進アクションプラン(平成30年改定版, 2018년 개정판)」에서도 공적 부동산의 유효활용을 도모하는 PPP 사업[1](유형 III)에서 "사업 기간 내에 본 사업 유형에 따른 사업을 인구 20만 명 이상의 각 지방자치단체에서 2건 정도

실시하는 것을 목표로, 사업 규모의 목표는 총 4조 엔으로 한다"고 구체적인 목표 수치를 설정했다. 이에 따라 지자체의 공적 부동산 활용에 관한 지식이 향상되고 안건 형성도 한층 가속화될 것으로 보인다.

(2) 공적 부동산 활용 상황

하지만 현재는 공적 부동산 활용이 원활히 진행되고 있다고 할 수 없다. 일본종합연구소가 2018년 5월에 공표한 "2017년도 지방자치단체의 민관 협력 사업에 관한 설문조사 결과"에 따르면, 국공유지의 대부·매각을 '검토 중' 또는 '검토 예정'인 지자체가 전체의 17.8%(359개 단체 중 64개)로 나타났다. 본 조사는 국·공유지를 대상으로 한 결과로서, 현존하는 학교나 공원 등 광의의 부동산에 대한 활용도를 더하면 비율은 증가하겠지만 공적 부동산의 시장규모[2]를 감안하면 낮은 수치이다. 따라서 사업화에 대한 지자체의 적극적인 자세와 민간의 참여 의욕을 높이는 대책 마련 등을 통해 공적 부동산 활용을 더욱 촉진할 필요가 있다.

(3) 민간의 대처

한편, PPP의 보급에 따라 공적 부동산에 대해 새로운 사업 영역의 확대를 모색하고 있는 민간사업자의 관심도 높아져서 공적 부동산 활용 사업에 다양한 분야(건설·부동산·시설운영·금융기관 등)의 사업자가 참여했다. 즉 미이용지나 공공시설 폐지 후의 부지, 폐교 등 다양한 종류의 공적 부동산을 활용하고자 하는 사업자들이 증가하고 있다.

또한 PPP는 원래 공공서비스 제공이나 지역경제 재생 등 어떤 정책적 목적을 가지는 사업[3]을 대상으로 한다는 점에서, 사업에 참여하는 민간 주체는 단지 이윤 극대화만을 위해서가 아니라 사업을 통해 사회 문제를 해결하고자 하는 공유가치 창조CSV: Creating Shared Value의 정신으로 임하게 된다. 즉 사업을 통해 민간이 지역의 과제를 해결하기 위해 활약할 수 있는 국면이 증가하고 있는 것이다.

2. 행정에 대한 기대

지금까지 살펴본 바와 같이, 지방자치단체의 공적 부동산은 민간의 자금
과 노하우를 효율적으로 활용해 지역 활성화와 지속가능한 도시 조성에
도움이 될 수 있는 귀중한 자산이다. 따라서 그 활용 사업은 민간의 제안
을 수렴해 공적 부동산이 가진 잠재적 가치를 최대한 활용할 수 있도록 이
끌어 가야 한다. 이런 점에서, 이어지는 글에서는 사업의 구상에서 계약·
운용까지 추진 과정의 흐름에 따라서 관이 민간의 제안과 사업 참여를 더
욱 촉진시키기 위해 할 수 있는 것들을 구체적으로 제시하고자 한다.

(1) 정보 공개와 일원화

공적 부동산을 활용하기 위해서는 민간이 대상 부동산의 안건 정보를 용
이하게 수집할 수 있는 환경, 즉 정보의 접근성을 향상시키는 것이 그 첫
걸음이다. 때문에 활용 방침을 검토하는 단계에서는 구체적으로 ①안건
정보의 공개, ②대상 부동산에 관한 정보 제공, ③정보 집약 창구의 일원
화를 도모할 필요가 있다.

① 안건 정보의 공개

우선, 공적 부동산의 정보 공개 상황에 관해 2015년 3월 총무성의 "지역
파워 창조그룹 지역진흥실"이 공표한 "지방자치단체의 공적 부동산과 민
간 활력의 유효활용에 대한 조사연구 보고서"를 살펴보자. 이 보고서에는
지방자치단체의 공적 부동산 관리 상황에 관한 설문조사 결과[4]가 수록돼
있는데, "공유 부동산에 관한 정보 공개 상황"에서 조사에 응한 141개 지
방자치단체 중 46%가 공유 부동산에 관한 정보를 "적극적으로는 공개하
고 있지 않다"고 대답한 것으로 나타났다.

다소 오래된 데이터이지만, 정보 공개에 대한 비적극적인 자세가 현재는
얼마나 개선됐을지 의문이다. 공적 부동산의 활용 대상에 대한 정보는 관
이 제공하지 않는 한 민간 스스로가 접할 수 있는 가능성이 매우 낮다. 따

도표 I-4-1. 사업 구상부터 계약·운용까지의 흐름

출처: 국토교통성, 부동산 증권화 방식을 이용한 PRE 민간활용 가이드라인

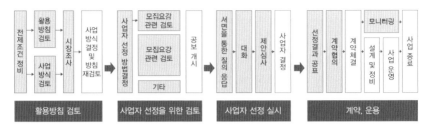

라서 우선은 민간이 정보를 잘 접할 수 있도록 관이 안건 정보를 적극적으로 공개하는 것이 사업화의 첫걸음이다.

② 대상 부동산에 관한 정보 제공

다음으로, 안건 정보 공개와 함께 필요한 것이 대상 부동산에 관한 정보이다. 민간이 공적 부동산을 활용하고자 할 경우, 시장조사를 위해 주변의

도표 I-4-2. 정보 공개 상황

출처: 총무성, '지방자치단체의 공적 부동산과 민간활력의 유효활용에 관한 조사연구보고서'에 근거해 필자 작성

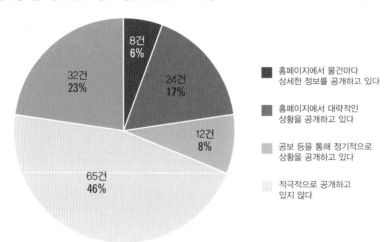

토지이용 상황이나 지가·임대료 시세, 도시계획 관련 사항 등에 대한 정보를 수집해 종합적으로 검토하는 것은 필수적인 작업이다. 이에 대한 구체적인 항목은 『공적 부동산 안내서』 제4장이 자세하게 설명하고 있다. 일반적으로, 민관이 공통으로 사용하는 이런 정보를 소유자인 관이 먼저 제시한다면 민간의 부담이 줄어들 수 있다. 아울러 지역 정보 또한 『공적 부동산 안내서』에 기재된 항목들과 함께 중요한 정보이다. 공적 부동산은 개별성이 매우 강한 자산이므로 역사적 배경이나 인근 주민의 의견 등과 같은 로컬 정보가 사업을 종합적으로 검토하는 데 중요한 역할을 하기 때문이다. 그러나 이 같은 정보가 정리돼 있지 않거나 검토 경위가 홈페이지에 산재해 있을 경우, 민간이 중요한 정보를 간과할 수도 있다. 민간의 정보 접근성을 향상시키는 것은 사업을 성공으로 이끄는 지름길이다.

③ 정보 집약 창구의 일원화

정보에 관한 마지막 유의점은 지방자치단체 내부에서 공적 부동산을 이용하거나 활용할 때, '정보의 비대칭성'을 해소하는 것이다. 공적 부동산을 이용하거나 활용하는 데에는 PPP의 관점이 필수적이므로, 일반적으로는 기획, 경영 개혁, 재산 활용 등 민관협력을 소관하는 정책 관련 부서가 관련 정보를 일원적으로 관리하는 것이 바람직하다. 그런데 해당 시설의 기존 용도와 관련된 담당 부서만이 관련 정보를 관리하고 정책 관련 부서는 이에 관여하지 않는 경우가 있다. 예를 들어, 향후 학교의 통폐합 정보라면, 폐교 이후 시설의 이용이나 활용에 대해 교육 관련 부서만이 파악하고 있어서 지방자치단체의 상위 계획에 비정합적인 방법으로 검토하는 사례도 적지 않다. 그러나 정보 집약 창구가 일원화되면 민간 측은 PPP를 담당하고 있는 정책 관련 부서와 소통할 수 있을 뿐만 아니라 공적 부동산에 관한 정보와 더불어 그 정책적 위상도 알 수 있게 된다. 또한 관도 민간의 의견을 수집하기 용이하게 되므로 민관 모두가 효율적으로 사업을 진행할 수 있다. 공적 부동산을 이용하거나 활용할 때, 공공시설 등 종합관리계획의 수립 과정에서 민과 관이 종적 관계를 초월하여 범부서적 관점으로 협력하는 것이 필수적이라고 할 수 있다.

(2) 목적 순위의 명확화

활용 방침을 검토함에 있어서 또 하나 중요한 점은, 해당 공적 부동산을 이용하거나 활용하는 목적의 순위를 명확히 하는 것이다. 목적 순위를 왜 명확하게 할 필요가 있을까? 이는 목적이 여러 개일 경우, 관이 본래 바라는 제안과는 다른 제안을 민간이 할 수 있기 때문이다.[5]

예를 들어, 공적 부동산을 이용하거나 활용하는 목적이 지역 생활 서비스의 효과적 제공이나 도시 활력 창조 등 지역 활성화에 공헌하는 것과 높은 임대료 수입을 통해 재정 건전화에 공헌하는 것의 두 가지일 경우, 이 목적들은 경우에 따라 서로 이율배반적으로 작용할 수도 있다. 물론 이런 경우에 가격의 '정량'과 제안의 질인 '정성' 모두에서 최적의 제안을 선택하는 종합 평가 방식이 채택되기 때문에 이 문제는 어느 정도 해결될 수 있을 것이다. 하지만 만일 '지역 활성화에 대한 공헌' 쪽이 우선도가 높은데도 가격에 관한 '정량'적 평가점이 높을 경우, 민간은 관이 요구하는 제안과는 다른 제안을 할 수도 있다. 따라서 가장 중요한 것이 무엇인지 명확하고 정확하게 민간에 전달할 필요가 있다.

(3) 의사결정 속도의 미스 매치 해소

사업자 선정을 위한 검토에서는 의사결정 속도에 유의해야 한다. 부동산 개발 같은 일을 하는 민간사업자는 여러 투자 기회나 사업 기회 중 가장 유리한 것을 선택한다. 그리고 그 기회를 놓치지 않기 위해 신속하게 결정한다. 즉 우량 사업일수록 이를 신속하게 사업화하고 싶어 한다. 반면, 관은 민간에 비해 의사결정이 더디다. 예를 들면, 사업자 선정 단계의 시기가 내부 협의나 의회 승인 시기에 좌우된다거나, 사업자 선정에 관한 예산 조치가 차년도로 돼 있어 사업 공개가 늦어지는 등 현실적인 문제가 많다.

또한 시설의 이용이나 활용을 언제까지 한다고 하는 '기한 설정'이나, 얼마 이상의 금액을 제시하면 매각한다고 하는 '채택 조건'이 결여돼 있는 경우가 많아서 민간 측에서 보면 이런 의사결정 지체나 판단 기준의 애매함이 리스크로 작용하게 된다. 재정 상황이 극도로 악화되고 지방에 활력을 불어넣는 것이 급선무가 된 현재의 문제 상황을 감안한다면, 논리적으로는 공적 부동산에서의 기회 손실을 최소화해야 한다. 그리고 이 문제를 해결하는 가장 효과적인 방법은 지자체장의 결단이다. 지자체장은 법령 등으로 인한 제약이 있기는 하지만, 무엇보다 조직을 개혁하거나 사업을 추진할 수 있는 권한을 가지고 있기 때문이다. 따라서 공적 부동산을 이용하거나 활용하려 할 때, 지자체장의 톱다운 식 강한 결단과 리더십은 사업화에서 중요한 요소로 작용한다.

(4) 연장·철수 조건 완화

모집 요강 검토에 대해서는 사업 연장이나 사업 철수 조건 완화의 유효성에 관해 설명하고자 한다. 공적 부동산을 활용하는 사업은 장기적인 경우가 많은데, 사업의 기간은 활용할 부동산과 사업 내용에 따라 상이하다. 예를 들어, 폐교 활용의 경우에는 일반적으로 1년에서 10년 정도가 많지만 그 사업 내용에 주택 용도가 포함된다면 사업 기간이 70년에 이르기도 한다. 그리고 어떤 경우에는 협의를 통해 기간을 연장할 수도 있다. 그런데 기간을 설정할 때에도 민관의 이해관계가 일치하지 않는 경우가 있다. 이는 가능한 한 오랫동안 공적 부동산을 활용해 주었으면 하는 관 측의 바람과, 리스크를 최소화하기 위해 짧은 기간에 이윤을 극대화하고 싶어 하는 민 측의 기대가 교차하기 때문이다.

이를 해결하기 위해서는 사업 기간을 설정할 때 유연하게 대처하는 것이 중요하다. 구체적으로는 ①단기 사업으로 시작하되 차후의 기간 연장을 인정하거나 ②장기 사업으로 시작하되 철수 조건을 완화하는 방법을 생각할 수 있다.

도표 I-4-3. 공적 부동산 사업의 대부 기간 예시

지자체	건명	대부 기간	출처
구마모토현 야쓰로시	야쓰로시 폐교를 활용한 사업	1년 이내	야쓰로시 폐교 부지를 이용한 사업운영 사업자 모집 요강
후쿠시마현 이와키시	산와 지구의 폐교시설 활용	10년 이상으로 기획제안서에서 제안한 기간	산와 지구의 폐교시설 이용, 활용에 관한 사업자 공모 실시 요령
미야자키현 미야자키시	구 사루카와 초등학교 부지	임대 기간은 5년이며 기간이 종료된 후에는 협의를 통해 연장할 수 있음	구 사루카와 초등학교 부지 이용 계획 모집 요강
도쿄도 주오구	도쿄도 주오구 학교 부지 유효활용 사례	임대주택 부분의 정기차지 기간 70년	공적 부동산의 활용 사례집
미야기현 나토리시	미야기현 농업 고등학교 부지의 메가 솔라 사업	사업용지의 임대차 기간은 20년까지이지만 미야기현과 민간사업자 간의 협의에 따라 연장 가능	공적 부동산의 활용 사례집
시즈오카현 후지에다시	후지에다역 주변 번화가 재생 거점 시설 정비 사업	임대차 기간 약 20년	공적 부동산의 활용 사례집

① 단기 사업으로 시작하고 연장 허용

이 방법은 사업 기간을 사후에 연장할 수 있는 조건을 부여해 '단기라면 빌리고 싶다'거나 '시장의 변화에 맞추어 협의할 수 있으면 참여 가능하다'는 사업자의 참여를 촉진할 수 있다. 이 같은 방식을 통해 잠자는 공적 부동산을, 수익을 창출하고 지역 가치를 높이는 공적 부동산으로 바꿀 수 있다. 이 방식은 비교적 소규모 공적 부동산에 적합하다.

② 장기 사업으로 시작하고 철수 조건을 완화

이 방법은 장기 투자를 상정하고 있는 민간에게 시장의 움직임이나 소비자의 수요 변화에 대응해 가며 사업을 재검토하기에 용이한 환경을 제시함으로써 사업 참여를 촉진할 수 있다. 일반적으로, 사업 기간 단축으로 인한 원상 회복 등의 책임이 수반될 가능성은 있지만 기간 단축 그 자체에 대한 페널티나 제약을 완화함으로써 이제까지 지지부진하던 사업자의 참여를 촉진할 수 있다. 이 방식은 비교적 대규모 공적 부동산에 적합하다. 물론 이 조건들은 PPP의 원칙인 '계약에 의한 거버넌스'에 따라 계약서에 명기할 필요가 있다.[6]

(5) 출구 전략에 대한 유연화

끝으로, 계약 및 운용 단계에서 소유권이나 차지권 등을 양도하거나 증권화할 수 있는 가능성에 대해 기술하고자 한다. 앞서 설명한 바와 같이, 공적 부동산 사업은 장기간에 걸친 사업이 많으며, 민관 모두가 다양한 리스크를 부담한다. 따라서 민간은 특히나 사업성이나 사업 수행을 저해하는 리스크 등에 대해 상세한 부분까지 검증하고 불확실한 요인은 배제하며, 예상되는 리스크는 컨소시엄 내에서 명확히 분담하는 것이 중요하다. 이는 '리스크를 가장 적절하게 관리할 수 있는 당사자가 리스크를 부담한다'는 PPP의 원칙에 따른 것이다. 이런 맥락에서 공적 부동산을 제고하면, 예를 들어 개발을 수반하는 공적 부동산을 활용할 때, 장기간에 걸친 운영 기간 동안 그 시설을 반드시 건설회사가 소유할 필요는 없다. 건설회사 대신 스스로의 노하우로 부동산 운용의 수익성을 높일 수 있는 부동산 운용회사가 그 건물을 소유하는 편이 해당 시설을 더욱 효과적으로 활용할 수 있는 경우도 있기 때문이다. 또한, 민간 측에서 초기 투자를 위해 자금을 조달하거나 투자한 자금을 회수해 다음 사업자금으로 충당하기를 원하는 경우도 있는데, 부동산 증권화 등의 방법으로 이에 대응할 수 있다. 증권화는 보다 적극적인 투자 유치로도 연결될 수 있다. 따라서 소유권·차지권 등의 양도나 증권화를 공모 단계에서 일률적으로 배제할 것이 아니라 공적 부동산의 특성이나 사업 내용, 민간과의 소통을 통해 이를 검토해 나간다는 자세가 중요하다.[7] 최소한 『공적 부동산 안내서』에 언급된 바와 같이 차지권의 양도나 전대轉貸, 특수목적법인SPC의 주식 양도에 관해서는 어떤 조건의 경우에 용인의 여지가 있는지를 예시함으로써 사업자가 사업 조건을 보다 명확하게 파악할 수 있도록 하고 이를 통해 참여 의욕을 향상시킬 필요가 있다.

3. 선택되는 공적 부동산으로

(1) 공적 부동산에 의한 지방자치단체의 효과

공적 부동산의 이용 및 활용은 매각·대부를 통한 재정 건전화라는 직접적인 효과뿐 아니라 민간투자를 유치함으로써 고정자산세나 도시계획세의 세수 증가를 유도하고 경우에 따라서는 인구증가에 따른 주민세 등의 세수 증가를 기대할 수도 있다. 그리고 지역 활성화와 도시조성에도 기여할수 있다. 그러나 이 같은 점은 어디까지나 부분적인 효과이며, 그 밖에도 여러 파급 효과가 있다는 점을 쉽게 예상할 수 있다. 그럼에도 불구하고 공적 부동산을 이용하거나 활용하는 것이 활성화되지 않는 이유는, 관에게 '기회 손실', 다시 말해 '활동하지 않음으로써 발생하는 손실'이라는 개념이 결여돼 있기 때문일지도 모른다. 재정 압박, 지역활성화라는 과제를 해결하기 위해서는 관이 적극적인 자세로 전환할 필요가 있으며, 공적 부동산의 이용과 활용은 그 수단으로서 매우 효과적이다.

(2) 민관 복합시설이라는 선택

이상에서 설명한 바와 같이, 가능한 모든 방법으로 민간에게 정보를 제공하고 참여하기 쉬운 조건을 제시하더라도 사업자가 모이지 않을 가능성은 있다. 이때, 관 스스로가 사업에 참여한다는 자세, 즉 '민관 복합'이라는 선택지를 상정하는 것이 중요하다. 수도권에서는 공적 부동산을 민간의 힘만으로 이용할 수 있는 경우도 있지만 지방에서는 민간만의 힘으로는 공적 부동산의 잠재력을 살리기가 용이하지 않다. 이 같은 경우에는 공공시설 등에 관한 종합관리계획에 근거해 시설 이전이나 통합 혹은 복합화 등을 조합하는 것도 고려할 필요가 있다. 이런 방책과 연동시킴으로써 민간시설을 유도할 수 있다면 사업의 상승 효과는 현격히 높아질 것이다.

(3) 실패해도 좋다

끝으로, 공적 부동산은 귀중한 재산이므로 이를 이용하거나 활용하고자 할 때 민간을 배려한 모집 조건을 제시하는 것은 그 자체로는 이상할 것이 없다. 시장조사는 필수적이고 민간과의 대화도 사업 성공의 정확도를 높이기 위해서는 효과적이다. 하지만 구체적인 선정 프로세스에 들어가기 전부터 활용방침을 필요 이상으로 천천히 검토하거나 민간과의 소통을 필요 이상으로 반복해 사업을 지연시키는 것은 관에게 기회의 손실이 되며, 그러는 사이에 민간기업은 다른 매력적인 사업에 자원을 투자하게 될 수 있다는 것을 인식할 필요가 있다.

여기서 얻을 수 있는 시사점은 먼저 시도해 보자는 행동의 중요성이 아닐까? 만일 사업이 좌절되거나 민간의 제안이 없었다면, 사업이 좌절된 이유를 분석할 수 있고, 왜 민간사업자가 제안하지 않았는지에 대해 문제의 소재를 알 수 있다. 이를 통해 차후 공모를 위한 문제점을 분석하거나, 목적, 사업, 방법 등을 다시 검토하거나 혹은 자산을 매각하는 방법 등을 생각하면 될 것이다.

이상과 같은 자세와 방법론 등을 통해 공적 부동산의 이용과 활용에서 민관이 같은 방향성 아래 사업을 추진할 수 있기를 바라며 이와 동시에 공적 부동산이 각 지자체의 당면 과제를 해결하는 계기가 되기를 바란다.

---

1. 이 장에서 공적 부동산 활용은 PPP의 개념에 포함되는 것으로 이해하고 사용한다.
2. 국토교통성의 "PFI · PPP에 관한 지역 워크숍(제17회) 자료"에 따르면, 일본의 부동산 약 2519조 엔 중에서 국가 및 지방자치단체가 소유하고 있는 부동산은 약 590조 엔으로 전체의 약 23%에 이른다.
3. 네모토(根本, 2011 a)

4. 조사 대상은 177개 지방자치단체이며, 응답한 지방자치단체는 145개로 응답율은 81.9%이다.

5. 이 같은 경우를 네모토(根本, 2011 b)는 'PPP의 실패', 특히 '메시지의 실패'라고 정의했다.

6. 또한 내각부(2009)는 PFI에 관해 계약의 유연성 확보 및 당초 계약 내용의 명확화와 관련해, 계약의 유연성은 장기간에 걸친 상황 변화에 적절하고 신속하게 대응하는 것이 목적이며 업무 요구 수준 등을 불명확하게 하거나 사후 협의를 용인하는 것은 아니라고 했다. 동시에 현실적인 대응의 필요성에 대해서도 지적했다.

7. 구체적인 검토 사항과 대응 방법은 『공적 부동산 안내서』를 참고하기 바란다.

5장.
슬럼 생활환경
개선 방법

도요(東洋) 대학교 PPP연구센터 리서치 파트너
마유즈미 마사노부(黛 正伸)

많은 개발도상국의 도시에서 빈곤층이 모여 사는 지역을 슬럼slum이라고
한다. 슬럼이라고 불리는 이 지역은 협소한 토지에 가옥이 밀집해 있고 물
과 전기 등의 서비스도 충분하지 않은 데다가 위생환경도 좋지 않아 정부
와 해당 지자체에는 오랜 과제로 남아 있다. 그리고 최근, 인구가 도시 지
역으로 급격히 유입되면서 슬럼화가 더욱 가속화되고 있는 실정이다.

이 장에서는 빈민가의 생활환경 개선을 위해 지금까지 시행된 방법 중 '사
회적 부동산투자신탁SREIT: Social Real Estate Investment Trust'이라고 불리는 방
법을 현재 동아프리카 르완다의 수도 키갈리에서 시행되고 있는 방법과
비교함으로써 앞으로의 과제 해결을 위한 시사점을 얻고자 한다.

1. 스리랑카의 SREIT

SREIT는 스리랑카의 수도 콜롬보에서 1998년에 시행된 것으로, 슬럼의
일부에 있던 낡은 창고 부지 2.5에이커에 콘도미니엄을 새롭게 건설해 슬
럼 주민을 이주시킨 사례이다. 주민의 생활환경이 개선될 뿐만 아니라 전기
나 수도 등과 같은 서비스도 공급하기 쉬워지고 동시에 요금 징수 또한 쉬
워지는 등 공익 사업자에게도 이점이 있다. 이를 이른바 '부동산투자신탁

REIT(이하 리츠)'처럼 민간시장에서 자금을 조달해 실시하는 것이 SREIT이다. '부동산투자신탁'을 뜻하는 '리츠'는 채권을 발행해 자금를 모으고 그 자금을 이용해 여러 부동산에 투자하고 이로부터 얻는 임대료 수입이나 부동산 매매차익으로 투자가에게 배당금을 지급하는 방식이다. 투자가에게 이 방식은 직접투자와는 달리 ①소액으로 부동산에 투자할 수 있고 ②전문가가 여러 부동산에 투자함으로써 리스크를 분산시킬 수 있으며 ③안정적인 배당을 얻을 수 있다는 장점이 있다.

SREIT는 리츠와 유사한 방법으로 시장에서 자금을 조달하지만 주민 생활환경 개선을 위한 목적을 내포하고 있으며, 이에 따른 사회적 영향을 고려한 것이므로 '사회적 부동산투자신탁'으로 불리고 있다. 또한, SREIT는 스리랑카의 사례에서, 사업추진을 위해 활약한 '소외계층을 위한 자본시장 Capital Market for the Marginalized'의 다린 구네세케라Darin Gunesekera에 의해 널리 알려진 용어이다.

구체적인 방법은 다음과 같다. 우선 이주할 지역의 자산 소유자에게는 자산의 규모에 따라, 주민에게는 주거의 규모에 따라 리츠의 채권(실제로는 바우처나 토지의 가치를 나타낸 권리증명서)을 지급한다. 한편, 건설자금을 마련하기 위한 채권을 발행해 민간시장에서 자금을 조달한다. 주민은 콘도미니엄 완공 후, 채권과 교환하여 새롭게 건설된 콘도미니엄에서 살 수 있다. 그리고 콘도미니엄은 주민으로 구성된 단체가 콘도미니엄 내 공간을 민간에 임대하고 임대료를 징수하는 구조로 운영된다. 또한 이주로 생긴 토지는 도시의 귀중한 자산으로 슬럼이 해소됨으로써 가치가 상승하고, 이를 매각하거나 이용하면 건설비를 충분히 조달할 수 있는 구조이므로 투자가의 리스크를 경감시킬 수도 있다. 방법에 따라서는 이런 SREIT를 점차적으로 확대해 나가는 것도 가능하리라 본다.

스리랑카의 경우, 국가 관련 기관으로 구성된 국영기업인 REEL Real Estate Exchange Ltd이 도시의 귀중한 토지를 확보하기 위해 주민들을 대상으로 교육과 설명회를 실시했으며, 이 같은 방법을 통해 슬럼 주민을 이주시키는 데에 크게 기여했다. 또한, 민간 측에서는 은행이나 대출기관 등으로 구성된 부동산신탁회사RETCL: Real Estate Trustee Company가 투자가와 개발자를 유치하는 역할을 담당했다. 그리고 국영기업인 REEL도 토지 소유자로서 전체의 15%에 해당하는 채권을 지급받았다.

〈구조〉

이 방법에 따른 투자 유치와 건설까지의 시스템 및 구조는 다음과 같다.

도표 I-5-1. 사회적 부동산투자신탁 (1)

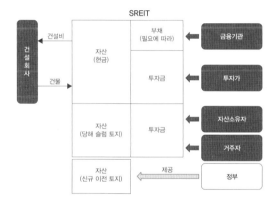

건설 후에는 다음과 같이 된다.

도표 I-5-2. 사회적 부동산투자신탁 (2)

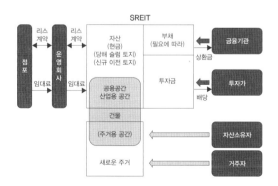

케냐와 르완다에서도 스리랑카의 이 같은 사례를 도입하기 위해 세미나 등을 통한 논의가 진행됐었다. 그러나 REIT를 설립하기 위해서는 관련 법령을 정비할 필요가 있고, 슬럼 생활환경 개선을 위한 공익적 목적이 있을 경우에 투자가들의 자금을 유치하는 데 어려움이 많아서 정부의 관심은 높았지만 실현되지는 못했다.

2. 르완다의 방법

동아프리카 르완다의 수도 키갈리는 구릉지로 인해 많은 저소득자가 급경사 지대나 저지대에 살고 있으므로 우기에는 특히 위험하다. 이 때문에 키갈리시는 이런 위험 지역에 사는 주민들이 안전한 지역으로 이주해 살 수 있도록 하는 정책을 추진하고 있다. 그리고 그 일환으로서 현재 민간기업이 이주 지역의 주거용 건물을 건설하고 있으며 이전 후의 빈 토지에는 중·고소득자를 위한 주택을 지어 매각할 수 있도록 허용하는 방안을 수립했다. 아마도 새로운 이주처에 마련되는 주택 건설비를 중·고소득자를 위한 주택 분양비에서 조달해 공적 지출이 수반되지 않도록 한 것으로 보인다.

사진 I-5-1. 칸곤도

사진 Ⅰ-5-2. 당해 슬럼 지역의 위성 사진(Google Earth)

사진 Ⅰ-5-3. 당해 슬럼 지역과 이주처(Google Earth)

대상 지역은 칸곤도 Ⅰ, ⅡKangondo Ⅰ. Ⅱ, 키비리아로 ⅠKibiriaro Ⅰ로 불리는 지역으로 주택이 과도하게 밀집돼 있고 화장실이 충분치 않아 르완다어로 화장실의 위치를 물을 때 사용하는 반야헤Bannyahe라고 불리는 지역이다. 이곳은 고급 주택 밀집 지역에 인접해 있으므로, 정비될 경우에 토지가치가 매우 높아질 것으로 보인다. 이주 지역은 대상 지역에서 직선거리로 약 7.5km 떨어진 부산자Busanza라는 지역의 국유지로, 이곳에 1,027채의 주택을 건설할 예정이다.

하지만 현재는 주민들의 반대로 논의 중에 있다. 주민들이 반대하는 주된 이유는, ①금전 보상으로 해 주기를 바란다 ②직장에서 멀어진다 ③해당 지역에 살고 있는 주민 중, 자가가 아닌 임차인에 대한 대책이 불분명하다는 것 등이다.

3. 방법의 비교

두 방법 모두 일본의 시가지 재개발사업 중 제1종 시가지 재개발사업에서 시행되고 있는 권리 변환 방식과 유사하다고 할 수 있다. 또한, 주민 이전을 정부 책임하에 실시하는 점도 유사하다. 하지만 르완다의 방식은 주민이 반드시 새 주거지로 이전해야 하고 금전 보상이 없다는 점이 일본과 다르다. 르완다 정부는, 금전 보상 후에 다른 지역으로 이전하게 할 경우, 새로운 슬럼이 발생할 수 있다는 이유로 이를 인정하지 않을 방침이다.

스리랑카의 경우, 국영기업인 REEL이 주민의 이해를 돕기 위한 교육을 실시하는 등 이주에 대해 세심하게 대응한 부분이 르완다와 크게 다르다고 할 수 있다. 또한 자금조달 방식도 상이하다. SREIT는 대상 슬럼 토지의 미래가치 상승을 기대해, 민간으로부터 대출을 받는 방식이 아니라 투자자로부터 자금을 조달하는 방식을 취하므로 장기간에 걸쳐 새로운 사업을 전개할 수도 있다. 이는 개발도상국과 같이 장기 융자가 어렵고 대출 이자가 높은 나라에서는 유리한 방법일 것이다. 한편 이 방법에는 SREIT로서 추진하더라도 추가 개발로 이어지지 않을 경우 투자가 입장에서는 매력적이지 못하고, 부동산을 많이 소유하지 않고서는 REIT의 특징인 리스크 분산이 이루어지지 않아 투자 유치가 어렵다는 문제가 있다. 그러나 이런 점에 대해서도 스리랑카는 투자 유치 역할을 민간 조직인 RETCL이 담당하게 했고, 국영기업인 REEL이 토지 소유자로서 REIT에 참여하게 함으로써 결과적으로 성공적이라는 평가를 얻을 수 있었다. 또한 희소성과 가치가 높은 토지라는 점도 투자가를 끌어들일 수 있었던 큰 이유로 작용해 SREIT를 실시하기에 적합한 환경이 조성되었다고 볼 수 있다.

이에 비해 르완다의 방식은 사업에 투자하는 민간회사가 자금조달을 위해 자기 자금이나 융자를 이용할 것으로 예측할 수 있지만, 개발도상국에서는 이런 사업 리스크를 한 회사가 부담하는 것이 간단한 문제가 아니므로 정부의 적극적인 지원이 필요할 것이다. 또한 계획된 사업의 후속으로 새로운 사업 확대가 준비돼 있지 않으므로 점차 사업을 확대해 나갈 필요가 있다.

개발도상국의 재정 상황을 감안하면, 슬럼의 생활환경 개선을 위해 민간의 지혜나 자금을 활용하는 것이 효과적이겠지만 누가 어떻게 리스크를 담당할지에 대해서는 각 국가의 실정에 맞게 적절한 방법으로 추진하는 것이 중요할 것이다. 한편, 이런 방식은 슬럼의 생활환경 개선이 목적이 아니라 결국 가난한 사람들에게 주거 이전이라는 불이익을 준 뒤 그 땅을 민간이 정비하게 함으로써 부자를 더욱 부유하게 하려는 사업이 아니냐는 비판을 받기도 한다. 그러나 스리랑카의 사례에서는 확실히 주민의 생활환경이 개선돼 주민들로부터도 호평을 받았다. 이 때문에 이런 사업을 실시할 때는 우선, 주민의 편에 서서 주민과 충분히 사업 내용을 협의하고 주민에게 충분한 편익이 돌아갈 수 있도록 사업을 추진하는 것이 무엇보다 중요할 것이다. 르완다의 경우도 이와 같은 관점에서 다시 주민과 소통할 필요가 있을 것이다.

6장.
인프라 축소 및 절약 행정을
목적으로 한 지자체 청사 문제

아오모리(青森)현 히라카와(平川)시
사이토 히로키(斎藤 宏城)

1. 지자체 청사 정비

2001년 3월의 동일본 대지진 후, 전국적으로 지자체 청사의 내진 강도 부족 문제가 주목을 받았다. 주목받게 된 이유 중에는, 지자체 청사가 지진의 영향으로 사용하지 못하게 되자 청사 내 주차장에서 재해 대책 회의를 열었다가 당해 지자체장과 간부가 해일에 휩쓸려 사망한 이와테岩手현 오쓰치大槌정의 참사를 비롯하여, 이와테현 도노遠野시, 후쿠시마福島현 스카가와須賀川시, 이바라키茨城현 미토水戸시 등의 시청 청사가 지진으로 인해 사용할 수 없을 정도로 손괴된 상황이 있다. 이를 계기로 지자체 청사 본연의 역할 그 자체에 대해서도 관심이 집중돼 2012년에 도요경제신보사東洋経済新報社가 전국 812개의 시·구(789개 시와 도쿄 23구)를 대상으로 청사 재건축에 관해 조사한 결과, 803개의 시·구로부터 다음과 같은 답변을 받았다.

- 계획 있음 133
- 공사 진행 중 33
- 완공(최근 10년 이내 완공) 46

※ 재건축을 검토하고 있는 시·구나 내진 보강 공사를 실시한 시·구는 포함되지 않는다.

또한, 계획 있음·공사 진행 중·완공으로 답변한 212개 시·구에 대해 재건축 이유(복수 응답)를 조사한 결과는 다음과 같다.[1]

- 노후화 168
- 내진 강도 부족 등 방재상의 이유 163
- 합병 등에 따른 이전·집약 81

이 같은 답변에 따르면, 청사를 재건축하는 가장 큰 이유는 노후화나 내진 강도 부족에 대한 방재 측면의 대책으로 볼 수 있다. 그러나 81개 시·구에서는 시정촌 합병에 따른 재건축이라는 답변도 있어 기초자치단체 합병도 청사 재건축의 주요 요인 중 하나라 할 수 있다.

2. 기초자치단체 합병 후의 청사

시정촌의 기초자치단체 합병에 따른 청사 체계는 ①본청 방식 ②분청 방식 ③종합지소 방식의 세 가지로 분류할 수 있으며, 주요 장단점과 각각의 이미지는 다음과 같다(〈도표 I-6-1〉 및 〈도표 I-6-2〉).

하지만 1990년대 이후, 정부 주도로 기초자치단체의 합병이 대규모로 진행되었는데 이때의 목적은, ①기초자치단체의 행정·재정 기반 강화 ②행정·재정 개혁의 추진 등을 위한 것이었다. 소규모 지자체라도 쓰레기 처

도표 I-6-1. 청사 체계별 주요 장·단점

	장점	단점
①본청 방식	·업무 효율화 ·직원 수 감축	·원거리 지역에 대한 행정서비스의 질 저하 우려 ·합병 규모가 큰 경우, 청사 신설 필요
②분청 방식	·청사 개보수비 불필요(또는 적다)	·업무별로 청사(창구)가 다르므로 주민 부담 증가 ·업무 간(부서 간)의 조정 곤란
③종합지소 방식	·합병 전과 청사(창구)가 바뀌지 않는다	·업무 효율화 곤란 ·직원 수 감축 곤란

도표 I-6-2. 시·정·촌(市·町·村) 합병에 따른 청사 체계 이미지

리나 소방, 간병보험과 같은 기본적인 행정서비스를 실시해야 하므로 재정 압박을 겪는 소규모 지자체의 경우에는 어려움이 많다. 따라서 재정력이 약한 소규모 지자체들의 합병을 통해 경제학적으로 말하면 '규모의 경제' 논리에 따른 업무 효율화를 도모한 것이다.

업무 효율화의 관점에 따르자면, 종합지소 방식은 시정촌 합병에 따른 청사 체계로서 바람직하지 않겠지만 현실적으로는 일본의 많은 지자체가 종합지소 방식을 선택하고 있다.

종합지소는 지자체에 설치되는 출처기관 중, 본청사와 거의 동등한 권한을 가진 출처기관을 말하는데, 지자체 조례에 의거해 설치되지만 종합지소에 대한 통일적인 정의가 없기 때문에 각 지자체의 종합지소가 갖는 권한은 서로 차이가 있을 수 있다. 아울러 종합지소로서의 청사인지, 또는 다른 공공시설의 일부를 종합지소로 사용하고 있는지 등 종합지소의 형태에도 차이가 있을 수 있으므로 주의할 필요가 있다.

3. 종합지소의 상황

현재, 일본에는 1741개의 시구정촌市区町村이 있지만('구'는 도쿄의 23개 구이며, 북방영토의 6개 촌은 제외한다). 그중 590개의 시정촌은 1999년 이후에 합병된 지자체이다. 게다가 590개의 지자체 중 종합지소를 설치한 지자체는 127개인데 〈도표 I-6-3〉과 같이 종합지소의 명칭이 합병 전의 시정촌 명칭과 동일한 곳이 많다. 따라서 합병 전의 지자체 청사를 그대로 종합지소로 사용하고 있을 가능성이 높다고 생각되며, 이 경우 업무 효율화가 저해되는 동시에 인프라로서 청사 유지관리 비용도 증가할 것으로 보인다.

4. 인구 감소 시대에 대응하는 청사 체계

지금까지 설명한 바와 같이, 시정촌 합병에 따라 많은 지자체가 종합지소 방식을 선택한다. 그런데 종합지소 방식의 경우, 업무 효율화를 저해할 뿐만 아니라 청사 유지관리 비용이 증가하는 문제도 안고 있다.

업무 효율화를 저해하거나 유지관리 비용이 증가하는 것은 인구 감소로 인한 세수 감소가 예상되는 많은 지자체가 해결해야 할 당면 과제이다. 이를 해결하기 위해서는 청사 체계를 인구 감소에 대응할 수 있도록 정비하고, 행정재산 유지관리 비용을 축소하더라도 행정적 기능은 유지할 수 있도록 '자산 비보유 원칙(오프 밸런스 원칙)'이나 '인프라 축소 및 절약 행정'을 도입하는 방안을 생각할 수 있다. 유지관리 비용 절감 방법으로는 예를 들어, ①다른 공공시설과 공용화·다기능화하거나 ②민간시설 임차나 공공시설 이용 시 청사 기능을 공립 초·중학교로 이전하는 방법이 있다. 청사 기능의 이전처로서 학교를 예로 든 이유는, 인구 감소로 인해 전국적으로 빈 교실이 증가하고 있으므로 이 공간으로 청사 기능 이전이 용이할 것으로 생각되기 때문이다. 한편, 기능을 유지하는 방법으로는 예를 들어, ①IoT를 활용하여 원격의료·원격진료와 같은 방식으로 창구 모니터를 통해 업무 담당자와 직접 소통하는 방법이나 ②온라인으로 신청하고 증명서를 교부받을 수 있도록 하는 방법이 있다.

도표 I-6-3. 종합지소를 설치한 지자체 예시

도도부현	합병일	명칭	합병 방식	합병 전의 시정촌	종합지소 명칭
이시카와현	2006.2.1	와지마시	신설	와지마시, 몬젠정	몬젠 종합지소
후쿠이현	2005.10.1	에쓰젠시	신설	다케후시, 이마다테정	이마다테 종합지소
후쿠이현	2006.2.1	후쿠이시	편입	후쿠이시, 미야마정, 고시촌, 시미즈정	미야마 종합지소, 고시노 종합지소
야마나시현	2004.11.1	호쿠토시	신설	아케노촌, 스타마정, 다카네정, 나가사카정, 오이즈미촌, 하쿠슈정, 다케카와정	아케노 종합지소, 스타마 종합지소, 다카네 종합지소, 나가사카 종합지소, 오이즈미 종합지소,
야마나시현	2006.3.15	호쿠토시	편입	호쿠토시, 고부치사와정	시라카와 종합지소, 타케가와 종합지소, 고부치사와 종합지소
나가노현	2004.4.1	도미시	신설	기타미마키촌, 도부정	기타미마키 종합지소
나가노현	2006.3.31	이나시	신설	이나시, 다카토정, 나가타니촌	다카토 종합지소, 나가타니 종합지소
기후현	2004.2.1	모토스시	신설	모토스정, 신세정, 이토누키정, 네오촌	네오 종합지소
시즈오카현	2005.9.20	가와네본정	신설	나카카와네정, 혼카와네정	종합지소
아이치현	2005.10.1	신시로시	신설	신시로시, 호라이정, 쓰쿠데촌	호라이 종합지소, 쓰쿠데 종합지소
아이치현	2005.10.1	시타라정	신설	시타라정, 쓰구촌	쓰구 종합지소
도쿠시마현	2005.3.1	미마시	신설	와키정, 미마군, 아나부키정, 오야다이라촌	오야다이라 종합지소
에히메현	2004.10.1	가미지마정	신설	우오시마촌, 유게정, 이키나촌, 이와기촌	우오시마 종합지소, 유게 종합지소, 이키나 종합지소, 이와기 종합지소
에히메현	2004.11.1	사이조시	신설	사이조시, 도요시, 고마쓰정, 단바라정	도요 종합지소, 고마쓰 종합지소, 단바라 종합지소
에히메현	2005.4.1	이가타정	신설	이카타정, 세토정, 미사키정	세토 종합지소, 미사키 종합지소

고치현	2004.10.1	이노정	신설	이노정, 고호쿠촌, 혼가와촌	고호쿠 종합지소
고치현	2005.4.10	시만토시	신설	나카무라시, 니시토사촌	니시토사 종합지소
고치현	2005.8.10	니요도가와정	신설	이케가와정, 아가와촌, 니요도촌	이케가와 종합지소
고치현	2006.3.20	시만토시	신설	보카와정, 다이쇼정, 도와촌	니시토사 종합지소

시정촌 합병으로 2004년 4월에 탄생한 에히메愛媛현 시코쿠주오四国中央시에서는 2005년 제1차 행정개혁대강에서 "현재의 종합지소·분청 병용 방식에서 최종 조직 목표인 본청 방식을 위해 대강 실시 기간 중에 분청 방식으로 이행"[2]한다는 방침을 밝히고 종합지소는 합병에 따른 잠정적인 조치로 규정했다.

이렇듯 시정촌 합병 후 청사 체계라는 한 가지 요소만을 보더라도, 청사의 유지관리 비용 절감과 기능 유지를 양립시킴으로써 인구 감소 시대에도 재정적으로 지속가능한 도시를 조성하는 것이 전국 지자체의 공통된 과제임을 알 수 있다.

5. 시코쿠주오시의 청사 체계 변천 및 기능 유지

시코쿠주오시는 구 이요미시마伊子三島시, 구 가와노에川之江시, 구 도이土居정, 구 신구新宮촌의 2개 시와 1개 정, 1개 촌을 합병해 2004년 4월에 탄생한 에히메현 동부에 위치한 도시이다.

앞서 설명한 바와 같이 이 시는 시의 행정개혁대강에서 종합지소·분청 병용 방식에서 분청 방식으로, 나아가 본청 방식으로 다시 이행하기로 하고, 그 후 2018년 본청사가 완공됨에 따라 동년 9월 18일부터 새로운 본청사에서 업무를 개시했다. 이는 2004년 시코쿠주오시의 탄생 이후 14년이 지나서였지만 이 기간 중, 2006년에는 가와노에川之江·도이土居·신구新宮의 3

개 지구에 있던 종합지소의 창구와 본청(구 이요미시마시 청사)의 담당자가 PC 화면을 통해 화상전화로 대응하는 '텔레비전 창구 시스템'을 서일본의 지자체에서 처음으로 도입[3]하는 등, 청사에서 원거리에 있는 지역주민에 대한 행정서비스의 질이 저하되지 않도록 행정적 기능 유지를 도모했다. 또한 3개 지구에 있던 종합지소는 2009년에 모두 폐지되었다. 현재 그곳에는 각종 증명서 교부, 전입·전출·출생·사망 신고 접수 등의 기능만 남기고 그 외 모든 업무를 본청에 집약시켜 업무 효율화를 도모했다. 주민에게는 시정촌 합병에 따른 업무 효율화에 따라 서비스의 수준은 높이는 한편 그에 대한 주민 부담은 낮아지도록 조정한 것이다. 즉, 축소형 및 절약형 인프라 행정을 실현하고자 한 조치이다.

6. 히미시의 폐교 체육관을 활용한 시청 청사

히미氷見시는 도야마富山현 서부의 노토能登 반도 밑 부분에 위치해 이시카와石川현과 접해 있는 도시이다. 히미시는 동일본 대지진이 발생한 이듬해인 2012년 당시 시청사의 내진 조사 결과, 진도 6강 수준의 지진에 청사가 손괴될 위험이 있는 것으로 판명됐으며 쓰나미 침수 예상 구역에 위치해 있다는 점 등 다른 문제들도 확인됐다.

이 같은 위험성을 해결하기 위해 히미시는 당시 시청사의 내진 보강이나 재건축과 같은 방안을 검토해, 최종적으로 ①재정 부담을 고려해 기존 건물을 이용하고 ②쓰나미 침수 예상 구역에서 벗어나는 방향으로 고려한 결과, 폐교된 구 아리소有磯 고등학교 체육관을 용도 전환하여 사용하고 재건축은 시행하지 않기로 결정했다.

체육관을 시청사로 재활용한 것은 일본 최초의 시도였는데 체육관의 특성상 천장이 높다는 문제가 있었다. 이에 천장의 높이를 낮추는 방법으로 난방효율과 채광률을 높이고 전기요금은 낮추는 등의 정비를 통해 2014년 5월에는 현재의 시청사로 거듭나게 됐다.

히미시 청사는 체육관 활용 외에도 일본 최초로 청사 내에 미래 세션룸

Future Session Room*을 설치했다. 이는 '주민=행정서비스의 수혜자', '관공서 =서비스 제공자'라는 기존의 인식에서 벗어나, 지방자치 본연의 뜻인 '주민자치'를 통해 지역 과제에 대응하기 위한 노력이라 할 수 있다.

---

1. 도요경제온라인 '지진 피해 시정촌 합병으로 청사 재건축을 결단', https://toyokeizai.net/articles//14568s, 2018년 8월 22일 열람(東洋経済オンライン「震災、市町村合併で庁舎の建て替えを決断」)

2. 시코구주오시 '제1차 행정개혁대강'四国中央市「第1次行政改革大綱」, https://www.city.shikokuchuo.ehime.jp/shisei/omonaseisaku/gyouseikaikaku/keieikikaku201404246.files/584.pdf, 2018년 9월 24일 열람. 대강실시 기간은 2005년도부터 2009년도까지의 5개년이다.

3. 비즈니스 커뮤니게이션 ICT 솔루션 정보지 "시민의 부담 경감과 서비스 향상 실현-시코구주오시에서 '텔레비전 창구 상담 시스템'이 가동", https://www.bcm.co.jp/site/2007/01/tamatebako/nttr/0701-nttr.html, 2018년 9월 24일 열람

* 역자 주: 조직이나 입장이 서로 다른 이들을 모아 대화를 통해 과제를 해결하고자 하는 시설 및 공간을 의미한다. 향후 과제, 즉 미래 과제 해결을 위한 토론의 장이란 뜻에서 Future Session Room이라는 명칭을 사용했다.

7장.
일본에서 토지은행의 가능성
– 공공 주체에 의한 민간 부동산의 활용 유도

도요(東洋) 대학교
난바 유(難波 悠)

1. 토지은행

토지은행LB: Land Bank이란 주로 지자체 등에 의해 설치된 기관으로, 고정자산세 미납이나 관리 소홀 등으로 방치된 황폐한 부동산을 취득해 관리하거나 재생시켜 새로운 이용가치를 창출하기 위해 활동하는 준공공적 조직을 지칭한다. 미국 주택도시개발부 자료에 따르면, 토지은행은 미국 도시부의 황폐화가 가시화된 1970년대부터 설립되기 시작했다고 한다.

최근 빈집 증가가 사회문제로 대두되고 있는 일본에서도 이 토지은행이 주목을 받고 있다. 2018년 4월에 개정된 도시재생 특별조치법에서는 "저·미이용 토지 권리설정 등 촉진계획"이 창설돼 지자체가 공터나 빈집을 이용할 수 있게 됐으며, 동법에 근거해 도시재생추진 법인이 중개 기능을 가질 수도 있게 되어 앞으로 토지은행의 역할이 기대된다. 현재까지 국내에 설립된 토지은행은, 지자체가 토지은행을 설치한 미국과는 달리 부동산 및 법률 전문가 집단이 NPO 법인을 설립해 지역행정과 긴밀한 협력을 취하며 활동하고 있다. 도시재생 특별법 개정에 따라 앞으로 일본에서도 이 토지은행 제도가 더욱 확대될지 기대된다.

2. 미국의 토지은행

미국의 토지은행은 교외화와 도시 중심부의 황폐화가 두드러지기 시작한 1960년대에 도시개발의 방법으로 논의가 시작돼 1970년대 초 미주리주 세인트루이스에 설치된 것이 시초였다. 그 후, 중서부와 남부에 걸쳐 유사한 조직이 다수 설치되기도 했다. 이 토지은행 모두는 주州 법이나 주 헌법에 의거해 설치가 허용된 준공공적 조직이다.

토지은행이 설치되기 전에는 고정자산세 체납 등이 지속되는 부동산의 경우 주로 압류나 경매 또는 저당권 매도에 의한 방법으로 처리되었다. 하지만 압류와 경매는 오랜 기간 체납된 저당액이 부동산의 시장가격을 웃돌아 경매가 곤란하거나, 투기적인 이익만을 추구하는 투자가가 매매에 개입하게 되어 해당 부동산이 지역 차원에서 바람직하게 이용되지 않거나, 도시조성 자체가 바람직한 방향으로 진행되지 않는 등의 문제가 발생하곤 했다. 이 같은 문제로 인해 이런 부동산들을 단순히 투기 대상으로 전매해 세금을 회수하는 방식에 의존할 것이 아니라, 공적 주체가 대상 부동산을 직접 관리하거나 지역주민들과 함께 활용 방법을 검토하고 제3자에게 전매함으로써 이를 보다 바람직한 도시조성을 추진하는 방법으로 활용하기에 이르렀다. 세인트루이스에서 토지은행은 초기에 매년 500건에 가까운 부동산의 재생과 거래를 처리하는 등의 역량을 보이면서 성공적이라는 평가를 받았다. 그러나 한편으로는 독자적인 자금조달이나 재원 확보 방법이 부재한 상태에서 지자체의 일반 재원에 의한 보조에 의존한 점이나, 부동산의 압류나 공매 구조의 구태의연함 때문에 토지은행과 원활한 협력체계를 이루지 못하는 점과 이를 극복할 수 있는 절차와 방법이 장기적인 안목에서 마련되어야 한다는 점, 재이용을 위한 매매 가능 권한을 가지지 못한 점, 관련 기관과 협력이 이루어지지 못한 점 등 많은 문제점들 또한 과제로 드러났다.

2000년대 이후의 토지은행은 이런 점들을 감안하여 압류나 경매 절차 등과 연계된 체계하에 운영되도록 개선됐다. 미시간주는 기존의 압류 및 저당권을 제3자에 대해 판매할 수 있도록 했으며, 토지은행이 관할 지역 내 복수의 체납재산 압류와 일괄적인 공청회 개최를 할 수 있도록 절차를 마련했다. 2004년에는 미시간 토지은행 신속화법을 시행해 미시건과 같은 이름을 가진 조직MLBFTA: The Michigan Land Bank Fast Track Authority을 설치했다. MLBFTA는 지자체 등이 설치한 토지은행과 정부가 협정을 맺어 지자체의 토지은행 활동 등을 지원하도록 돕는 역할 외에도 스스로 부동산의 취득과 관리를 비롯해 이의 이용 촉진을 위한 활동도 한다. 또한 MLBFTA는 매수자가 없는 재산뿐 아니라 체납자의 부동산을 모두 압류할 수 있도록 해 시장성이 있는 물건을 취득할 수 있도록 했고 취득한 재산을 매매할 수 있도록 했다. 또한, 당해 지역 내의 지자체 간에 토지은행을 협력적으로 설립하도록 의무화했다. 미시간주의 제도를 참고로 하여 법 개정이 이루어진 오하이오주에서는 저당권 매각 등을 스스로 실시함으로써 토지은행의 수익을 증가시켰다. 다만, 이때 두 주는 모두 관련 법률 등의 개정이 필요한 상황이었다. 그러나 최근에는 관련 법의 개정 없이 토지은행법의 제정만으로 이를 시행할 수 있는 체계로 전환한 주도 생겨나고 있다(펜실베이니아주, 뉴욕주).

주택도시개발부의 자료에 따르면, 토지은행이 성공한 요인으로서 ▽지자체의 징세 및 압류 시스템과 연동시켜 신속한 정보 수집과 재원 확보가 가능하도록 한 점 ▽대상권역을 넓게 설정하고 다양한 부동산 시장을 포함시켜 자주재원을 마련한 점 ▽지자체의 명확한 정책, 즉 정책에 우선순위를 부여해 투명하게 거래하도록 한 점 ▽이용 방법을 검토하거나 압류 부동산을 관리할 때 지역주민들의 의견수렴 절차를 정식 절차로 한 점의 네가지를 들었다. 참고로 현재 토지은행은 미국 전역에서 약 75개가 설립돼 있다고 한다.

3. 디토로이트시 토지은행의 대처

미시간주는 앞서 설명한 바와 같이 2000년대에 미국 전역에 토지은행을 설치할 수 있는 제도가 정비되었고, 2011년에는 미시간주 내의 디트로이트시와 35개 기초자치단체에 토지은행이 설립됐다.

디트로이트시는 시의 주요 산업인 자동차 산업의 쇠퇴와 지속적인 인구 유출, 여기에 글로벌 금융위기로 인한 지자체의 세입 감소가 겹쳐 2012년에는 파산을 신청하기에 이르렀다. 디트로이트시의 파산 규모는 미국의 지자체 사상 최대 규모였다. 재정 파탄은 산업 쇠퇴와 치안 악화로 인해 50년 이상에 걸쳐 진행된 인구 유출에 기인한 것이었다. 이 때문에 1940년에는 약 180만 명이었던 인구가 파산 신청 시에는 70만 명 미만이었을 정도로 이곳의 인구 감소는 심각한 상황이었다.

디트로이트시는 도시 규모가 크고 중심부에도 단독주택의 비율이 높았기 때문에 인구 감소로 인한 황폐화는 급격히 진행됐다. 디트로이트시의 파산은 전미에서도 큰 주목을 받아서 당시 오바마 대통령의 주도로 '디트로이트 황폐 방지 전담반'이 설치됐다. 이 전담반의 보고에 의하면, 디트로이트시에는 8.4만 채에 달하는 빈집이 있었고 그중 약 4만 채는 철거할 필요가 있는 것으로 조사됐다. 빈집 철거를 위해서는 약 8억 5,000만 달러(또한 빈 공장 등의 철거에 최대 10억 달러)가 소요될 것으로 예상됐다. 중앙 정부는 서브프라임 모기지 문제로 주택의 과잉공급 문제를 경험한 바도 있어서 5,000만 달러가 넘는 예산을 이 황폐화에 대한 대책(빈집 철거)을 위해 투입하기에 이르렀고 이에 따라 토지은행 활용이 가속화됐다. 이로써 2014년 1월부터 이 장의 집필 시점인 2018년 9월까지 1만 5,000채 이상의 빈집이 철거됐으며 현재 철거 계약 완료 또는 계획 중인 빈집은 2,500채 이상이다. 보유 물건 수도 파산 신청 전에는 1,000건 미만이던 것이 약 10만 건까지 증가했다.

토지은행은 체납에 의한 압류뿐만 아니라 관리가 소홀한 빈집이나 유휴지 소유자에 대해서도 경고 조치를 했고, 관리가 개선되지 않으면 재판 등을 통해 대상 부동산을 수용하고 재활용을 추진했다. 가옥 상태 등에 따라 그대로 사용할 수 있는 것은 경매를 통해 매각하고 개보수가 필요한 경우에는 개보수 후에 시장가격으로 매각했으며, 철거 후의 토지는 인접 토지 소유자 등에게 1구획당 100달러에 판매했다. 또한 관련 제도를 통해, 토지은행이 황폐한 지역을 정비할 경우 미시간주에는 TIF^{Tax Increment Financing(고정자산세 등의 증가분을 상환재원으로 하는 자금조달 방법)}를 이용할 수도 있다.

이렇게 토지은행이 취득한 부동산을 이용하려는 움직임이 시민들 사이에서도 높아지고 있다. NPO 법인인 "디트로이트 미래도시DFC"는 시민들이 이 부동산들을 이용해 녹지(그린 인프라)를 정비하는 활동을 지원하고 있다. DFC는 원래 재정 파탄의 목전에 이른 디트로이트시의 도시문제에 대해 정책의 우선순위를 정하기 위해 시민참여를 유도하고 민간자금을 유치할 목적으로 장기전략계획을 수립하고자 설립된 NPO이다. 현재 DFC는 지역주민단체들이 철거된 빈집 부지를 이용해 그린 인프라를 정비할 경우에 참고할 수 있도록 지역에 맞는 토양과 특성, 디자인에 대한 가이드라인을 마련하고 활동 자금을 지원하는 활동을 하고 있다.

디트로이트시는 이제 지자체의 파산 처리가 완료되었고 민간의 투자도 늘

사진 I-7-1. 중심 시가지의 빌딩 철거 후 정비된 녹지(필자 촬영)

어 일부 지역에서는 개발이 활발해지고 있지만, 단독주택에 대한 수요는 아직 부족해서 빈집을 철거한 후 이를 택지로 공급해도 좀처럼 매입자가 나서지 않는 실정이다. 이 때문에 빈터는 일단 그린 인프라로 정비하여 주거환경 개선과 지역가치 향상을 도모함으로써 향후 주택투자로 이어지도록 유도하고 있다. 이 밖에도 DFC는 빈집을 개선하거나 구 산업시설을 활용하기 위한 활동도 진행하고 있다.

4. 쓰루오카의 토지은행

일본의 첫 토지은행은 야마가타山形현 쓰루오카鶴岡시에서 시작됐다. 미국의 토지은행과는 달리 지자체가 스스로 설치한 것이 아니라 토지 및 부동산 관련 전문가가 모여 구성한 NPO 법인으로서 지자체와의 협력하에 활동하고 있다.

설립 계기는 2004년으로 거슬러 올라간다. 쓰루오카시는 2004년에 도시계획상의 구획을 새로 수립했다. 즉, 이미 시가지가 된 구역만을 시가화 구역으로 하고 그 외 지역은 모두 시가화 조정 구역으로 규정했다. 하지만 중심 시가지는 도로가 협소해 접도接道 요건에 미치지 못하는 곳이 많아 빈집이나 빈터를 활용하기에 어려움이 있어 쓰루오카시 중심 시가지의 공동화를 초래하는 요인으로 작용되고 있었다. 한편 지자체 내부에서는 당시의 건축법규에 기초한 행정지도로는 목표한 대로의 도시조성을 이룰 수 없을 뿐만 아니라 악영향마저 미칠 수 있다는 우려의 목소리가 있었다. 이에 당해 시는 빈집 실태를 조사하였고 동시에 2011년에는 민간이 참여한 '토지은행 연구회'를 발족시켰다. 그 활동의 성과로서 권리관계가 복잡해 철거하기도 곤란했던 연립주택 형태의 빈집 철거에 성공했으며 이것을 계기로 다음 해에는 NPO 법인인 '쓰루오카 토지은행'을 설립했다. 이 토지은행은 당해 현의 택지건물거래업 협회 쓰루오카 지부, 건설업 협회, 법무사, 토지가옥 조사사회, 행정사회, 건축사회 쓰루오카·다가와 지부 등으로 구성되었다.

쓰루오카 토지은행 펀드

I. 도시의 상징시설 정비 --- 상한 100만 엔(보조율 1/2)
   (빈집 재건축·개축에 수반되는 지역 교류시설 정비 지원)

II. 전통적인 조카(城下)정 지구 보존 --- 상한 100만 엔(보조율 7/10)
   (편익성 향상을 위한 정비 지원)

III. 살기좋은 도시 정비 --- 상한 100만 엔(보조율 4/5)
   (자치회 유휴지 활용 정비 지원사업)

IV. 코디네이트 활동 지원 --- 상한 30만 엔(보조율 4/5)
   (코디네이트 보전 조성)

또한 학술기관, 금융기관, 쓰루오카시가 이사로 참여하고 지역 내 약 70개 기업이 등록한 택지건물 관련 기업 중 16개 기업이 토지은행에 참여했다.

쓰루오카 토지은행의 업무는 ①토지은행 펀드에 의한 조성 사업 ②빈집 위탁 관리 사업 ③빈집 용도 전환 사업 ④빈집 뱅크 사업 ⑤토지은행 사업의 5개이다.

쓰루오카 토지은행은 시내의 빈집 개보수나 토지은행 활동 추진이 용이하도록 자금을 조성하는 "쓰루오카 토지은행 펀드"(3,000만 엔)를 운영하고 있다. 펀드 중 1,000만 엔은 '민간도시개발추진기구'로부터의 조성금, 1,800만 엔은 쓰루오카시로부터의 자금, 나머지 200만 엔은 토지은행 회원인 민간기업 등이 출자한 자금이다.

쓰루오카 토지은행 펀드의 특징은 빈집을 철거하거나 매매할 때 회원인 부동산 중개업자 등이 여러 가지 조정업무를 실시함으로써 생기는 적자를 보충하기 위한 것이라는 데 있다. 빈집이나 빈터로 방치된 부동산은 매각되더라도 가격이 싼 경우가 많으므로 중개 수수료가 소액이다. 하지만 거래를 위해서는 물건보다 권리관계를 정리하기 위해 번거로운 절차와 시간이 소요된다. 따라서 이 펀드는 실제 발생한 업무량에 따라 회원의 적자를 보전하고자 하는 용도로 사용된다. 당초에는 토지은행의 수입을 확보하기 위해서라도 택지건설업을 가능하게 해 스스로 부동산을 매매할 수 있도록 구상했지만, 활동을 각 회원에게 맡기는 편이 물건을 더 많이 취급할 수 있고 회원의 본업에도 부담을 주지 않을 수 있게 택지건물업 등록은 하지 않았다.

빈집 위탁관리 사업은 2개 코스에서 빈집을 관리하고 매달 수수료를 받는 방식으로 진행된다. 이는 토지은행의 안정적인 수입원이 될 것으로 기대됐으나 실제로는 소유주가 1년에 몇 차례 직접 관리하거나 완전히 방치하는 경우도 많아 이용 실적이 16건에 그쳤다고 한다. 지금까지 토지은행이 관여해 빈집 재활용 사업을 지원한 실적은 야마가타 대학교 등의 학생용 셰어하우스, 마을회관, 아동보육 시설, 렌탈키친 등 10건 정도이다.

쓰루오카 토지은행이 실시하고 있는 업무 중 가장 특징적인 것은, 옛 시가지의 협소도로 문제 해결을 위한 활동이다. 토지은행이 관여한 사례 하나를 소개하자면, 대상 주택은 40평 정도의 방치된 빈집으로 출입 도로가 협소하고 출입 도로와 접한 곳에 빈집들이 위치해 사용이 곤란한 주택이었다. 토지은행은 이 집을 소유자가 매도하고자 했을 때, 인근에 위치한 동일 규모의 동일 소유자의 빈집을 동시에 매도하도록 하고 매입자에게는 도로확장 용지를 시에 기부하도록 유도했다. 해당 시의 택지는 70~100평 정도가 일반적으로 거래되는 규모였기에 협소한 택지는 매입자를 찾기가 곤란했다. 그러나 이같이 협소한 물건을 인근에 위치한 다른 택지 등과 함께 매매하게 하여, 매입자는 양호한 택지를 확보할 수 있었고 협소했던 도로는 확장돼 이용하기 편리해졌다.

이 밖에도 저지대에 위치한 데다가 건물의 소유 관계가 복잡하게 얽혀있는 빈집을 처리하여 방치된 구획을 정리하는 사업을 추진하고 있다. 이 구획은 좁은 도로에 접한 부분에 4채의 빈집이 있고, 구획 안쪽 부지로 들어가기 위해서는 2미터에도 못 미치는 협소한 사유도로를 통과해야 했다⑪. 그런데 A 거주자와 빈집 한 채의 소유자가 토지은행의 빈집 상담회에 각각 상담을 위해 방문한 것을 계기로 여기에 토지은행이 관여하게 됐다. 지금까지 빈집 2채가 철거되었고 A, B 소유자에게는 부지를 구입하도록 했다. 더불어 B는 자녀 세대의 주택을 건설하기 위한 목적으로 유휴 용지를 취득했다(②).

소유권은 아직 변경되지 않았지만 지상 부분은 사유도로를 정비해 협소 도로를 확장했다. 이로써 자동차 출입도 가능하게 되고 자동차를 여러 대 주차할 수 있는 주차장까지 정비할 수 있었다. 나머지 2채의 빈집 중 1채는 현재 상속 문제를 협상 중이다. 다른 한 채는 상속을 포기한 상태로 주민이 개인적으로 교섭하는 것이 용이하지 않아 토지은행이 일단 취득하고 각종 절차가 종료된 후, A가 매수할 예정이다(③). A가 향후 취득을 약속함으로써 토지은행은 재고를 떠안을 부담 없이 빈집을 취득할 수 있게 되었다.

토지은행은 협소 도로와 접한 부지에서 공사가 진행되는 것을 발견하면, 이를 도로용지로 기부할 것을 소유주에게 부탁하는 등 도시조성의 중개자로서 적극적으로 활동하고 있다. 그렇다고 모든 협상이 반드시 성사되는 것은 아니다. 교섭 시기가 이미 늦었거나 부지에 여유가 없는 경우에는 난항을 겪는 일도 많다고 한다.

5. 가케가와 토지은행

시즈오카静岡현 가케가와掛川시에서는 2015년의 주택토지 통계조사에서 시내에 약 2,700채의 빈집이 있다는 것을 알게 되었고, 이에 대한 대책을 검토하기 시작했다. 당해 시는 특히 관리 소홀 상태에 있는 특정 빈집과 부

도표 I-7-2. 토지은행의 관여로 빈집을 철거하고 사유도로를 정비한 사례

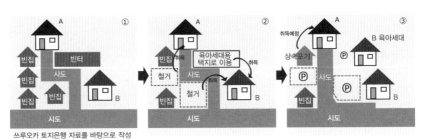

쓰루오카 토지은행 자료를 바탕으로 작성

동산 시장에 나오지 않는 비유통 빈집에 초점을 맞춰 대책을 마련했다. 구체적인 대책으로는 지자체가 직접 빈집 뱅크를 활용하는 방식이 아니라 인근에서 부동산 중개업을 하는 전문가 TF인 토지은행과 협력하는 방식을 선택했다.

토지은행은 빈집 관리 업무, 빈집 뱅크를 통한 빈집 매칭 코디네이트업, 빈집 문제 업무(무료 상담, 철거, 정비), 계몽활동(지구도시조성협의회에 대한 출장 상담, 전문가 육성), 중심 시가지 활성화(공유 오피스, 민박, 이벤트 등), 소규모 빈집 철거사업 등을 실시하고자 계획을 세웠다. 토지은행이 활동을 시작하고 무료 상담회를 개최한 지 지금까지 아직 반년 정도밖에 지나지 않았지만, 8월 말 시점에서 33건의 상담(매각 상담 7건, 이주 상담 5건, 철거 상담 16건, 임차 희망 5건)이 접수됐고, 앞으로 빈집 상담회를 매달 2회 개최할 예정이다. 토지은행은 상담을 위한 원스톱 창구로서 빈집 소유자와 관련 전문가를 연결하고 그 후에는 소유자와 전문가가 직접 개별 계약을 맺어 사업을 추진하게 된다. 그리고 업무를 진행한 토지은행 회원은 지급받은 수수료 등의 일부를 토지은행으로 환원한다.

관리가 소홀한 빈집은 토지·건물과 관련된 권리가 얽혀 있거나 체납 같은 행정적 문제 등의 복잡한 사정을 안고 있는 경우가 있다. 이에 가케가와시는 먼저 소유자와 접촉하고, 소유자의 승낙을 얻으면 토지은행에게 인계하는 방식으로 사업을 진행한다. 만일 토지은행이 소유자로부터 상담 요청을 받은 경우에는 적합한 관련 전문가와 연계하는 것이 중요하다.

또한 가케가와 토지은행은 지자체와 긴밀하게 협력하여 빈집 철거 시에 나오는 가구나 쓰레기를 산업 폐기물이 아닌 개인 쓰레기로 처리할 수 있도록 허가를 받았다. 이로써 일반 산업 폐기물 사업자에게 위탁하는 경우와 비교해 소유자의 쓰레기 처분에 드는 비용 부담을 절반 정도로 경감시키게 되었고 이를 통해서도 빈집 문제 해결에 일조하고 있다. 올해는 지역 주민들이 빈집 문제에 참여할 수 있도록 초등학교 지구에 빈집 지도 작성 사업을 실시하고 향후 3개년에 걸쳐 타 지구로도 확대할 계획이다.

가케가와시는 토지은행을 설립할 때 참고한 쓰루오카 토지은행을 비롯하여 타지역 전문가 및 단체와도 사업 사례를 공유하거나 대책에 관한 정보를 적극적으로 공유할 계획이라고 한다. 앞으로 사례 축적과 정보 공유가 진행됨에 따라 관련된 과제의 유형과 필요한 전문가 등을 잘 파악할 수 있게 됨으로써 더욱 신속하게 대책을 마련할 수 있을 것으로 기대된다.

6. 일본의 토지은행에 대한 기대

일본에서도 미국의 토지은행과 유사한 기능을 가진 제도가 시작됐다. 2018년 4월에 개정된 도시재생 특별조치법에서 「저이용·미이용 토지권리 설정 등 촉진계획低未利用土地權利設定等促進計画」 제도가 창설된 것이다. 이는 지자체가 빈집이나 빈터 소유주와 이를 이용하고자 하는 사람을 연결시켜, 소유권에 관계없이 여러 건물이나 토지에 대한 일괄적인 이용권을 설정할 수 있는 계획을 세울 수 있게 하는 제도이다. 이 제도는 이용권 등의 교환이나 집약 등에 의한 구획 이용 재편이 지역의 가치를 향상시킬 수 있다는 점에서 기대되고 있다.

이 사업에서는 도시조성 사업자 등을 지자체가 '도시재생 추진법인'으로 지정해 활용할 수도 있다. 장기적으로는 이 추진법인이 토지은행적 기능을 담당할 것으로 기대된다. 이 법의 개정에 따라, 추진법인으로 지정된 법인은 저이용·미이용 토지를 일시적으로 보유하거나 중개할 수 있게 됐고, 저이용·미이용 부동산을 추진법인에게 양도한 경우에는 소득세, 개인주민세, 법인세 등의 감세 혜택을 주었다.

토지은행은 환경 악화로 지가가 하락한 지역에서 효과를 발휘하기 쉽다. 미국에서는 빈집 등이 증가해 지역이 황폐해지면 지가가 하락하기 때문에, 저가로 부동산을 매입한 후에 이를 정비하여 고가로 매각할 수 있지만 일본의 경우에는 빈집 증가가 반드시 부동산 가격으로 직결되지는 않는다. 또한, 저가의 부동산은 토지은행이 중개 수수료만으로 수익을 얻기 어렵다. 만일 미국처럼 압류 물건의 매각 이익이나 저당권 등이 수익구조에

편입된다면 일본에서도 토지은행의 활동 재원이 안정될 수 있다. 하지만 일본의 모든 토지은행은 수익을 회원기업과 배분하고, 회원들이 전문가로서의 받는 업무 보수나 수수료는 회원기업이 직접 가져가는 구조를 채택하고 있다. 따라서 일본의 토지은행에게는 도시재생 특별조치법에 규정된 중개 기능을 잘 활용해 관련 자금를 조달하는 것이 관건이 된다. 이 경우, 미국의 사례에서 지적된 바와 같이 시장가치가 낮은 물건뿐만 아니라 시장가치가 높은 압류 부동산 등을 수익의 일부로 포함할 수 있는지 여부도 중요할 것이다.

일본에서는 황폐한 지역의 세수입을 어떤 시점에서 고정하여 거기서 나오는 세수입 증가분을 그 지역의 개발을 위해 사용하는 TIF와 같은 제도가 마련되지 않았다. 일본에서는 지역재생법 개정으로 BID^{Business Improvement} District(특정 지역의 부동산 소유자로부터 '수익자 부담금'을 징수해 그 지역의 도시조성 활동에 이용할 수 있도록 하는 제도)가 도입됐지만 BID의 부담은 사업자에 대해서만 한정하고 있으므로 이를 주택지구의 활동자금으로 활용하는 것은 어려울 것으로 보인다.

지금까지 일본에서 설립된 토지은행은 빈집 문제를 해결하기 위해, 빈집 소유자에 대한 계몽이나 빈집 예비군의 주택 유동화, 빈집 철거 등에서 좋은 실적을 올리고 있다. 또한 토지은행은 지자체의 빈집 대책과 정합성을 가지고 있기도 하고, 설립 시부터 이어진 밀접한 협력 체계를 바탕으로 지자체와 적절히 역할을 분담함으로써 소유자에게 신뢰를 얻고 전문가와의 매칭 등을 통해 신속한 대책을 마련할 수 있었다.

토지은행 활동을 보다 적극적으로 활용하기 위해서는 지자체 내부에서도 도시조성 부처와 징세 부처 등이 적극적으로 정보를 교환하고 협력체계를 강화할 필요가 있다. 아직 활동 초기 단계이지만 향후 이들의 활동이 확대될 것을 기대한다.

8장.
중국의 토지 소유와
유휴 농경지 이용

도요(東洋) 대학교 대학원 민관협력 전공
엔 시캔(袁 子挙), 나니 류(何 流)

중국은 개인의 토지 사유를 허용하지 않으며 헌법 제10조에 도시의 토지는 국가 소유로, 농촌과 교외의 토지는 집단 또는 국가 소유로 규정돼 있다. 또한 토지관리법에서는, 토지는 '사회주의 공유제'에 의한 것이며 토지 사용권은 법률에 따라 양도할 수 있다고 규정하고 있다. 이 장에서는 집단 소유로 돼 있는 중국의 농촌토지에서 발생하고 있는 경작 포기 문제와 유휴 농경지의 재활용 사례 등을 소개하고자 한다.

1. 농지 개혁과 현황

차이(蔡. 2015)에 따르면, 중국 농촌의 토지 개혁은 과거 네 번에 걸쳐 대규모로 실시됐다. 1950년대 초(1950~1953년)에 진행된 '농촌토지 개혁'에서는 농지를 사유재산으로 인정하고 농민에게 균등하게 배분했다. 이어 1953~1957년에는 '농업생산 합작제'에 따라 농업생산이 공동화됐다. 이 공동화는 상호협력단체, 초급합작사, 고급합작사로 고도화되었고 이는 농민들의 수입 증가로 이어졌다. 1958~1980년대 초기에 걸쳐서는 인민 공사제가 실시되었고, 이에 따라 농민들의 재산은 공유화됐다.
1979년에는 농가생산경영도급제가 도입됐다. 이 방식은 토지를 집단 소유한 농가가 사용권을 취득해 생산한 작물 중, 의무에 해당하는 분량을 팔거나 납세하면 나머지는 자유롭게 처분할 수 있도록 하는 것이다. 농촌토지 도급법에서는 "법률에 의한 허가 없이 도급지를 농업 이외의 용도로 사용해서는 안된다"고 규정하고 있다.

농촌에서는 '행정촌'이라고 불리는 작은 자치 조직이 집단 소유지의 소유자가 되는 방식으로 해당 토지가 호적에 등록된 마을 전원의 소유가 된다. 행정촌은 마을 차원의 공산당 지부와 촌민위원회 역할을 하고 있지만 재정은 분권적이므로 자체 재원 확보가 필요하다. 이에 따라 행정촌은 집단 소유지를 임대해 수입을 창출하는 등의 노력을 기울이고 있다. 집단 소유지의 관리나 경영에 대해서는 촌민위원회 조직법에 따라 촌민대표회의 3분의 2 이상의 찬성을 요건으로 하고 있다(야마다(山田), 2017).

2. 농촌에서 도시로의 인구 이동

중국 정부는 농민의 생산 의욕 향상과 농촌 지역의 생활 수준 향상 등을 목적으로 '농업세'를 단계적으로 인하해 2006년에는 폐지했다. 또한 상공업 발전에 따라 농업이 세수에서 차지하는 비중은 크게 감소하고 있으며, 농민의 생활 수준 향상을 위해 지원금 지급 등의 대책이 강구되고 있다.

중국은 세계 제2위의 경제 대국이며 세계 제1의 무역국으로 수출입 총액은 전 세계 수출입 총량의 11%에 이른다. 자급률은 2009년 99.6%, 2010년 99.1%, 2011년 99.2%, 2012년 97.7%로 점차 낮아졌지만, 평균적으로는 95% 이상의 기본 자급률을 나타내고 있다.

하지만 중국은 빈부격차가 매우 큰 것이 사회적 문제로 대두되고 있다. 2016년의 조사에 따르면, 중국의 빈곤 인구는 4,335만 명으로 연간 수입은 약 230만 원 정도이며 평균 월수입은 약 19만 원이지만 중국의 상위 5위권의 대도시에서는 아르바이트생도 월수입 40만 원 정도를 벌 수 있다. 제6회 전국인구조사(2010년)에 따르면, 농촌 주민은 6억 7,400만 명으로 총인구의 50.32%에 달하며 2014년 말 중국의 총인구는 13.6억 명이다. 2014년 말 기준으로 중국의 농촌 노동력은 4억 명이다. 이 중 일자리를 찾아 대도시로 이동한 인구는 1억 5,863만 명으로 농촌 노동력 총수의 39.16%를 차지한다. 농촌 노동력 중, 비농업 종사자는 2억 2,629만 명, 농업 종사자는 1억 7,877만 명이다. 농업 종사자는 전국 근로자 총수의 5.3%에 비율을 점하고 있다. 사회과학연구원의 조사에 따르면, "2013년부터 2017년까지 전국 농촌 인구가 6,853만 명 감소했다"고 한다.

인구 감소의 이유 중 하나는 식량 가격 억제 정책이다. 중국의 "한서漢書"에는 "왕자이민위천王者以民為天, 이민이식위천而民以食為天"이라는 말이 있다. '왕은 백성을 하늘처럼 여기고 백성은 밥食을 하늘처럼 여긴다'는 뜻이다. 중국은 빈곤층을 고려해 사회 안정을 도모할 목적에서 식량 가격 상승과 농산물 가격 상승을 억제하고 있다. 그러나 이 때문에 농업 종사자들은 수입 상승이 느리고 소득 수준도 낮기 때문에 대도시로 일자리를 찾아 떠나게 된다. 이로 인해 농업 종사자들이 자신의 농지를 포기하는 상황이 점점 확대되고 있다.

3. 농지와 관련된 권리 이전

농촌의 토지도급법에서 도급자는 법률에 의해 도급지를 사용하고 수익을 소유하며 토지도급경영권을 이전시킬 권리를 가진다. 도급지가 수용 또는 점용되는 경우에는 그에 상응한 보상을 받을 권리도 있다. 토지도급경영권을 이전하는 방법에는 양도, 교환, 토지 출자가 있다. 그 외에 전대나 리스, 대리경작(소작)도 가능하다.

또한, 최근 중국 정부는 농업공급supply-side의 구조 개혁과 농촌토지의 유동화를 추진하고 있다. 2016년 12월에 개최된 중앙경제공작회의는 "토지도급의 '삼권 분치(소유권, 도급권, 경영권으로 나누어 취급)법'을 상세화하고 착실히 실행해 신형 농업경영 주체와 서비스 주체를 육성한다. 농촌의 재산권 제도 개혁을 추진하고 농촌의 집단경제 재산권 귀속을 명확히 해 농민에게 보다 나은 재산권을 부여한다. 농촌의 토지 징수, 집단경영 건설용지의 시장 투입, 택지제도 개혁 시행과 관련된 준비를 종합적으로 추진한다"는 내용의 계획을 발표했다(JETRO, 2017).

이런 농촌토지의 집단 소유권에 따라 도급권과 경영권의 분리를 중심으로 사용권, 도급권, 경영권을 설정하고 경영권으로는 소유자를 교체할 수 있다. 토지를 재이용하는 대표적인 방법은 다음과 같다.

① 대출 : 토지와 주택을 개발자에게 임대해 고정수입을 얻는다.

② 양도 : 사용권을 매매한다.

③ 제3자에 의한 대리경작 : 제3자의 농업회사에게 사용권을 맡긴다.

④ 토지 출자 : 토지를 주식으로 해 타인과 협력 경영한다.

4. 농촌의 토지 재활용 사례

토지를 재이용하는 방법으로는 다음과 같은 다섯 가지 유형이 있다.

도표 I-8-1. 토지도급 경영권의 이전 방식

이전 방식 그룹명	이전 방식	도급계약 당사자의 변경 유무	이전 조건	대항 요건
양도 등의 방식	양도	유	임대인(농민집단)의 동의	현(懸) 이상의 인민정부에 등록
	교환	유	임대인에게 신고	현(懸) 이상의 인민정부에 등록
	토지 출자	유	(임대인의 실질적인 동의)	무
전대 등의 방식	전대	무	임대인에게 신고	무
	리스	무	임대인에게 신고	무
	대리경작	무	임대인에게 신고	무

도표 I-8-2. 토지도급권의 양도

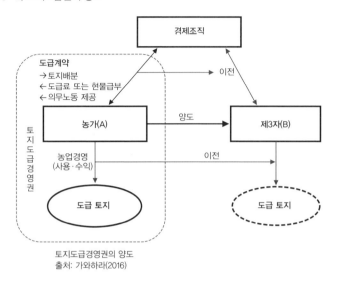

토지도급경영권의 양도
출처: 가와하라(2016)

① 향토요리와 농가체험
② 예술 디자인 공원
③ 캠핑 리조트
④ 민박
⑤ 노인요양시설

(1) 우한시 황피구(농촌토지 재이용 종합개발)[1]

우한武漢시 황피黃陂구 상가 북서부에 있는 방두만方斗灣은 인구 518명으로 143호의 주택이 있으며, 경지 약 0.88㎢, 택지 약 0.37㎢의 규모를 가지고 있다. 방두만은 고속도로, 철도, 강으로 둘러싸여 입지조건이 좋은 곳이다. 하지만 낡은 생산방식과 생활습관 때문에 지리적 우수성을 살리지 못해 청년들은 대도시로 떠나고 주로 고령자나 여성, 자녀 등이 남아 농업에 종사하고 있다. 주택은 상당수가 빈집 상태이고 인프라가 부족하며 마을이 급격히 쇠퇴하고 있었다.

'국가발전개혁위원회'의 전前 농촌건설과 산업발전연구소 시행소장과 중국 마을문제 전문가, 현現 북경 대미성향계획설계원大美城鄕計画設計院 원장인 왕자부王子夫가 황피黃陂 국가농촌공원 구상을 제안해 황피구 정부는 2017년 7월부터 '황피구 아름다운 시골 건설발전대 전체계획(2016-2025)'을 실행했다. 계획은 우한시위원회와 시정부가 제출한 "도시 주민이 시골로, 농촌 주민은 도시로"라는 캠페인으로 레저 실증사업 10건, 특징 있는 마을 16개, 오리지널 마을 40개, 거점 마을 80개, 젊은 사람들 100명을 위한 귀향 창업기지(점포), 가정 농장 500개, 마을 장원莊園 500개, 향토요리와 농가체험 2,000개, 민박집 2,000개, 민박 개조공사 5,000세대, 시골 마라톤 도로(50,000미터), 1만 명 규모의 농민훈련시설(단기 전문학교, 회사 10개, 전문가 200명, 신규 농민 20,000명)을 마련해 사업을 추진할 것이라고 밝혔다.

(2) 예술 디자인 공원 – 북경 송장 '화가촌'

북경시 중심부에서 약 30km에 위치한 통저우通州구 송장진宋莊鎭에서는 농

도표 I-8-3. 황피구 농지 재이용

민들이 이용하지 않는 토지의 사용권을 예술가들에게 매각해 예술촌이 형성됐다. 처음에는 수백 명 규모였지만 지금은 이미 전국에서 모여든 예술가들이 1,000명 이상이 되어 예술의 비즈니스화가 활성화됐다. 정부는 이를 하나의 새로운 브랜드로 만들어 적극적으로 지원하고 있다. 하지만 지가가 급등하자 매도자가 매수인을 상대로 매매 무효소송을 제기하였는데, 이 사건은 중국 농지의 특성과도 관련된 관계로 중국에서 가장 유명한 농지 판매 사건으로 발전했다. 이 사건은 도시 주민인 화가 이옥난李玉蘭이 2002년에 마해파馬海波로부터 4.5만 위안에 구입한 농지를 2006년에 매도인이 매매계약 무효와 가옥 인도를 요구하는 소송을 제기한 일이다. 1심 재판에서는 이옥난이 도시 주민이므로 농촌집을 살 수 없기 때문에 매매계약을 무효로 보고 매수인의 퇴거를 명했으며 매도인은 9.4만 위안을 매수인의 손실보상금으로 지급해야 하는 것으로 판결이 났다. 매수인은 이에 불복해 상소했지만 2심에서도 1심의 계약무효 판결을 유지했다. 한편 매수인이 매도인에게 별도의 소를 제기해 배상을 청구할 수 있다고 판결함에 따라 매수인은 배상청구를 통해 18.5만 위안을 배상받았다. 최종적으로 매도인은 매수인에 대해 당초 1심에서의 배상금과 합해 28만 위안을 지불해야 하는 것으로 종결됐다.

이 사건에서 드러난 문제는 농촌의 불법 건축(서류 미비), 농촌 부동산 소유권 매매 제한, 농촌 부동산 매매계약의 유효성에 관한 사법 판단 등 여러 과제를 포함하고 있다.

(3) 리조트 – 산리한사

북경시 중심부에서 130km 가량 북동쪽에 위치한 리조트 '산리한사山里寒舍'는, 2013년 이전에는 인구 20명 미만으로 43채의 집이 비어 있었다. 이 때문에 산과 농지가 방치된 곳이 많아서 민간기업이 임대차를 통해 사용권을 취득한 후, 마을의 자연 풍경을 훼손하지 않는 범위 내에서 산과 강을 정비했다. 임차한 33채의 주택을 개조하고 약 66,000㎡의 토지에 과

도표 I-8-4. 산리한사(山里寒舍) 공식 사이트

목을 심거나 정원을 만들어 지금은 고급 리조트로서 유명해졌다. 이곳은
예약을 잡기 힘든 명소가 됐다.

---

1. http://hb.qq.eom/A/20170705/050274.htm

PART Ⅱ

민관협력의 동향
2018~2019년

서장(序章).
최근 PPP 정책의 전개

도요(東洋) 대학교
네모토 유지(根本 祐二)

이 장은 2018년을 중심으로 PPP/PFI와 관련된 중요한 정책 동향을 정리한 것이다.

1. PFI법 개정

2018년 정기국회에서는 제6차 PPP법 개정이 이루어졌다. 지난 개정(2015년)으로부터 3년 만의 개정이며 주요 개정사항은 아래의 세 가지이다.

(1) 창구, 조언 등의 기능 강화

공공시설 등의 관리자인 지방자치단체나 PPP 사업에 참여 혹은 참여 예정인 민간사업자가 당해 시설에 관한 규제나 지원조치 내용에 대해 각각의 담당 부처에 문의해 조정하는 것이 아니라 내각부(법적으로는 내각총리대신, 이하 '내각부'로 통일)가 질문이나 요청을 일원적으로 받아 담당 부처와 조정한 후, 회답하는 이른바 원스톱 창구를 통하도록 했다.

내각부가 질문자·요청자의 입장에서 각 부처와 조정하는 시스템을 이른바 특구제도에 도입한 것으로 질문·요청자의 부담을 경감시킬 뿐 아니라 정부의 전체적인 추진 자세 및 방향성을 담당 부처와 공유하고 부처 내의 노력을 촉진하는 효과도 기대할 수 있다. 또한, 내각부가 특정 사업 실시에 관해 보고나 조언, 권고를 할 수 있는 제도도 창설됐다. 이런 조치들이 PPP/PFI를 적극적으로 도입하고자 하는 지자체를 지원할 수 있는 제도로서 운영될 것으로 기대된다.

(2) 컨세션의 지정관리자 특례

이 특례는 컨세션concession: 공공시설 등의 운영 및 운영권 사업자가 공공시설의 지정관리자를 겸하는 경우에 대한 지방자치법상의 특례를 마련한 것이다. 컨세션 사업자 지정과 지정관리자 지정에 관한 두 제도는 유사한 절차를 필요로 하고 실무상 번거로운 절차와 업무가 있는 데다가 두 제도에 차이가 발생할 경우에는 리스크가 되는 등 여러 문제가 지적돼 왔다.

이번 개정에서는 이용요금 설정 시 다시 지정관리자가 절차상의 승인을 얻을 필요 없이 조례가 정하는 범위 내라면 신고만으로 가능하도록 했다. 또한, 컨세션을 이전 받은 자를 새로운 지정관리자로 할 경우, 미리 조례에 특별한 규정을 두면 사후보고로 가능하도록 했다.

(3) 수도 사업 등과 관련된 재정투자금의 중도상환금 보상금 면제

수도 사업, 하수도 사업은 통상적으로 국가의 재정투자 자금에서 차입하고 있다. 컨세션에서는 지자체가 사업자로부터 운영권의 대가를 받아 그만큼의 조기상환 및 중도상환이 가능하게 된다. 이번 법 개정에서는 대출자의 기한의 이익(향후 얻을 예정의 금리 수입)에 대한 보상이 불필요하도록 조치했다. 정부는 지방자치단체의 금융기구 자금에 대해서도 동일한 조치를 강구하도록 요청하기로 했다. 이로써 수도, 하수도 컨세션을 진행하기 쉽도록 하는 효과를 기대할 수 있다.

2. PPP/PFI 추진 실행 계획

현재 일본의 PPP에 관한 정책을 대표하는 것이 'PPP/PFI 추진 실행 계획

PPP/PFI推進アクションプラン'이다. 이 계획은 정부의 공식 방침으로서, 내각부가 사무국을 담당하고 최종적으로는 내각총리대신이 회장으로 참여하는 '민간자금 등 활용사업 추진회의'의 결정을 거쳐 공표된 것이다. 2018년 개정판의 핵심 사항은 다음과 같다.

(1) 개정 PFI법으로 창설한 원스톱 창고 제도와 조언 제도 등의 원활한 운용을 통해 국가의 지원 기능을 강화한다.

(2) 실시 주체의 경험이나 지역 실정에 맞는 지원 및 부담 경감책을 검토함으로써 실시 주체의 저변 확대를 도모한다. 지역의 PPP/PFI 추진력 강화를 위해 플랫폼에서의 안건 형성이나 민관 대화 등을 촉진시키며 그 효과도 기대할 수 있다.

(3) 공항을 비롯한 컨세션 사업 등의 중점 분야에 공영 수력발전·공업용수도를 추가한다. 그 외 중점 분야로서는 구체적 검토 6건 정도의 실적을 달성한 하수도 분야를 '2019년도까지 실시 방침 목표 6건'으로 확대함으로써 구체적 검토 6건에 대해 구체적인 실시 목표를 정했다.

3. 사운딩sounding 안내서

PPP/PFI 사업에 대한 민간의 의견을 조기에 파악하고 민간이 쉽게 참여할 수 있는 제도를 결정하기 위해 조기에 사운딩sounding: 대화형 시장조사, 여론조사 등을 지칭한다을 실시하는 사례가 증가하고 있다. 지역 실정에 따라 유연하게 설계돼야 하는 것은 물론이지만 경험이 없는 지자체에서도 부담 없이 실시할 수 있도록 관련 노하우를 정리·요약할 필요가 있다.

도표 Ⅱ-0-1. PPP/PFI 추진 액션플랜

PPP/PFI 추진 액션플랜(2018년 개정판) 개요	
배경	향후, 많은 공공시설 등의 노후화로 인한 갱신(재건축, 재설치 등) 시기가 도래하는 가운데, 공적 부담을 줄이기 위한 PPP/PFI가 유효하게 적용될 사업은 어떤 지방자치단체에

	서도 충분히 일어날 수 있으며 이는 질 높은 공공서비스를 제공하고 새로운 비즈니스 기회를 만들 수도 있으므로 국가 및 지자체가 하나가 돼 PPP/PFI를 한층 더 추진할 필요가 있다.
개정 포인트	• 개정 PFI법에서 창설된 원스톱 창구 제도, 조언 제도 등의 원활한 활용으로 국가의 지원 기능을 강화한다. • 실시 주체의 경험이나 지역 실정에 맞는 지원, 부담 경감책을 검토함으로써 실시 주체에 대한 지원을 확대한다. • 공항을 비롯한 컨세션 사업 등의 중점 분야에 공영 수력발전·공업용 수도를 추가한다.

PPP/PFI 추진을 위한 시책

	컨세션 사업 추진	실효성 있는 PFI 도입검토 추진	지역의 PPP/PFI 강화
개정판 개요	● 컨세션 사업의 구체화를 위해 중점 분야 목표 설정 ● 독립채산형만이 아니라 혼합형 사업을 적극적으로 검토 공적 부동산의 민관협력 추진 ● 지역의 가치나 주민 만족도 향상, 새로운 투자나 비즈니스 기회 창출로 이어가기 위한 민관협력 추진 ─ 공원이나 유휴 문화·교육시설 등의 이용·활용 추진 ─ 공공시설 등 종합관리계획·고정자산대장의 정비·공표를 통한 민간 사업자의 참여를 촉진하는 환경 정비 ─ 특히 시장성이 낮은 지역의 우수사례의 성공요인을 분석해 적용을 확대	● 공공시설 등 종합관리계획·개별시설계획의수립·실행개시 시기를 향후 수년간 국가 및 모든 지자체에서 우선적으로 검토하는 규정을 수립하고 운용할 수 있도록 지원 • 국가 및 인구 20만 명 이상인 지자체의 적절한 운용, 우수사례 확대 • 지역의 실정이나 운용상황, 선행사례를 고려해 인구 20만 명 미만인 지자체에서의 도입촉진을 위해 알기 쉬운 정보 제공 • PPP/PFI의 경험이 적은 지자체나 소규모 지자체의 실시 주체에 대한 지원 확대를 위해 실시 주체의 부담 경감책으로서 유연성과 실효성 있는 방안과 그 도입방법 검토	● 인프라 분야에서의 활용 확대 ● 지역 실정에 맞는 구체적인 안건 형성, 민간기업의 참여 의욕 자극 • 민관 대화 확대추진(민간 제안의 적극적인 활용 등) • 지역기업의 사업력 강화 • PPP/PFI추진에 도움이 될 수 있도록 데이터의 가시화 추진 ● 정보 제공 등을 위한 지자체 지원 • 개정 PFI법으로 창설된 원스톱 창구 제도, 조언 제도 등의 운용에 의한 지원 강화 • 선진적인 지자체 사례나 조직설계 등에 대한 분석 및 전개, 기간만료 안건의 검증 ● PFI 추진기구의 자금공급 기능이나 안건 형성을 위한 컨설팅 기능의 적극적인 활용
	세션 사업 등의 중점 분야	공항[6건 달성], 수도[6건:~2018년도], 하수도[구체적 검토 6건 달성, 실시방침목표 6건:~2019년도], 도로[1건 달성], 문화·교육시설[3건:~2019년도], MICE시설[6건:~2019년도], 공영수력발전[3건:~2020년도], 공업용 수도[3건:~2020년도]	
	사업규모 목표	21조엔(2013~2022년도까지의 10년간) [컨세션 사업 7조 엔, 수익형 사업 5조 엔(인구 20만 명 이상의 각 지자체에서 실시하는 것을 목표로 한다), 공적 부동산 이용 및 활용 사업 4조 엔(인구 20만 명 이상의 각 지자체에서 2건 정도 실시하는 것을 목표로 한다), 그외 사업 5조 엔	

PDCA 사이클	매년 후속 조치로서 사업규모나 정책의 진척 상황을 가시 화하고 실행 계획을 재검토

이런 관점에서 2018년 6월 국토교통성은 '지방자치단체의 사운딩형 시장
조사 안내서地方公共団体のサウンディング型市場調査の手引き'를 공표했다. 이는 사운
딩에 익숙하지 않은 지자체 담당자를 위한 매뉴얼로서 실시 요령이나 각
종 서류를 예시하는 등 실무에 도움이 되도록 작성됐다.

또한, 이 안내서에서는 참여하는 민간사업자에 대한 인센티브에 관해 "사
운딩에 있어서는 공평성을 확보하면서 민간사업자에게 요구하는 부담이나
사업화할 경우의 수익성 등의 상황에 따라 적절한 인센티브를 개별적으
로 검토하는 것이 바람직하다"며 적극적인 인센티브의 검토를 권장했다.
2016년 10월에 공표된 내각부·총무성·국토교통성의 "PPP 사업에서의 민
관 대화·사업자 선정 프로세스에 관한 운용 가이드PPP事業における官民対話·事業
者選定プロセスに関する運用ガイド"에서는 인센티브가 없는 '1. 마켓사운딩형' 외에
우수 제안자에게 사업자 선정 시의 종합평가에 가산점을 부여하는 '2. 제
안 인센티브형'과 사운딩의 결과 우선교섭권을 부여해 대화나 교섭을 통해
의견이 적절히 조율되면 이들과 계약하는 '3. 선택·교섭형'을 제시했다.
이로써 인센티브 부여는 기존에 비해 적용하기가 월등히 쉬워졌다.

4. 인프라 노후화 관련

인프라 노후화에 관해서는 2013년에 국가가 수립한 인프라 장수명화長寿命
化기본계획에 따라 "공공시설 등 종합관리계획 수립 시의 지침公共施設等総合管
理計画の策定にあたっての指針"(2014년. 총무성)"이 공표됨으로써 각 지자체가 공공시설
등에 대한 종합관리계획을 수립하기 시작했다. 2018년에는 전국의 거의
모든 지자체가 해당 계획을 수립했으며, 현재는 개별시설계획의 수립 및
실행 단계에 들어가 있다. 이런 교섭을 바탕으로 정부는 "인프라 노후화 대
책의 향후 대책에 대해インフラ老朽化対策の今後の取り組みについて"(2017년 3월)"를 공표

도표 Ⅱ-0-2. 공공시설 등 종합관리계획·개별시설의 재검토(총무성)

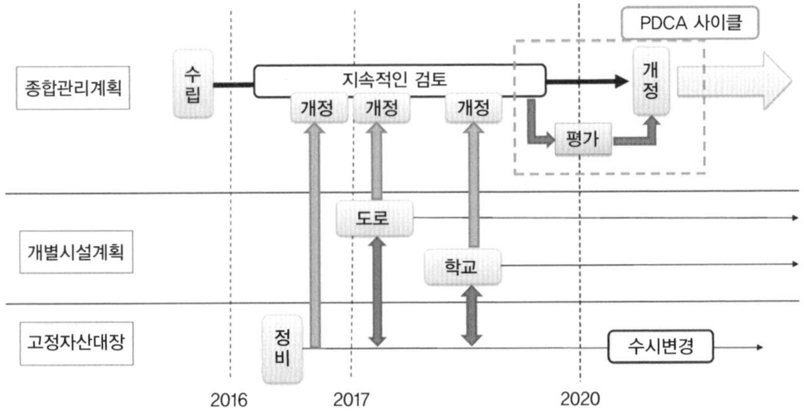

했다. 여기에는 '2020년에 가능한 한 조기에 개별시설계획을 수립한다'는
정부의 의지가 표명돼 있다. 또한, 2018년 2월에는 '종합관리계획에 대한
적극적인 재검토를 통해 내실화한다'는 내용으로 총무성 지침이 개정됐다.
적극적인 재검토가 필요한 이유는 명확하다. 개별시설계획을 개별적으로
수립했다고 하더라도 그 계획에 관한 금액을 모두 합산했을 경우, 전체 예
산과의 정합성이 문제가 되기 때문이다. 즉, 예산 부족 상황이 지속되고 있
으므로 개별시설계획을 개별적으로 수립한다고 해서 예산 문제가 해결되
는 것은 아니라는 것이다. 예를 들어, 종합관리계획 이전에 수립된 장수명
화 계획 등을 개별시설계획으로 대체하는 경우가 많은 교량, 하수도, 공영
주택 등은 유의할 필요가 있다. 이들 계획을 수립한 것 자체는 선구적인 대
응으로 평가할 수 있지만 예산 지원에 따라 수립한 것은 아니기 때문이다.
즉, 개별시설계획을 단순하게 합산하면 확보 가능 예산을 큰 폭으로 상회
할 가능성이 있다. 필자가 관여하고 있는 많은 지자체에서는 예외 없이 예
산 부족에 시달리고 있다. 전체적인 정합성을 확인하고, 예산이 부족할 경
우에는 종합관리계획 및 개별시설계획을 재검토하는 것이 당연한 수순이
라 할 수 있다.

5. 수도법 개정

컨세션 사업의 중점 항목인 수도는, 유감스럽지만 교섭이 목표한 대로 진행되지 않는 분야이다. 이와 관련해서는 2018년 정기국회에 제출된 수도법 개정안이 특징적이다. 이 안에서는 적절한 자산 관리의 추진을 위해, ①유지·보수 의무 ②수도시설 대장의 작성·보관 의무 ③계획적인 갱신(재설치 또는 교체)노력 의무 ④갱신비용을 포함한 수지 전망 작성과 공표 노력 의무가 포함돼 있다.

수도시설이 노후화돼 누수, 파열 및 이에 따른 단수 등의 사고가 발생하는 상황을 감안해 적절한 유지·보수와 갱신을 실시할 것과 그에 대한 전제로서 현상을 파악하기 위한 대장을 정비하고 향후 부담을 정확하게 예측하기 위해 수지 전망을 작성하도록 요구한 것이다. 이같이 당연한 항목을 명기한 배경에는 현재의 수도요금에 노후화로 의한 유지관리비나 갱신 경비가 충분히 반영돼 있지 않다는 요인이 있다. 수도 사업을 지속하기 위해서는 요금을 적정화할 필요가 있으며, 이를 위한 주민 합의를 도출하기 위해서는 데이터를 정확히 파악하고 분석하는 것이 필수적이다.

또한, 이 개정안에는 민관협력을 추진하기 위한 방침으로 '지방자치단체가 수도 사업자로서의 역할을 유지하면서, 후생노동대신 등의 허가를 받아 수도시설에 관한 공공시설 등의 운영권을 민간사업자에게 맡길 수 있는 제도를 도입한다'는 내용이 포함돼 있다. 컨세션은 민영화가 아니며 수도 사업자인 지자체는 시설 소유자의 책임에 의거해 컨세션 사업자를 관리하는 기능을 충분히 발휘해야 한다는 것을 명기한 조항이다.

2018년 정기국회에 계류 중이지만, 필자는 차세대에게 건전한 수도 사업을 물려주기 위한 현세대의 사명으로서 이 제도가 조속히 성립되기를 바란다

6. 지역재생 에리어 매니지먼트 부담금 제도

지방창생 분야에서는 지역재생법에 의한 지역재생 에리어 매니지먼트 부

담금 제도(이른바 일본판 BID: Business Improvement District)의 창설이 큰 화제가 됐다. BID는, 세금이 국민생활의 편익에 광범위하게 영향을 미치는 것과 달리, 세금과 같은 강제성이 있지만 한정된 지역을 대상으로 부담금을 징수하는 제도이다. 미국이나 유럽에서도 널리 이용되고 있으며 일본에서도 오사카시에서 동일한 제도가 실시되고 있다. BID를 도입하려면 다음과 같은 절차가 필요하다.

① 지역재생계획 작성

우선, 제도를 활용하고자 하는 지자체는 지역재생계획을 작성하고 국가(내각총리대신)의 인정을 얻을 필요가 있다. 지역재생계획에는 구역, 실시할 사업, 수익 사업자로부터의 부담금 징수 및 사업을 실시할 지역 관리 단체(에리어 매니지먼트)에 대한 교부금 교부에 관한 사항, 계획 기간 등을 기재해야한다. 에리어 매니지먼트 단체가 지자체에 먼저 제안할 수도 있다. 사업은 지역 실정에 따라 상이하나 이벤트 개최, 정보 발신, 순회버스 운행, 오픈 스페이스 활용 등이 상정된다.

② 에리어 매니지먼트Area management 단체에 의한 활동계획 작성

에리어 매니지먼트 단체는 수익 사업자 3분의 2 이상의 동의를 얻어 해당 사항을 기재한 "지역 방문자 등의 편익증진 활동계획"을 작성해 시정촌장의 인정을 받아야 한다. 활동계획에는 활동 구역, 목표, 내용, 사업자가 얻는 이익의 내용과 정도, 이익을 얻는 사업자의 범위, 계획 기간, 자금계획 등을 기재한다. 수익 사업자는 지역 내에서 활동하는 자로서 해당 사업으로 이익을 얻을 가능성이 있는 소매 및 서비스 사업자나 부동산 대출 사업자가 상정돼 있다.

③ 지자체에 의한 계획 인정

에리어 매니지먼트 단체가 제출한 활동계획에 대해 당해 지자체 의회의 의결을 거쳐 계획을 인정한다. 인정 기준은 지역재생계획에 대한 적합성이 충족되는 경우, 수익 사업자의 사업 기회가 확대되는 등 활동 실시 구역의 경제 효과 증진에 대한 기여도가 인정되는 경우, 수익 사업자가 부담금을 부담하는 경우, 부당하게 차별적으로 취급하지 않는 경우 등이다.

④ 지자체의 부담금 징수와 교부금 교부

지자체는 에리어 매니지먼트 단체가 실시하는 활동에 필요한 경비를 충당하기 위해 사업자로부터 부담금을 징수해 에리어 매니지먼트 단체에 교부금으로 교부할 수 있다. 이때, 징수 대상 사업자의 범위와 금액, 징수 방법을 조례로 정할 필요가 있다. 또한, 부담금 수납 사무는 일정한 요건하에서 민간에게 위탁할 수 있다.

⑤ 에리어 매니지먼트 활동의 실시와 감독 등

지자체는 에리어 매니지먼트 단체를 관리·감독한다. 사업자가 3분의 1을 넘는 수익 사업자의 동의를 얻어 인정 취소를 청구한 경우에는 인정을 취소해야 한다.

이상과 같이 BID는 지역 관계자가 자신의 지역에 한정해 편익이 생길 수 있는 공공서비스를 자신의 부담으로 실현하려는 제도이다. 다른 사람이 낸 세금을 자기 지역에 사용하겠다는 이익 유도식 발상이 아니며, 자신이 부담하지 않는 한 수익도 없으므로 용기 있는 부담과 책임 있는 사용을 기대할 수 있을 것이다. 필자는 BID와 마찬가지로 해외에서 확산되고 있는 레비뉴 채권[1]이나 조세담보금융TIF:Tax Increment Finance[2]을 일컬어 '규율 있는 자금조달'이라 부르고 있다. PPP의 좋은 점은, 수지를 적절히 관리하지 않으면 파산에 이르는, 민간에게는 당연히 요구되는 이 같은 재정규율을 공공에 도입한다는 것이다. 지자체의 재정 상황이 점차 어려워지는 가운데, 일반적인 프로젝트와 파이넌스를 포함한 '규율 있는 자금조달'은 앞으로도 더욱 부각될 것으로 보인다.

---

1. 에너지나 폐기물 처리 등 수입이 수반되는 공공사업의 부채를 당해 사업 수입에서 우선적으로 변제한다. 충분한 수입이 나오지 않으면 채권자는 변제받지 못하므로 채권자가 사업에 관여한다.

2. 직접적인 수입은 발생하지 않지만, 고정자산세 등 세수를 증가시키는 효과가 큰 공공사업의 부채를 장래의 세수 증가분으로 변제한다. 세수가 증가할 수 있는 사업을 성공시키지 못할 경우, 채권자는 변제받을 수 없으므로 채권자가 사업에 관여한다.

1장.
민관협력의 동향
(공공서비스형)

이 장에서는 공공서비스형 PPP에 관한 사례를 소개하고자 한다. 이 유형은 공공자산을 이용해 민간사업자가 공공서비스를 제공하는 것이다. 또한, PFI법이나 지방자치법 등 법률, 제도에 근거해 실시되는 것도 여기에 포함된다.

1. PPP/PFI
국가나 지방이 관리하는 공항의 컨세션 사업이 급속히 확대되고 있다. 센다이, 간사이, 이타미 공항은 이미 민간이 운영하고 있으며 고베, 다카마쓰 공항도 민간에 의한 운영이 시작되었다. 또한 후쿠오카, 시즈오카, 난키시라하마에서도 공항의 사업자를 선정했으며, 홋카이도 내의 7개 공항에서도 사업자 선정이 진행되고 있다. 사업자 공모에는 해외의 공항 관련 사업자의 지원도 활발하여 일본의 공항 컨세션 사업이 크게 주목받고 있음을 알 수 있게 한다.

그러나 한편으로, 운영권에 대한 대가가 급등하거나 여객·화물의 취급 목표 혹은 설비투자의 목표 경쟁이 심화되고 있는 것에 대한 우려도 커지고 있다. 현재는 인바운드 수요의 확대로 인해 지방 공항의 항공 수요 증가에 대한 기대는 있지만, 각지에서 제안되고 있는 수요 증가량을 충족시킬 수 있을지는 의문이다. 컨세션 사업에서는 민간사업자가 수요 리스크를 부담하고 시설 확장, 신설 등을 실시하도록 요구하고 있는 데다가 운영권 대가가 급등하고 있기 때문에 확대 추세가 계속되면 사업자가 '승자의 저주'에 빠질 가능성도 있다.

내각부는 PPP나 PFI에 대한 '우선적 검토 규정'을 수립하고 이를 운용하고자 하는 지자체에 대한 지원을 2018년 봄부터 확대했다. 기존에는 인구 20만 명 미만의 지자체에 대해 초기 단계의 지원만을 실시하고 있었지만, 앞으로는 인구 규모와 관계없이 컨설턴트나 직원을 파견해 상담 등을 실시한다. 2015년에 정부는 시설 정비와 유지관리 등의 사업에 총액이 10억 엔 이상이거나 연간 운영비가 1억 엔 이상 소요되는 경우, PPP/PFI 도입을 우선적으로 검토한다는 지침을 결정하고 인구 20만 명 이상의 지자체에 대해 이를 우선적으로 검토하는 규정을 수립하도록 요구했다.

한편, 인구 20만 명 미만의 지자체에서는 부족한 노하우를 보완할 수 있는 지원을 실시했다. 향후에는 지원 대상을 확대해 20만 명 이상의 지자체 사업 구체화에 대해 검토하도록 지원하는 동시에 이를 통해 얻은 지식을 지원책 개선에 연계하고자 하고 있다.

우선적 검토 규정 수립 후, PPP/PFI을 도입하기 위해 사업추진을 한층 더 활성화하고자 하는 지자체도 있다. 삿포로시는 PPP/PFI 도입을 위한 절차 등을 정리한 'PPP/PFI 활용방침'을 수립해 2018년도부터 운용을 시작했다. PPP/PFI 도입 검토단계부터 도입, 운영, 개시 후의 모니터링 등까지, 각 단계에서 지자체 방침을 통해 절차를 통일했다. 그리고 이를 통해 행정 외부의 관련 기업 등도 PPP/PFI 도입 절차 등을 이해하기가 용이해져서 현지 기업의 참여를 촉진하는 효과가 있을 것으로 기대되고 있다. 정령 지정도시* 등 일부 지자체에서는 동일한 방침을 수립해 실시하고 있다.

도표 II-1-1. PPP/PFI의 동향

일자	제목	내용
2017/9/11	공공시설, PFI에서 집약·복합화 (가나가와현 사가미하라시)	가나가와현 사가미하라시는 시내의 JR역 주변에 있는 노후화된 6개의 공공시설을 PFI를 활용해 인근 도시공원 내에 통합·복합화함과 동시에 토지를 역과 어울리도록 이용하기 위해 민관협력을 통해 사업효과 조사를 실시한다.
2017/9/12	시 최대의 스포츠·문화복합거점 개업 (가나가와현 가와사키시)	가나가와현 가와사키시가 시의 체육관·교육문화회관 부지에 건설한 스포츠·문화종합센터 '문화 가와사키'가 완공돼 개업한다. PFI를 활용해 건설됐으며, 개업에서부터 10년간의 지정관리료를 포함한 총사업비는 182억 엔이다.
2017/9/15	신시설 기공식전 개최 (나라현)	나라현이 나라시 중심부에 정비 예정인 신컨벤션 시설의 기공 기념식전을 개최했다. PFI 방식으로 정비돼 최대 2,000명을 수용할 수 있는 대회장을 중심으로 중·소회의실을 겸비, 대규모 국제회의 등을 유치할 수 있다.
2017/9/26	오릭스 연합과 계약, 공항의 운영권 매각 (고베시)	고베시는 고베 공항의 운영권을 오릭스 등이 설립한 '간사이 에어포트 고베'에 매각하는 실시 계약을 체결했다. 이들은 2018년 4월부터 2060년 3월 말까지 42년간 공항을 운영한다. 간사이 에어포트에는 오릭스나 프랑스 항공사 등이 출자했다. 고베시는 운영권 매각으로 191억 4,000만 엔의 수익을 얻었다.
2017/9/27	도로조명 ESCO로 LED화 (도치기현)	도치기현은 CO_2나 전기요금의 절약을 위해 현이 관리하는 도로조명의 LED화를 본격화한다. 재정 상황을 고려해 민간사업자가 입안과 유지관리 등의 업무를 일괄수주하는 'ESCO 사업'을 활용한다. 2018년부터 10년에 걸쳐 실시할 방침으로, 그 채무부담 행위로서 2017년 9월 보정예산안에 34억 6,000만 엔을 계상했다.
2017/10/2	미쓰비시 지소 그룹과 계약, 다카마쓰 공항 민영화 (국토교통성)	국토교통성은 국가가 관리하는 다카마쓰 공항의 민영화를 위해 미쓰비시 지소와 건설사 등으로 구성된 컨소시엄과 운영 위탁에 관한 계약을 체결했다. 운영 기간은 최장 55년이다. 컨소시엄은 운영권을 취득하는 대가로 국토교통성에 50억 엔을 지불한다.
2017/10/5	국내 최대 규모 바이오매스 이용 센터 가동 (아이치현 도요하시시)	아이치현 도요하시시는 바이오매스 이용 센터를 열었다. 시내에서 나오는 하수 오염물질을 모두 바이오매스와 탄화연료로 전환해 재생가능 에너지 자원으로 활용한다. 가능량은 1일당 오염 토양 472㎡, 음식물 쓰레기 59톤으로 이를 집약하는 바이오매스 에너지화 시설로서는 국내 최대규모이다.

2017/10/6	PFI로 전국 두 번째 규모 급식 센터 정비 (시가현 오쓰시)	시가현 오쓰시에서 PFI 방식을 도입하는 동부 학교급식 공동조리장의 정비 운영 사업자가 결정됐다. 이 사업자는 1일 1만 7,000식을 공급할 수 있었다. PFI로는 BOT 방식을 채택했다. 사업자의 낙찰금액은 세금을 공제한 금액으로 148억 7,000만 엔이다. 경비 절감효과는 VFM으로 7.4%(11억 엔)를 예상하고 있다.
2017/10/6	컨세션 방식이 최적 가스 사업으로 전문가 위원회 답신 (오쓰시)	가스 사업을 민관출자로 만들어진 새로운 기업으로 이관하고자 하는 오쓰시의 전문가위원회는 가스의 소매 전면 자유화 등을 고려해 컨세션을 활용하는 방식이 최적이라고 판단하고 이를 시의 공영기업 관리자에게 제출했다.
2017/11/2	모든 초등학교, 중학교 교실에 에어컨 (시즈오카현 하마마쓰시)	시즈오카현 하마마쓰시는 시립 초·중학교의 모든 교실에 에어컨을 설치하기로 했다. 대상은 146개 학교 중, 127개 학교의 2,037개 교실이다. 이를 위해 해당 시는 PFI 방식 등을 검토하고 있으며, 2018년도에는 사업계획을 수립하고 2020년 8월 말에는 설치 완료할 것을 목표로 하고 있다. 설치 비용은 약 50억 엔으로 상정하고 있다.
2017/11/6	Park-PFI로 지침, 60억 엔 규모의 공원 정비 사업 실시 (나고야시)	나고야시는 'Park-PFI'를 활용한 도시공원의 정비운영 사업지침을 결정했다. 사업 대상은 시 중심부인 히사야오도오리 공원 내의 지구로, 사업 규모는 민간사업자의 부담분을 포함해 40억~60억 엔이 될 전망이다. 공원 내 도로 등의 정비비는 30억 엔을 상한으로, 사업자는 최소한 10% 이상을 부담한다.
2017/11/10	37억 엔의 절감 효과, 가스 사업 컨세션 도입 (오쓰시)	시가현 오쓰시는 시의회 시설 상임위원회에서, 시영가스 사업에 공공시설 등의 운영권 제도(컨세션) 방식을 도입하는 경우 2017년도부터 22년간 공영을 계속하는 경우와 비교해 37억 엔을 절감할 수 있는 효과가 있다는 추산(推算) 결과를 공표했다.
2017/11/14	하수처리로 컨세션 방식 전국 최초, 계약 기간 20년 (시즈오카현 하마마쓰시)	시즈오카현 하마마쓰시는 하수처리에 컨세션 방식을 도입하여 민간기업 6개사가 설립한 특수목적법인과 실시 계약을 체결한다. 사업 개시는 2018년 4월로 예정하고 있으며, 민간사업자는 베오리어 재팬, JFE 엔지니어링, 도큐건설 등이 설립한 '하마마쓰 워터 심포니'이다. 이들은 20년간의 운영권 대가로 25억 엔을 지불하게 되며, 시민이 지불하는 하수도 사용료의 일부(23.8%)를 이용료로 받는다.
2017/11/14	신국립경기장을 올림픽 이후에는 구기 전용 경기장으로 활용, 22년간, 각료회의로 결정	정부는 2020년 도쿄올림픽 경기장으로 사용되는 신국립경기장에 관한 관계 각료회의를 수상관저에서 개최했다. 회의 결과, 해당 경기장을 올림픽 대회 후 22년간 구기 전용 경기장으로 사용한다는 방침이 결정됐다. 이에 따라 경기장의 운영권을 민간사업자에게 매각하는 방식을 도입할 방침이다. 2019년에 공모방식을 정하고 2020년 가을에 사업자를 선정한다.

2017/11/27	신치토세 공항 운영회사의 주식 매각 (홋카이도)	홋카이도는 신치토세 공항 빌딩을 운영하는 홋카이도 공항(HKK)이 보유한 주식 전량을 24억 엔에 매각한다. HKK는 2020년도 도내 7개 공항을 민영화하기 위한 입찰에 참여할 것을 검토하고 있다.
2017/11/28	공항 주식 매각으로 기금 창설, 노선 유치에 활용 (홋카이도)	홋카이도는 도내 7개 공항의 일괄 민영화를 위해 공항의 협력 강화와 국제선 유치를 꾀하고자 '홋카이도 항공진흥기금'을 창설한다. 이를 위해 도는 신치토세 공항빌딩을 운영하는 홋카이도 공항(HKK, 신치토세시)의 주식 매각으로 얻는 24억 엔을 출자한다.
2017/11/30	공업용 수도 사업 폐지 검토 (도쿄도)	도쿄도는 공업용 수도 사업 폐지를 검토한다. 사업을 계속할 경우, 노후화된 시설의 재설치비 등으로 약 2,300억 엔이 소요될 전망이다. 따라서 운영권을 민간사업자에게 매각하는 컨세션 방식이나 민간에게 양도하는 방식을 검토 중이다.
2017/12/21	국제전시장의 우선교섭권자를 선정 (아이치현)	아이치현 지사는 2019년 9월 개업을 예정하고 있는 국제전시장(아이치현 도코나메시)의 컨세션 우선교섭권자로 '마에다·GLevents 그룹'을 선정했다. 이 그룹이 제안한 운영권 대가는 현이 설정한 최저 제안 가격 882억 엔이다. 이 대금은 민관협력 사업이나 개업 후 5년까지의 운영권에 대한 보조를 위해 활용된다.
2017/12/22	가스운영권 양도를 조례로 결정, 2019년도에 신회사 이관 (시가현 오쓰시 의회)	시가현 오쓰시 의회는 11월 본회의에서 시영 가스 사업에 공공시설 등에 대한 운영권 제도 방식을 도입하는 가스공급조례 개정안을 통과시켰다. 이에 따라 시는 2019년 4월에 민관출자기업에 소매사업을 이관할 방침이다.
2018/1/15	센다이-이즈모선, 4월 20일부터 (미야기현)	미야기현 지사는 센다이-이즈모선이 새롭게 취항한다고 발표했다. 2016년의 센다이 공항의 민영화 이후, 국내 신규노선 개설은 이것이 처음이다.
2018/1/30	시영 가스 운영권 제도 도입 (시가현 오쓰시)	오쓰시는 시영 가스 사업의 공공시설 등에 대한 운영권 제도 도입을 위한 실시방침을 수립했다. 이 제도가 적용되는 대상은 주로 소매업무이며, 11월에 민관출자기업을 설립하고 2019년 4월부터 업무를 시작할 예정이다. 소매 업무 외에 시가 비용을 지불하는 부대업무로는 긴급보안 등 도관업무의 일부와 LP가스의 일부, 수도 유지관리 업무가 해당될 것이다.
2018/1/31	이타미 공항, 4월에 일부 리모델링 오픈	간사이 에어포트는 대규모 개축 공사중인 이타미 공항 터미널의 도착 출구, 상점 구역 등을 4월 18일에 먼저 오픈한다고 발표했다. 이 시설들은 편의성을 높인 점 외에 상점 구역을 확대해 음식과 상품판매 수익 향상을 목표로 한다.

2018/2/28	PFI로 대현 공영주택 정비, 7동 250호 (구마모토현 나가스정)	구마모토현 나가스정은 정주화 촉진책의 일환으로 PFI 방법을 활용한 공영임대 공동주택 정비를 추진하고 있다. 이는 공동주택 7동을 포함한 총 250호의 대현 프로젝트이다. 건설에 앞서 2017년 4월, 니시마쓰 건설 등이 중심으로 설립한 'PFI 나가스정 주택'과 공영주택의 건설·관리·운영에 관한 계약을 맺었다. 계약 금액은 약 63억 8,700만 엔이다.
2018/3/7	PPP, PFI 추진에 지원 확충, 지자체 규모와 관계없이 조언 (내각부)	내각부는 PPP나 PFI를 추진하는 지자체를 지원하기 위해 지원사업의 모집 대상을 일부 확대한다. 이에 따라 PPP-PFI의 '우선적 검토 규정'을 수립·운용해 이를 실시하고자 하는 지자체에 대한 초기단계 지원의 모집 요건 중 '인구 20만 명 미만'이라는 항목을 2018년에 폐지한다. 그리고 이후로는 인구 규모와 관계없이 컨설턴트나 직원을 파견하고 필요한 조언 등을 실시한다.
2018/3/28	미쓰비시 지소 연합에 우선교섭권 부여, 시 즈오카 공항 민영화 (시즈오카현)	시즈오카현은 시즈오카 공항 운영권 양도에 대해 미쓰비시 지소와 도쿄 급행전철로 구성된 컨소시엄에 우선협상권을 부여한다고 발표했다. 사업은 2019년 4월에 시작할 예정이며 착륙료를 독자적으로 설정할 수도 있다. 사업 기간은 20년이다.
2018/4/1	간사이 3개 공항, 일괄 운영 개시, 시코구는 다카마쓰를 민영화	간사이 국제공항과 이타미 공항을 운영하는 간사이 에어포트의 자회사인 간사이 에어포트 고베는 4월 1일 고베 공항의 민간 운영을 시작했다. 여객 수를 2016년도 188만 명에서 2032년도에는 307만 명으로 늘린다는 목표로 사업을 추진한다.
2018/4/6	선진적 PFI가 우왕좌왕 (아이치현 니시오시)	아이치현 니시오시가 공공시설을 재배치하는 PFI 사업을 놓고 우왕좌왕하고 있다. 이 사업은 전국적으로도 선진적인 것으로서 2016년 6월에 특수목적법인(SPC)과 계약했지만, 시민들의 반대가 강해져서 2017년 6월의 시장 선거에서 '사업 동결·재검토'를 공약한 나카무라 켄 시장이 당선됐다. 이미 발주가 끝난 공사를 중단하고 사업 취소를 포함한 계획의 재검토 방침을 수립했지만, 시민들의 지지와 SPC의 합의를 이끌어내기 위한 논의는 난항을 겪을 것으로 보인다.
2018/4/9	호텔에 최대 규모의 MICE시설 통합 (삿포로시)	삿포로시는 삿포로 파크호텔 부지에 5,000명 규모를 수용할 수 있는 시내 최대 MICE 시설을 정비한다. 이는 호텔 재개발 사업에 맞춰 2020년에 착공하였으며 완공 후, 호텔에서 MICE 부분을 매입하는 형태로 2025년에 문을 연다. 총공사비는 약 280억 엔이다.
2018/4/13	공원 내 수익시설 공 모, Park-PFI 제도 활 용 (시즈오카시)	시즈오카시는 'Park-PFI 제도'를 활용한 공원 정비를 실시한다. 민간의 카페 등의 수익시설을 공모해 그 수익으로 공원 정비나 유지관리비를 충당한다. 금년도 중에 대상 공원을 선정해 기본계획을 수립하며 공모는 2019년도 이후를 예상하고 있다.

2018/4/15	PPP·PFI 도입 지침 (삿포로시)	삿포로시는 공공시설의 건설·운영에 민간자금이나 노하우를 도입할 때의 절차를 정리한 'PPP/PFI 활용방침'을 수립했다. 담당부서가 사업자 선정 작업을 쉽게 할 수 있도록 검토단계부터 운영상황 점검과 같은 최종단계까지의 절차를 관청 내에서 통일하고 2018년도부터 운용하기 시작했다.
2018/4/23	도가 관리하는 6개 공항이 영업 적자, 2016년도 지수 계산 (홋카이도)	홋카이도는 2016년도, 도가 관리하는 6개 공항의 영업 적자가 21억 엔이라고 발표했다. 도내 공항 6개가 모두 적자이다.
2018/4/27	ESCO 사업, 방범등 LED화 (시즈오카현 고사이시)	시즈오카현 고사이시는 ESCO 사업을 활용해 시내 방범등을 LED화 한다. 시에 의하면, 이 같은 사업은 현 내에서는 처음이다. ESCO 사업은 에너지 절약을 목적으로 행해지는 개보수의 모든 경비를 광열비 등의 절감분으로 조달한다.
2018/5/14	센다이 공항, 2017년도는 흑자 결산, 민영화 2년째	센다이 공항을 운영하는 센다이 국제공항 주식회사는 2017년도 결산 결과를 공표했다. 영업이익은 6,700만 엔, 순이익은 1억 9,900만 엔의 흑자이다. 2016년 7월, 국가관리 공항이 민영화돼 변칙결산을 한 2016년도에는 영업손실 9,900만 엔, 순손실 800만 엔이었다.
2018/6/6	수력 발전 운영권 매각, 전국 최초, 수익증가 목표 (돗토리현)	돗토리현은 3개소의 현영(縣營) 수력 발전소의 소유권을 현이 보유한 채, 운영권을 민간에 매각하는 컨세션 방식을 도입한다. 대상 발전소는 모두 운전 개시 후 60년이 경과했고 갱신기를 맞이하고 있다. 게다가 재생가능 에너지의 고정 가격 매입 제도를 통해 국가의 인증을 받기 위해 설비 재정비나 개수(改修)가 필요한 것으로 판단했다.
2018/6/19	초·중학교, 유치원에 에어컨 (사이타마현 가조시)	사이타마현 가조시 교육위원회는 시립 모든 초·중학교의 일반 교실과 유치원 보육실에 에어컨을 설치할 방침이다. 2018년도 내에 최적의 설치 방법을 검토하고 2007년도 설계를 거쳐 조기 설치를 목표로 한다. 직접 공사, 리스, PFI 중 어느 사업방법이 적합한지에 대해 일정, 열원 방식, 사업비 등을 종합적으로 검토해 최적의 안을 수립할 방침이다.
2018/6/27	발전소 개보수, 제안 방식으로, PFI와 비교 검토 (나가노현)	나가노현은 노후화가 진행된 수력 발전소 '하루치카 발전소'의 대규모 개보수에 PFI 방식을 도입하는 방법과 기업국(企業局) 주체(일반경쟁입찰)와의 경우를 비교해 추산 결과를 정리했다. 기업국 주체의 경우 이익이 20년간 47억 엔 더 많다는 추산 결과에 따라, 공모형 제안 방식으로 사업자를 선정함으로써 지역 공헌을 도모할 방침이다.
2018/6/29	'아몬 그랑데 기야마' 입주자 모집 개시 (사가현 기야마정)	사가현 기야마정에서는 JR 기야마역에서 도보 3분 거리에 있는 구 주민센터 철거지에 민관협력에 의한 PFI 방식으로써 기야마정 지역 우량 임대주택(명칭:아모레 그랑데 기야마)을 정비하고 있다. 이에 곧 입주자 모집을 시작한다.

2018/7/5	안정 경영으로 사업 광역화 촉진, 수도법 개정안, 중의원 통과	인구 감소로 인한 경영 악화와 시설 노후화에 대응하기 위해 수도 사업의 광역화와 민간기업의 참여를 촉진하는 수도법 개정안이 중의원 본회의에서 가결됐다. 정부와 여당은 이 개정안이 이번 국회 중에 성립되는 것을 목표로 하고 있지만, 입헌민주당이나 국민민주당 등 주요 야당은 이에 반대하고 있다.
2018/7/12	미쓰비시 지소 연합으로 결정, 오사카 우메타키 2기 개발	JR 오사카역 북쪽의 '우메타키' 2기 재개발구역(약 17ha)에 대해 소유주인 도시재생기구(UR)는 미쓰비시 지소, 오릭스 부동산, 한큐 전철 등 9개사로 구성된 컨소시엄을 사업자로 선정했다고 발표했다.
2018/7/17	Park-PFI 도입 (구마모토시)	구마모토시는 2017년 도시공원법 개정으로 신설된 'Park-PFI' 도입을 위해 검토를 시작했다. 시내에 있는 공원의 이용과 활용, 보전의 일환으로 민간의 카페와 같은 수익시설을 공모해 그 수익을 공원의 정비와 관리 비용으로 충당할 계획이다. 2019년도의 계획 수립을 위해 8월경에 민간사업자로부터 제안을 받는다.
2018/7/18	도시공원에 '민간활용 시설' (가고시마시)	가고시마시는 2020년도의 개설을 목표로 하고 있는 도시공원 내에 민간사업자가 음식, 상품판매점의 영업 등을 실시하는 '민간활용 시설'을 설치할 방침이다. 사업자에게는 발생한 수익의 일부에 대해 녹지 유지관리 비용을 부과한다.
2018/8/7	출자, 임원 파견으로 기본합의, 공항 민영화 관련 기업과 함께 (후쿠오카현)	2019년 4월의 후쿠오카 공항의 민영화를 위해 후쿠오카현은 공항 운영을 담당할 특수목적법인 '후쿠오카 국제공항 주식회사'에 출자하고 임원을 파견하는 내용으로 관련 기업과 합의하고 계약을 체결했다. 출자 비율은 지자체 출자 한도 10% 범위 내에서 구체적인 협의에 들어간다.
2018/8/17	홋카이도 7개 공항, 4개 컨소시엄이 참여 희망, 2020년부터 민간이 일괄 운영	신치토세를 비롯한 홋카이도 내 7개 공항의 일괄 운영 입찰에 국내외 기업연합 4개 컨소시엄이 참여한 것으로 알려졌다. 7개 공항을 관리하며, 정부와 지자체는 2020년부터 30년간 운영권을 위탁한다. 정부와 지자체는 올해 봄, 신치토세를 비롯한 7개 공항을 일괄 운영할 민간기업을 모집해 1차 입찰을 마감했다.
2018/8/23	신현립 병원의 개요 발표 (효고현)	효고현은 23일, JR 히메 지역 인근에 건설하는 현립 병원의 기본설계 개요를 발표했다. 부지는 3만㎡, 병원은 736개의 병상에 방사선 치료나 교육 연수를 위한 전문동도 설치한다. 예상 사업비는 427억 엔으로, 2022년 상반기 개원을 목표로 한다. 주차장 정비에서는 PFI의 활용을 검토한다.

2018/9/3	민관협력 도시조성, 인구 감소로 시영주택 재정비 (오사카부 다이토시)	오사카부 다이토시는 고령화와 인구 감소가 진행되는 호조 지구의 시영주택을 개축해 주택동이나 신규 점포를 건설하는 '호조마을 만들기 프로젝트'를 발표했다. 이 사업에는 PPP 에이전트(민관협력) 방식을 이용하는데, 시가 출자해 사업회사를 설립하고 민간사업으로 전개한다. 재건축 전에 입주할 세입자를 확정하고 세입자에 맞는 시설을 개발한다.
2018/9/5	초·중학교에 PFI로 에어컨 설치 (아이치현 오카자키시)	아이치현 오카자키시는 PFI를 이용해 시립 초·중학교에 에어컨을 설치하는데, 일반경쟁입찰의 공사보다 반년 빠른 2019년 말까지 완비할 수 있다고 한다. 초등학교 1212개 교실은 2019년 6월까지, 중학교 567개 교실은 12월까지 설치를 마칠 예정이다. 공사와 2030년 3월까지의 유지관리에 드는 총사업비는 약 60억 엔을 예상하고 있다.
2018/9/5	텐진 공원의 사업자 선정, 카페 등 음식점 정비 (후쿠오카현)	후쿠오카현은 현영(縣營) '텐진 중앙공원'의 니시나카스 지구에서 카페 등의 음식점을 정비하는 사업 예정자로서 서일본 철도, 마츠모토구미, 히비야 화단 등으로 구성된 그룹을 선정했다. 해당 지역에 재정비 일괄 운영사업의 일환으로는 'Park-PFI'를 활용한다.
2018/9/19	간사이 공항 대체로 역할 재검토 (이타미, 고베 두 공항)	태풍 21호 피해를 입은 간사이 공항의 국내 및 국제선 일부를 이타미, 고베 두 공항이 대체하기로 했다. 이 두 공항에는 이용이 저조했던 간사이 공항의 상황을 감안해, 운영시간이나 국제정기편의 금지 등 2005년에 시작된 규제가 여전히 적용되고 있다. '간사이 공항에만 집중하는 것은 리스크가 있다'는 현지 지자체의 우려를 반영해 간사이 3개 공항의 역할 분담에 관해서 신중히 논의할 예정이다.

2. 위탁/지정관리/시장화 테스트

총무성은 이미 창구업무를 위탁한 지자체에 관한 정보를 모아서 위탁 개선 및 도입을 검토하고 있는 지자체가 참고할 수 있도록 268개 단체의 정보를 정리한, 즉 창구업무의 민간위탁에 의한 지자체의 세출 절감효과를 측정하는 '간편한 도구'를 공표했다. 여기에는 기본적인 정보나 조달방법, 내용이나 효과를 정리한 '데이터 시트' 외에도 적정한 도급(위탁), 시민 서비스의 유지·향상, 개인정보보호 등의 과제에 대한 대책 사례를 정리한 '창구업무의 민간위탁에 관한 참고 사례집'과 효과 측정 수단의 해설과 그 실시에 대한 사례집이 포함돼 있다.

총무성은 창구업무의 민간위탁 등에 의해 업무를 개혁하고 있는 지자체의 경비를 지방 교부세 산정에 반영하는 '톱 러너 방식'을 확대해 나갈 방침이다. 아울러 창구업무를 민간이 아닌 지방독립행정법인에 위탁한 경우나 표준위탁설명서 작성을 지원하기 위해 2019년도에는 톱 러너 방식 도입을 검토하기로 했다. 금년도의 기본방침 변경으로 인해 시장화 테스트에서 새롭게 추가된 대상 사업은 8개로 총 28.3억 엔이며, 종료된 프로세스 이행 사업은 114개 사업에 이른다(이 중, 양호한 결과를 얻었으며 절차를 간소화한 사업은 45개). 2017년도까지의 경비 감축액은 비교 가능한 240개 사업에 약 217억 엔이다(약 26% 감축).

도표 II-1-2. 업무위탁/지정관리자/시장화 테스트의 동향

일자	제목	내용
2017/9/19	시가 답례품 송부 직접 실시 (가고시마현 미나미큐슈시)	가고시마현 미나미큐슈시는 '고향납세'** 기부자에게 증정하는 답례품 송부 업무의 일부를 시가 직접 실시하기로 했다. 위탁 수수료를 절감할 수 있을 뿐만 아니라 재기부를 적극적으로 권장할 수 있는 이점이 있기 때문이다. 이에 따라 시는 이 업무를 민간 포털 사이트에 맡기는 것을 검토해 고향납세 사무의 일부를 직접 운영하며, 시가 계약하는 운송회사 등을 통해 답례품을 보내기로 했다.
2017/11/10	고교생에게 무료 공영학원 (이와테현 구즈마키정)	이와테현 구즈마키정은 구역 내에 있는 현립 구즈마키 고등학교의 학생을 대상으로 학원을 개원했다. 이 학원은 해당 지자체의 정이 운영하는 정영(町營)으로서 구즈마키 고등학교의 부지 내에 설치한다. 수업은 개별 지도로 이루어지며, 학생의 학력이나 진로 희망에 맞춘 커리큘럼을 입학 시에 작성한다. 개별 지도실이나 자습실과 더불어 진로나 성적 고민 등을 상담할 수 있는 면담실도 마련했다. 운영은 민간 교육사업자에게 위탁한다.
2017/11/21	외국인 전용 대피소에 대한 협정, 현의 관광시설 활용, 전국 최초 (나라현과 나라시)	나라현과 나라시는 현이 운영하는 외국인 관광객을 위한 교류 시설 '사루자와 인'을 재해 시 외국인 전용 대피소로 활용하기 위한 협정을 체결했다. 이 협정에 근거해 재해 시에는 나라시가 이 시설을 대피소로 사용한다. 사루자와 인은 약 240명을 수용할 수 있는 규모에 물과 식량 제공이 가능하며, 안전하게 귀국할 수 있도록 정보들도 제공한다.

2017/11/30	창구업무를 민간위탁 (오키나와현 오키나와 시)	오키나와시는 각종 증명서 교부 같은 시민 창구업무의 일부를 민간사업자에게 위탁한다. 위탁처는 우루마시의 주식회사 'PB 커뮤니케이션'으로 나하시의 창구업무를 수탁한 실적이 있다. 시의 임시 직원 10명을 동사(同社)의 스탭으로 전환한다. 위탁 기간은 3년이다.
2017/12/11	주민과(課) 창구업무를 민간위탁 (가나가와현 유가와라 정)	가나가와현 유가와라정은 창구업무 일부를 민간에 위탁한다. 위탁기업은 '주식회사 케이디씨'이다. 계약 기간은 2017년 11월~2018년 3월까지이며 계약 금액은 920만 엔이다. 위탁업무는 주민표의 사본이나 인감증명 등 각종 증명서 발행 외에 신고 서류의 입력 업무를 포함한다.
2017/12/14	창구업무를 민간위탁 (구마모토현 우키시)	구마모토현 우키시는 2018년부터 본청과 지소의 창구업무의 일부를 민간사업자에게 위탁한다. 1월부터 3월까지를 인수인계 기간으로 하고 4월부터 이를 본격적으로 운용한다. 위탁업무는 본청과 4개 지소 중, 2개 지소 27종의 창구업무이다. 위탁 기간은 2018년 1월 초부터 2019년 12월 말까지 2년간으로 했으며, 관공서 전문인력을 파견하고 있는 민간회사와 약 6,300만 엔으로 계약했다. 10~12명의 사원을 채용할 예정이다.
2017/12/25	창구업무를 민간위탁 (도치기현 나스정)	도치기현 나스정은 2018년 7월부터 민간의 노하우를 살린 사무 효율화와 주민 서비스 향상을 목적으로 주민생활 관련 창구업무를 민간에 위탁한다. 이에 따라 2018년 7월부터 2021년 6월까지 3년간의 위탁비용 약 1억 200만 엔을 12월 보정예산에 계상할 것이다. 이후 운용 실적을 보면서 기간을 연장할 것인지 또는 이를 세무, 복지 등 다른 창구로도 확대할지에 대해 검토한다.
2017/12/26	임산부 지원 (후쿠오카현 구루메시)	후쿠오카현 구루메시는 쌍둥이나 세쌍둥이 등의 출산·육아 경험자가 다태아 임산부의 상담에 응하는 지원사업을 시작했다. 이 경험자들을 복지사와 함께 병원과 집을 방문하게 하여 출산과 육아에 대한 부담이 큰 다태아 임산부의 산전·산후 불안을 조금이라도 덜어주고자 한다.
2018/3/23	본청사에 어린이집, 입소 대기 아동 해소에 시민 우선 (도쿄도 하치오지시)	도쿄도 하치오지시는 시청 본청사 부지 내에 소규모 보육시설을 개장한다. 입소는 시민을 우선한다. 보육유치원과에 의하면, 4월 입소 예정인 보육시설은 정원이 다 찼다고 한다. 시청 내 보육시설의 설치는 타마(多摩) 지역 26개 시에서 처음 있는 일이라고 한다. 설치비는 약 9,000만 엔이다. 운영은 사회복지법인이 지정관리자로서 담당한다.
2018/4/6	인구 500명의 촌(村) 최초의 편의점 (나라현 가미키타야마촌)	나라현 가미키타야마촌의 마을에서 첫 편의점이 오픈됐다. 이 편의점은 국도 근처 '요시노로카미키타' 1층에 입주해 약 500명 정도 되는 촌민들의 평상시 쇼핑에 이용되고 관광객의 편의를 향상시킬 것이다. 또한 일자리 확보라는 측면에서도 의의가 있다. 오픈한 편의점은 야마자키샵으로, 휴게소 1층의 지정관리자인 상공회가 프랜차이즈점으로서 운영한다.

2018/4/10	취학아동 보육 지원원(支援員)의 급료 인상, 민간에 운영을 위탁함으로써 처우 개선 (도쿄도 마치다시)	도쿄도 마치다시 시장은 민간에 운영을 위탁하고 있는 40개소 아동보육 클럽의 방과후 아동 지원원 164명에 대한 처우 개선을 4월부터 시작한다고 발표했다. 시는 국가와 도의 교부금을 활용해 지원원 1인당 월액 약 1만~3만 엔 인상한다.
2018/4/23	국도 휴게소에 6차 산업 가공시설 (아이치현 다하라시)	아이치현 다하라시는 휴게소 '멧쿤 하우스'를 리모델링하여 오픈했다. 국가의 지방창생 거점정비 교부금을 활용해 농업생산물의 6차 산업화 가공시설을 신설했는데 이 시설은 1차 가공실, 반찬 제조실, 식육제품 제조실로 구성됐다. 반찬 제조업과 육류제품 제조업은 보건소 영업 허가를 받아 인스턴트 식품이나 소시지, 햄, 베이컨 등을 만들 수 있다. 당분간은 지정관리자가 운영하고 메뉴도 개발한다.
2018/6/6	시설을 관리·운영할 법인·단체(지정관리자) 모집 (가나가와현 사가미하라시)	가나가와현 사가미하라시에서는 2018년 4월 현재, 공공시설 관리·운영에 관한 지정관리자 제도를 154곳에 도입했으며 이들 시설 중 2018년도 말에 지정 기간이 종료되는 105곳에 대해 2019년 4월 이후의 지정관리자를 모집한다.
2018/7/2	유수지 주변시설 통합 관리 (사이타마현 가조시)	사이타마현 가조시는 시 북부의 기타카와베 지역에 있는 와타라세 유수지 주변의 도로 휴게소, 운동 등의 시설을 지정관리자가 통합적으로 관리해 지역 활성화, 관광진흥 등에 활용한다. 6월 의회에서 최대 7개 시설의 통합적 관리를 가능하게 하는 개정 조례를 가결시켰다. 이에 따라 사업자를 모집해 2019년 4월부터 이를 실시할 방침이다.
2018/7/10	시영주택에 지정관리자 제도 (가고시마시)	가고시마시는 올해 시영주택 관리, 운영 등의 업무에 지정관리자 제도를 도입하여 입주와 퇴거에 관한 사무절차나 임대료 징수, 유지보수 등의 업무를 위탁한다. 이를 위해 7월부터 민간기업을 모집하며 지정관리자는 건설이나 부동산 관련 기업으로 상정하고 있다. 시가 운영하는 주택은 1만 1,046채이다.
2018/7/30	드론 정기배송 실증실험 (오이타현)	오이타현은 2019년 1월부터 과소지역의 쇼핑 약자를 지원하기 위해 드론을 사용한 정기배송 실증실험을 시작한다. 실제로 이동 판매 및 쇼핑지원 서비스가 이루어지고 있는 지역에서 드론으로 짐을 배송하고, 기장 조건, 주문시스템 구축 등 실용화해야 할 과제를 식별한다. 위탁수수료 상한선은 800만엔이다.
2018/7/30	주민 출자회사의 운영 본격화 (후쿠시마현 오다마촌)	후쿠시마현 오다마촌은 주민으로부터 출자를 모집해 설립한 주식회사의 운영을 본격화시켰다. 마을에서 실질적으로 운영해온 농산물 직판장에 더해 4월부터 직판장 인근에 식당을 열어 운영하기 시작했고, 직판장에서 우호도시 특산품 등 마을 밖 상품을 취급할 경우 의회의 승인이 필요했다. 마을은 절차를 간소화하기 위해 직판장의 민간 위탁을 결정했다.

2018/7/31	해상 풍력, 설비 간소화로 '선박충돌'도 상정 (국토교통부)	국토교통성은 바다에 뜨는 부유식 해상 풍력발전의 설비 간소화 지침을 마련한다. 철강재 사용을 줄이고 건설과 유지에 드는 비용을 억제하여 발전 사업자의 진입을 지원한다. 간소화에 의해 안전성이 손상되지 않도록 선박과 충돌해도 침수·수몰되지 않는 설비의 구조 기준을 정한다. 만일 침수·수몰해도 근처를 항해하는 선박이나 다른 풍력 발전 설비에 영향이 생기지 않는 조건도 포함시킬 예정이다.
2018/8/2	간병 미경험자에게 입문 연수 (후쿠오카현)	후쿠호가현은 간호 미경험자가 기본적인 지식이나 기술을 습득할 수 있는 '입문 연수'를 현내 7회장에서 새롭게 실시한다. 이번에는 간병 인력의 저변을 넓히는 것에 주안점을 두었다. 수료자의 희망에 따라 직장 체험의 장소도 제공한다. 현 사회복지협의회에 위탁하여 실시하고 간병복지사가 강사를 맡을 예정이다.
2018/8/2	현립 마쿠하리 해변공원의 활용법 모집, 관리업무 이관 고려 (치바시)	치바시는 치바현립 마쿠라히 해변공원의 일부의 활용법에 대해서 민간사업자로부터 아이디어를 모집한다. 공원의 관리업무를 둘러싸고, 현에서 시로의 이관이 협의되고 있다. 시는 사전설명회를 연 뒤 9월까지 제안을 모집한다. 제안을 바탕으로 공청회를 진행하여 사업을 결정했다. 12월 이후에 사업자를 공모한다.
2018/8/3	업무 효율화에 외부에 기획 위탁 (미야기현)	미야기현은 2018년도, 업무 방식 개혁의 일환으로 업무 효율성 향상 계획을 외부의 컨설팅 사업자에게 위탁한다. 다양한 부서에서 응용 가능한 업무 개선안을 제안받을 예정이다. 병행하여 데이터 입력 등의 정형 업무를 자동화하는 '로보틱 프로세스 오토메이션(RPA)'의 도입도 검토한다. 18년도 에 실증실험을 실시할 예정이다.
2018/8/3	생활 빈곤 세대 어린이 지원 (사이타마현)	시마타현은 7월부터, 생활보호 세대나 생활곤궁 세대의 초등학생을 대상으로 생활 지원을 실시하는 '주니어 스포츠 교실'의 시범사업을 현내 6개 시정에서 시작했다. 학습 지원뿐만 아니라 캠핑이나 공작, 양치질이나 인사 등 생활 전반을 지원한다. 초등학교 3~6학년을 대상으로, 현으로부터 위탁받은 '사이토쿠니 어린이·청소년 지원 네트워크'가 교실을 운영한다.
2018/8/20	도로 관리의 민간포괄위탁에 효과, 학회도 평가, 대상 확대 (도쿄도 후추시)	도쿄도 후추시가 2014년부터 시도에서 진행하고 있는 종합관리사업이, 일본 토목학회 건설관리위원회의 '굿프랙티스상'에 선정되었다. 같은 해 시는 메인 스트리트 '게야키 가로수거리'(약 19헥타르)에서 포괄적 민간위탁을 실시했다. 또한 18년도부터 3년간, 시가지의 4분의 1(약 750헥타르)까지 확장해 나가는 점 등이 평가되었다.

2018/9/3	공원 내 장애인 복지시설, 전국 최초, 개정 도시공원법으로 (나라현 이코마시의 고시바 마사시 시장)	나라현 이코마시의 고시바 마사시 시장은 시가 관리하는 도시공원인 이코마 산록공원 내에 장애인 복지시설을 설치했다고 발표했다. 공원 내에 원래 있던 식당 등이 장애인 복지시설로 새롭게 자리매김한 것이다. 개정 도시공원법으로 공원 내 복지시설을 설치할 수 있게 된 데 따른 노력으로 장애인 복지시설 설치는 전국 최초이다.
2018/9/6	유학 기분으로 영어학습 국내 최대급 시설 오픈 (도쿄도 교육위원회)	도쿄도 교육위원회는, 초중학생과 고교생이 실천적인 영어회화를 배울 수 있는 체험형 학습시설 'TOKYO GLOBAL GATEWQY(도쿄도 영어마을)'을 고토구 내에 개설했다. 국내 최대 규모인 총면적 7000평방미터로 하루 600명이 학습할 수 있다. 도는 운영회사에 맡겨 임대료(연 2억 6000만 엔) 등을 도가 부담한다.
2018/9/20	공립탁아소 운영 체제 유지 (사이타마현 요시키와시)	사이마타현 요시카와시는, 시립 탁아소를 원칙인 민영화하거나 지정관리자 제도를 도입하는 등의 방침을 재검토해, 노후화가 현저한 시립 제2 탁아소에 대해서 당분간 공립으로 운영을 유지하기로 결정했다. 1974년 츠키마 탁아소에서는 증가하는 장애아의 수용이 어렵다고 판단해, 민영화 등의 길을 검토해 왔지만, 민현행 체제를 유지했다. 2019년도 재건축 비용 1600만 엔을 9월 정 예산안에 포함시켰다.

3. 민영화

오사카시의 시영市營 지하철이 2018년 4월 1일에 민영화됐다. 이 지하철 사업은 오사카시가 100% 출자한 '오사카시 고속 전기전철오사카 메트로'가 계승했다. 이는 일본 공영 지하철 민영화의 첫 사례이다. 같은 날, 시영 버스도 민영화돼 오사카 메트로의 자회사가 됐다. 동년 7월 발표한 7개년 중기 경영계획에서는 7개년에 걸쳐 총 3,400억 엔을 투자하기로 계획했는데, 이는 장기적으로 이용자 감소가 불가피한 철도 경영에 대한 대책일 뿐만 아니라, 경영의 다각화를 진행시키기 위한 것이기도 하다.

이에 따라 앞으로는 철도, 버스, 지하상가를 통해 종합적인 도시조성을 추진하며 동시에 외국인 여행객을 대상으로 한 관광버스에 대한 투자나 교통약자를 위한 자동운전 마을버스, 도심과 교외를 연결하는 심야버스의 운행 등도 실시한다. 오사카 메트로가 실적을 올리면 시는 배당금을 받을 수 있으며, 민영화 전 시의 계산에 의하면 고정자산세의 증세 등을 포함해 민영화 후 10년에 걸쳐 연평균 100억 엔의 수입이 증가할 것으로 보인다.

니가타新潟현 미쓰케見附시는 전문가들로 구성된 가스 사업 평가위원회의 자문을 통해 시영 가스 사업을 2020년도에 민영화하기로 했다. 양도 가격은 24억 엔이다. 미쓰케시의 가스 판매량은 2007년 이후 감소하고 있어서 향후 증가할 노후화 시설에 대한 투자는 전망하기 어려운 상황이며 2020년에는 적자로 전환될 전망이어서 앞으로 요금 인상은 불가피하다. 따라서 흑자 기간 중에 양도하기로 한 것이다. 한편, 시가滋賀현 오쓰大津시는 시 가스 사업에 컨세션을 도입하기로 했다. 오쓰시同市의 계산으로는 공영사업으로 운영을 지속할 경우에는 향후 22년 동안 적자 폭이 59억 엔임에 비해, 컨세션 방식으로 전환된다면 그 폭이 22억 엔까지 개선될 수 있으며 설비투자 계획의 검토 여부에 따라서는 흑자 전환도 가능한 것으로 나타났다. 그러나 가스관의 정비나 유지·보수 등은 시가 계속할 것이다.

운영 사업자는 가스 소매 사업을 비롯해 일반 가스도관 업무와 LP가스 사업도 한다. 또한 지금까지 시가 상하수도도 함께 운영해 왔으므로 수도관의 유지·관리 업무를 부대 업무로 실시하며, 임의 사업으로서 전기 판매 등도 가능하다. 아울러, 선정된 사업자는 시가 설립하는 '운영 신회사'의 주식 일부를 양도받아 공동출자 형태를 갖추기로 했다.

도표 II-1-3. 민영화의 동향

일자	제목	내용
2017/9/4	우정(郵政)주식 매각, 최대 1.4조 엔, 11일에 결의 (정부)	정부는 일본 우정 주식회사의 주식을 추가로 매각할 계획으로 최종 조정에 들어갔다. 북한과의 긴박한 정세로 인해 흔들리는 주식시장의 동향을 감안해 매각을 결의하고 매각할 예정이다. 최대 1.4조 엔 규모로 전망되는 매각 수입은 동일본 대지진의 부흥재원으로 사용된다. 정부는 이미 발행된 주식의 3분의 1을 보유한 뒤 나머지는 수차례에 걸쳐 매각할 방침이다. 2022년도까지 4조 엔의 매각 수입을 부흥재원에 충당할 계획으로, 상장 시에 1.4조 엔을 확보했다.

2017/9/7	신임 사장, 철도사업자 연연하지 않는다, 2018년 민영화 시영지하철 (요시무라 오사카 시장)	요시무라 오사카 시장은 2018년 4월에 민영화하는 오사카 시영지하철의 사장 인사에 관해 '철도사업 출신자에 연연하지 않는다. 전철을 움직이는 것 이외에 부가가치를 높일 수 있는 넓은 경영 감각을 가진 사람이 해 주었으면 한다'는 의향을 밝혔다.
2017/9/29	우정 민영화 10년, 경영 묶여 수익력에 과제	일본 우정 그룹은 10월 1일에 발족 10주년을 맞이한다. 도쿄 증권에 주식은 상장됐지만 정부가 보유한 주식 비율이 절반을 넘는다. 따라서 경영 자율성이 약해 민영화 당초부터의 과제였던 수익력 강화 문제는 개선되지 못하고 있다.
2017/10/12	시민병원으로 양도 (시가현 모리야마시)	시가현 모리야마시는, 적자 경영이 계속되는 모리야마민병원을 사회복지법인 '시가현 제생회'에 양도할 방침을 결정했다. 18년 4월부터 15년간 제생회에 지정관리 후 양도한다. 10월 임시의회 의결을 거쳐 제생회와 기본 협정서를 체결할 예정이다. 지정 관리료는 15년간 합계 38억 엔이다. 제생회는 15년간 총18억 엔의 시설 사용료를 시에 지불한다. 지정관리 기간의 시 부담액은 35억 엔(연간 2억3000만 엔)이 될 전망이다. JR홋카이도에 대한 재정 지원에 나설 방침이다.
2017/12/18	홋카이도, JR에 재정 지원, 국가에 협조 요청 (타카하시 지사)	홋카이도의 타카하시 하루미 지사는, 경영난이 계속되는 JR홋카이도에의 재정 지원에 나설 방침을 도의회에서 표명했다. 도쿄도 내에서 이시이 케이치 국토교통상과 면회하여 동사의 설비투자 등에서 국가의 협력을 요청했다. 홋카이도가 검토하고 있는 것은 철도 차량의 구입비 부담이다. 네트워크를 따라 지방자치단체와 공동출자하는 제3섹터 「홋카이도 고속철도 개발」을 통해서 차량을 구입해, 장기적으로 대여한다. 이 밖에 철도시설 수선비 지원도 검토 중이다
2018/1/11	4년 뒤 완전 민영화를, 개혁 실패시 '퇴출' (상공중금개혁 전문가 회의	국가의 위기 대응 업무에서 부정을 반복한 상공중금의 본연의 자세를 검토하는 경제 산업성의 지식인회의는, 4년간의 경영 개혁 기간을 거쳐, 완전 민영화를 목표로 하도록 정부에 요구하는 제안을 정리했다. 정부는 이에 따라 퇴임이 확정된 아다치우 사장의 후임 인선을 본격화한다. 민간의 기업경영 경험자부터 기용할 방침이다.
2018/1/25	애칭은 「오사카 메트로」, 시영 지하철의 신회사 (오사카)	오사카시의 요시무라 히로후미 시장은 25일, 시의 100% 출자로 4월 1일에 민영화하는 시영 지하철의 신회사의 애칭을 「Osaka Metro」(오사카 메트로)로 했다고 발표했다.
2018/1/30	가스 사업 20년 4월에 민영화, 어려운 사업 환경 속에서 (후쿠이시)	후쿠이시의 히가시무라 신이치 시장은 시의 가스 사업을 민영화하겠다고 밝혔다. 2020년 4월 사업 양도한다. 시는 105년간에 걸쳐 가스 사업을 전개해 왔지만, 최근 올 전화기의 보급·확대로 판매 건수, 판매량 모두 감소했다. 향후도 인구 감소나 전력, 가스의 소매·전면 자유화로 경쟁이 격화해, 어려운 사업 환경이 예상되므로, 민영화를 결정했다.

2018/1/31	시립어린이집을 민영화, 현내 첫 공사연계형으로 (나카가와 나라 시장)	나라시의 나카가와 모토요시 시장은, 쓰루마이 히가시정에 있는 시립 쓰루마이 어린이원을, 시의 관여도 남기면서 민간사업자가 운영하는 '공사 제휴 유보 제휴형 인정 어린이집'으로 이행한다고 발표했다. 향후 사업자를 모집하여 2020년 4월 운영 개시를 할 예정이다. 공사 제휴형인 어린이원을 정비하는 것은 현내 최초이다.
2018/2/1	지하철 신회사, 임원 보수는 시장 이하 (오사카)	오사카시의 요시무라 히로후미 시장은, 4월에 민영화되는 시영 지하철의 신회사의 임원 보수에 대해, "발족시는 (삭감 전의) 시장의 보수를 상한으로서 결정해 가야 한다"라고 말했다. 시장 보수는 연 약 2,823만 엔으로 요시무라 씨는 보수를 40% 삭감하고 있다.
2018/2/8	민영화 악단에 기부, 자립 촉진으로 3년간 (오사카 시장)	요시무라 히로후미 오사카 시장은 민영화된 '오사카 시온 윈드 오케스트라'에 대한 기부금 5800만 엔을 2018년도 예산안에 계상할 것이라고 밝혔다. 국가의 보조를 받는데 필요한 공연 실적을 쌓기 위해 향후 3년간 지원할 방침이다
2018/3/14	JR화물 민영화 후 첫 가격 인상, 10월부터 10% 인건비 등 상승	JR 화물은, 화물 열차의 수송료를 10월부터 약 10% 인상한다고 발표했다. 구국철의 분할·민영화에 의한 1987년 4월의 동사 발족 후, 첫 요금 인상이다.
2018/4/1	공영지하철 첫 민영화 시작	85년의 역사를 가지는 오사카 시영 지하철이, 민영화되어 새로운 회사 「오사카시 고속 전기궤도」(오사카 메트로)로서 스타트했습니다. 공영지하철 민영화는 전국 최초이다. 시 교통국으로부터 사업을 계승한 신회사의 장으로는 파나소닉 전무였던 카와이 히데아키씨가 취임했다.
2018/4/5	금융청, 유초 은행 한도 철폐안 반대, "정령 개정 불응"	정부 우정민영화위원회가 주장하는 유초은행 예입한도액의 철폐에 대해 금융청이 정면으로 반대하고 나섰다. 저금리하에서 자금 운용에 어려움을 겪으면서, 불필요한 자금조달에 회의적이고, 우호적인 관계 구축하고 있는 유초은행과 지역 금융기관 간에 균열이 생기는 것도 우려하고 있다. 철폐에 움직이는 일본 우정 그룹에 대한 비판도 높아져, 정령 개정에도 응하지 않을 자세를 보이고 있다.
2018/5/8	우정민영화위원 5명 재임 (정부)	정부는 일본 우정 그룹의 민영화 진행 상황을 감시하는 우정민영화위원회 위원 5명을 재선임했다. 임기는 3년이다.
2018/5/15	일본 우정, 4600억엔 흑자, 유초 은행 '18년 3월'	일본 우정의 2018년 3월기 연결 결산은, 순손익이 4,606억엔의 흑자(전기는 289억 엔의 적자)로 전환했다. 전기에 계상한 호주 물류 자회사에 관한 특별손실이 없어진 것 외, 유초 은행이 이익을 끌어 올렸다. 다만 매출액에 해당하는 경상수익은 전 분기 대비 3.0% 감소한 12조 9,203억 엔으로 민영화 후 최저다. .

2018/6/1	전국 일률 서비스 유지로 교부금, 우체국 지원 개정법 성립	우체국의 전국 일률 서비스를 유지하기 위한 교부금 제도를 만드는 개정법이 참의원 본회의에서 가결, 성립되었다. 교부금은 기지국 유지나 인건비에 충당한다. 일본 우정 그룹에서, 유초 은행과 간포 생명보험의 금융 2사가 일본 우편에 지불하고 있는 상품 판매의 위탁수수료의 일부를 나누어 제삼자 기관 경유로 일률 서비스 유지의 비용으로서 교부한다. 19년 4월의 적용을 목표로 한다
2018/6/12	과소지역으로 우체국 이전, 일본 우편과 JR 동일본, 활성화 협력	일본 우편과 JR 동일본은 우체국과 역이 기능적으로 협력하는 것을 중심으로 지역·사회 활성화를 위한 협정을 체결했다고 발표했다. 인구 과소화 등으로 인력 확보가 어려워지고 있는 지방의 역사에 우체국을 이전해 일괄 운영하는 것 외에 금융서비스나 물류 면에서도 협력을 도모할 것이라 한다.
2018/6/14	완전 민영화가 전제, 우정 저축 한도액 검토 (전국은행협회장)	우정 저축은행의 예입 한도액 재검토에 대해 전국은행협회의 후지와라 히로하루 회장은 일본 우정이 보유한 금융 2사의 주식 전체를 처분하기 위해서는 반드시 이에 대한 구체적 설명이 있어야 한다고 말했다. 우정 저축은행과 간포 생명보험의 완전 민영화를 위한 방향성을 분명히 하는 것이 한도액 재검토의 전제라는 생각을 나타낸 것이다.
2018/7/3	실질수지 4억엔 흑자 2017년도 결산 전망 (오사카시)	오사카시는 2017년도 일반회계 결산 전망을 공표했다. 세입은 전년도에 비해 10.6% 증가한 1조 7517억 엔이고 세출은 10.6% 증가한 1조 7503억 엔이다. 실질수지는 4억 엔 흑자를 기록해 29년 동안의 연속 흑자를 유지했다. 지하철 민영화와 관련한 재정 대응 등으로 공채비와 특별회계 이월금 등도 증가했다.
2018/7/9	오사카 메트로, 투자액 3,400억 엔, 관광버스 사업 다시 진출 (7개 중기경영계획)	오사카 시영지하철에서 4월에 민영화한 '오사카시 고속전기궤도'(오사카 메트로)는 2024년을 최종 연도로 하는 7개년 중기경영계획을 발표했다. 이에 따르면, 지금까지의 투자액 3,400억 엔 가운데 500억 엔을 광고나 도시개발 등 철도 이외의 사업에 충당하며, 간사이에서 활발한 외국인 여행객의 수요를 확보하기 위해 관광버스 사업에도 다시 진출할 계획이다.
2018/7/27	JR 홋카이도, '재건, 부정적 전망', 수익개선·내부관리 과제	정부는 경영난을 겪고 있는 JR 홋카이도에 대해 약 400억 엔의 재정 지원을 결정하면서 경영을 감시하는 감독명령도 함께 내렸다. 따라서 자금융통 면에서는 한숨 돌렸지만, 수익개선과 내부관리 강화 등 풀어야 할 과제가 산적해 있다.
2018/8/21	주오 시장 민영화 등 논의 (나고야시)	나고야시는 향후 주오 도매시장의 바람직한 운영을 협의하기 위해 2019년도에 전문가 검토위원회를 설치할 방침이라고 밝혔다. 주오 도매시장의 규제를 완화하는 도매시장법 개정안이 통과됨에 따라 노후화가 진행되는 시장의 통폐합과 민영화를 포함해 논의가 이루어질 것이다.

| 2018/9/28 | 공유재산인 스키장, 골프코스 매각 (나가노현 이즈나정) | 나가노현 이즈나정은 마을 유일의 이즈나 리조트 스키장과 이즈나 고원 골프코스를 도쿄 시내의 투자회사 퍼스트 퍼시픽 캐피털에 매각하기로 했다. 8월 말에 가계약을 체결했는데, 수십 개 사와 교섭하는 가운데 경영이 호조인 골프코스도 함께 매각할 것을 결정했다. 매각 금액은 총 1억 4700만 엔이다. |

4. 제3섹터

총무성이 2018년 2월에 공표한 2016년도 말의 제3섹터 등 출자·경영상황 조사에서는 전년도에 비해 법인 수가 29개 감소한 것으로 나타났는데, 대상 법인은 7,503개이다. 지자체 등의 출자액 합계는 4조 8,820억 엔으로 전년도에 비해 542억 엔 증가했다.

흑자 법인 비중은 63.4%로 전년도에 비해 1.1% 줄었고 적자 법인 비중은 36.6%였으며, 자산초과 법인 비중은 96.1%, 자본잠식 법인 비중은 3.9%였다. 또한 지자체가 제공하는 보조금 교부액은 5,687억 엔으로 전년도에 비해 54억 엔 증가했다. 한편, 지자체에서 비롯된 차입 잔고는 4조 1,633억 엔으로 전년도에 비해 966억 엔 감소했다. 그리고 손실보상·채무보증의 채무 잔고도 3조 2,241억 엔으로 전년도에 비해 3,087억 엔 감소했다. 또한 2016년도 결산에서는 지자체 등이 출자·출연한 제3섹터 등의 7,372개 법인 중, 지자체가 손실보상하고 있는 법인 1,133개에 대해 재정적 리스크를 조사했다. 조사 결과, 이 중 126개 법인이 자본잠식 상태이며 토지개발공사에서 채무보증 등의 대상으로 삼고 있는 5년 이상 장기보유 토지가 표준재정 규모의 10% 이상인 곳은 47개였다. 지자체의 표준재정 규모에 대한 손실보상 등의 비율이 실질적자 비율의 조기 건전화 기준 이상인 법인은 60개, 경상적자거나 당기순재산액이 감소한 법인은 392개였다. 이에 따라 총무성은 지자체에 '제3섹터 등의 경영 건전화 방침 수립에 대해'(第三セクター等の経営健全化方針の策定について, 2018년 2월 20일자 총무성 자치재정국 공영기업과장 통지)를 공표해 경영 건전화 방침을 수립, 공표하도록 했다.

도표 Ⅱ-1-4. 제3섹터의 동향

일자	제목	내용
2017/9/13	휴면 상태의 토지개발 공사를 해산 (도쿄도 오메시)	도쿄도 오메시는 휴면 상태인 토지개발공사를 해산하기로 했다. 이에 따라 해당 공사는 9월 정례의회 승인을 거쳐 청산 절차에 들어가게 되며 2017년도 내에 해산된다. 해산에 따라 법인 시민세 지불로 인해 연간 4만 엔의 잉여액이 생기게 되며, 시가 부담하는 공사 직원의 인건비도 없어진다.
2017/11/30	시유지 주차장에 택배 락커 설치, 다음 달 1일부터 운영 개시 (사이타마시)	사이타마시는 택배 재배달을 줄이기 위해 JR 우라와역 인근 시유지를 활용하여, 수취인의 사정에 따라 원하는 시간대에 택배를 받을 수 있는 택배함을 주차장 내에 설치해 운영을 시작한다고 밝혔다. 시는 시유지에서 도시공사가 운영하는 '우라와 파킹 센터'의 입구 부근에 택배 사업자라면 누구나 이용할 수 있는 오픈형 택배 락커를 설치했다.
2017/12/4	제3섹터 건전화 방침 수립, 리스크 높은 약 400개 법인 대상 (총무성)	총무성은 경제재정 자문회의에서, 재정 리스크가 높은 제3섹터나 공사를 대상으로 경영 건전화를 위한 방침을 수립·공표하도록 지자체에 요청하기로 하고 이를 2018년 1월에 지자체에 송부한다. 지자체가 손실보상이나 채무보증을 선 법인 중에 일정한 기준에 해당하는 400여 개 법인이 그 대상이 될 것으로 보인다.
2017/12/12	운동공원 용지 이용으로 사운딩 조사 (이바라키현 쓰쿠바시)	이바라키현 쓰쿠바시는, 시가 종합운동공원을 건설할 예정이던 토지에 대해 민간사업자로부터 의견이나 제안을 받는 '사운딩형 시장조사'를 실시한다. 시는 2014년 3월, 시 토지개발공사에 위탁해 도시재생 기구로부터 토지를 취득했다. 시가 채무를 보증하고 있기 때문에 취득비용 약 66억 엔과 이에 따른 연간 약 3,400만 엔의 이자를 변제할 필요가 있어 이 토지의 처분이 매우 중요한 과제가 되고 있다.
2018/1/30	친족 간 인접 주거로 집세 감액 (기타큐슈시 주택공급공사)	기타큐슈시 주택공급공사는, 친족 간의 근거리 주거를 촉진하기 위한 집세 감액 제도를 공사의 일반 임대주택을 대상으로 2월부터 실시한다고 발표했다. 월세 감액률은 15%이며, 이런 혜택은 친족 간의 도움이나 보살핌을 통해 고령자 세대나 육아 세대가 안심하고 살 수 있는 환경을 조성하기 위한 것이다.
2018/2/15	주택공급공사 해산 (오사카부 사카이시)	오사카부 사카이시는, 주택공급공사를 2020년 3월 말에 해산한다. 이는 공기업 재검토의 일환으로 주택공급이 민간기업에 의해 진행되고 있는 점 등을 미루어 볼 때, 해당 공사는 역할을 마친 것이라 판단됐기 때문이다. 따라서 공사가 관리하는 특별우량 임대주택의 계약도 2020년 3월 말에 모두 종료된다.

2018/3/5	시구정촌에도 재생 에너지 공급 (도쿄도)	도쿄도는 미야기현 내외의 전력사업자로부터 조달한 바이오매스 발전이나 태양광 발전에 의한 전력을 도와 구·시정촌 시설에 공급하는 시책을 2018년도부터 시작한다. 도에서는 2016년도부터 신전력 사업을 실시하고 있다. '신전력 사업'은 도 환경공사가 소매 전기사업자가 되어 발전사업자로부터 전력을 매입해 공사의 시설인 도 환경과학 연구소나 수소 정보관 '도쿄 스위소밀'에 공급하는 것이다.
2018/4/10	지역 상사에서 브랜드화 추진 (오이타현 기쓰키시)	오이타현 기쓰키시는 시 상공회 등과 공동출자로, 특산품의 브랜드화를 추진하고 판로를 개척하는 등의 업무를 하는 지역 상사 '킷토 스키'를 설립했다. 자본금은 450만 엔, 시가 300만 엔이며 시 상공회가 50만 엔을 출자했고 나머지를 현 내 금융기관이나 생산자 조합 등이 출자했다.
2018/4/18	다목적 교류시설 오픈, 번화한 거점으로 (미야기현 시치가슈쿠정)	미야기현 시치가슈쿠정이 건설한 다목적 교류 시설 'Book&Cafe 코·라세'가 오픈했다. 이 시설은 약 2,000권의 장서를 갖춘 도서관과 64석의 카페 레스토랑을 통합한 것인데, 아이들이 놀 수 있는 공간도 마련했다. 운영은 제3섹터 '시치가슈쿠 마을 만들기 주식회사'가 담당한다. 정비 비용은 비품 구입비를 포함해 약 2억 5,000만 엔이다.
2018/6/8	삿포로 돔 활용으로 PT (삿포로시)	삿포로시는 프로야구 홋카이도 니혼햄 파이터스가 연고지를 삿포로 돔에서 이전함에 따라 제3섹터 돔 운영회사와 함께 합동 프로젝트 팀을 설치했다. 이 팀에서는 구단 전출 후의 이벤트 유치나 경비 절감책에 대해 협의한다.
2018/6/11	미사토 나가레야마바시, 유료도로 방식으로, 2023년도 개통 목표로 (사이타마현)	사이타마현 지사는, 사이타마현의 미사토시와 지바현의 나가레야마시를 연결하는 새로운 다리를 '미사토 나가레야마 다리 유료도로 사업'으로 정비한다고 발표했다. 건설비는 요금 수입으로 조달하는 유료도로 방식으로 조기에 정비한다. 2023년도에 개통할 예정이며, 사이타마현 도로공사가 사업비 84억 엔으로 실시해 2018년도부터 사업에 착수한다.
2018/8/2	지하철 사업, 건전화 대상 단체에서 제외될 전망, 2017년 결산은 경상흑자 (교토시)	교토시가 발표한 2017년도 지하철 사업 결산은 경상손익 2억 엔 흑자로, 3년 연속 흑자를 기록했다. 이에 따라 경영 건전화 계획에서 1년을 앞당겨, 경영 건전화 대상 단체로부터 제외될 전망이다. 2017년도 말 기업채 등의 잔고는 3,629억 엔이었다. 하지만 향후 10년간 가라스마선의 열차 등에는 700억 엔이 넘는 갱신 비용이 필요하기 때문에 어려운 상황은 계속될 전망이다.

2018/8/10	미야기, 이와테 농업공사 재해 협정, 직원 파견 및 물자 제공으로 상호 지원	공익사단법인인 미야기 농업진흥공사와 이와테현 농업공사는 대규모 재해 등 긴급 시 상호 지원에 관한 협정을 센다이시에서 체결했다. 이에 따라, 재해나 가축 전염병 등이 발생한 경우 응급조치와 복구와 같은 대응을 위해 직원을 파견하고 물자나 기자재를 제공한다.
2018/8/13	클라우드 펀딩으로 망원경 (도쿄도 미타카시)	도쿄도 미타카시의 제3섹터 '마을 만들기 미타카'는 저가의 소형 천체 망원경을 제작해 시내의 아이들에게 배포하는 프로젝트를 지원하기 위해, 인터넷으로 자금을 모으는 클라우드 펀딩을 개시했다. 목표 금액은 60만 엔이다.
2018/8/15	홋카이도에 메가 솔라, 소프트뱅크 그룹의 SB 에너지	소프트뱅크 그룹의 SB 에너지는, 홋카이도 도마코마이시에 출력 규모 약 3,100킬로와트인 메가 솔라 건설을 결정했다고 발표했다. 메가 솔라는 이번 달에 착공해 12월 중의 운전 개시를 목표로 하는데, 현지의 제3섹터 '도마코마이항 개발'이 소유한 약 6만㎡의 부지 내에 건설된다.
2018/9/5	관광열차 도입 검토, JR에서 경영 분리 병행 재래선 (후쿠이현)	후쿠이현은 호쿠리쿠 신칸센이 2022년도 말에 현 내에 개업하게 됨에 따라 JR 서일본으로부터 경영이 분리되는 병행 재래선에 관광열차를 도입하기 위한 방안을 검토할 것이라고 밝혔다. JR 호쿠리쿠선은 이시카와현 경계로부터 쓰루가역까지 79.2km가 제3섹터 단체에 인계된다. 현은 6월에 제3섹터 단체의 수지 예측 조사 결과를 공표하면서, 2023년도 개업 시 8억 2,000만 엔, 그리고 개업 10년 후인 2033년도에는 15억 엔의 수지 부족이 발생할 것이라는 전망을 발표했다.

* 역자 주: 정령 지정도시는 일본의 지방자치법 제252조의 19 제1항에 근거해 내각의 정령(政令, 우리나라의 시행령에 해당)으로 지정된 시를 지칭한다. 정령 지정도시는 광역지자체인 도·도·부·현에 속하지만, 광역하천, 광역도로, 경찰 업무 등 일부 사무를 제외하고는 그 권한을 대폭 이양 받아 도·도·부·현에 준하는 권한을 행사할 수 있다. 규모적인 측면에서는, 인구 감소로 2017년에 70만 명 미만이 된 시즈오카시를 제외하면, 모든 정령 지정도시의 인구는 70만 명 이상이다. 홋카이도의 삿포로시, 사이타마현의 사이타마시, 아이치현의 나고야시, 오사카부의 오사카시, 교토부의 교토시, 구마모토현의 구마모토시, 후쿠오카현의 후쿠오카시, 히로시마현의 히로시마시 등이 정령 지정도시이다.

** 역자 주: 일본의 고향납세(ふるさと納税)는 자신의 고향이나 기부하고 싶은 특정 지자체에 개인 및 법인이 기부하는 제도이다. 이 제도를 통해 지자체는 기부금 수익을

얻을 수 있고 기부자는 일부 지방세의 공제 혜택을 받거나 기부에 대한 답례품을 받기도 한다. 답례품은 지역특산물, 상품권 등의 물건도 있으나 공공시설 이용권, 빈집 관리 등의 서비스를 내용으로 하기도 한다.

2장.
민관협력의 동향
(공공자산 활용형)

이 장에서는 공공자산 활용형 PPP의 사례를 소개하고자 한다. 공공서비스형이 주로 공공의 자산을 활용해 공공서비스를 제공하는 것이었다면, 이 유형은 기본적으로 민간사업자가 공공자산을 이용해 수익사업과 같은 자신의 개인 사업을 하는 것이다.

1. 공공자산 활용

2018년, 국토교통성은 공적 부동산의 민간 활용 촉진을 위해 2016년에 발행한 「공적 부동산의 민간활용 안내서−부동산 증권화 방법을 이용한 공적 부동산 민간활용 가이드라인」公的不動産(PRE)の民間活用の手引き~不動産証券化手法を用いたPRE民間活用のガイドライン~을 개정했다. 개정판에서는 지자체를 비롯한 공적 부동산 소유 주체의 방침과 소유권 양도, 특수목적법인SPC의 주식 양도 등 계약 조건에 관한 예와 공적 부동산의 매각 및 해설, 조직 추진 체계, 부동산 증권화의 활용 예를 소개하고 있다.

오이타大分현은 저이용·미이용 상태의 당해 현의 공유재산(이하 현유재산) 활용을 촉진하기 위해 재산을 양도받는 시정촌에 대해 유지보수비나 양도비용을 감액하는 등의 인센티브를 부여하기로 결정했다. 인센티브는 기한을 정하고, 기한이 지난 경우에는 민간에 양도하는 등 자산가치의 저하와 유지관리비의 증가를 방지하고자 하며, 그 대상은 3,000㎡ 이상의 현유재산으로 관광진흥, 고용촉진, 복지, 방재 등 지역 활성화를 위한 용도로 이용하는 경우이다.

이에 따라 기초자치단체가 미이용지 취득을 신청한 후 1년 이내에 활용계획을 제출하고, 양도 계약 후 2년 이내에 사업을 실시하면 현은 건물 철거비를 상한으로 하여 유지보수비를 보조한다. 기존에는 현립학교 부지의 경우에만 교육시설로 사용하면 무상으로, 기타 공공용 시설로 사용하면 50%의 가격으로 양도했으나 앞으로는 다른 현유지에도 이런 방식을 적용하도록 했다. 이는 유지보수비에 대한 부담 때문에 시정촌에서 국공유지의 활용이 원활하지 못한 점을 감안해, 보조를 통해 이를 촉진하도록 한 것이다.

도표 Ⅱ-2-1. 공공자산 활용의 동향

일자	제목	내용
2017/9/27	5개 시설에서 시민 이외의 요금 인상 (사이타마현 시키시)	사이타마현 시키시는 시민회관 등 5개 시설에 대해 시민 이외의 이용요금 상한을 시민용 요금의 2배로 인상한다. 현재는 1.5배이다. 이 조치는 시민들의 시설 이용을 용이하게 하는 것이 목적이며, 2018년 4월 시행을 목표로 9월 의회에 관계 조례 개정안을 제출했다.
2017/9/28	폐교를 스포츠 합숙시설로 (지바현 조시시)	지바현 조시시는 민간과 협력해 폐교된 시립 조시니시 고등학교를 스포츠 합숙 시설인 '조시 스포츠 타운'으로 재정비하는 사업에 나섰다. 이 스포츠 타운은 지역 활성화의 거점으로 활용될 것이며 이로 인해 교류도 증가할 것이다. 2018년 4월에 개업할 예정이다.
2017/9/29	폐교를 농산품 가공에 활용 (야마나시현 미노부정)	야마나시현 미노부정은 폐교가 된 초등학교를 활용해 현지에서 생산되는 굵은 알갱이로 단맛이 강한 '아케보노 대두'를 가공할 시설을 가동시킨다. 신제품을 개발해 농업의 6차 산업화와 지역 생산과 지역 소비를 추진하는 것이 목적이다.

2017/12/11	은행 주차장 이용 가능 (사이타마현 기타모토시)	사이타마현 기타모토시는 JR 기타모토역 동쪽 출구에 있는 사이타마 리소나 은행 기타모토 지점과 협력해 지점의 입체 주차장을 시민이 이용할 수 있도록 했다. 지점을 이용하지 않더라도 15분간 무료로 이용할 수 있다. 이는 시민의 편리를 도모하는 것이 목적이다.
2017/12/15	공모형 제안으로 시유지 유효활용사업 실시 (아이치현 안조시)	아이치현 안조시는 중심 시가지를 대상으로 시행하고 있는 토지구획정리사업 내 시유지 등을 활용해 토지공동화 및 고도이용화를 유도하기 위해 우량건축물 등 정비사업 제도를 활용한 사업 제안을 공모형 제안 방식으로 선정한다.
2017/12/18	주재소를 개조해 체험 시설 마련 (나가노현 오부세정)	나가노현 오부세정은 사용하지 않는 주재소를 개조해 새틀라이트 오피스 체험 시설을 개설했다. 최장 1년간 이용 가능하고 마을 내의 사업화 가능성을 가늠할 수 있다. 이 사업은 수도권 기업의 유치와 공공시설의 효과적 활용을 목적으로 한다. 마을과 지방창생에 관한 협력 협정을 맺은 스미토모 부동산이 개조했으며, 동사(同社)의 소개로 인터넷 서비스 회사인 MD 파트너스가 입주했다. 개설 비용은 약 1,190만 엔이었으며, 지방창생 교부금을 활용했다.
2017/12/22	폐교된 초등학교와 유치원을 무상 임대 (도쿠시마현 미마시)	도쿠시마현 미마시는 3월 말에 폐교된 초등학교 5개와 유치원 5개 시설을 유효활용하기 위해 현 내외의 단체·민간 기업·개인을 대상으로 무상 대여를 시작했다. 입주자에게는 운동장의 풀베기 등 지역 공헌 활동을 하게 한다. 입주 기간은 원칙적으로 5년으로 하며 갱신도 가능하다. 광열비와 정화조 점검료, 시설 개수비 등은 입주자가 부담한다.
2018/2/7	폐교에 일본어 학교 유치 (나가노현 고토시)	나가사키현 고토시는 현립 대학교를 운영하는 나가사키현 공립 대학교 법인과 협력해 시내 폐교 등 유휴시설에 베트남 유학생을 위한 일본어 학교를 유치한다고 밝혔다. 시는 2월 하순부터 사업주체가 될 학교법인을 공모한다.
2018/2/14	공유재산 활용국 설치 (나가노시)	나가노시는 2018년도의 조직·기구 재검토에서 총무부에 '공유재산 활용국'을 설치한다. 활용국하에 공공시설 매니지먼트 추진과와 재정부로부터 이관하는 관재과를 두고 시유 시설의 유효활용을 종합적으로 진행한다. 공유재산 활용 국장은 부장급이다.
2018/3/5	인센티브 부여로 미이용 재산 활용 촉진, 기한 약정형 지역 활성화 대상 (오이타현)	오이타현은 2018년도부터 미이용 토지나 시설 등 현유 재산의 활용 촉진을 위해 현으로부터 재산양도를 받는 시정촌에 대해 개수비 보조, 양도비용 감액 등의 인센티브를 부여한다. 인센티브에는 기한을 정하고 기한을 넘겼을 경우에는 민간에 매각하여 미이용 재산의 자산가치 저하와 유지관리비 증가를 방지한다.

2018/3/5	구 분교에 스마트 오피스 (교토부 와쓰가정)	교토부 와쓰카정은 국가의 지방창생추진 교부금을 활용해 스마트 오피스를 개설한다. 기업이나 근로자에게 일할 수 있는 사무실을 차밭이 보이는 농촌 공간에 제공함으로써 마을의 매력을 홍보할 계획이다. 사무실은 구 고등학교 분교의 철거지 2층을 개수한 것으로 새틀라이트 오피스나 기업연수에 활용할 수 있다.
2018/3/16	폐교를 단체 숙박시설로 (지바현 초난정)	지바현 초난정은 민간기업과 협력해 폐교된 초등학교를 단체용 숙박시설로 활용한다. 마을은 정보서비스 업체인 '마이 내비'에 토지나 건물을 무상 대여해 마이 내비가 시설을 정비한 후, 유지·관리·운영한다.
2018/4/9	2005년에 작성된 수치는 97.7%, 통일 기준 재무 서류 (총무성)	총무성은 통일적인 회계 기준에 근거한 재무 서류를 작성한 지자체가 2017년도 내에 작성 예정인 지자체를 포함해 1,747개에 이른다는 조사 결과를 공표했다. 회계 활용 촉진을 위한 총무성 연구회는 미이용 토지나 시설의 활용 방법에 관한 정보제공 방법을 연구해, 민간사업자가 구체적인 제안을 하기 쉬운 환경을 조성할 것 등을 제언했다.
2018/6/5	출장지 청사를 시에 임대, 미이용 공간의 유효 활용지 (도치기현)	도치기현은 2019년도부터 아시카가 청사의 1층 일부와 2층을 아시카가시에 임대한다. 과거 조직개편에서 유휴공간을 효율적으로 활용하고자 하는 도치기현과 내진성 문제로 수도청사 이전을 검토하고 있던 시의 이해관계가 일치한 것이다. 시의 수도청사는 철거하고 부지는 인접한 시청 본청사의 주차장으로 활용한다. 주차 대수는 68대 증가한 168대가 된다.
2018/6/8	삿포로 돔 활용 (삿포로)	삿포로시는 프로야구 홋카이도 니혼햄파이터스가 연고지를 삿포로 돔에서 '기타히로시마 종합운동공원'으로 옮김에 따라, 삿포로 돔에 제3섹터 돔 운영회사와 합동 프로젝트 팀을 설치했다. 이 팀에서는 구단 이동 후의 이벤트 유치나 경비 절감책에 대해 협의한다.
2018/7/19	공용차에 카 셰어링 활용 (미야기현 게센누마시)	미야기현 게센누마시는 8월부터 내년 2월까지 공용차의 운영에 카 셰어링(car sharing)을 활용하는 실증실험을 실시한다. 실증실험 기간 동안 승용차 두 대를 시청 주차장에 세워 두고 업무에 사용한다. 시가 사용하지 않는 휴일에는 렌터카 회사를 통해 카 셰어링 차량을 이용하는 주민이나 관광객이 시청 주차장에 세워둔 차량을 이용할 수 있다.
2018/7/26	시청 별관에 민간 콜센터 (후쿠오카현 이토시마시)	후쿠오카현 이토시마시는 공실로 운영되고 있는 시청 별관을 후지쓰 커뮤니케이션 서비스에 임대해 콜센터로 활용한다. 10월에 업무를 시작할 예정이며 여성이나 젊은층의 수요가 높은 사무계통의 일자리를 늘려서 고용 창출로 이어가고자 한다.

2018/8/8	구 관사를 사원 기숙사로 활용 (나가사키현)	나가사키현은 현재 사용되지 않는 나가사키 시내의 구 관사 1동을 나가사키 상공회의소에 임대해 내년 4월부터 현지 기업의 사원 기숙사로 유효활용한다. 이는 직장 때문에 현 외로 이주하는 경우가 많은 젊은층의 주거환경을 정비함으로써 현 내 정착을 촉진하기 위한 정책이다.
2018/8/22	폐교된 초등학교 공모 매각 (홋카이도 무로란시 교육위원회)	홋카이도 무로란시 교육위원회는 2015년 3월에 폐교한 구 시립 초등학교의 원형 건물 2동에 대한 매각처를 공모한다. 원형 건물 2동이 연결된 이 학교의 형태는 전국적으로도 드문 구조이다. 최저 매각 가격은 1,256만 3,000엔.
2018/8/24	젊은 세대 정착을 위해 정(町) 소유 토지 대여 (야마구치현 스오오시마정)	야마구치현 스오오시마정은 젊은 세대의 정착를 촉진하기 위해 미활용 상태의 정 소유지에 택지를 조성, 10년간 대여한다. 10년 후에 이 택지는 무상 양도할 계획이다. 임차한 토지에는 집을 지을 수 있으며, 입주 조건은 대략 45세 이하의 2인 이상 가구로, 이들은 육아 세대의 부부나 부모님을 모시는 독신자 등으로 상정된다. 대여할 토지는 주택가에 있는 구 청사부지이다. 5구획을 대상으로 하며 임대료는 월 5,500~8,600엔 수준이다.
2018/9/19	시영(市營)주차장 폐지 검토 (시가현 오쓰시)	시가현 오쓰시는 시영주차장 14곳 가운데, 9곳을 폐지할 방침으로 이를 검토하고 있다. 주변에 민간 주차장이 늘어나고 있으며 주차장의 노후화도 진행되고 있기 때문이다. 나머지 5곳 중, 시 시설이 통합된 2곳은 유지하고 3곳은 주변 토지 활용 방침에 맞춰 검토를 계속한다.

2. 명명권/광고

■ 명명권

명명권naming rights은 대형 공공시설이나 공원, 육교 등의 시설 명칭에 대해 시행되는 경우가 많다. 민간시설에서도 게이큐京急 전철이 역명의 '부명칭'으로 명명권을 공모해 안정적인 수익을 확보한 사례도 있다.

시가현은 자동차 회사인 다이하츠로부터 경차 '밀라이스'를 증정받았다. 또한 다이하츠는 공용차의 명명권을 구입해 5년 동안 35만 엔을 현에 지불한다. 공용차의 명칭은 '우미노코이스호うみのこイース号'로 개명했다.

가나가와神奈川현 가와사키川崎시는 이전 공사를 진행시키고 있는 새로운 동물애호센터의 수술실이나 양도 고양이실, 연수실 등 8개의 룸에 명명권을 도입한다. 각 룸은 연간 30만 엔이며 계약 기간은 3년이다. 시는 반려동물 용품도 제공하기 때문에 해당 금액도 계약금에 포함시킨다. 반려동물용품 등의 관련 기업은 애호센터 내에서 실제로 당사의 용품을 사용하게 함으로써 홍보 및 판촉 효과를 얻을 수 있다. 새로운 동물애호센터는 2019년 2월에 완공될 예정이다.

도표 II-2-2. 명명권 동향

일자	제목	내용
2017/9/14	촌립 야구장에 명명권 (오키나와현 기노자촌)	오키나와현 기노자촌은 촌이 소유한 시설 '기노자촌 야구장'과 '기노자 돔'에 대해 명명권의 스폰서 모집을 시작했다. 이 사업의 목적은 유지비 경감과 재원 확보이다. 모집 기간은 10월 20일까지이고 대상은 현 내에 사업소 등을 둔 기업과 단체이다.
2017/9/22	현 소유 7개 시설의 명명권 모집 (군마현)	군마현은 플라워 파크 등 현이 소유한 7개 시설에 대해 명명권을 취득할 기업을 모집한다고 발표했다. 안정된 수입 확보가 목적인 이 사업에서 현의 계약 희망액은 연간 50만~300만 엔이며 계약 기간은 5~6년으로 상정하고 있다.
2017/10/12	재개발 지구의 애칭 '고코분지'로 (도쿄도 고쿠분지시)	도쿄도 고코분지시의 시장은 고코분지역 북쪽 출구 재개발 지구의 애칭·로고 디자인이 '고코분지'로 정해졌다고 발표했다. 그리고 2개 동의 고층 타워 중, 서쪽 지구 5층 다목적홀과 인접한 옥상 명명권을 모집하겠다고 밝혔다.
2017/10/20	명명권 모집 개시 (홋카이도 아사히카와시의 4곳)	홋카이도 아사히카와시는 아사히카와 폭설 아레나 등의 시유 시설에 대해 명명권을 취득할 스폰서 모집을 시작했다. 설정한 최저 응모금액은 연액·세금 별도로 200만~300만 엔이며 계약 기간은 5년이다.
2017/10/23	역전 광장의 명명권 모집 (도쿄도 고마에시)	도쿄도 고마에시는 오다큐선 고마에역 북쪽 출구에 활기를 불어 넣을 목적으로 내년 4월에 개설하는 '역전 광장'에 대해 명명권의 스폰서 기업을 모집한다고 발표했다. 명명권료는 연간 50만 엔 이상이며 계약 기간은 2018년도부터 3년간이다. 역전 광장을 사용하는 것이 조건이며 그 첫 기간에 기업명을 넣게 된다.

2017/12/7	명명권, 일본 무선이 파트너로, 빙재공원 중앙광장 (도쿄도 미타카시)	도쿄도 미타카시는 미타카 중앙방재공원·중앙광장의 시설 명명권 도입으로 방재기기 메이커인 일본 무선이 명명권의 파트너로 정해저 기본협정을 맺었다고 발표했다. 시설 애칭은 '일본 무선 중앙광장'이다. 2018년 1월부터 5년간 사용하며 일본 무선은 연간 300만 엔을 시에 지불한다.
2017/12/22	새 구장명은 '파나소닉 스타디움 스이타', J리그	J리그는 22일 J1의 G오사카가 홈구장으로 사용하고 있는 시립 스이타 축구 스타디움이 '파나소닉 스타디움 스이타'로 명칭을 변경한다고 발표했다. 파나소닉은 스이타시와 명명권 계약을 맺었으며, 파나소닉에 따르면, 계약은 2018년 1월 1일부터 5년간 10억 8,000만 엔이라고 한다.
2017/12/25	새 구장명은 '라쿠텐 생명 파크 미야기', 프로야구 라쿠텐 연고지	프로야구 구단 라쿠텐은 연고지 '고보 파크 미야기'의 명칭을 2018년 1월 1일부터 '라쿠텐 생명 파크 미야기'로 변경한다고 발표했다. 모회사 라쿠텐은 2019년까지 3년간의 계약으로 현이 운영하는 미야기 구장(센다이시 미야기노구)의 명명권을 보유하고 있다.
2018/1/22	육교 명명권 파트너 결정 (야마구치현 시모노세키시)	야마구치현 시모노세키시는 시내의 육교 2개의 명명권 파트너가 모두 관혼상제 사업을 하는 '일본 세레모니'로 정해졌다고 밝혔다. 보수공사를 하는 1개 육교는 4월 1일부터 3년간 105만 엔이며, 나머지 1개 육교는 2월 1일부터 3년 2개월 동안 95만 엔이다.
2018/1/24	가시와, 야마구치의 본거지 명칭 변경, J리그	J리그는 J1 가시와 구장의 연고지인 히타치 가시와 구장의 명칭이 '산쿄 프론티어 가시와 스타디움'으로 변경된다고 발표했다. 기간은 2월 1일부터 3년간이다. 또한, J2 야마구치의 본거지인 '이신 백년 기념공원' 육상 경기장은 '이신 미라이프 스타디움 J'로 변경됐다. J리그는 '미라이프'와 2023년 1월 11일까지 시설 명명권 계약을 체결했다.
2018/1/25	공원 화장실에 명명권 (도쿄도 신주쿠구)	도쿄도 신주쿠구는 신주쿠 고층 빌딩가에 있는 신주쿠 중앙공원 내의 5개 공중화장실에 명명권을 도입한다. 이 사업은 2017년도 내에 사업자를 선정하고 2018년도부터 시작한다. 명명권은 화장실마다 각각 설정할 방침이며 금액은 1개소당 연 10만 엔 이상이다. 계약 기간은 원칙적으로 3년이다.
2018/1/29	종합복지센터에 명명권 (도쿄도 다마시)	도쿄도 다마시의 아베 히로유키 시장은 종합복지센터의 명명권 스폰서가 정해졌다고 발표했다. 선정된 스폰서는 센터의 지정관리자인 2개 기업의 그룹이며 계약 기간은 2018년 4월부터 3년간이다. 이 그룹들은 연간 100만 엔을 지불하기로 했으며, 이 금액은 센터의 유지관리비로 사용된다.

2018/2/1	명명권으로 리온과 파트너 계약, 역 앞 재개발 빌딩의 홀·광장 (도쿄도 고쿠분지시)	도쿄도 고쿠분지시는 고쿠분 지역 북쪽 출구 재개발 지구 내 두 동의 고층 타워 가운데, '니시가이구 빌딩' 5층의 다목적 홀의 명명권에 대해 의료 기기 및 계측기 메이커인 리온과 파트너 계약을 맺었다고 발표했다. 다목적 홀은 '리온 홀'로, 인접한 옥상 광장은 '리온 광장'으로 하고 연간 300만 엔의 명명권료를 지불하기로 했으며 사용 기한은 5년이다.
2018/2/22	지바의 건설회사와 계약, 육상경기장 명명권 (사이타마현 미사토시)	사이타마현 미사토시는 시의 육상경기장 명명권을 히로시마 건설과 계약했다고 밝혔다. 계약 기간은 5월 1일부터 2021년 3월 31일까지로 '세나리오 하우스필드 미사토'라는 애칭을 사용한다. 계약액은 연간 135만 엔이다.
2018/3/5	공용차에 명명권, 자동차 회사가 기증 (시가현)	다이하츠는 자사의 경차 밀라이스를 사가현에 기부했으며, 사가현은 이를 공용차로 활용한다. 한편, 다이하츠는 공용차의 명명권을 4월부터 5년간 합계 35만 엔에 계약했다. 애칭은 '우미노코 이스호'이다.
2018/3/20	44개 시설에서 명명권 모집 (이바라키현 쓰쿠바미라이시)	이바라키현 쓰쿠바미라이시는 스포츠 시설, 공원, 도서관, 마을회관 등 불특정 다수가 이용하는 44개 시설의 명명권을 모집한다. 기간은 3년 이상 5년 이내이다.
2018/3/26	돌핀스 아레나, 아이치현 체육관, 3년 계약	아이치현은 명명권을 도입하는 나고야시 나카구의 아이치현 체육관의 새로운 애칭이 '돌핀스 아레나'로 정해졌다고 밝혔다. 명명권을 취득한 것은 남자 농구 B리그 팀을 운영하는 나고야 다이아몬드 돌핀스이다. 이 명명권의 기한은 올해 4월부터 2021년 3월까지로, 사용료는 연간 2,500만 엔이다.
2018/3/26	가고시마의 본거지 '시라나미 스타'로, J3	J 리그는 J3 가고시마의 연고지인 가고시마 현립 '가모이케 육상경기장'의 명칭이 '시라나미 스타디움'으로 변경된다고 밝혔다. 기간은 4월 1일부터 3년간이다. 이 시설의 명명권은 고구마 소주 등을 제조하는 '사쓰마 주조'가 취득했다.
2018/4/5	물건비 10% 집행 유보 결정, 시설 명명권 개요도 구체화 (야마구치현 행정개혁본부)	야마구치현은 행정·재정 개혁 총괄본부 회의를 열고 2018년도 당초 예산 중, 직원의 출장 여비와 소모품비 등 물건비의 10%를 집행 유보하기로 결정했다. 회의에서는 명명권을 현유 시설에 도입할 때의 가이드라인에 관해 논의하고, 대상 시설의 선정은 가능한 애칭 이용 개시 8개월 전으로 하는 등 도입에서 운용까지의 구체적인 절차를 정했다.

2018/4/19	새로우 동물애호센터 8개 룸의 명명권 모집 (가와사키시)	2019년 2월에 이전·완성되는 가와사키시 동물애호센터는 수술실과 고양이실, 연수실 등 건물 내 총 8개 룸의 명명권 파트너 모집을 시작했다. 비용은 객실당 연간 30만 엔이며, 계약 기간은 3년이다. 반려동물용품도 제공받기 때문에 계약금에는 이 금액도 포함된다.
2018/5/7	새로운 체육관 명은 '테루바 세키스이 하우스 아레나', 명명권 (후쿠오카시)	후쿠오카시는 올해 여름에 오픈 예정인 시 종합체육관의 명칭이 명명권에 의해 '테루바 세키스이 하우스 아레나'로 결정됐다고 밝혔다. 스폰서는 세키스이 하우스로, 명명권료는 연간 600만 엔이며 약 15년간의 총액은 9,200만 엔에 달한다.
2018/6/27	2개 시설의 명명권 계약 갱신 (가나가와현 히라쓰카시)	가나가와현 히라쓰카시 시장은 꽃밭의 '빛과 바람의 꽃다발'과 '쇼난 히라쓰카 파크 골프장'의 명명권 계약을 갱신한다고 발표했다. 계약 갱신 대상은 2개 기업이며 2019년 4월부터 각각 5년간과 3년간 갱신된다. 계약금은 연간 50만 엔이다.
2018/7/10	시민문화회관 명명권 (홋카이도 구시로시)	홋카이도 구시로시는 시 교육위원회가 관할하는 구시로 시민문화 회관의 명명권 취득을 희망하는 기업을 모집하고 있다. 대상은 시내에 사무소나 사업소를 두는 법인이며, 명명권료는 연간 100만 엔 이상에서 결정할 계획이다.
2018/7/12	시민구장 명명권 첫 도입 (사이타마현 혼조시)	사이타마현 혼조시는 혼조 종합공원 시민구장에 명명권을 도입하기로 하고 후원사 모집을 시작했다. 계약 기간은 11월부터 5년간이며, 명명권료는 연간 300만 엔 이상이다.
2018/7/24	의결 안건 후 첫 명명권 계약, 풋살 코트 (교토시)	교토시는 호가이케 공원 운동시설 내의 풋살 코트에 대한 명명권 계약을 주차장 관리·운영 회사인 '야마토 하우스파킹'과 체결한다고 발표했다. 이에 따라 이 시설의 이름은 10월부터 10년간 '야마토 하우스파킹 교토시 호가이케 풋살 코트'로 한다.
2018/7/25	구장 본거지 '타피스 타로', J3	J 리그는 J3 류큐의 본거지인 오키나와현 종합운동공원의 육상경기장 명칭이 변경됐다고 발표했다. 이 시설의 명명권은 의료법인 타픽이 취득했으며, 사용 기간은 2020년 3월 31일까지이다.

2018/8/6	국제터미널 명명권 모집 (야마구치현 시모노세키시)	야마구치현 시모노세키시는 한국 부산행 페리를 운항하고 있는 시모노세키항 국제터미널 등의 명명권 파트너를 모집한다고 밝혔다. 희망액은 연간 700만 엔 이상이다. 사용 기간은 2019년 1월 1일부터 2022년 3월 31일까지로 한다. 이 명명은 시모노세키항 국제터미널 외에, 인접한 보도교에 대해서도 가능하다.
2018/8/21	'케이아이스 구단'으로 결정, 구장 명명권, 5년에 1,000만 엔 (사이타마현 혼조시)	사이타마현 혼조시 시장은 혼조 종합공원 시민구장에 도입하는 명명권의 애칭과 명명권자를 발표했다. 공모에서 선정된 파트너 기업은 시내에 본사를 둔 케이아이스터 부동산으로 결정됐으며, '케이아이스터 경기장'이라는 애칭을 사용한다고 밝혔다. 사용료는 연간 201만 엔, 5년간 총액 1,005만 엔이다.
2018/9/18	마쓰모토의 본거지 '산아루', J2	J 리그는 J2 마쓰모토의 본거지인 마쓰모토히라 광역공원 종합구기장의 명칭이 '선프로알윈'으로 변경된다고 발표했다. 명명 기간은 5년이며, 건축업을 하는 선프로가 이 시설의 명명권을 취득했다.

■ 광고

지자체가 인쇄물 등을 발행할 경우, 관련 서비스를 제공하는 지역 사업자 등으로부터 광고를 모집해 이를 지자체의 비용 부담 없이 발행할 수 있게 된다. 가나가와神奈川현 아이카와愛川정은 마을에 자치회의 활동을 알리고 자치회 가입을 촉진하기 위해 핸드북을 만들었다. 핸드북 15,000부의 제작비 전액은 광고비로 충당했다. 핸드북을 만들기로 결정한 것은 자치회 가입률이 60% 정도인데, 특히 신흥 주택지의 가입률이 저조하다는 점 때문이었다.

이 밖에도 종합활동 노트나 육아, 손주 양육 등 시민들의 새로운 요구에 부응하기 위한 인쇄물 등도 제작했다. 핸드북이나 인쇄물 제작 등에 필요한 경비를 광고를 이용해 조달하는 지자체가 증가하고 있다. 사이타마埼玉현 도코로자와所沢시는 시내 맨홀 뚜껑에 유료광고를 부착하는 사업을 시작했다. 시는 시민들이 많이 모이는 세이부西部 철도 도코로자와역이나 시청 근처 역인 항공공원역 등 5개 역 근처의 보도에 있는 맨홀 중 교체 시기를 맞은 38곳을 대상으로 광고를 모집했다. 광고주는 기업이나 단체 등으로 고려하고 있다.

광고의 크기는 지름 약 39cm이며, 광고는 선착순으로 모집한다. 광고 기간은 원칙적으로 3년이지만 2년간 연장 가능하다. 맨홀 한 개당 광고료는 월 7,500엔이고 광고 설치비는 4만 엔이다. 이 맨홀 뚜껑 광고는 하수도 사업의 이미지 향상과 수익 창출을 목적으로 한다.

도표 Ⅱ-2-3. 광고 동향

일자	제목	내용
2017/12/20	공공시설에서 Wi-Fi 실험 (사이타마현 고노스시)	사이타마현 고노스시는 NTT 도코모와 협력해 공공시설에서의 무선통신 Wi-Fi 정비 실증실험을 시작했다. 이 실험에서는 평상시에 이용되는 데이터를 수집하고, 접속 시 웹 페이지상에 기업광고를 게재하는 실증실험을 하고 있다. 아울러 광고수입으로 시의 무선통신 이용료를 경감한다.
2018/1/11	PPP로 버스 정류장 유지관리 (후쿠오카 국도 사무소)	규슈 지방 정비국 후쿠오카 국도 사무소는 버스 정류장의 지붕과 벤치를 유지관리하는 민간사업자를 공모하고 있다. 대상 시설은 후쿠오카현 오무타시의 국도 208호에 속한 2개의 버스 정류장과 후쿠오카시의 국도 202호의 버스 정류장 2개소이다. 지붕에 광고 간판 공간을 마련해 민간사업자가 광고주 모집 등을 통해 얻는 수입의 일부를 지붕과 벤치의 유지관리비에 충당한다.
2018/4/19	젠린 협력 고령자 책자 (시즈오카현 후지에다시)	시즈오카현 후지에다시는 젠린과 공동으로 고령자의 일상생활상 불편 등을 해소하기 위해 책자 '후지에다시 고령자 가이드'를 1만 5,000부 제작했다. 시청 각 부서의 돌봄이나 의료 관련 정보는 1권(전 80페이지)에 모아 실었으며, 시청을 비롯한 관련 시설에서 배포를 시작했다. 이 책자의 발행은 고령자 관련 문제에 대한 현 내의 첫 대응이다. 제작은 젠린이 했고 비용은 광고비로 조달했다.
2018/4/25	광고점 관리 안내판 신설 (가고시마시)	가고시마시는 6월까지 광고대행사가 관리·운영하는 디지털식 안내표지판을 새로 설치한다. 시는 광고 공간을 마련하고, 광고 대리점이 협찬 기업으로부터 광고료를 받을 예정이다. 이 사업은 안내판의 설치 경비나 전기요금 등의 비용을 광고료로 조달하기 때문에 예산이 들지는 않는다.

2018/5/18	맨홀 뚜껑 광고 모집 (사이타마현 도코로자 와시)	사이타마현 도코로자와시는 시내 맨홀 뚜껑에 게재할 광고를 모집한다. 이 사업은 하수도 사업의 이미지 향상과 시의 재원 확보가 목적이다. 이를 위해 시는 직경 약 39센치의 디자인 플레이트를 만들고, 선착순으로 접수해 설치는 10월부터 할 예정이다. 광고 기간은 원칙적으로 3년이며 2년간 연장할 수 있다. 한 곳당 광고료는 월 7,500엔으로 설치 비용은 4만 엔이다.
2018/5/24	대학식당의 쟁반으로 현 내 취직 PR (도야마현)	도야마현은 현이나 대학의 취직지원사업이나 현 내 기업 정보 등을 게재한 광고 라벨을 도야마 대학 내의 식당 쟁반에 붙여 학생들에게 현 내 취업의 매력을 홍보하고 있다. 2018년에는 이를 모든 대학교로 확대할 계획이다.
2018/6/12	광고지도로 660만 엔 수익 증가 (미에현)	미에현은 새로운 재원 확보 방안으로 본청사 1층의 현민 홀에 광고 안내지도를 설치했다. 이 지도는 광고 대리점이 설치·운영해 광고주를 모집하는 방식이며, 현은 설치 장소 임대료로 향후 5년간 656만 4,000엔을 얻는다.
2018/6/18	호평받고 있는 '종합활 동 노트' (사이타마 하스다시)	사이타마현 하스다시가 종합활동 노트 '마음을 전하는 마이 엔딩 노트'를 만들었다. A4판 열여덟 페이지에 걸쳐 엔딩 노트를 쓰는 방법이나 각종 절차, 상담 창구 등을 실었다. 법무사 사무소나 주택 리폼 회사 등 뒷면 표지를 포함해 총 5개 회사의 광고를 5 페이지 분량으로 게재하게 함으로써, 시에서 부담하는 비용은 없다.
2018/6/28	도청 현관에 디지털 광 고판 (홋카이도)	홋카이도는 본청사 1층 현관 홀에 디지털 광고판을 설치한다. 관리운영비는 광고수입으로 충당하기 때문에 도의 비용부담은 없다. 도의 행정이나 이벤트 정보 등을 게재해 이 광고판을 새로운 홍보 매체로 활용하고자 한다.
2018/7/17	디지털 광고로 정보제 공. 홍보 강화 (가나가와현 아쓰기 시)	가나가와현 아쓰기시는 오다큐센 혼아쓰기 역전 북쪽 출구 광장에 디지털 광고판 '아츠기 시티 네비게이션'을 8대 설치해 정보 제공을 시작했다. 광고판 도입에 드는 비용은 2,484만 엔이며, 연간 유지비용은 160만 엔이다. 그런데 민간 광고를 통한 수입이 약 200만 엔 정도 예상되므로, 시는 전체적으로 계산해도 충분히 채산성 있는 사업이라 보고 있다.
2018/8/13	자치회 활동 소개서인 핸드북 작성 (가나가와현 아이카와 정)	가나가와현 아이카와정은 행정구·자치회의 활동 내용을 소개한 '아이카와 행정구·자치회 핸드북'을 만들었다. 이 핸드북은 자치회 활동을 널리 홍보해 마을 주민의 자치회 가입을 촉진하기 위해 제작되었다. 1만 5,000부를 제작했으며 그 비용은 모두 광고수입으로 충당했다.

2018/8/20	광고비로 엔딩 노트 (가나가와현 가마쿠라시)	가나가와현 가마쿠라시는 사망 전 자신의 마음과 생각, 가족에 대한 생각 등을 정리해 미리 기록해 두는 '마이 엔딩 노트'를 6,000부 제작했다. 사업비는 장의사와 묘지 판매회사 5개사의 광고비용으로 충당했다.
2018/9/6	2007년도 이후에도 경륜(競輪) 지속 (히로시마시 시장)	히로시마시 시장은 2019년도 이후에도 경륜 경기를 지속시킬 방침이라고 밝혔다. 민간위탁은 2015년부터 2018년도까지지만, 2021년도까지 계속해서 ①'미드나이트 경륜' 등을 통한 레이스 운영의 강화 ②명명권 도입 ③시민 이벤트 개최에 힘써 시의 수입을 증대시키고자 한다.
2018/9/14	손자 양육 응원 북 발행 (나가노시)	나가노시는 조부모 세대를 위해 손자 양육에 관한 정보를 게재한 '나가노 두근두근 손자 양육 응원 북'을 제작했다. 이 책자는 A4판, 컬러 인쇄로 총 43 페이지 분량이다. 제작 비용은 협찬기업의 광고수입으로 충당하므로 시의 부담은 없다.

3장.
민관협력의 동향(규제·유도형)

이 장에서 다루는 PPP는 정부가 규제나 규제 완화, 보조금 등을 이용해 민간사업자의 활동을 공공의 목적 달성으로 유도하는 것이다. 공공자산 활용형이 공공의 자산을 이용해 민간사업자가 민간의 활동을 실시하는 데 비해, 이 같은 유형은 민간이 자신의 자산을 이용해 민간 활동을 실시한다는 데에 차이가 있다.

1. 고용

지역 내에서 일자리를 만들기 위해 기업의 입지에 대해 보조금을 지급하는 지자체는 많다. 시즈오카静岡현 모리森정은 기업 유치를 위해 고정자산세 상당액을 장려금으로 지원하는 제도를 신설했다. 현이나 마을의 산업입지 관련 보조금을 이용해 마을 내에 공장 등을 신설하거나 증설하는 경우에는 장려금으로써 고정자산세나 도시계획세 상당액을 최대 3년간 보조한다.

또한, 해당 지역에 입주하고자 하는 기업에 대해서는 부동산 사업자와 협력해 부동산의 임차나 매매 정보를 제공한다. 또한, 지금까지 2,000㎡ 이상인 경우에만 해당되던 용지취득 보조에 대해서도 그 면적요건을 1,000

㎡ 이상으로 완화했다.

야마구치山口현 시모노세키下關시는 중심 시가지에 오피스 빌딩을 건설하는 사업자에 대해 최대 3억 엔의 보조금을 지원하는 사업을 실시했다. 이 사업은 2018년 1월 초에 신청을 받기 시작하여, 보안이나 재해 대응에 대한 대책 등을 심사한 후 1개 업체를 선정한다. 대상은 연면적 3,000㎡ 이상의 빌딩이며, 건설비의 5분의 1 이내에서 최대 3억 엔을 보조한다. 한 해 교부액 한도를 1억 엔으로 설정하고 교부액이 1억 엔을 초과할 경우에는 여러 해에 걸쳐 분할 지급한다.

청년 일자리 창출과 인구 증가를 목적으로, 청년층이나 취업준비생을 위한 시내 기업 인턴십을 제공하는 지자체도 늘어나고 있다. 도야마富山현은 후계자가 현저히 부족한 상점가의 사업승계를 지원하기 위해 뉴젠 정에서 '상가 활성화 인턴' 사업을 실시했다. 체험 기간은 1일의 단기코스와 1~2개월의 장기코스가 있다. 단기코스에서는 상가의 점포에서 접객이나 실제 업무를 체험한다. 장기코스에서는 마을 상공회에서 이벤트 업무 등을 담당해 본다. 체험 후, 참여자와 점포 측 쌍방이 동의할 경우에 현과 마을의 담당자와 함께 사업승계에 관한 구체적인 절차에 들어간다. 인턴 참여를 위해 원거리에서 오는 참여자에게는 여비를 지급하는 사례도 많지만 도야마현의 프로그램에서는 자비 부담이 원칙이다.

가고시마鹿児島시는 현의 노동국 등 19개 기관이 관리하고 있는 구인정보 등을 일원화해 열람할 수 있는 포털 사이트를 정비했다. 지금까지는 각 기관이 개별적으로 정보를 제공했기 때문에, 구직자 입장에서 일괄적으로 열람하기 쉽지 않다는 비판을 받았다. 이에 따라 사이트 내에서 '헬로 워크(일본의 공공 직업안내소)'에 접속할 수 있게 했으며, 구직자 특성에 맞는 페이지들을 개설하고 취업 상담을 실시하고 있는 기관 정보 등도 게재했다.

도표 Ⅱ-3-1. 고용 · 산업 부흥의 움직임

일자	제목	내용
2017/9/26	드론 산업 거점화 목표, 신고 없이 시험비행도 가능 (오이타현)	오이타현은 드론 산업의 거점화를 목표로 연구시설을 정비하고 있다. 이 시설은 높은 수준의 성능 측정이나 자유로운 시험비행이 가능한 만큼, 현 내 기업의 기술력 향상과 현 외 기업의 유치를 촉진해 산업 집적을 이루고자 한다. 동시에, 산업 진흥을 목표로 새로운 기술개발비의 보조나 비즈니스 매칭 등의 지원책도 진행한다. 시설은 2018년 3월에 완공될 예정이다.
2017/10/18	사업승계를 위한 직업체험 실시 (도야마현)	도야마현은 젊은층을 대상으로 직업체험 '상가 활성화 인턴' 사업을 실시한다. 이 사업은 후계자 부족으로 고민하는 이리젠정의 상가 점포의 사업승계를 목적으로 한다. 체험 기간은 1일간의 단기코스와 12개월의 장기코스가 있다. 지원자가 있으면 위탁 회사와 점포 측에서 일정을 조정하고 체험 후에는 참여자와 점포 측 쌍방이 동의할 경우, 현과 마을의 담당자도 함께 모여 사업승계에 관한 협의를 진행한다.
2017/10/20	창업자금 지원 (이바라키현 조소시)	이바라키현 조소시는 '조소시 비즈니스 플랜 콘테스트 2017'을 실시하기로 했다. 이에 따라 내년 2월에 있을 공개 프레젠테이션의 참여자를 모집한다. 이 사업의 목적은 2015년 9월에 호우 수해를 입은 관동 도호쿠 지역을 복구하고 지역 활성화를 가속시키는 것이다. 이를 위해 시내에서 창업하고자 하는 자들의 사업 플랜을 모집한다. 개인이나 법인 모두 참여가 가능하고 시외에서도 응모할 수 있지만, 6차 산업을 제외한 농업 분야는 대상에서 제외되었다.
2017/11/1	취업체험 여비로 최대 5만 엔 조성 (홋카이도 기타미시)	홋카이도 기타미시는 시외의 대학교나 전문학교에 재학하는 관내 출신 학생이 시내의 IT 기업이 실시하는 인턴십에 참여할 경우, 최대 5만 엔의 여비를 지급한다. 이는 젊은층의 현지 취업 지원을 목적으로 한다. 대상은 시내에 거점을 둔 8개 IT 기업이며, 11월 1일부터 내년 3월 15일까지 3일간 인턴십에 참여할 수 있는 학생이면 신청 가능하다
2017/11/15	민관협력 정보 사이트 개설 (에히메현)	에히메현은 금융기관 및 싱크 탱크 등과 협력하여 구인 이주 종합정보사이트 '아노코노 에히메'를 개설했다. 이 사이트는 현과 이요 은행, 노무라 종합연구소 등 5개 단체가 공동 운영하며, 지금까지 별도로 실시하고 있던 고용촉진책을 일괄적으로 실시해 효과적인 PDCA 사이클을 구축한다. 현이나 민간기업 등의 정보를 집약하여 현 내 1만 5,000건 이상의 구인정보가 이 사이트에 게재되고 있다.
2017/11/15	프랑스 농업계 대학원과 협력 (가고시마현 긴코정)	가고시마현 긴코정은 유럽 최대의 농업국인 프랑스의 농업계 대학원 '트루즈 국립고등농업학교'와 농업 분야를 중심으로 한 협력을 추진하기로 합의했다. 협력 협정을 통해 정은 동교 인턴생의 교육을 지원하거나 동교 연구자에게 농업이나 관광 등의 조사를 의뢰할 수 있게 되었다.

2017/11/24	구인정보 일원화를 위한 포털사이트 (가고시마시)	가고시마시는 가고시마 노동국 등 19개 기관이 발신하고 있는 구인정보 등을 일원화한 포털사이트 '가고시마시 업무 정보 내비'를 개설했다. 이 사이트는 시의 단독 사업으로 진행되었으며 사업비는 약 100만 엔이다. 시는 이 사이트를 구직자가 활용하도록 하여, 이를 시내의 고용기회의 확대로 연결할 생각이다.
2017/11/30	창업 분위기 조성을 위해 새로운 제도 검토, 시구정촌 주체의 체험사업 지원 (중소기업청)	중소기업청은 초·중·고교생과 직장인, 시니어 세대가 창업에 대한 관심을 가지도록 창업 분위기 조성사업(가칭)을 창설하기로 했다. 이 사업은 시구정촌이 계획하는 체험형 기업가 교육이나 워크숍 등을 대상으로 사업 위탁처의 교육 관련 사업자나 NPO 등에 운영비를 보조하거나 자금을 지원한다.
2017/12/1	아이를 맡기고 근처에서 근로, '마마 스퀘어' 오픈 (나라현 가미마키정)	아이를 맡기고 그 바로 옆에서 일할 수 있는 사무실 '마마 스퀘어 우에마키점'이 나라현 가미마키정의 쇼핑센터 내에 오픈했다. 이 시설은 당해 지자체가 쇼핑센터 내에서 운영하고 있던 육아지원시설을 확장해 정비하는 방식으로 마련되었는데, 컴퓨터와 데스크가 즐비한 사무실 바로 옆에 육아 담당 직원이 상주하는 공간이 있어 아이를 맡길 수 있게 되어 있다.
2017/12/15	고정자산세 상당액 등 장려금으로, 기업 유치 촉진하는 신제도 (시즈오카현 모리정)	시즈오카현 모리정은 기업 유치 촉진책으로서 부동산 사업자와 협력한 매칭이나 고정자산세 상당액 등을 장려금으로 조성하는 새로운 지원을 실시한다. '진출 의향'이 있는 기업의 부지 물색을 지원하며, 입주 후에도 사업 정착에 필요한 환경 조성을 위해 지속적으로 지원하겠다'고 밝혔다.
2017/12/21	창업지원으로 지역 비즈니스 센터 (구마모토현 우키시)	구마모토현 우키시는 지역 비즈니스 창출과 벤처기업 유치의 거점시설로서 '커뮤니티 비즈니스 센터'(가칭)를 정비한다. 이 시설에는 지역 내 창업을 지원하고 일자리 창출을 위해 개인사업자 및 벤처기업이 사무실로 이용할 수 있는 스몰 오피스 및 회의실 등을 설치한다. 물품을 판매할 수 있는 컨테이너 점포나 이벤트를 개최할 수 있는 옥외 공간도 시험적으로 통합한다.
2017/12/25	공장 철거지나 빈 점포 정보 활용을 위한 협정, 택지건설협회 지부와 협력 (사이타마현 시라오카시)	사이타마현 시라오카시는 시내에 있는 공장 철거지나 빈 점포 등을 활용해 기업 유치를 촉진하고자 사이타마현 택지건물거래업 협회 지부와 협정을 체결했다. 체결에 의해, 시라오카시는 비어 있는 택지나 물건의 유효활용을 위해 민간 거래 물건에 관한 정보를 얻어 시내에 택지 등을 희망하는 기업이나 창업을 생각하는 희망자의 요청에 따라 그 공간들을 지원한다.

2018/1/17	표고버섯 생산공장 유치 (교토부 미나미야마시마촌)	교토부 미나미야마시마촌은 브랜드 채소 사업 등을 하는 '트레이드'와 협정을 맺고 표고버섯 생산공장을 유치하기로 했다. 공장은 2019년 6월경 착공해 2020년 가동 예정이며, 연간 약 292톤을 생산할 전망이다. 또한 정규직과 시간제 근무자를 포함해 30여 명의 신규 고용이 예상된다.
2018/1/25	입주처 토지 소유자도 조성 (지바현 가마가야시)	지바현 가마가야시는 2018년도부터 경제 활성화를 통해 고용과 소비를 확대하기 위해 기업 유치에 관한 조성 제도를 시작한다. 시내에 진출하는 기업뿐만이 아니라 입지 장소의 소유자도 지원한다. 이는 국·공유지가 적고 공업단지가 없는 지역 사정을 고려해 민간이 소유하고 있는 사유지를 활용하기 위해서이다.
2018/2/5	오피스계 기업의 입지 지원 (도치기현 우쓰노미야시)	도치기현 우쓰노미야시는 2018년도, 오피스계 기업의 유치를 위한 입지 지원 제도를 새롭게 마련한다. 대상은 시내에 새로 진출해 사무직을 고용하는 기업의 지점이나 영업소, 콜센터 등이다. 시는 이들을 세제 우대나 사업소의 임대료 보조 형태로 지원할 계획이다.
2018/2/9	민관협력으로 취업의 장, 공공시설은 포괄관리위탁 (도쿄도 히가시무라야마시)	도쿄도 히가시무라야마시는 2018년도 예산안을 발표했다. 민관협력 신규 2개 정책이 주요 정책이며, 원거리 통근이 필요 없도록 시내에 일자리를 마련하고 공공시설의 유지관리 업무를 일괄 발주해 위탁한다. 일자리는 지난해 9월, 종합인력서비스업체와 체결한 협약에 따른 것이다.
2018/2/9	생산성 향상 계획에 보조 (고치현)	고치현은 비교적 규모가 큰 2018년도 설비투자에 따라 '생산성 향상 계획'을 수립하는 제조업자에 대해 보조금을 지급할 방침이다. 이는 사업자의 경제적 부담을 줄이는 것이 목적이며 2018년도 당초 예산안에 관련 경비를 계상할 예정이다.
2018/2/13	지역복지 담당자 육성 강화, 차년도에는 대상 고교 확대 (이와테현 모리오카시)	이와테현 모리오카시는 2018년도에 고교생을 대상으로 실시하고 있는 지역복지 담당자 육성 사업을 강화한다. 2018년도에는 대상 학교를 3개로 늘려 이 사업의 저변 확대를 꾀한다. 복지 인력의 지역 내 양성을 고려하고 사업내용도 확충할 방침이다. 구체적인 사업내용은 외부업체로부터 제안을 받아 위탁하며 대상 학교는 향후에 정할 계획이다.
2018/2/23	드론 활용 인재육성 협정, 디지털 할리우드 (도쿄도 하치오지시)	도쿄도 하치오지시는 드론 활용을 위한 인재육성 협정을 디지털 할리우드와 체결했다. 디지털 할리우드가 운영하는 전문학원의 드론 지식·조종 전공 커리큘럼을 시 직원이 4월부터 수강하도록 해 5년간 20명의 공인 자격자를 양성할 계획이다. 또한 시는 2018년도 내에 드론을 보유하고 드론 활용 방안을 검토해 나갈 예정이다.

2018/2/26	IT 기업 유치를 통해 청년 일자리 창출 (가고시마현 소오시)	가고시마현 소오시는 도쿄 등 대도시권에 사무실이 있는 IT 기업 유치를 통해 청년 일자리 창출을 목표로 하는 사업을 시작한다. 젊은층이 시의 근간 산업인 농업이나 축산업을 회피해 타지역에서 취직하는 등 지역의 인구 유출이 큰 문제가 되고 있기 때문이다. 이에 지역 청년들의 지역 내 일자리 창출을 위해 IT 기업 유치에 나서기로 했다.
2018/3/5	유학생이 투자가에게 사업 홍보, 출자 획득 기회 만들기, 창업지원 (오이타현 벳부시)	오이타현 벳부시에서는 창업을 목표로 하는 현 내의 유학생 등이 개인투자가나 투자 펀드에 대한 사업계획을 발표하는 '유학생 인베스터즈 피치 in OITA'가 개최됐다. 이 행사는 기업에 필요한 자금조달과 연계되는 기회를 제공해 지역경제를 활성화하고 유학생의 정착을 돕는 현 사업의 일환이다. 이번 행사에서는 8개 그룹의 학생들이 영상물 제작이나 보드게임 카페 등 다양한 사업을 소개하고 투자자들과 이야기를 나누며 교류를 넓혔다.
2018/3/16	기업 입지 지원 대상 확대 (사이타마현 구마가야시)	2018년도에 사이타마현 구마가야시는 시외 기업 유치 등을 지원하는 기업 입지 지원 제도의 대상 업종을 확대한다. 현재는 제조, 건설, 운수업 등 공업계가 지원의 중심이지만 2019년에 시내에서 개최되는 럭비 월드컵 일본 개최를 고려해 대상 업종을 숙박업이나 농업, 의료 분야로도 확대한다.
2018/3/16	도쿄·고지정 레스토랑 개설 (후쿠오카현)	후쿠오카현은 2018년도, 도쿄·고지정의 현 유지에 건설 예정인 건물에 후쿠오카현산 식재료를 사용한 메뉴를 제공하는 레스토랑을 개설한다. 이 레스토랑은 요리 외에도 식기와 인테리어 등에 현의 특산품을 사용해 후쿠오카의 매력을 홍보하며, 현의 도쿄 사무소나 숙박시설 등이 입주하고 있던 '후쿠오카 회관'의 철거지에 건설 중이다. 레스토랑은 1층으로 약 270㎡에 60석 정도를 제공할 수 있는 규모이다.
2018/3/20	중소기업의 고정자산세 면제 (일본 가나가와현 아야세시)	가나가와현 아야세시는 시내 중소기업의 생산성 향상을 위한 설비투자 비용 중 고정자산세를 2018년도부터 3년간 전액 면제한다. 그 대상은 자본금 1억 엔 이하, 종업원 1,000명 이하의 기업이 설비투자로 160만 엔 이상의 기계나 장치를 구입하는 경우인데, 해당 기업은 또한 연평균 3% 이상의 생산성 향상 계획을 수립해 시의 인정을 받아야 한다.
2018/3/26	자격 취득 지원으로 생활 안정, 종업원의 정주 기대, 사업 보급을 위해 (구마모토현 오구니정)	구마모토현 오구니정은 지역 내 기업에 종사하는 근로자를 대상으로 자격 취득을 지원하는 사업을 시행하기로 했다. 지원사업 대상자는 지역에 1년 이상 거주하며 독립된 사업을 하는 개인이나 법인 경영자와 그 근로자이다. 정은 경비의 2분의 1 이내에서 보조하고 최고 한도는 3만 엔이다. 신청에 대하여 사업 확대와 발전에 도움이 되는 자격인지 여부를 심사한 후 지급한다.

2018/4/10	럭비 성지화 등 4개 사업, 기업판 고향납세, 첫 활용 (사이타마현)	사이타마현은 기업판 고향납세[1]를 바탕으로 2019년 럭비 월드컵이 열리는 구마가야시에서의 '럭비 성지화 프로젝트' 등 4개 사업에 12개사로부터 515만 엔의 기부 제의를 받았다고 발표했다.
2018/4/24	외국계 기업에 연구개발비 보조 (이바라키현)	이바라키현은 2018년도부터 현 내에 사업 거점을 두는 외국계 기업에 대해 연구개발비를 보조하는 사업을 시작한다. 대상은 주로 제품을 개발하는 외국계 기업으로 상정하고 있다. 보조 제도는 200만 엔 상한으로, 연구개발에 드는 비용의 4분의 1을 지원한다. 또한, 매월 사무실 임대료도 연간 240만 엔을 상한으로 2분의 1까지 현이 부담한다.
2018/5/8	고향납세로 기업가 지원 (우쓰노미야시)	우쓰노미야시는 고향납세 기부금을 활용해 지역 과제 해결과 지역 진흥에 관한 사업을 실시하는 시내의 기업가를 지원한다. 지원 대상이 될 만한 기업가나 사업 관련 정보를 고향납세 모집 사이트 등에 최대 3개월간 게재해 기부금을 모집하고 이를 제공한다. 지원 대상은 시내에 사업장을 두고 있으며 회사를 설립한 지 5년 이내 또는 설립 등기 절차에 착수한 기업이다.
2018/5/11	민관협력으로 사업승계 지원, 기업 진단을 통해 기업 문제 해결 (효고현 아마가사키시)	효고현 아마가사키시는 상공회의소, 금융기관 등과 협력해 현지 기업을 대상으로 사업승계 지원에 나선다. 기업별 경영 상황을 진단해 당면한 과제에 조기에 대처하고 사업승계를 지원한다. 협력 단체는 시와 아마가사키 상공회의소, 아마가사키 공업회, 일본정책금융공고, 아마가사키 신용금고의 5개 단체이다.
2018/5/14	블록체인 실증실험 (후쿠오카현 구라테정)	후쿠오카현 구라테정은 가상화폐의 기반 기술로 알려진 블록체인을 행정서비스에 활용하기 위해 이번 봄, 구라테정 내에 진출한 IT 기업과 실증실험을 시작한다. 정은 빈집의 데이터베이스나 정 주민의 건강관리, 방재 등의 분야에서 시스템 활용을 목표로 해 실증실험에 협력한다.
2018/5/16	지사 등의 위성 사무실 (satellite office) 지원 (이바라키현)	이바라키현은 지사 등의 위성 사무실(satellite office)을 현 내에 새로 만드는 기업에 대해 지원사업을 시작한다. 2,500만 엔을 상한으로 공사비 등의 2분의 1까지 보조한다. 대상 지역은 도쿄로 통근하는 주민이 많은 JR 조반선과 쓰쿠바 급행 각 역의 도보권 내 지역으로 한정했다. 향후, 보조를 희망하는 기업을 공모할 예정이다.
2018/5/29	낙도의 기업 입주, 'IT 아일랜드' 구상 (오이타현 히메지마촌)	지난해 7월, 도쿄의 IT 기업 2개가 오이타현의 외딴 섬인 히메지마촌에 진출하겠다고 밝혔다. 그리고 올해 1월부터 마을이 신설한 위성 사무실로 새로 이동한 근로자들이 일을 시작했다. 현과 촌은 관련 기업을 모아 히메지마촌을 IT 아일랜드로 홍보해, 입지조건이 좋지 못한 지역의 기업 유치 모델로 삼는다.

2018/5/30	간사이 전력과 사업소 개실 협징, 30명 헌지 고용 (아오모리현, 아오모리시)	아오모리현과 아오모리시는 간사이 전력 등과 사업소 개설에 관한 기본협정을 체결했다. 간사이 전력은 12월에 전기 신청에 대한 집수 업무를 딤딩하는 '아오모리 백오피스 센터'를 시내에 개설하여 현지 거주자 등 약 30명을 채용할 계획이다. 이 센터의 개설 취지는 전력 자유화에 따라 증가하고 있는 접수 업무의 일부를 집중적으로 담당하기 위한 것이다.
2018/6/1	인터넷 모금으로 창업 지원 (돗토리현 오야마정)	돗토리현 오야마정은 2018년도부터 인터넷을 통해 클라우드 펀딩을 이용하는 창업자를 대상으로 조달 자금의 2분의 1을 보조한다. 해당 보조를 받기 위해서는, ①촌 내에 주소를 두고, 촌 내에서 창업할 것 ②촌 내에 사업소를 설치해 5년 이상 사업할 예정일 것 등이 조건이다.
2018/6/13	중소기업 진흥에 대해 조례로 역할 명시 (오카야마현 니미시)	지역경제와 고용을 담당하는 중소기업을 지원하기 위해 오카야마현 니미시는 기본적인 방침과 시, 사업자, 금융기관, 시민의 역할을 명시한 조례안을 정리했다. 이 안을 6월 의회에 제출하고 해당 조례가 성립된 후에는 가을에 산업진흥 회의를 열 계획이다.
2018/6/29	IT 기업과 협력해 인재 육성 (구마모토현 우키시)	구마모토현 우키시는 2018년도부터 도쿄도 내의 IT 벤처기업이나 현지 기업 등과 협력해 육아 중인 여성 인재 육성사업을 시작한다. 시는 전년도의 총무성 텔레워크 선구자 백선(百選)에 선정된 IT 비즈니스 서포트 회사와 협력해 텔레워크의 활용, 엑셀 강좌 등 시민들이 무료로 수강할 수 있는 온라인 강좌를 마련한다.
2018/7/5	시즈오카현을 셀룰로오스 나노 파이버(CNF) 산업의 메카로, 신소재 연구·개발을 촉진 (시즈오카현)	시즈오카현은 다양한 산업 분야에서 신소재로 활용될 것이 기대되는 '셀룰로오스 나노 파이버(CNF)'를 연구·개발하고 있다. 현은 타 지역보다 한발 앞서 산학관 협력 조직을 설립했으며, 제품 개발이나 기술 개발 등의 지원사업을 펼치고 있다.
2018/7/6	창업지원 협력 협정, 중소기업 진단사 협회 (구마모토현 우키시)	구마모토현 우키시는 중소기업 진단사 협회와 창업지원을 목적으로 협력 협정을 체결했다. 협회는 시내 중소기업의 창업자나 경영자를 대상으로 세미나, 상담회, 개별 컨설팅을 실시한다. 창업 준비에서 창업 후 운영에 걸친 지원을 통해 지역경제 활성화를 도모한다.
2018/7/9	도쿄 전력 에너지 파트너(EP)와 사업소에 대한 협정, 현지 거주자 등 80명 채용 (아오모리현, 아오모리시)	아오모리현과 아오모리시는 도쿄 전력 에너지 파트너 등과 사업소 개설에 관련된 기본협정을 체결했다. 도쿄 전력은 12월에 전기요금에 관한 사무처리를 실시하는 '아오모리 오퍼레이션 센터'를 시내에 개설하며, 현지 거주자를 중심으로 약 80명을 채용할 계획이다.

2018/7/10	'제트로(일본 무역진흥기구) 나라 센터' 설치 결정, 11월, 긴테쓰 나라역 앞	일본 무역진흥기구는 '나라 무역정보센터'를 출장소로서 신설하기로 했다. 이 센터는 일본 내에서는 48번째 출장소가 된다. 출장소는 긴테쓰 나라역 앞에 위치한 현청에서도 가까운 나라현 중소기업회관이며, 11월부터 업무를 시작할 예정이다.
2018/7/18	'호산(互産) 호소(互消)' 협정 체결 (시즈오카현 가케가와시)	시즈오카현 가케가와시와 홋카이도 도요코로정은 서로의 지역에 없는 식재료와 상품의 물류 교류를 촉진하는 '호산(互産) 호소(互消)' 추진의 일환으로, 이를 관광이나 이주 및 정주와 같은 인적 교류로 이어가기 위한 협정을 체결했다.
2018/7/20	'창업학원'으로 지역 활성화 (홋카이도 가미시호로정)	홋카이도 가미시호로정은 창업에 필요한 지식을 배울 수 있는 '가미시호로 창업학원'을 운영한다. 이 학원은 신규 사업이나 상품 개발을 통해 지역산업 전체의 활성화를 위해 협력한다. 마을은 금년도부터 지방창생을 위해 평생학습의 장소를 제공하는 '평생 활약 가미시로 학원'을 시작, 창업학원은 그 일환이다.
2018/7/20	구역 인정 절차 개시, 오사카부 지사, 리조트 유치	오사카부 지사는 카지노를 포함한 통합형 리조트(IR) 실시법 성립을 전제로, 설치구역의 정부 인가 절차를 시급히 진행하기 위한 방침을 표명했다. 설치구역 인가는 유치를 희망하는 지자체와 사업자가 공동으로 구역정비 계획을 작성해 정부에 신청하고 정부가 인정하는 방식으로 이루어진다.
2018/8/8	오피스 빌딩 건설에 최대 3억 엔 보조 (야마구치현 시모노세키시)	야마구치현 시모노세키시는 중심 시가지에 오피스 빌딩을 건설하는 사업자에 대해 최대 3억 엔의 보조금을 지원한다. 대상은 연면적 3,000㎡ 이상의 빌딩이며, 건설비의 5분의 1 이내에서 최대 3억 엔을 보조한다. 한 해 지원 한도액을 1억 엔으로 설정하고, 보조액이 1억 엔을 넘을 경우에는 여러 해에 걸쳐 분할 지급한다.
2018/8/16	창업 콘테스트 강화 (시마네현 에쓰시)	시마네현 에쓰시는 2018년도, 시내에서 창업하는 인재 유치를 위해 실시하고 있는 비즈니스 플랜 콘테스트 'Go-Con'을 강화한다. 이 사업은 경연대회 참가자와 시, 금융기관 직원들의 스터디 모임 횟수를 2회에서 3회로 늘려 창업 가능성을 높이고, 시내 관계자들과의 네트워크 구축에도 도움을 주고자 계획되었다.
2018/8/20	중소기업인 21일 업무 개시 (홋카이도 구시로시)	홋카이도 구시로시는 시내와 주변 지역의 중소기업 경영자를 위한 무료상담 창구인 '구시로시 비즈니스 지원 센터·k-Biz'를 개설한다. 이 창구를 통해 기존의 제도나 인재를 활용하고, 지역이 하나가 되어 종합적인 지원을 전개할 방침이다.

2018/8/24	젊은층의 새로운 비즈니스 지원, 프로야구·축구와 협력 (사이타마현)	사이타마현은 스포츠 관련 분야에서 신비즈니스에 도전하는 신진 기업가나 벤처기업 등을 위한 지원을 시작한다. 현 내를 본거지로 하는 프로야구 세이부 라이온즈, J리그의 우라와 레즈, 오미야 알디저와 협력해 프로 스포츠와 관련된 과제를 주제로 한 사업에 대한 지원을 제공한다. 현이나 금융기관, 창업지원 기관의 지원도 받으면서 젊은층이나 벤처 등에 의한 새로운 비즈니스 플랜을 제시받아 사업화할 예정이며 각 구단이 안고 있는 과제 해결에도 이바지하고자 한다.
2018/8/27	과소지의 소규모 사업자 지원, 교부세화를 총무성과 조정 (경제산업성)	경제산업성은 과소지의 소규모 사업자에 대한 지원 경비를 지방교부세 조치의 대상으로 하기 위해 총무성과 조정에 들어갔다. 이는 과소지의 교통수단인 자동차에 필수적인 주유소 등에 대한 지원을 강화하는 데 목적이 있다. 이를 위해 교부세 산정 항목의 '상공 행정비'에 도부현을 위한 새로운 재원을 확보하도록 요청한다. 지원 대상으로 상정하고 있는 업종은 주유소 외에 돌봄 사업자, 약국, 식료품점 등이다.
2018/8/28	빈 빌딩을 위성 사무실로, 다양한 근무 형태로 모델 사업 (국토교통성)	국토교통성은 2019년도, 빈 빌딩의 일부를 기업의 위성 사무실이나 공유 사무실 등으로 활용하는 사업을 지원한다. 인테리어 등을 위해 인테리어 디자이너의 상담료나 기업 홍보 경비 등을 지원한다. 시설 공사비 등은 지원 대상에서 제외한다.
2018/9/6	텔레워크(재택근무, 원격근무 등) 보급을 위한 민관 연구회 (가나가와현 가마쿠라시)	가나가와현 가마쿠라시는 텔레워크(재택근무, 원격근무 등)를 추진하기 위해 민간기업 및 단체와 함께 '텔레워크 라이프스타일 연구회'를 11월에 발족한다. 공유 회의실 등의 공간도 정비해 젊은층의 이주나 창업도 지원할 방침이다.

2. 도시조성

2018년 5월까지 입지 적정화 계획을 작성, 공표한 지자체는 161개이다. 이 중, 도시기능유도 구역, 거주유도 구역 모두를 설정한 지자체는 124개 도시이고 도시기능유도 구역만 설정한 지자체는 37개이다. 컴팩트 시티를 추진하기 위해 많은 지자체가 계획을 수립하고 있지만, 도시기능 유도구역이나 거주유도 구역을 도시계획 구역 전체나 시 전역으로 설정한 단체도 있어 이것이 반드시 실효성이 있다고는 할 수 없다.

니가타新潟현 나가오카長岡시에서는 시외에서 중심부로 이동하는 전입자를 대상으로 고정자산세의 일부를 면제하는 제도를 마련했다. 시외에서 대상 지역으로 전입해 주택을 신축하거나 증개축하는 이에게는 거주 부분의 바닥면적에 대한 고정자산세의 2분의 1을 면제한다. 기간은 3년 동안이지만 16세 미만의 자녀와 동거하는 경우에는 5년으로 한다. 대상 지역은 2005년 합병되기 전의 구 시정촌 7개 지역의 중심부로 한다.

국토교통성은 소유자를 알 수 없는 토지나 오랫동안 사용되지 않은 채 방치된 공터 등이 증가하자 이 같은 토지의 이용을 촉진하기 위한 제도를 연이어 마련했다. 2018년 6월에는 소유자 불명 토지를 공원이나 주차장 등 공공 목적에 한정해 이용할 수 있도록 하는 특별조치법이 제정됐다. 최장 10년간의 이용을 인정한다. 이용 목적의 공공성이 인정되면 이용 주체로서 지자체, NPO, 민간사업자 등이 참여할 수 있다. 소유자가 나타나 명도를 요구할 경우, 이용권 기간 종료 후에 원상회복시켜 반환한다. 그러나 소유자의 이의가 없으면 연장도 가능하도록 했다. 아울러, 도로 정비 등 공공사업을 실시하는 경우에 소유자 불명 토지의 소유권을 강제로 취득하는 수용 절차를 간소화하는 내용도 포함됐다. 향후, 상속등기의 의무화와 소유권 포기 가능 제도 등도 논의할 계획이다.

또한, 도시재생 특별조치법의 개정으로 '저이용·미이용 토지권리 설정 등 촉진계획低未利用土地権利設定等促進計画'제도와 '입지유도 촉진시설 협정立地誘導促進施設協定'제도를 창설했다. 저이용·미이용 토지권리 설정 등 촉진계획 제도는 저이용·미이용지가 산재해 있는 지구에서 시정촌이 소유권에 구애받지 않고 복수의 토지나 건물에 일괄적으로 이용권 등을 설정하는 계획을 작성해 지권자나 이용 희망자와 함께 저이용·미이용 토지를 활용하도록 추진한다. 이 제도에서는 도시재생 추진법인(도시조성 단체 등)이 저이용·미이용지를 일시 보유할 수 있도록 했다.

입지유도 촉진시설 협정 제도는 지역주민이 협정을 맺은 도시조성 단체나 지역 커뮤니티가 빈터나 빈집을 이용해 광장과 집회장, 방범 관련 시설 등을 정비, 관리하는 것이다.

도표 Ⅱ-3-2. 도시조성의 동향

일자	제목	내용
2017/9/5	주민협정을 통한 도로·광장 정비, 공터 정비를 위해 신제도 (국토교통성)	국토교통성은 시정촌을 대신해 지역주민이 협정을 체결하여 공터를 도로, 광장 등 공공시설로 정비하는 제도를 창설할 방침을 수립했다. 공터를 포함한 해당 토지 소유자 전원의 합의가 조건이다. 체결 후 해당 토지를 새로 구입한 사람에게도 협정이 적용된다. 2018년 통상 국회에 도시재생 특별조치법의 개정안을 제출해 실현시키는 것을 목표로 한다.
2017/9/22	공터 은행 제도 창설 (이와테현 오쓰치정)	이와테현 오쓰치정은 공터를 등록해 매매·임차 희망자에게 소개하는 '공터 은행 제도'를 창설했다. 중심 시가지 활성화를 위해 택지 매입자에게는 지원금을 준다. 시내에 있는 토지구획 정리사업 구역(약 53ha) 전체를 등록 대상 지역으로 삼았으며, 택지를 구입한 사람에게는 이 제도를 통해 최대 10만 엔을 보조한다. 구획정리 구역 내에 주택을 건설하는 경우에는 제도를 이용하지 않아도 100만 엔을 지급하는 제도도 신설했다.
2017/9/27	역 앞 빌딩 빈 점포 입주 지원 (시가현 릿토시)	시가현 릿토시는 JR 릿토역 앞 빌딩에 점포들이 지속적으로 입주할 수 있도록 하기 위해 점포 유치 등을 담당하는 상공회를 지원한다. 빌딩에는 아직 빈 점포가 남아 있지만, 9월부터 2018년 2월까지 4개 점포가 입주할 예정이며, 시는 이들이 입주 기간 동안 경영 노하우를 습득할 수 있도록 지원한다.
2017/10/4	시내 중심부에 학생 아파트 건설 (이시카와현 와지마시)	이시카와현 와지마시는 학생 전용 아파트를 중심가에 세우기 위해 사업자의 건설비를 지원하는 제도를 시행한다. 칠예*를 배우는 젊은층이나 전문학교 학생들을 모아서 시 중심부에 활력을 불어넣는 사업으로 이어가기 위함이다. 아파트 건설과 운영을 담당하는 시내 사업자를 공모를 통해 선정하여 건설비를 지원한다. 공터가 증가한 중심가의 시유지를 20년간 무상으로 대여해서 아파트 다섯 동을 건설해 합계 50명분의 주거지를 확보한다.
2017/10/6	빈집 대책을 위해 전문가 단체와 협정 (아이치현 신조시)	아이치현 신조시는 빈집 대책을 세우기 위해 행정사회나 건축사회 등 현 내 8개 전문가 단체와 협정을 체결했다. 협정을 맺은 단체는 철거공사업연합회, 행정서사회, 아이치 건축사회, 사법서사회, 택지건물거래업협회, 토지가옥조사사회, 변호사회, 신조시 실버인재센터이다.
2017/10/11	빈 점포 활용에 보조 (이바라키현 다이고정)	이바라키현 다이고정은 빈 점포의 신규 출점자에게 개수비와 임차료를 보조하는 사업을 시작했다. 대상은 소매업이나 서비스업, 음식업 등이며, 약 10개 이상의 점포가 인접해 있는 구역에서 3개월 이상 사용되지 않은 빈 점포를 활용해 창업하는 것이 요건이다. 시내에 이미 가게를 경영하고 있는 사람이 새롭게 빈 점포에 출점하는 경우에는 기존 점포가 빈 점포가 되지 않도록 하는 것도 조건이다.

2017/10/16	민관협력으로 50년 지속가능 도시조성 (요코하마시)	요코하마시는 게이큐 전철, 도큐 부동산, NTT 도시개발 등 민간기업과 협력해 '50년간 지속가능 도시조성'을 주제로 주택지구의 시범사업을 시작했다. 시내 4개소를 선정해 다세대 간에 서로 의지하는 지속가능한 주택지구 조성을 목표로 한다. 육아 세대 전용 분양주택과 고령자를 대상으로 한 임대주택 등을 함께 건설해 세대 간의 교류를 추진한다.
2017/10/18	특정 빈집에서 약식 대집행, 도내 최초로 입목을 벌채 (도쿄도 마치다시)	도쿄도 마치다시는 특정 빈집 1채에 대해 빈집대책 특별조치법에 근거해 입목벌채 등의 대집행을 실시했다. 이는 해당 빈집이 주변 환경에 악영향을 미치고 있다는 판단 외에도 상속인이 없어 소유자를 파악할 수 없기 때문이다. 대집행 적용은 도내 최초라고 한다.
2017/10/26	도시재생추진 법인의 업무 확대, 공터 등 취득 가능 (국토교통성)	국토교통성은 도시재생 특별조치법에 따른 도시재생추진 법인의 업무를 확대해 공터를 비롯한 저이용·미이용 토지를 취득할 수 있도록 할 방침이다. 이 사업의 목적은 공터 등의 유효활용을 촉진하기 위해 활용 희망자의 중개 역할을 담당할 수 있도록 하는 것이다.
2017/11/2	호텔 유치 및 상담에 수치적 목표, 성장 가속화 전략 초안 (사이타마시)	사이타마시는 저출산·고령화와 2020년 도쿄 올림픽·패럴림픽을 고려해 향후 4년간 중점적으로 추진할 정책을 포함한 '성장 가속화 전략'의 초안을 마련했다. 이 초안에서는 2020년도까지 개업할 호텔 수, 동일본의 신칸센 연선 도시와 협력한 광역 경제권 창출을 목표로 하는 기업의 상담 건수 등 수치 목표를 설정했다.
2017/11/14	고향납세, 재해 대책에 활용 (교토부)	교토부는 태풍 18호와 21호에 의한 재해 대책비를 확보하기 위해 고향납세를 모집했다. 교토부가 재해 대책에 특화해 고향납세를 모집하는 것은 처음이다. 총무성이 고향납세의 용도를 사전에 밝히도록 요구하는 가운데, 이 제도를 활용해 조기 복구와 함께 재해에 강한 마을을 조성하기 위한 사업을 추진할 방침이다.
2017/11/20	도로 일부에 쉼터, 오사카·미도스지에서 '파크렛' 실험	오사카시 등은 시의 중심부를 남북으로 달리는 왕복 6차선의 미도스지의 도로 일부에 벤치 등의 휴식 공간을 마련하는 '파크렛'의 사회 실험을 시작했다. 차량 중심이 아닌 사람 중심의 미도스지라는 미래상을 목표로 내년 5월까지 휴식처로서 필요한 사항이나 교통 면에서 안전성을 검증해 나간다.
2017/12/6	민박 규제 조례 제정 (나가노현)	나가노현은 주택숙박사업법에 근거해 현 내 민박 지역이나 그 기간 등을 제한하는 조례 제정을 검토한다. 이는 관광지 관계자들로부터 규제를 요구하는 의견이 많아지고 있는 것에 대한 대책으로, 2018년의 2월 의회에 조례안을 제출할 계획이다.

2017/12/25	공장 철거지, 빈 점포 정보 협정, 택지건물거래업 협회와 협력 (사이타마현 시라오카시)	사이타마현 시라오카시는 시내에 있는 공장 철거지와 빈 점포 등을 활용해 기업 유치를 촉진하고자 공익사단법인 사이타마현 택지건물거래업 협회와 협정을 체결했다. 제결에 따라 시는 협회로부터 민간 거래 물건의 정보를 제공받아, 시내에서 용지를 구하는 기업이나 창업을 생각하는 주민의 요청에 따라 비어 있는 용지나 점포의 유효활용 등을 위해 상호 협력할 방침이다.
2018/1/5	유휴 휴양소 활용을 위한 기준 개정, 외국인 숙박시설로 (오쓰시장)	시가현 오쓰시의 시장은 빈집인 시 북부의 기업 휴양소를 외국인 관광객을 위한 숙박시설로 전용할 수 있도록 시 개발기준 개정을 검토하겠다고 밝혔다. 현존하는 휴양소 162개 가운데 유휴시설이 36개소, 이용 실태가 불분명한 시설이 30개소이다.
2018/1/9	주유소, 주민이 운영, 농협 철수, 고령화 산간부 (고치현)	인구 감소로 인해 과소 지역에서 주유소의 폐업 사례가 증가하는 가운데, 고치현 도사정의 이시하라 지구에서는 주민이 합동 회사를 설립하여 철수한 농협을 대신해 주유소를 운영하고 있다. 주유소는 일용품도 취급하고 경영을 유지하기 위해 특산품을 판매하는 등의 연구를 거듭하고 있다. 연금으로 생활하는 고령자도 참가할 수 있도록 구좌당 1,000엔부터 출자를 모집해, 마을의 거의 모든 세대와 외지에 있는 현지 출신자 등으로부터 약 214만 엔을 모았다.
2018/1/17	주거전용지역 민박 제한, 조례 개정안 (나라시)	나라시는 관광객 등에게 빈집을 민박으로 제공하는 것에 대해 6월에 시행되는 주택숙박 사업법에 따른 조례안을 발표했다. 나라시의 조례안은 나라현이 정한 조례안과 달리 성수기인 월요일 정오~금요일 정오에는 주거전용지역에서의 민박을 제한하는 내용으로 개정했다.
2018/1/22	주민이 모이는 갤러리 재개 (구마모토현 미후네정)	구마모토현 미후네정은 구마모토 지진 피해로 휴관했던 '미후네 갤러리' 운영을 재개했다. 이는 건축 후 150년이 지난 오래된 민가를 이용한 시설로 마을 주민들이 기획한 전람회나 찻집 등의 이벤트에 임대한다. 마을은 지역주민이 모여 교류하는 공간으로 활용한다.
2018/1/23	채무부담행위 활용 가능, 사회자본 정비 교부금에 신사업 (국토교통성)	국토교통성은 사회자본 정비 종합교부금과 방재·안전 교부금의 지급 대상에 대해 새로운 사업을 마련했다. 이를 통해 지자체의 도로 정비 등에 대해 '국고채무부담행위'를 활용해 여러 해에 걸쳐 집중적이고 계획적으로 지원하는 제도를 창설한다. 이에 따라 국토교통성은 2018년도 예산안에서 '교통거점 협력 집중 지원사업'으로 590억 엔을 책정했다.

2018/1/23	국도 휴게소 중심의 마을조성, 돌아오는 주민을 위한 환경 정비 (후쿠시마현 이타테촌)	후쿠시마현 이타테촌은 휴게소를 중심으로 한 마을조성에 힘쓰고 있다. 과거 후쿠시마 제1원자력 발전소 사고로 인해 마을 전체가 대피했었는데, 2017년 3월 말에는 대피 지시가 대부분 해제됐다. 이런 상황 때문에 슈퍼가 없는 등 마을 주민들의 생활기반이 제대로 갖추어져 있지 않아 휴게소가 주민의 생활편의를 위한 역할을 담당하고 있다. 마을은 도로 휴게소를 부흥 거점으로 하여 주변 생활권과 조화롭게 정비해 나감으로써 대피한 주민들이 돌아올 수 있도록 노력하고 있다.
2018/2/2	주민협정으로 공터를 광장으로, 시정촌 대신 공동 관리 (국토교통성)	국토교통성은 지역주민이 협정을 맺어 시정촌을 대신해 공터나 빈집을 교류 광장이나 커뮤니티 시설 등 공공시설로서 공동으로 정비, 관리하는 새로운 제도를 마련한다. 이 협정에는 상속, 매매 등으로 토지 소유권자가 변경될 경우에도 효력이 계속되도록 조치해 정비된 시설이 안정적으로 운영될 수 있도록 할 예정이다. 또한 도시재생 특별조치법 개정안에는 새로 만드는 제도인 입지유도 촉진 시설 협정의 규정을 포함시킬 방침이다
2018/2/7	차밭 경관 지키기 조례 제정, 내년도, 다업(茶業) 발전 목표 (교토부 와쓰카정)	교토부 와쓰카정은 차밭의 경관 보전을 위한 독자적인 조례를 2018년도 내에 제정할 방침이다. 이를 위해 주민이 참여하는 연구 모임을 진행시키는 등 12월에 중간안 제출을 목표로 하고 있다. 이 사업은 12월의 중간보고를 바탕으로 퍼블릭 코멘트를 거친 후, 3월 의회에 조례안을 제출하겠다는 계획이다.
2018/2/27	니혼햄 새 구장에 대해 협력 요청, 유치를 목표로 다카하시 지사에게 (홋카이도 기타히로시마시)	프로야구 니혼햄 파이터스의 신 구장 건설 계획에 대해 기타히로시마 시장은 홈구장으로 유치하기 위해 노력하고 있으며, 유치에 성공할 경우에 현의 적극적인 지원을 요청했다.
2018/2/28	법인에게도 빈집 개보수 보조, 창업 촉진 (가고시마현 나가시마정)	가고시마현 나가시마정은 빈집 개보수 보조에 대한 지침을 개정해 개인 소유자만으로 한정하고 있던 대상을 법인으로 확대했다. 보조율도 총 공사비 500만 엔을 상한으로 3분의 2로 높였다. 이 개정은 나가시마정의 단독 사업으로, 유명무실해지고 있는 빈집 은행의 활용을 촉진해 창업 등을 통한 지역 활성화를 도모하기 위한 것이다.
2018/3/1	시가지 활성화를 위한 규제 완화, 규제개혁 회의에 제언 (시즈오카현 도시개발협회)	시즈오카현 내의 부동산업자 등으로 구성된 도시개발협회는 지역산업 진흥과 경제 활성화를 위한 제언서를 현의 규제개혁 회의에 제출했다. 협회는 이 제언서에서 중심 시가지 활성화를 위해 시즈오카 시내 상업지역의 용적률 상한을 기존 600%에서 800%로 높일 것 등을 요구했다.

2018/3/6	빈집 활용을 위해 규제 완하, 건축기준법 개정안 각의(閣議) 결정 통과	정부는 3층짜리 단독주택을 다른 용도로 전용할 경우에 적용되는 규제를 완화하는 건축기준법 개정안을 의결했다. 이에 따라 앞으로는 연면적 200㎡ 미만이면 경보장치를 설치하는 것만으로 벽이나 기둥을 내화구조로 해야 하는 요건이 필요 없게 된다. 이 개정안은 빈집 활용을 촉진하는 것이 목적이다.
2018/3/7	스케이트 파크 정비 (니가타현 무라카미시)	니가타현 무라카미시는 스케이트보드 선수 육성과 지역 활성화를 위해 국내 최대 규모의 실내 경기장인 '무라카미시 스케이트 파크'(가칭)를 정비한다. 이 경기장은 2019년 봄에 개장할 예정으로, 건설비의 일부는 기업의 고향납세 기부금으로 충당한다.
2018/3/8	ICT를 활용한 첫 방재훈련, 위치정보로 부상자 구출 (삿포로시)	삿포로시는 ICT를 활용한 첫 방재훈련을 실시했다. 삿포로시는 지하도를 걷는 사람의 정보를 빅데이터화하고, 훈련에서는 연동된 앱을 사용해 대피 정보를 통지하고 방재 시스템이 제대로 작동하는지 여부를 확인하는 등의 훈련을 실시했다.
2018/3/15	'일본의 꽃'을 도로에, 녹색도시조성 지원 (교토시)	교토시는 녹화(綠化) 활동에 종사하는 시민을 지원하는 시범사업으로서 화단을 정비한다. 시청에서는 정비와 관련된 현지 자치회 대표자에게 모종을 증정하는 이벤트가 열렸다.
2018/3/19	일본 우편, 사택 부지를 어린이집으로, 도쿄도 이타바시에 제1호 어린이집	일본 우편은 도쿄도 이타바시구의 사택 부지에 어린이집를 개설한다고 발표했다. 유휴지 활용책의 일환으로, 동사가 사택 부지를 어린이집으로 사용하는 것은 처음이다. 이 시설은 도쿄도에서 인가된 어린이집으로서 4월에 개원한다. 일본 우편이 건설하고, 운영은 전문 사업자가 담당한다.
2018/3/19	육아 세대에게 빈집 활용 전시회, 리폼 플랜 제안 (사이타마현 도다시)	사이타마현 도다시는 육아 세대를 위해 빈집 리폼 플랜 전시회를 개최하고 있다. 이 전시회는 도쿄에 인접해 젊은층의 유입이 많은 도다시의 특색 있는 빈집 활용책이다. 주말인 17·18일에는 30대 육아 세대를 중심으로 106명이 방문해 높은 관심을 보였다.
2018/3/22	도시재생 지원을 위한 새로운 제도 (사이타마현 혼조시)	사이타마현 혼조시는 2018년도, 시가지에서의 거주나 정주를 추진하기 위해 민간사업자의 택지개발에 대한 '도시재생 택지개발 보조금'을 창설한다. 이에 따라 민간사업자가 도로 확장 등을 수반하는 일정 규모 이상의 택지개발 사업을 할 경우, 2,000만 엔을 상한으로 지원한다.

날짜	제목	내용
2018/3/26	파나소닉, 제3탄은 의료·간병(介護)이 주제, 오사카·스이타에 스마트 타운	파나소닉은 효율적인 에너지공급 시스템을 갖춘 지속가능한 도시를 목표로 한 스마트 타운의 제3탄을, 오사카부 스이타시에 있는 동사의 공장 철거지를 활용해 정비한다고 발표했다. 새로운 스마트 타운은 의료·간병이 충실한 '건강도시'가 주제이며, 2022년 오픈을 목표로 한다.
2018/3/26	재개발 빌딩, 노인 홈과 협정, CCRC(고령자용 생활공동체) 추진 (시즈오카시)	시즈오카시는 대도시권 고령자를 수용하는 CCRC(고령자용 생활공동체) 구축을 위해 시 중심부 재개발 빌딩과 그 건물에 입주하는 고급 유료 노인홈 운영주체 간에 협력 협정을 체결했다. 협정을 맺은 곳은 시청 본청사와 현청 등 복합 빌딩을 관리·운영하는 사업자와 노인홈을 운영하는 사업자 2개 회사이다.
2018/3/27	풀베기에 상품권 포인트 (후쿠시마현 미나미소마시)	후쿠시마현 미나미소마시는 공유 시설 등의 풀베기를 실시한 단체에 대해 상품권으로 교환할 수 있는 포인트를 부여하는 사업을 4월부터 시작한다. 이는 도쿄 전력 후쿠시마 제1 원자력 발전 사고로 인해 공유 시설의 유지관리가 어려워짐에 따라 지역주민들의 교류가 줄어든 점을 감안한 조치이다.
2018/3/29	시립대학교 병원 유치 검토 조직, 올가을 구상안 마련	오사카 시장은 3월 말에 폐지하는 시립 스미요시 시민병원의 철거지에 치매 치료를 전문으로 하는 오사카 시립 대학교 부속 병원을 유치하고자 대학 측과 함께 검토 조직을 세울 방침을 분명히 했다. 아울러 2018년 가을에는 이에 대한 구체적인 구상을 정리할 계획이다.
2018/3/29	JR 마이바라역 동쪽 출구 주변 개발 협정, 시가현 마이하라시와 미즈호 은행	시가현 마이바라시는 JR 마이바라역 동쪽 출구에 있는 현·시유지에 대해 도시조성 사업을 위한 협정을 미즈호 은행과 체결했다. 이 사업의 계획은, 현과 시가 취득한 역 동쪽 출구 부근 2.7ha의 부지에 시의 종합청사, 상업시설, 숙박시설, 도시공원, 선진적 농원 등을 정비할 예정이다. 이를 위해 시를 포함한 10개사가 참여하는 개발준비 조직을 설립해 기본계획과 기본·실시설계를 수립한다. 시설들은 2019년 말에 착공해 2021년에 준공할 예정이다.
2018/4/4	무전주화로 개발 방침 개정 (도쿄도)	도쿄도는 오픈 스페이스의 정비 등을 수반하는 민간사업자의 건축 계획에 대해 건물 크기를 제한하는 용적률 완화 등의 조치를 실시할 수 있도록 도시개발 관련 각 제도의 활용 방침을 개정했다. 또한 개발구역 내에 도로가 있을 경우, 전주를 지상에 설치하지 않는 무전주화를 의무화했다.
2018/4/9	마을조성, 고베 신문도 참가, 후쿠사키정과 협의회 (효고현)	효고현 후쿠사키정은 마을조성 추진을 위해 고베 신문사 및 빈집 활용 사업 등을 하는 일반 사단법인 노트와 협력 협정을 맺었다. 이 협정에 따라 '후쿠사키정 문화관광 마을조성 협의회'가 출범했다.

2018/4/9	마시키정 부흥을 위해 도시재생기구(독립행정법인 도시재생기구)와 협정, 도시조성에 대한 조언 목적 (구마모토현)	구마모토현은 구마모토 지진으로 극심한 피해를 입은 구마모토현 마시키정의 부흥을 위해 도시재생기구와 복구사업 추진에 관한 협정을 체결했다. 도시재생기구는 동일본 대지진으로 재해를 입은 많은 지자체의 마을조성 및 복구사업을 진행하고 있다. 현은 도시재생기구로부터 마을조성에 필요한 기술적인 조언이나 제언을 받는 등, 부흥사업을 적극적으로 진행할 방침이다.
2018/4/12	단지형 맨션 매각 촉진, 단지 재생 절차 명시 (국토교통성)	국토교통성은 낙후된 여러 개의 동으로 건설된 단지형 맨션의 매각 절차를 정비했다. 매각 조건은 모든 동에 내진성이 부족한 경우, 우선 동별로 소유자 5분의 4 이상의 동의를 얻을 것 등으로 했다. 이는 현행 제도하에서는 단지형 맨션의 부지나 건물을 일괄적으로 매각하기 위한 조건과 절차가 불명확하다는 점을 시정하기 위한 것으로, 조건과 절차를 명시해 단지 재생을 촉진하겠다는 목적을 갖는다.
2018/4/18	시가지 공터 활용을 위한 신제도, 도시재생법 개정	지역주민이 협정을 맺고 공터나 빈집을 활용해 광장이나 마을회관 등을 공동으로 정비하는 새로운 제도가 포함된 도시재생 특별조치법 개정안이 가결됐다. 인구 감소에 따라 장기간 사용되지 않는 공터 등이 중심 시가지에서 증가하는 실정이므로 이 개정안이 토지의 유효활용을 촉진시킬 수 있을 것이다.
2018/4/19	시가지 이주로 고정자산세 감면 (니가타현 나가오카시)	니가타현 나가오카시는 2018년, 시외에서 나가오카시로 오는 전입자를 대상으로 고정자산세의 일부를 면제하는 제도를 시행한다. 이에 따라 2018년 4월 1일부터 2023년 1월 1일 사이에 시외에서 전입해 주택을 구입하거나 신축 혹은 증개축한 전입자에게는 거주 부분 면적에 과세되는 고정자산세의 2분의 1을 면제한다. 이 제도는 기업이나 학교가 관사나 기숙사 등으로 사용하고자 부동산을 매입한 경우에도 적용된다.
2018/4/23	옛 민가를 공유 사무실로 (후쿠이현 와카사정)	후쿠이현 와카사정 등은 과거에 주막거리로 번창했던 지역에 위치한 옛 민가를 개조해 공유 사무실로 활용한다. 이 사업은 민간기업을 유치해 젊은층 주민들의 힘으로 옛 민가를 활성화하는 것이 목적이다. 지역 내 빈집의 약 10퍼센트가 와카사정에 있기 때문에, 해당 정에서는 공유 사무실에 입주하는 사원들이 주변 빈집을 활용할 가능성도 염두에 두고 있다.
2018/4/24	주민이 지역 경영, 공공시설 재정비도 염두에 두고 (니가타시)	니가타시는 주민이 주체가 된 지역 경영을 실현하기 위해 그 기초적인 자료가 될 '지역 상황 자료'를 중학교 학군 단위로 작성했다. 이 자료에는 지역 특징을 파악할 수 있도록 2036년까지의 인구 변화를 가시화하고, 공공시설 재정비도 염두에 두어 시설별로 순위를 매긴 데이터를 포함시켰다.

2018/4/26	올림픽 후, 도시조성 검토회 (도쿄도)	도쿄도는 2020년 도쿄 올림픽의 메인 경기장이 될 신국립경기장이 있는 진구 가이엔 지구에 대해 대회 후의 도시조성에 대한 방향성을 논의하는 검토회를 설치한다고 발표했다. 도에 의하면, 검토회는 관련 전문가와 미나토구, 신주쿠구, 시부야구, 도쿄도의 담당 부서 부장으로 구성되며 빠르면 5월 하순경에 첫 회의를 연다.
2018/4/26	다카시마야, 첫 역사 내 소형점포 출점, 식품 전문 소형 점포 (오사카)	다카시마야 백화점은 사카이시의 이즈미키타 고속철도 이즈미가오카역 역사 내에 식품에 특화된 소형점포를 출점했다. 이 점포는 반찬이나 도시락, 주류 등을 풍부하게 갖춰 맞벌이 세대나 고령 세대의 수요에 대비하고 있다. 또한 인근의 다카시마야점과 협력해 백화점이 운영하는 식품 매장으로서의 매력을 고객들에게 제공한다.
2018/5/7	유휴 상가 7개 동이 호텔로 (오쓰시)	오쓰시 중심 시가지의 유휴 상가 7개 동이 호텔로 정비됐다. 7개 동 중 5개 동은 한 동씩 임대한다. 시는 빈집 및 빈점포 등의 유효활용과 중심 시가지의 활성화를 위해 에도시대에 번창했던 주막거리의 부활을 목표로 하고 있다. 호텔은 6월 30일에 문을 연다.
2018/5/8	고령자도 셰어하우스, 서로 돕고 돕는 생활 속에 외로움 해소 (후쿠시마)	셰어하우스는 주로 젊은층이 이용한다는 이미지가 강하지만, 후쿠시마현 다테시에서는 고령화가 심화됨에 따라 2015년부터 고령자용 쉐어하우스를 운영하고 있다. 해당 시는 이를 통해 교외 지역에서 혼자 생활하고 있는 고령자를 시가지로 불러들여 가족처럼 서로 도우며 생활할 수 있게 함으로써 독거노인들의 외로움을 덜어주고자 노력하고 있다.
2018/5/9	파르코 부지에 새로운 상업시설 (시가현 오쓰시)	시가현 오쓰시 중심가에서 오랜 기간 영업해온 쇼핑 시설인 '오쓰 파르코'는 2017년 8월에 폐점했는데, 이 부지에 새로운 복합상업시설로서 'Oh! Me 오쓰 테라스'가 오픈했다. 젊은층을 타겟으로 했던 파르코와는 대조적으로 테라스는 지역주민이 일상적으로 이용할 수 있는 시설로 식품 등을 취급한다.
2018/5/14	중장년, 고령자 활약 마을조성 사례집 (시즈오카현)	시즈오카현은 중장년, 고령자의 활약을 통한 마을조성 사례집을 작성해 현 홈페이지에 공개했다. 사례집은 현 내외 20개 지자체의 사례를 소개하고 있는데, 민관이 어떻게 협력했는지, 국가의 보조 제도를 어떻게 이용했는지 등에 관해서도 소개하고 있다.
2018/5/15	답례품으로 빈집 관리 서비스 (야마구치현 하기시)	야마구치현 하기시는 2018년부터 고향납세의 답례품에 빈집 관리를 추가하여 관련 업자에게 빈집 관리를 위탁한다. 관리의 구체적인 내용은 균열 등 집 외관을 관리하는 것 외에도 가재 처분, 청소, 제초, 우편물 확인 등의 대행 서비스 등도 포함된다.

날짜	제목	내용
2018/5/16	경찰서와 도시조성 협정 체결 (히로시마현 후쿠야마시)	히로시마현 후쿠야마시 시장은 JR 후쿠야마 역 주위 지구를 범죄와 사고가 없는 안심·안전 지구로 만들기 위해 경찰서와 마을조성에 관한 협정을 체결한다고 발표했다. 협정에 따라 시와 경찰서는 ▽안심하고 안전하게 일할 수 있는 환경 만들기 ▽범죄 없는 거주 환경 정비 ▽보행자를 위한, 사고 없는 교통 환경 실현 등을 목표로 상호 협력한다.
2018/5/21	택지 재개발, 전문가 검토회 제언 (도쿄도)	도요스 시장으로 이전한 쓰키치 시장 부지의 재개발에 관해 전문가 검토회가 검토결과를 바탕으로 제언서를 제출했다. 제언서에는 '쓰키치와 도요스가 상생할 수 있는 개발을 진행시킨다'고 명기하고, 도요스를 관광 거점으로서 정비하고자 계획하고 있는 사업자에게 지원하도록 제언했다.
2018/5/28	빈집 대책을 위해 민관 협력, 민간사업자에게 정보제공 (나라현 이코마시)	나라현 이코마시는 지역 내 부동산 관련 단체 및 은행 등과 빈집 활용을 위한 협력 협정을 체결했다. 시를 제외한 각 단체가 '이코마 빈집 활용 촉진 플랫폼'을 결성하고 시는 실태조사를 통해 수집한 정보를 제공한다. 플랫폼 내에서는 각각의 빈집 상황에 따라 대응책을 검토한다.
2018/5/28	니가타시 '민박' 주택 첫 인정 (니가타시)	니가타시가 처음으로 주택 등을 민박으로 활용하는 것을 인정했다. 시는 국가전략특구로 지정돼 농업 등 자연의 매력을 체험하는 '그린 투어리즘'에 공헌할 수 있는 민박을 인정하는 조례를 지난해 7월 시행했으며, 사업자로부터 신청을 받아 종합창구를 설치하는 등 지원하고 있다.
2018/6/11	여성 고객 증가로 마을에 활력, 대표이사 공모 (후쿠오카현 요시토미정)	후쿠오카현 요시토미정은 여성 쇼핑객들을 늘려 마을을 활성화하고자 '마을조성 회사'를 설립할 계획이며, 이를 주식회사 형태로 설립할 예정이다. 요시토미정이 100% 출자하지만 향후에는 마을 이외의 출자자도 모집한다. 또한, 해당 주식회사의 대표이사를 공모하는 방식을 채택함으로써 민간의 노하우와 활력을 살린 경영을 기대하고 있다.
2018/6/14	우체국과 마을조성 협력, 신(新)청사와의 합동 건축은 불투명 (도쿄도 미타카시)	도쿄도 미타카시는 청사와 인접한 미타카 우체국과 도시조성을 위한 협력 협정을 체결하기로 했다. 다만, 노후화에 따른 현재의 청사 부지에 청사 재건축과 건축 후 50년이 지난 미타카 우체국을 청사 내에 함께 건축하고자 하는 시의 계획이 실현될지는 아직 불투명하다.
2018/6/15	'지속 가능 개발목표(SDGs)'를 위한 29개 지자체 선정, 15일 오전, 수상관저	정부는 유엔이 제시한 '지속가능개발목표(SDGs)'를 실현하기 위해 29개 지자체를 선정, 수상관저에서 선정 증여식을 가졌다.

2018/6/20	고정자산세 초과 과세 기간 연장 검토 (가나가와현 하코네정)	가나가와현 하코네정은 2016~2018년도에 한시적으로 도입한 고정자산세의 초과 과세를 2019년도부터 5년간 지속하는 것에 대해 검토하고 있다. 연간 약 5억 엔의 재원 부족을 해결하기 위해 이에 대한 내용을 주민 설명회를 거쳐 정(町) 의회에 제출할 생각이다. 정은 재원 부족 상황이 2019~2023년도에는 평균 약 5억 500만 엔, 2024~2027년도에는 평균 약 8억 8,400만 엔으로 확대될 것으로 보고 있다.
2018/6/20	밀집 시가지 화재 대책 강화, 개정 건축기준법 통과	밀집 시가지의 화재 대책을 강화하는 건축 기준법 개정안이 통과됐다. 이 개정안에서는 지자체가 지정하는 '준방화 지역'에서 내화 성능이 높은 건물을 건설할 경우의 건폐율을 완화했다. 이는 2016년에 일어난 니가타현 이토이가와 시의 대규모 화재 등에 따른 조치인데, 낡은 목조 주택의 재건축을 촉진해 재해 시에 연소 우려가 높은 밀집 시가지의 안전성을 높이고자 한다.
2018/6/27	빈집 대책 4가지 사업 시작, 활용 촉진 정주·전입 추진 (효고현 아마가사키시)	효고현 아마가사키시는 빈집의 유효활용과 정주·전입을 촉진하기 위해 7월부터 육아 세대·신혼 세대를 위한 빈집 개보수 비용 보조 사업과 빈집 리폼 보조 사업 등 4가지 사업을 시작한다.
2018/6/27	담당 부서를 빈 마을로 이전, 시민과의 교류 촉진 (시가현 오쓰시)	시가현 오쓰시는 담당 부서를 중심 시가지의 빈집이 많은 지구로 이전하고자 검토 중이다. 이는 중심 시가지를 활성화하기 위한 구상이다. 이 계획을 담당하는 도시재생과를 해당 지구에 이전함으로써 시민과 사업자와의 교류를 끈끈히 하고, 사무실로도 이용을 확대할 계획이다.
2018/6/29	도시 통계 데이터 집약, 타 지자체와 비교 가능 (국토교통성)	국토교통성은 시정촌이 컴팩트한 도시조성을 위한 정책을 검토할 경우에 도움이 될 수 있도록 전국의 각 시정촌과 관련된 통계 정보 등을 집약한 데이터베이스 '도시 모니터링 시트'를 정비했다. 이로써 타 도시와 비교할 수 있는 레이더 차트를 제작할 수 있어 도시 특징에 대해 파악하고 분석하기 쉽게 했다.
2018/7/10	미에현 지역과제 연구 거점, 전국 최초, 해결책을 실천 검증 (도쿄 대학교)	도쿄 대학교는 지역이 당면한 과제 해결을 위해 연구를 추진하고 인재를 육성하는 등에서 협력해 나가기로 미에현과 합의했다고 발표했다. 협정은 이번 가을에 체결하고, 도쿄 대학교 '지역 미래사회 협력 연구기구'의 위성 사무실 거점을 미에현에 설치한다. 전국 최초로 설치된 이 사무실은 연구로 얻어진 해결책을 실천하고 검증한다.
2018/7/13	호텔 신설·증설로 재산세 면제 (도치기현 오타와라시)	도치기현 오타와라시는 호텔이나 여관의 객실을 신설·증설한 사업자에게 5년간 고정자산세 상당액을 지급하는 보조 제도를 시작한다. 지급 요건은 직원이 5인 이상인 경우, 객실 30실 이상인 시설을 신설한 경우, 시내에서 10년 이상의 영업실적이 있으며 객실을 10개 이상 증설해 30개 이상의 객실을 보유한 경우 중 어느 하나에 해당하면 된다.

2018/7/19	청과시장 철거지 재개발사업자로 미쓰이 부동산, 니시테츠 등 (후쿠오카시)	후쿠오카시는 하카타구의 청과시장 철거지 재개발사업자로 미쓰이 부동산, 서일본 철도, 규슈 전력으로 구성된 컨소시엄을 선정했다고 발표했다. 이에 따라 철거지에는 입체 주차장 이외에 연면적 약 15만 2,000㎡에 각종 건물이 건설된다. 직업체험을 할 수 있는 '키자니아(KidZania)'를 규슈에서 처음으로 유치하고 농업체험을 할 수 있는 시설과 스포츠 파크 등을 운영한다.
2018/7/23	목조건축물 건설을 위해 건축사 파견 (후쿠오카현)	후쿠오카현은 목조건축물을 건설하거나 목조로 내장을 바꾸려고 검토하고 있는 주민의 의뢰에 따라 조언을 제공해 줄 건축사를 무료로 파견한다. 건축사는 의뢰자의 희망에 따라 설계나 공법에 관한 조언을 제공함과 더불어 지역산 목재의 이용을 제안하여 그 수요 확대를 도모한다.
2018/7/24	아파트 내진화를 위해 주택기구와 협력 (가나가와현 지가사키시)	가나가와현 지가사키시는 시내 아파트의 내진성 향상을 목적으로 주택금융지원기구와 협력 협정을 체결했다. 시와 기구가 맨션관리 조합의 세대별 방문을 시작해 장기수리 계획에 근거한 자금계획 등 지원책을 검토한다. 내진에 문제가 있는 것으로 판단된 아파트에 대한 내진 강화 공사비용에 필요한 자금 등에 대한 상담도 포함한다.
2018/7/26	역 앞 빈 점포에 교류시설, 중심시가지 활성화을 위해 창업 지원 (사이타마현 요리이정)	사이타마현 요리이정 등이 출자한 '마을조성 요리이'는 요리역 남쪽 출구 앞의 중심시가지 활성화를 위한 교류 시설을 오픈했다. 이 시설은 마을 내에서 창업하는 주민을 지원하는 '챌린지 숍'이나 이벤트나 회의에 사용할 수 있는 공간 등의 기능을 갖춰 마을조성의 거점으로 활용한다.
2018/8/3	'빈집 철거'를 답례품으로 (시즈오카현 후쿠로이시)	시즈오카현 후쿠로이시는 고향납세의 답례품으로 빈집 철거와 시영 묘지의 장기 사용권을 추가하기로 했다. 또한, 여러 해 동안 기부한 경우에 대해서는 포인트제도 검토하기 시작한다. 답례품으로 추가하는 것은, 시외 거주자가 시내에 소유한 빈집 철거나 빈집·공터의 풀베기 외, 묘지·수목 묘지의 장기 사용권이다.
2018/8/8	과소지 필수품 공급 지원, 주유소 등 대상 (경제산업성)	경제산업성은 과소지에 있는 주유소나 식료품점, 간병 사업소 등 생활에 꼭 필요한 서비스를 공급하는 소규모 사업자에 대한 새로운 지원책을 검토하기 시작했다. 이 사업은 2019년도에 기존 소규모 사업자 지원 예산사업을 확대해 재원을 확보하며 지자체가 주체가 돼 운영하는 사업자도 대상으로 할 방침이다.
2018/8/15	니혼햄 이전, 주변 정비에 최대 210억 엔 (홋카이도 기타히로시마시)	홋카이도 기타히로시마시는 프로야구 니혼햄 파이터스가 삿포로 돔에서 시내의 '기타히로시마 종합운동공원'으로 이전함에 따라 도로 신설과 JR의 신역 정비 등 주변 정비비로 최대 약 210억 엔이 든다는 추산 결과를 발표했다. 시는 구단이나 도, JR 홋카이도와 비용 분담 등에 대해 협의를 진행하고 있다.

2018/8/16	역사마을 조성, 도시 카드 제작 (관동지방 정비국)	국토교통성 관동지방 정비국은 2008년 역사도시조성법 제정 10주년을 맞이해 '역사적 경치 유지 향상 계획'을 인정받은 관내 '역사적 도시'의 매력을 홍보하는 카드를 새롭게 만들었다. 관내에서는 13개 도시가 인증을 받았으며 각 도시의 역사적 건축물과 축제 등을 담은 카드를 무료로 배포한다.
2018/8/20	공장 철거지 이용 협력 협정, 평성궁터 남쪽, 활용법 검토 (나라현·나라시·세키스이 화학공업)	나라현과 나라시, 세키스이 화학공업은 나라시 산조대로에 있는 동사 자회사의 공장 철거지의 활용에 관한 포괄협력 협정을 체결했다. 철거지는 평성궁터 역사공원 남쪽으로 도로를 사이에 두고 인접해 있어 공원과의 일괄적 운용을 포함해 관광 문화적, 상업적 이용 등의 활용 방안을 검토한다.
2018/8/21	스마트 시티, 협의회, 시범도시를 중점 지원 (국토교통성)	국토교통성은 선진기술을 도시조성에 활용하는 '스마트 시티'의 실현을 위한 구상을 공표했다. 이에 따라 성은 국가, 민간기업 등과 컨소시엄을 구성해 스마트 시티 형성을 위한 계획 수립 등을 추진하는 도시를 시범사업에서 중점적으로 지원하기로 했다. 구체적인 방안은 2019년도 예산 개산 요구에 반영한다.
2018/9/3	주택단지 '고령화' 심각, 올림픽 후 대비를 위한 제언 (전문가 회의)	도쿄도의 전문가 회의는 2020년 도쿄 올림픽·패럴림픽 이후를 전망한 초고령 사회의 도시조성에 관한 정책 제언을 정리해 다세대 간의 교류 촉진이나, 민간 주도에 의한 빈집 대책 등을 제안했다. 다마 지역 등 노후화가 진행되는 대규모 주택단지는 고령화와 관련된 문제가 타 지역에 비해 급속히 심각해질 것이라고 경고했다.
2018/9/11	맨홀 화장실 정비에 교부금, 농업취락 배수구역으로 (농림수산성)	농림수산성은 2019년도 농업취락 배수구역에서 방재거점과 대피소로 사용되는 시설에 맨홀 화장실 설치를 촉진한다. 해당 성은 전용 배수관 등을 정비하는 지자체를 재정적으로 지원하며, 경제산업성은 2007년도 예산 개산 요구에 포함시킨 농어촌 지역 정비 교부금 안에 새로운 보조 메뉴를 설치할 방침이다.
2018/9/12	옛 민가 재이용으로 현 브랜드 파워 향상 (이바라키현)	이바라키현은 현 내에 있는 옛 민가를 재이용해 현의 이미지 향상 및 브랜드 파워를 높이기 위한 방법을 연구한다. 약 3년에 걸쳐 구체적인 방안을 정립해나갈 계획이며, 올해는 옛 민가의 소유자 등을 조사한다. 전문가 등에 의한 '옛 민가 활용 합동 연구회'를 비롯해 구체적인 활용 방법에 관한 논의를 2018년에 본격적으로 시작한다.
2018/9/14	쓰레기 소각시설로 지역 진흥, 가이드라인 작성, 연수회도 개최 (환경성)	환경성은 쓰레기 소각시설을 지역의 재해 대책, 교육, 산업 유치 등에 활용하는 방책을 추진한다. 환경성은 최근 소각열을 사용해 발전함으로써 공공시설에 전기를 공급하는 사례 등을 소개하고 있으며, 선진적인 지자체를 조사해 가이드라인을 작성하고 지자체를 위한 연수회도 개최한다. 또한 갱신 시기를 맞이하는 소각시설이 많은 가운데, 갱신 시기를 파악하여 그 시설을 중심으로 한 지역 진흥책을 검토하도록 유도한다.

2018/9/21	옥외광고물에 지역 규식, 개별 경관 대책으로 조례 개정 (도쿄도 하치오지시)	도쿄도 하치오지시는 도시조성 실태에 대응한 경관 대책을 추진하기 위해, 옥외광고물에 대해 특히 주의가 필요한 지역을 지정하고 개별 규제기준에 관힌 규정을 마련했다. 개회 중인 9월 의회에 옥외광고물 조례 개정안을 제출해 통과될 경우, 그 시행은 2019년 4월 1일을 목표로 하고 있다.
2018/9/21	일본 유산을 카페로 (사이타마현 교다시)	사이타마현 교다시는 일본 유산의 구성 자산인 '구 오시마치 신용조합 점포'를 활용한 카페를 오픈한다. 또한 다이쇼 시대인 1922년에 건축된 양옥을 수성공원 동쪽으로 이전해 활력을 불어넣고자 한다. 해당 시설은 공모로 선정된 시내 사업자와 육아 여성 등의 사업자에게 무상대여하고, 카페는 22일부터 5년간 오전 11시부터 오후 4시까지 운영한다.
2018/9/25	공장 녹지율 감소 (시가현 노스시)	시가현 노스시는 시내에서 조업하는 공장의 녹지율을 반감하는 방침안을 정리했다. 공장부지 내 시설을 증설하기 좋은 환경으로 조성해 기존 기업의 타 지역으로의 유출을 방지하기 위해서이다. 한편, 녹화의 구체적인 방법도 정해 공장 주변의 환경보전도 도모한다. 시는 퍼블릭 코멘트를 거쳐 관련 조례안을 11월 의회에 제출하고, 시행은 금년 말을 목표로 한다.

3. 인구 증가

총무성이 국세조사를 근거로 분석한 결과에 따르면, 3대 도시권이나 정령지정도시에서 과소지역으로 이동하는 인구가 증가하고 있는 것으로 나타났다. 2010~2015년에는 397개 과소지역에서 해당 지역으로의 전입자가 증가했다. 이는 2000~2010년에 108개 구역이던 것에 비해 3배가 넘는 수치이다. 또한, 2017년에 각 광역자치단체(도도부현)나 기초자치단체(시정촌)의 이주 상담 창구에 접수된 상담은 약 26만 건에 달해 전년도에 비해 약 4만 7,000건 증가했다. 상담 건수는 지역마다 차이가 있는데, 호쿠리쿠(니가타, 이시카와, 도야마, 후쿠이) 지역이 상대적으로 많은 것으로 나타났다. 각 광역자치단체가 설치한 상설 이주 상담 창구는 총 156곳이다.

이주에 관심을 가지는 주민이 증가하는 한편, 지자체 사이에서는 이주자를 잡기 위한 경쟁이 가열되고 있다. 이주의 계기를 마련하기 위해 방문

이벤트나 직업체험, 체험 거주 등의 프로그램을 제공하는 지자체가 증가하고 있을 뿐만 아니라 이주자의 주택 취득이나 정비와 관련된 금전적인 지원을 하는 지자체도 증가하고 있다.

이와테岩手현 오쓰치大槌정은 공터를 등록해 매매 및 임차희망자에게 소개하는 '공터 은행 제도'를 창설했다. 이 공터의 구입자에게는 지원금을 지급한다. 대상지는 토지구획정리 사업구역(53ha)으로, 제도를 통해 택지를 구입한 사람에게 최대 100만 엔을 보조한다. 구획정리 구역 내에 주택을 건설할 경우, 다른 지자체에서 전입하는 이에게는 각각 100만 엔을 보조하고 있으므로 최대 300만 엔의 보조를 받을 수 있다.

도표 Ⅱ-3-3. 인구 증가 동향

일자	제목	내용
2017/9/6	결혼 축하로 쌀과 항공권 (효고현 야부시)	효고현 야부시는 당해 시에 혼인신고서를 제출한 부부에게 축하품으로 항공권 무료 교환권과 쌀을 증정한다. 이는 인근 공항의 이용을 촉진하고 현지 특산 쌀의 소비 확대를 도모함과 동시에 당해 시로의 전입을 촉진하기 위해서이다.
2017/10/2	이주·정주 카페 오픈, 정보 발신 거점. 도서관으로 (나라현 고료정)	나라현 고료정이 정보 발신의 거점으로서 정비해 온 이주·정주 카페가 오픈해 기념 식이 열렸다. 카페는 정립 도서관 내에 설치돼 커피와 다과를 즐길 수 있는 형태로, 이주정보와 행사에 관한 정보를 제공한다. 운영은 현지 카페의 사업자에게 위탁했다.
2017/10/13	육아 세대에게 지역 견학 투어 (와카야마현 히다카가와정)	와카야마현 히다카가와정은 육아 세대의 이주 희망자를 대상으로 어린이집이나 초·중학교, 지역 생활환경을 견학하는 현지 체험 투어를 실시한다. 모집인원은 20명 정도이며 당일 코스이다. 인근 역에서 현지까지의 송영은 공영 버스를 이용한다. 참여비는 1인당 1,000엔이며, 마을의 '이주·교류 추진사업 보조금'을 사용한다.
2017/10/13	시내 학생에게 급부(給付)형 장학금 (사이타마현 가와고에시)	사이타마현 가와고에시는 경제적인 이유로 진학이 곤란한 시내의 학생들을 지원하기 위해 2018년도에 급부형 장학금 제도를 도입한다. 시 의사회 회장의 유족으로부터 기부금을 받고, 이 제도의 취지에 찬성하는 고향납세 기부로 기금을 조성한다. 대학생을 위한 이 급부형 장학금은 현 내에서 두 번째이다.

2017/10/17	4년제화하는 현립 대학교에 10억 엔 출자 (나가노시)	나가노시는 나가노현 단기대학교를 4년제로 전환해 내년 4월 개학하는 나가노 현립 대학교에 10억 엔을 출자하기로 했다. 시는 출자금 외에 새로 건설하는 기숙사 부지로 폐교된 시립 초등학교 부지를 제공한다.
2017/10/17	이주·취업 상담을 일원적으로 운영, 새로운 창구가 업무 개시 (고치현)	고치현, 현 내 기초자치단체, 농림수산업단체, 상공회의소 등이 설립한 '일반사단법인 고치현 이주촉진·인재확보 센터'가 본격적으로 업무를 시작했다. 인재 확보를 목표로 이주나 취직 상담을 일원적으로 진행한다.
2017/10/18	체험 이주 제도 개시 (구마모토현 이쓰키촌)	구마모토현 이쓰키촌은 이주·정주 촉진책의 일환으로 단기체류형 주택을 정비해 이주를 검토하고 있는 사람에게 시험적으로 임대하는 제도를, 이르면 2018년 2월부터 시작한다. 임업단체가 관리하는 마을 내 시설을 리모델링해 1인용 원룸과 가족용 주택 총 6채를 내년 1월 말까지 완공할 예정이다. 임차료는 모두 1만 엔대이며 입주 기간은 1년 이내를 기준으로 한다.
2017/10/18	신혼가구에 이사 비용 보조 (이바라키현 쓰치우라시)	이바라키현 쓰치우라시는 이주·정주 촉진을 목적으로 시내에서 신혼 생활을 시작하는 부부에게 이사 비용을 보조하는 '결혼 신생활 지원사업'을 시작했다. 부부가 결혼하면서 신혼집으로 이사할 때, 운송업체 등에 지불한 이사 관련 비용을 가구당 20만 엔 한도로 보조한다.
2017/10/20	1평 5엔에 정 소유 토지 분양 (홋카이도 우류정)	홋카이도 우류정은 이주 촉진의 일환으로 정 소유 부지 2개 구획을 평당 5엔에 분양한다. 이 사업의 목적은 이주자가 구역 내에 주택을 건설하기 용이하도록 하는 것이다. 저렴한 가격에 분양하는 지역은 정주 촉진 단지의 부지 총 2개 구획으로 총면적이 113.8평이다. 점포 겸용 주택건설도 가능하다. 통상적인 가격은 1개 구획당 187만 엔이지만 이번 기획에서는 569엔으로 무상이나 다름없다.
2017/10/26	여성에게 이주 조성금 (이와테현 기타카미시)	이와테현 기타카미시는 시내의 사업소에 정규직으로 채용돼 타 지역에서 전입하는 여성에게 이사 비용을 지원하는 사업을 실시한다. 이는 여성 인구 증가와 현지 기업의 인재 확보를 위한 것이다. 지원 대상은 타 지역에 거주하는 20세부터 49세까지의 여성으로 이미 취업해 근로 중이여야 한다. 시청이나 공립학교 취업자는 대상에서 제외한다.
2017/10/30	'농(農)이 있는 생활과 정주'를 처음으로 인정, 최대 285만 엔 보조 (사이타마현 한노시)	사이타마현 한노시는 이주 및 정주하는 이들에게 최대 285만 엔의 보조금을 지급하는 시 독자적인 '농(農)이 있는 생활과 한노시 정주' 제도의 적용 제1호를 결정했다. 결정된 대상은 사야마시의 회사원이 2018년 봄, 입주를 위해 시가화 조정 구역의 농지에 건설하는 주택이다. 향후, 농지 전용 등의 절차를 진행한다.

2017/10/30	섬과 도시의 양립 생활로 버스 투어, 4개 시, 이주 촉진 홍보 (효고현)	고베현 고베시와 효고현의 3개 시는 일과 사생활에서 섬과 도시의 문화를 모두 즐기는 섬 & 도시 듀얼 라이프 체험 버스 투어를 실시한다고 발표했다. 아카시 해협대교에서 혼슈와 아와지시마를 오갈 수 있는 편리성을 살려 생활권으로서 4개 시의 매력을 홍보한다. 관광은 1박 2일로 3개 코스를 마련했다.
2017/10/31	11월에 합동 이주 상담회 (오카야마현, 나가노현)	오카야마현, 나가노현은 도쿄 JR 유라쿠초역 앞 도쿄 교통회관에서 합동 이주 상담회를 개최한다. 개별 상담과 함께 두 현으로 먼저 이주한 사람들의 토크 이벤트도 실시한다.
2017/11/1	신칸센 정기권 요금 일부 보조 (도치기현 오야마시)	도치기현 오야마시는 도쿄권에 신칸센으로 통근하는 신규 졸업자와 40세 미만 전입자의 정기권 구입비를 일부 보조한다. 대상은 2017년 4월 이후에 취직한 신규 졸업자와 4월 이후 시에 전입해 JR 정기권으로 도쿄권 통근을 시작한 40세 미만의 주민이다. 조건은 '오야마-우에노'나 '오야마-도쿄'의 신칸센 정기권을 이용해 통근하며 시내에 향후 3년 이상 사는 것을 서약하는 것이다.
2017/11/2	이주 촉진 팜플렛 제작 (구마모토현 가미아마쿠사시	구마모토현 가미아마쿠사시는 시내로의 이주를 촉진하기 위해 팜플렛을 제작했다. 제작된 3,500부는 현의 도쿄 사무소나 시내 관광시설 등에서 배포한다. 팜플렛에는 이주지원 제도 소개와 Q&A 외에도 먼저 이주한 주민의 추천 사례 등을 게재했다.
2017/11/2	빈집과 함께 농지 취득에 보조 (효고현 야부시)	효고현 야부시는 빈집과 함께 취득한 농지에서 농사를 짓는 시민에게 현금을 보조한다. 500㎡ 미만의 농지는 5만 엔, 500㎡ 이상 농지에 대해서는 10만 엔을 지급한다.
2017/11/2	주택기구와 협력을 통해 동거 지원 (오사카부 히라카타시)	오사카부 히라카타시는 주택금융지원기구와 협력해 3세대 동거·근거(부모와 근거리에 사는 형태)를 지원하는 방안을 마련했다. 이에 따라 시의 조성제도를 이용해 주택을 구입하는 세대가 기구의 주택융자를 사용하면 금리를 5년간 인하한다. 이 사업의 목적은 이주자의 증가와 정주 촉진이다.
2017/11/6	내집마련 제도를 위한 지자체 창구 (사가현 기야마정)	사가현 기야마정에서는 제5차 기야마정 종합계획 '정주 서프라이즈 프로젝트'의 일환으로 이주지원기구의 '마이 홈 임차 제도'를 실시하기 위해 지자체 창구에서 기구의 업무를 개시했다. 이는 50세 이상이 소유하고 있는 주택을 기구가 빌려 임대주택으로서 육아 세대 등에 전대하는 제도이다.

2017/11/9	시외 육아 세대를 위한 투어, 이주처의 매력 홍보 (도쿄도 하무라시)	도쿄도 하무라시는 '육아에 좋은 도쿄의 도시'라는 주제 하에 이주 촉진책을 전개하고 있다. 그 일환으로 시외에 거주하고 있는 육아 세대를 대상으로 '부모와 아이가 함께 즐기는 하무라시의 생활·육아체험 투어'를 개최한다. 이 행사는 이주처로서의 매력을 홍보하는 첫 시도이다.
2017/11/15	이주자가 빈집 투어 (야마나시현 후지카와구치코정)	야마나시현 후지카와구치코정은 이주를 검토하고 있는 수도권 거주자 등을 대상으로 먼저 이주한 주민이 빈집을 안내하는 투어를 개최한다. 빈집의 유효활용을 촉진하고 이주 경험자로부터 체험담을 직접 듣게 함으로써 이주 후 생활에 대해 좋은 인상을 갖게 하는 것이 투어의 목적이다.
2017/11/22	메이지 옛 민가에서 체험 거주 (후쿠오카현 부젠시)	후쿠오카현 부젠시는 메이지 시대에 건축된 옛 민가를 개조해 체험 거주 시설로 정비했다. 이주를 검토하고 있는 시외 거주자가 해당 시설을 2일 이상, 30일 이하의 기간 동안 이용하도록 해 실제 이주로 이어지도록 유도할 방침이다. 이용요금은 1박에 1,000엔이다.
2017/11/24	답례품으로 '모내기·벼베기 체험' (시즈오카현 고사이시)	시즈오카현 고사이시는 고향납세에 대한 답례품으로 '농업 체험'을 추가한다. 이번에 모집 중인 것은 모내기·벼베기 체험이다. 2018년 5월의 황금연휴 기간 중, 시내 논에서 모내기를 하고 9월에는 수확을 체험하게 한다. 심는 벼는 현지 사업자가 농약 사용량을 규정 이하로 줄인 특별 재배 방식으로 키우고 수확한 쌀은 체험자에게 보낸다.
2017/11/28	완전 무료 체험 거주 (후쿠오카현 오무타시)	후쿠오카현 오무타시는 이주·정주를 지원하는 여성 단체와 협력해 이주를 검토 중인 여성들에게 아파트에서 일정 기간 거주하게 하는 '체험 거주' 사업을 시작했다. 광열비를 포함해 방값은 무료이다. 이 사업은 주로 육아 세대의 여성을 대상으로 하고 있어 체험 거주 중에 실제로 이주한 '선배 엄마'의 조언도 받을 수 있다.
2017/11/30	일주일 체류형 농업 인턴 (도치기현 도치기시)	도치기시는 2018년도 시외 거주자를 대상으로 일주일간 체류형 농업 인턴십을 진행한다. 인턴십에서는 농사 기술 등을 전수하고 시내 중심부에서 거주하게 하여 예로부터 '곳간 거리'로 알려진 경관 좋은 시의 매력을 느끼게 해 참가자의 이주·정주를 촉진하고자 한다.
2017/12/20	이주·인력 확보를 위해 민간사업자와 협정, 기린 맥주 등 6개 대기업 (고치현)	고치현이나 현내 시정촌 등이 설립한 일반사단법인 '현 이주촉진·인재확보 센터'는 기린 맥주 등 6개 대기업과 이주 촉진을 위한 협정을 맺었다.
2017/12/21	이주 가이드북의 '설명의 질 향상', 지역 부흥 협력대의 여성회원들이 작성 (도야마현 이미즈시)	도야마현 이미즈시가 배포하고 있는 이주 가이드북 'Live Locally and Live Well'이 호평을 받고 있다. 이것이 실제로 이주자 증가로 이어지고 있는지는 확실하지 않지만, U턴 담당자를 중심으로 "이주를 권유하기 쉬워졌다", "가이드북을 활용함으로써 설명의 질이 향상됐다" 등의 호평을 받고 있다.

2017/12/22	이주·정주 정보 집약 앱 공개 (도치기현 우쓰노미야시)	도치기현 우쓰노미야시는 이주·정주 정보에 특화한 '우쓰노미야시 이주·정주 앱'을 공개한다고 밝혔다. 수도권에 사는 젊은층과 육아 세대를 주된 대상으로 주택보조 등 시의 지원제도나 이주자의 체험담 등 관련 정보를 소개한다. 이는 이주·정주를 촉진하고 타 도시로 전출한 사람들의 U턴을 촉진하기 위해서이다.
2017/12/26	이주한 보육교사에게 보조금 100만 엔 (오키나와현 우라소에시)	오키나와현 우라소에시는 2018년, 현 외에서 우라소에시로 이주하는 보육사에게 3년간 총 100만 엔을 지급하는 제도를 시행한다. 모집인원은 약 10명이고 대상은 보육교사 자격자이다. 연령과 성별을 불문하고 서류와 면접에 의한 전형을 거쳐 결정하며 결정된 인원은 시의 임시 직원으로 채용한다. 임용 기간은 2018년 4월 1일부터 2021년 3월 31일까지이며 반년마다 계약을 갱신한다.
2017/12/27	손주를 섬으로, 유학 보조금 (시마네현 오키노시마정)	시마네현의 낙도인 오키노시마정은 섬 밖에 사는 손주들을 불러들이는 지원 정책을 시행한다. 대상은 해당 섬에 조부모가 살고 있고 2개의 현립 고등학교에 입학 또는 전학하는 학생으로, 월 5,000엔의 보조금을 지급하는 제도이다.
2018/1/5	기부 재원으로 급부형 장학금 (아오모리현 도와다시)	아오모리현 도와다시는 자동차나 건축자재 등에 사용되는 와이어 로프 제조 등을 주된 사업으로 하는 도요 플렉스의 창업자로부터 받은 기부금 5,000만 엔을 활용하여 급부형 장학금 제도를 창설했다. 대상은 올봄 고교 진학자이다.
2018/1/15	맞춤형 이주 체험 투어로 이주 촉진 (오카야마현 니이미시)	오카야마현 니이미시는 이주 희망자 맞춤형 이주 체험 투어를 실시하고 있다. 미리 일정이 정해져 있는 대규모 인원의 투어보다 희망자 각각의 요구에 부응하는 데 주력한다. 현재 임업이나 취농 체험을 원하는 신청이 4건 있다고 한다.
2018/1/15	하프 주민 제도 신설 (오이타현 벳부시)	오이타현 벳부시는 시를 자주 방문하거나 이벤트 등에 적극적으로 참여하는 시외 거주자를 대상으로 회원 제도 '하프 주민 클럽'을 시작했다. 이는 시의 팬을 확보해 이주를 촉진하기 위해서이다. 대상은 시외 거주자로, 체험 이주 시설의 이용자나 시내의 여관, 호텔을 연간 5일 이상 이용하는 사람이다.
2018/1/15	빈집 뱅크 운용 개시 (사이타마현 가조시)	사이타마현 가조시는 이주, 정주를 촉진하기 위해 빈집 뱅크 제도를 시행한다. 이를 통해 인터넷을 활용해 빈집을 매각·임대하고자 하는 소유자와 이용자를 연결시켜 사용하지 않는 빈집의 유효활용과 지역 활성화를 도모하고자 한다.

2018/1/18	도·구 내 대학교 정원 규제는 10년간 한시적 조치, 새 법안 개요 (정부)	젊은층의 도쿄 집중을 억제하고 지방 대학교의 활성화 등을 목표로 하는 정부의 새 법안의 개요가 공개됐다. 도쿄 23구 내에 위치한 대학교의 정원 증가를 원칙적으로 인정하지 않는 규정은 10년간 한시적으로 조치한다.
2018/1/23	파이낸셜 플래너가 이주 희망자와 상담, 가계를 감안한 현실적 접근방식 (오이타현)	오이타현은 도시권에 거주하는 이주 희망자를 대상으로 2018년도 파이낸셜 플래너 개별 상담회를 시작하기로 했다. 거주지와 이주 예정지의 생활 수지를 비교해 금전적 불안을 해소하고 좀 더 현실적인 관점에서 이주를 유도하기 위해서이다. 관련 비용은 동년도 당초 예산안에 계상하는 방향으로 조정하고 있다.
2018/1/25	시외 거주자에게 특전 시민증 부여 (이바라키현 조소시)	이바라키현 조소시는 시외 거주자를 대상으로 여러 혜택을 받을 수 있는 '조소시 고향 시민증'을 발행한다. 이를 통해 조소시와의 교류 인구를 확대하고 궁극적으로는 이주로 연계하겠다는 생각이다. 대상은 등록 시에 시외에 거주하고 있으며, 조소시에 대한 애착과 관심을 갖고 있는 사람이다. 등록 후에 발행해 주는 시민증을 시내의 협찬 점포에 제시하면 할인을 받거나 선물을 받을 수 있으며, 조소시의 이벤트 정보 등을 메일로 받을 수도 있다.
2018/1/29	빈집에 관한 정보를 충실히 하기 위해 부동산 관련 협회와 협정 (미야기현 도메시)	미야기현 도미시는 전(前) 일본 부동산협회 미야기현 본부, 미야기현 택지건물거래업 협회와 빈집 정보은행 사업에 관한 협정을 맺었다. 이는 빈집의 등록 물건을 늘림으로써 계약 건수를 늘리고 이주·정주를 촉진하기 위해서이다.
2018/1/30	이주 희망자 이외에도 창업 세미나에 참여 (고치현)	고치현은 도시지역에서 이주 희망자를 위해 열고 있던 창업 세미나를 2018년부터는 이주 희망자 이외의 사람들도 참여할 수 있도록 조정하고 있다. 이는 창업에 관심이 있는 사람들에게 고치현의 매력을 홍보함으로써 현 내에서의 창업 증가를 도모하기 위해서이다.
2018/1/30	수도권 대기 아동 수용 (미야자키현 니치난시)	미야자키현 니치난시는 인가된 유치원에 들어갈 수 없는 수도권의 육아 세대를 대상으로 이주 상담회를 연다. 이는 대기 아동 문제가 심각해지는 가운데, 시내의 인가 유치원의 여유 상황을 소개해 젊은층의 이주를 촉진하기 위해서이다. 심사 후, 통과되지 못한 신청자에게는 특산품을 증정한다.
2018/2/5	정기권 구입 보조 (도치기현 도치기시)	도치기시는 열차를 이용해 수도권으로 통근하는 시민용 정기권에 대한 보조 제도를 수도권의 대학 등에 다니는 학생에게도 확대한다. 이에 따라 해당 시는 시내에서 수도권으로 통학하는 대학생·전문대생을 보조 대상으로 하는 '통학판 운임'을 마련했다. 통학정기권 구입 시, 1인당 연간 최대 2만 엔을 보조한다. 특급열차 외에 보통열차로 통학하는 경우에도 적용되며, 신입생뿐 아니라 재학생에게도 적용된다.

2018/2/14	육아 세대에 대한 홍보 책자 (사이타마현 히가시마쓰야마시)	사이타마현 히가시마쓰야마시는 시의 매력을 홍보하는 '히가시마쓰야마 라이프'를 제작했다. 주로 도쿄의 육아 세대를 대상으로 배포하고 시 홈페이지에서도 다운로드할 수 있다. 이 사업은 육아 세대의 이주나 정착을 촉진해 인구증가를 도모하기 위한 것이다.
2018/2/19	U턴으로 장학금 전액 보조, 졸업 10년 이내 (에히메현 가미지마정)	에히메현 가미지마정은 인구 감소 대책의 일환으로 에히메 은행과 협력해 새로운 장학금을 마련했다. 마을 내의 지점으로 한정하여, 장학금 제도를 이용해 고교나 대학 등에 진학해 졸업 후 10년 이내에 귀향할 경우, 원금을 전액 보조한다. 이자는 귀향 유무에 관계없이 정이 부담한다.
2018/2/21	U턴 취업 세이난 학원 대학교와 협정 (미야자키현)	미야자키현은 현 내 U턴 취업자를 늘리고자 세이난 학원 대학교와 협정을 체결했다. 현이 이 같은 협정을 대학과 체결한 것은 이번이 세 번째다. 현과 대학은 현 내 기업 정보를 제공하거나 보호자를 위한 세미나를 개최하는 등 학생 취업 활동을 지원한다.
2018/2/22	정주 촉진 실행 계획 (교토부 난탄시)	교토부 난탄시는 2018~2022년의 5년간을 계획기간으로 하는 '정주 촉진 실행 계획안'을 수립했다. 합병 전의 소노베, 야기, 히요시, 미야마의 구 4개 마을의 단위와 관계없이 지역 특성을 살린 정책을 추진하겠다는 것이 이번 계획의 특징이다.
2018/2/26	육아 세대를 위한 이주 상담 (아키타현)	아키타현은 수도권에서 육아 세대를 위한 이주 상담회를 개최했다. 전국 학력 테스트에서 예년 상위의 성적을 거두고 있는 아키타현은 육아 세대의 이주 대책에 힘을 쓰고 있으며 상담회는 그 일환이다.
2018/2/28	PFI로 대형 공영주택 정비, 7개 동 250호, 정 외의 입주자 유치 (구마모토현 나가스정)	구마모토현 나가스정은 정주 촉진책의 일환으로 PFI를 활용한 공영임대집합주택 정비를 추진하고 있다. 이 사업은 구마모토시가 교통이 편리하다는 점과 함께 집세를 낮게 설정하는 등의 조치를 통해 시외로부터의 전입자를 증가시키기 위해서이다.
2018/3/1	고속버스 정기요금 일부 보조 (기후현 미노시)	기후현 미노시는 나고야권의 대학 등에 고속버스로 통학하는 학생의 정기권 구입비의 일부를 보조한다. 대상은 시내에 주소가 있고 고속버스 나고야선을 이용해 통학하는 중고등 학생이나 대학생이다. 미노시와 나고야 간의 1개월의 통학 정기료는 4만 7,900엔이지만, 1개월당 5,000엔을 상한으로 보조한다.
2018/3/1	시내 거주자 주택 구입비 지원 (이시카와현 가가시)	이시카와현 가가시는 2018년도부터 45세 미만의 시내 거주자가 주택을 구입, 신축할 때의 비용을 지원한다. 신축주택에는 30만 엔, 빈집 뱅크를 통해 구입한 중고주택은 10만 엔이며, 3인 이상의 자녀가 있는 가구는 최대 120만 엔을 받을 수 있다.

2018/3/2	육아·신혼 세대 주택 비용 지원 (교토부 마이즈루시)	교토부 마이즈루시는 정주 촉진 및 저출산 대책의 일환으로 육아·신혼 세대의 주택비용을 지원하는 제도를 시행한다. 다자녀 및 3세대 가구의 경우, 주택 증개축 비용을 100만 엔 상한으로 지원한다. 신혼 가구에 대해서는 임내나 구입 모두 주택 마련 비용과 이사 비용을 24만 엔까지 지급한다. 대상은 연간 수입 340만 엔 미만인 세대이다.
2018/3/5	창업, 빈집 활용에 대한 추가 보조 (효고현 사사야마시)	효고현 사사야마시는 시내에서 창업하는 사람에 대한 지원 제도를 2018년도부터 확대해 빈집 활용이나 이주자를 대상으로 한 보조를 추가한다. 이에 따라 이용할 수 있는 창업지원 조성금의 상한액은 현재의 총 100만 엔에서 총 130만 엔이 된다.
2018/3/7	3세대가 동거하거나 근거리에 살 경우, 주택 보조금 (사이타마현 히가시마쓰야마시)	사이타마현 히가시마쓰야마시는 3세대가 동거하거나 근거리에 살기 위해 주택을 구입하거나 증축하는 주민을 대상으로 20만 엔을 상한으로 보조한다. 그중에서도 시외에서 전입하는 경우와 시내 사업자가 공사를 담당할 경우에는 각각 5만 엔을 추가로 지급한다.
2018/3/8	사립 유치원 보육료 부담 (가고시마현 히오키시 교육위원회)	가고시마현 히오키시 교육위원회는 사립 유치원의 보육료에 대해 국가와 현의 보조를 공제한 나머지 부담액의 3분의 1을 시 단독으로 보조한다고 밝혔다. 이를 위해 동년도 당초 예산안에 1,090만 엔을 계상하며, 사업비 중 약 870만 엔은 고향납세 기부금을 활용한다.
2018/3/9	4년간 최대 285만 엔, 변제 의무 없는 장학금 새롭게 시행 (구마모토현 기쿠치시)	구마모토현 기쿠치시는 고교나 대학 진학자를 대상으로 변제 의무가 없는 급부형 장학금을 창설한다. 현 외의 사립 대학에 진학할 경우, 4년간 합계 285만 엔을 지급한다. 졸업 후에 당해 시에 거주하거나 취업해야 하는 등의 의무조항은 없다.
2018/3/12	정주 촉진책으로 600명 전입, 육아 세대를 대상으로 주거 구입 보조 (구마모토현 마시키정)	구마모토현 마시키정은 2011년도에 개시한 정주 촉진책으로 약 600명이 이주한 성과를 올리고 있다. 해당 현은 구마모토시에 인접한 접근성을 살려 주택 구입과 육아 세대를 위한 적극적인 지원을 하고 있다. 단독주택을 신축 또는 매입(중고주택 제외)해 거주할 경우, 100만 엔을 지급한다. 이와 더불어 초등학생이 있는 가정에는 1인당 20만 엔, 미취학 아동은 10만 엔, 중학생 자녀에 대해서는 5만 엔을 추가로 지급한다.
2018/3/14	이주자에게 택지 무상 양도 (오이타현 분고타카타시)	오이타현 분고타카타시는 시내에 주택 28호를 건설할 수 있는 택지를 조성해 이주자에게 무상으로 양도한다. 현은 약 1만 7,000㎡의 사유지를 구입해 1구획 100㎡ 미만의 택지를 28구획분 정비한다. 이 택지는 2,000여 명이 근무하는 시내 공단에서 자동차로 10~15분 거리에 있으며, 절반 정도는 시외통근자를 주요 대상으로 하고 있다.

2018/3/14	이주자가 증가한 과소지 3배 초과 (총무성)	총무성의 조사 연구회는, 3대 도시권이나 정령시로부터 이주하는 사람이 증가하고 있는 과소지역이 증가하고 있다는 조사 결과를 공표했다. 2000년대 이후의 지자체 대합병이 본격화되기 전인 2000년 당시의 시정촌의 기준에서 계산하면, 도시지역에서 온 이주자가 증가한 구역은 2000~2010년의 108세대에서 2010~2015년 397 세대로, 3배가 넘었다. 특히 도서지방이나 산간지역 등에서의 증가가 현저하다. 연구회는 '전원으로 회귀' 현상이 증가하고 있는 것으로 보고 있다.
2018/3/14	시내에 정주하는 직원에게 수당 추가 (시가현 고난시)	시가현 고난시는 재해에 대비하고 시 공무원의 시내 이주나 정주를 촉진하기 위해, 시내에서 주택을 빌리는 시 공무원에 대해 월 9,000엔, 시내에 주택을 매입하는 경우에는 월 6,000엔을 새롭게 지급할 방침이라고 밝혔다.
2018/3/14	도쿄로 이주 촉진 거점 마련 (고치현 시만토정)	고치현 시만토정은 이주 촉진이나 지방특산품의 판로 확대를 목표로 도쿄도 내에 사무실을 마련한다. 2018년도 당초 예산안에 민간에 대한 사무실 운영 위탁료로 1,100만 엔을 계상했다.
2018/3/14	후쿠시마를 대상으로 한 택지 양도 종료 (도치기현 이치가이정)	도치기현 이치가이정은 동일본 대지진이나 도쿄 전력 후쿠시마 제1 원자력 발전소 사고로 인해 이치가이정으로 이주하고자 하는 후쿠시마 현민을 대상으로 실시해 온 택지 무상 양도 사업을 당초 예정보다 1년 앞당겨 종료하기로 했다. 이주 촉진책으로 전개한 것이지만 성과가 없었던 것이 그 요인이다.
2018/3/23	육아 세대 지원 주택건설, 22년 살면 양도 (도쿄도 오쿠타마정)	도쿄도 오쿠타마정은 육아 세대를 지원하기 위한 주택 1호를 건설한다. 이 사업은 인구 감소에 대한 대책으로서, 육아 세대 이주 촉진책의 일환으로 전개한다. 사용료는 월 수만 엔으로 통상의 공영임대주택과는 달리 22년간 계속 거주할 경우, 토지와 건물을 거주자에게 양도하는 것이 특징이다.
2018/4/3	농지와 함께 빈집 안내, 지방 이주, 신규 취농(就農) 촉진 (국토교통성)	국토교통성은 지방으로의 이주와 신규 취농을 촉진하기 위해, 빈집 뱅크를 통해 농지와 함께 빈집에 관한 정보를 제공하고자 하는 시정촌에 빈집에 관한 정보, 빈집에 부수되는 농지 관련 정보, 이주 절차, 취농 관련 정보 등을 소개한 안내서를 처음으로 제작했다. 안내서는 빈집에 부수되는 농지에 원래 허용된 면적보다 작은 별도의 면적을 설정하는 절차를 상세히 설명하고 있으며, 그 활용을 촉구한다.
2018/4/4	보조금 접수 개시, 2단계 이주로 22만 엔 상한 (고치시)	고치시는 고치현 외의 주민이 우선 고치시로 이사한 후, 고치현 내의 시정촌으로 이주하는 '2단계 이주' 비용을 보조하는 '고치시 2단계 이주 지원 보조금' 접수를 시작한다. 입주 초기비용(중개수수료 등)과 1개월 상당의 월세, 렌터카 비용 등 가구당 22만 엔을 상한으로 지원한다.

2018/4/11	이주 촉진을 위해 교외 시골 마을을 즐길 수 있는 임대주택 건설 (후쿠오카현 야메시)	후쿠오카현 야메시에서는 육아 세대나 젊은층의 이주 및 정주를 촉진하기 위한 임대주택 건설이 진행되고 있다. 이 사업은 야메시와 구의 협력을 통해 지방창생과 임업 활성화를 도모하며, 히사키하라구가 보유한 초등학교 철거시를 활용한다. 건설 중인 주택은 2개의 방을 겸비한 복층구조로, 8개 세대가 연결되어 있는 연립형 주택이다.
2018/4/11	다자녀 가구 입학 준비 지원 (에히메현 니이하마시 교육위원회)	에히메현 니이하마시 교육위원회는 다자녀 세대의 경제적 부담을 줄이기 위해 초등학교 입학 준비물인 책가방과 책상 등을 구입할 수 있는 2만 엔 상당의 쿠폰권을 교부한다. 교부 대상은 내년에 초등학교에 입학 예정인 셋째 아이 이후의 자녀가 있는 세대이다.
2018/4/12	관련 인구 증가 촉진 체험 프로그램, 빈집 활용 (오카야마현 마니와시)	오카야마현 마니와시는 정주 인구와 교류 인구의 중간에 있는 '관련 인구'를 증가시키고자 제도 정비에 나선다. 지역 행사의 체험 프로그램 제공과 빈집 활용 등을 통해 시외 사람들이 행사에 지속적으로 참여하기 쉬운 환경을 조성해 나갈 방침이다.
2018/4/17	빈집 개보수 비용 보조, 사무실로 재생 (후쿠시마현)	후쿠시마현은 시정촌이 빈집이나 폐교 등의 유휴시설을 사무실 등의 용도로 개보수하는 경우에 일부 비용을 보조하는 사업을 시작한다. 이는 현 내에서 사업을 검토하는 기업 등에 일정 기간 동안 개보수에 드는 일부 비용을 대출하고 현에서의 생활을 체험하게 함으로써 이주를 촉진시키고자 함이다.
2018/4/18	농림업 종사자 확보를 위한 주거시설, 50세 미만, 최장 2년 (홋카이도 시리우치정)	홋카이도 시리우치정은 2018년, 취농 종사자를 위한 주거시설로서 '시리우치 지역산업 종사자 센터'를 오픈했다. 입주 대상은 마을 내의 농림어업연수 수강자나 마을 내 기업에서 종사하는 사람들이며, 원칙적으로 50세 미만을 대상으로 한다. 임대료는 수도, 광열비를 포함해 월 1만 5,000~2만 엔이며, 최대 2년간 입주할 수 있다. 단기 이용도 가능하며 1박에 750~1,000엔에 이용할 수 있다.
2018/4/19	이주자에게 고정자산세 감면 (니가타현 나가오카시)	니가타현 나가오카시는 2018년, 시외에서 나가오카시로 전입한 주민을 대상으로 고정자산세의 일부를 면제하는 제도를 개시했다. 시의 인구 감소를 방지하고 생활 서비스 기능을 유지하는 것이 목적이다. 이에 따라 4월 1일부터 2023년 1월 1일 사이에 시외에서 전입해 주택을 구입하거나 신축 또는 증개축한 사람에게 거주 부분 면적에 부과하는 고정자산세의 2분의 1을 면제한다. 기업이나 학교가 숙소를 구입한 경우도 대상이 된다. 면제기간은 3년이며, 16세 미만의 자녀가 동거하는 경우는 5년으로 한다.
2018/4/20	이주자 전원에게 할인 (시즈오카시)	시즈오카시는 2018년도부터 각종 할인 서비스를 받을 수 있는 '시즈오카 할인권'을 이주자 전원에게 교부한다. 이 할인권은 이사 요금의 할인이나 주택융자의 금리 우대 등을 받을 수 있다. 대상은 만 18세 이상이 시외에서 이주를 희망하거나 이미 이주한 사람이다.

2018/4/24	'이주 추진실' 설치 (가고시마시)	가고시마시는 이주 상담 건수가 늘어나자 이주 희망자의 상담을 받는 등의 전문 업무를 담당하는 이주 추진실을 정책기획과 내에 신설했다. 이 부서는 이주 희망자로부터 전화나 메일로 사전에 연락을 받은 후 상담에 응하고 있다.
2018/4/25	3세대 5명이 이주, 트레일러 하우스에서 체험 거주 (나가노현 이지마정)	이지마정은 '일본의 스위스'로도 불리는 장대한 경치를 만끽하게 함으로써 이주를 촉진하고자 2016년도부터 트레일러 하우스를 활용한 시험 거주를 실시하고 있다. 지금까지 현 내외의 10세대 16명이 이용했으며 실제로 이주한 사람도 3세대 5명으로, 호평받고 있다.
2018/5/1	지방에서 창업에 도전할 인재 모집 (에히메현 사이조시)	에히메현 사이조시는 이 시로 이주해서 지역자원을 효율적으로 활용하고 지역 과제 해결에 기여할 수 있는 새로운 프로젝트에 도전할 기업가를 10명 모집한다. 이 사업은 창업자가 지역 주민이나 기업, 지자체와 협동을 도모하면서 프로젝트에 참여해 3년 이내에 창업하고 정주하는 것을 목표로 한다.
2018/5/7	이주 체험 제도 개시로 정주 촉진 (니가타현 다이나이시)	니가타현 다이나이시는 이주·정주 촉진책의 하나로 이주 체험 제도를 창설해 현재 사용하고 있지 않는 시유 시설을 효과적으로 활용해 이를 이주 촉진으로 연결할 수 있는 제도를 마련했다. 이주 체험 주택은 교외 주택을 리모델링한 것으로, 가구와 가전을 갖춘 방 2개 규모의 소규모 주택이다.
2018/5/10	이주 희망자 대상 강좌 개최, 도쿄, 오사카 등 각지에서 개최 (야마구치현)	야마구치현은 야마구치 현민 회의를 열고 이주 희망자를 대상으로 한 강좌를 도쿄, 오사카 등 각지에서 개최한다고 발표했다.
2018/5/10	낙도에서 청년들을 위한 인턴 실시 (야마가타현)	야마가타현은 2018년도부터 3년간, 현 유일의 유인 낙도인 '도비시마'에서 청년들을 대상으로 단기 인턴십을 실시한다. 대상은 대학생 등 20대로 한정하고 2박 3일의 단기, 매년 여름 5명 정도로 인턴 체험을 실시한다. 인턴생은 현지 산업인 고기잡이나 해산물 가공에 여관이나 카페에서 취업 체험을 하게 한다. 숙박지는 섬의 빈집을 활용할 방침이다. 교통비는 현이 부담하며 임금 지급도 검토하고 있다.
2018/5/11	구인 사이트와 준비금 창설, 청년층의 이주 촉진 방안 마련 (정부)	청년층의 지방 이주를 촉진하기 위한 방안을 검토 중인 정부 지식인회의에서는 보고서의 개요를 마련했다. 개요는 뛰어난 기술을 가진 지방의 중소기업이 홍보비용의 부담 때문에 유명 취직정보 사이트에서 충분한 정보를 홍보할 수 없는 경우가 많다는 점과, 이런 매력적인 지방 기업의 구인 정보를 전국적인 규모로 제공하는 사이트를 마련해 이주 희망자와 연결하는 시스템과 이주를 위한 자금 지원 등의 경제적 지원의 필요성을 지적했다.

2018/5/15	맞춤형 이주 투어 확대, 참가자의 요구에 지체 없이 대응 (이시카와현)	이시카와현은 육아 세대 전용인 맞춤형 이주 투어를 확대한다. 처음 실시한 2017년에는 4세대가 이용했고 그중, 2세대가 이시카와현으로 이수했다. 2018년에는 보십 세내를 15세대로 확대해, 이주자 증가를 목표로 한다.
2018/5/17	이주 신혼부부에 대한 보조 (시가현 히코네시)	시가현 히코네시는 시내로 이주한 신혼부부를 대상으로 이사 비용 등을 한 세대에 최대 30만 엔 보조한다. 이는 이들을 이주·정주 인구의 증가로 이어가고자 함이다. 대상자는 2018년 4월 1일부터 2019년 3월 15일 사이에 시에 혼인신고를 한 34세 이하의 부부이다. 부부 합산 연간소득이 340만 엔 미만이어야 한다.
2018/5/18	청년 유출 대책을 위한 고등교육 검토회 (시즈오카시)	시즈오카시는 인구 감소 대책의 일환으로서 고등교육에 대해 논의하는 검토회를 연다. 이 회에서는 대학 진학 시에 젊은층이 시외로 유출되는 현상을 감안해 시립 대학교를 설립하는 방안을 포함해 고등교육의 기본방향을 검토한다.
2018/5/21	지자체 홈페이지에 10개 현 참여, 자연보육 '숲 유치원'	자연체험을 활용한 보육·유아 교육인 '숲 유치원' 등의 확대를 목표로 하는 '지자체 네트워크'에 현재 시즈오카, 효고 등 10개 현이 참가를 표명한 것으로 나타났다. '지자체 네트워크'는 10월경 설립 총회를 열며, 전국 시정촌의 참가를 권장하고 있다.
2018/5/22	45세 이하의 마이홈 구입을 위한 상품권 (후쿠오카현 야나가와시)	후쿠오카현 야나가와시는 시내에서 주택을 구입한 45세 이하의 주민에게 5만 엔 상당의 상품권을 교부한다. 이는 시 단독 지원사업으로서, 시외에서 온 전입자뿐 아니라 시내 주민도 대상이며 젊은 세대의 이주와 정주를 촉진하고자 하는 것이 목적이다.
2018/5/23	이주 촉진을 위해 팜플렛 제작 (사이타마현 오가와정)	사이타마현 오가와정은 이주를 촉진하기 위해 이주 촉진 팜플렛을 제작했다. 오가와정은 '일본 창성회의(創成會議)'가 지적한 소멸 가능성 높은 도시 중, 현 내 제2위이다. 이에 따라 해당 정은 이주를 위한 지원을 강화하고 있다.
2018/5/24	여성을 대상으로 한 이주 세미나, 26일에 도내에서 (후쿠오카현)	후쿠오카현은 도·부·현의 이주상담 창구가 모여 있는 도쿄 유라쿠정의 도쿄 교통회관에서 여성을 대상으로 이주 세미나 '후쿠오카 이주 여성, 토크 나이트'를 개최한다. 행사를 진행하는 지자체 공무원도 모두 여성들이다. 이 행사는 식사를 하면서 이주 경험자의 체험을 들을 수 있는 여성 모임 형식으로, 속마음을 이야기하고 즐기는 토크 형식으로 개최된다.

2018/5/25	이주·정주 촉진을 위해 빈집 이용 (주택기구와 협력한 이시카와현 노미시)	이시카와현 노미시는 주택금융지원기구가 금년도부터 빈집을 대상으로 하는 제도를 창설함에 따라 새로운 협정을 체결했다. 이 협정에 따르면, 노미시 빈집 은행에 등록된 빈집을 취득해 개축할 경우에 기구의 주택담보대출을 이용하면 금리가 5년간 기존보다 0.25%포인트 인하된다. 이는 전 연령대에 걸쳐 실시한다.
2018/6/4	이주 희망자를 위한 홍보 책자 (사이타마현 한노시)	사이타마현 한노시는 시의 이주 촉진책을 소개하는 책자를 2,500부 제작했다. 이 책자는 도심 접근 시의 교통상 장점이나 육아 지원 등의 정책을 홍보하는 내용을 싣고 있으며, 시청이나 도쿄도 치요다구에 있는 이주지원센터 등에서 배포하고 있다.
2018/6/4	젊은층을 위한 상담 창구 설치 (야마가타현)	야마가타현은 지역 활성화를 위한 사업을 시도하는 젊은 층에 대한 상담을 접수하는 창구 '젊은 층을 위한 지원 상담 창구'를 개설한다. 이 창구는 현지의 민간기업 등에서 위탁단체를 모집해 7월에 개설할 것을 목표로 하고 있다. 상담 창구에서는 활동 거점이나 자금 확보 방법 등에 대해 현의 청년단체가 상담을 받으며, 사업을 함께 할 동료를 찾을 경우에는 인재 간의 매칭도 실시한다.
2018/6/11	'지역 부흥 협력대', 창설 10년, 목표 8,000명 (총무성)	총무성은 도시지역에서 과소지로 전입한 사람이 지역 진흥에 참여하는 '지역 부흥 협력대'의 제도 창설 10년째를 맞아 참가자 확대 방안을 정리했다. 이에 따라 대원이 되고자 하는 사람의 불안을 해소하기 위해 일정 기간 이주해 활동을 체험하는 체험 제도를 새롭게 신설했다. 2024년도까지 대원 수를 8,000명으로 늘릴 계획이다.
2018/6/13	축제 참가자 모집 (고치시)	고치시는 시내 이민자 및 이주 희망자가 지역 축제인 '요사코이 축제'에 참가할 수 있도록 그들을 대상으로 참가자를 모집하고 있다. 이 사업의 목적은 이주·정주 대책으로 진행하고 있는 '요사코이 이주 프로젝트'를 홍보하는 것이다.
2018/6/15	이주 및 신규 취업 지원 확대, 지방창생 기본방침 결정 (정부)	정부는 지방창생 정책의 새로운 기본방침을 결정하고, 2024년도까지 지방의 취업자를 30만 명 늘리는 것으로 목표를 정했다. 이에 따라 전국의 기업 등은 무료로 구인 정보를 제공하는 사이트를 개설해 취업 희망자와 연결하며, 이 사이트를 이용해 도쿄권에서 이주나 취직한 사람, 혹은 지방에서 창업한 사람에게는 이사 비용 등을 지원한다.
2018/6/19	답례품으로 마라톤 출장권, 2일 만에 품절 (나가노현 스와시)	나가노현 스와시는 고향납세의 답례품으로 제30회 스와코 마라톤의 출장권을 출품했다. 체험형 서비스를 답례품으로 제공함으로써 당해 시를 방문하는 계기를 만들어 최종적으로는 이 지역을 이주처로 생각하게 하는 것이 이 사업의 목적이다.

2018/6/25	현 출신 선수의 U턴 취업 지원 (이시카와현)	이시카와현은 현 출신 스포츠 선수의 현 내 기업으로의 U턴 취직을 지원한다. 능력있는 스포츠 선수와 관심 있는 기업을 연결해 현의 스포츠 경기력 향상뿐 아니라 기업의 일손 부족 대책에도 기여하기 위해서이다.
2018/6/28	'고향 주민표' 도입 (효고현 단바시)	효고현 단바시는 당해 시에 관심이 있는 시외 거주자를 '주민'으로 인정해 단바시에 관한 정보나 서비스를 제공받을 수 있도록 하는 '고향 주민표' 제도를 도입했다. 이 제도의 목적은 현지 상점에서 이용할 수 있는 쿠폰 제공과 같은 서비스를 통해 교류 인구를 늘리고자 하는 것이다.
2018/7/13	홍보지에 이주자 칼럼 연재 (이바라키현)	이바라키현은 홍보지 '종달새'에 이주자들이 집필한 칼럼의 연재를 9월호부터 시작할 예정이다. 프로모션 전략팀에 의하면, 현 외에서 전입한 주민들의 칼럼을 통해 현민이 당연하게 느끼고 있는 것들에 대한 매력과 새로움을 재차 발견하게 하는 것이 목적이다.
2018/7/19	사이조시 단독 이주 상담 창구를 도쿄 다카다노바바에 개설 (에히메현 사이조시)	에히메현 사이조시는 주로 수도권에 거주하는 이주 검토자들 중 세토우치 지방과 시코쿠 지방에 관심이 높은 사람들을 사이조시로 이주하도록 유도하기 위해 사이조시 단독 이주 상담 창구를 도쿄 다카다노바바에 새롭게 개설한다.
2018/7/23	정주 촉진 캠페인 (이시카와현)	이시카와현은 현 외에 거주하는 가족이나 지인을 '이시카와 취직·정주 종합서포트센터(ILAC)'에 소개하면 경품을 주는 캠페인을 시작했다. 현에 연고가 있는 경우 이주하기 쉬운 경향이 있다는 점에 착안해, 대상을 좁힌 캠페인으로써 이주를 촉진하고자 한다.
2018/7/27	이주 가이드북, 전문지와 공동 제작 (야마가타현 사카타시)	야마가타현 사카타시는 이주를 주제로 하는 전문지 'TURNS'와 협력해 금년도의 이주용 가이드북을 제작했다. 시가 젊은 구독자가 많은 전문지와 협력한 것은 육아 세대의 이주 희망자에 대한 홍보를 위해서이다.
2018/7/30	이주 희망자의 숙박비 보조 (가고시마현 히오키시)	가고시마현 히오키시는 이주 희망자가 사전 답사를 하거나 주택 등을 찾기 위해 시내를 방문할 경우, 숙박비를 보조하는 '이주 활동 서포트 사업'을 시행한다. 이 보조는 시의 이주 대책에 찬성하는 '이주 협력소에서 숙박하는 것에 한정해 적용된다. 1인 1박당 2,000엔을 보조하며, 상한선은 가구당 2만 엔이다. 2만 엔 이내라면 1박 이상에 대한 보조도 가능하다. 또한, 이주 협력소도 자체적으로 숙박비를 10% 할인한다.
2018/8/6	'고향 워킹홀리데이' 확대, 희망자 증가로 가을과 겨울의 규모 조사 (총무성)	총무성은 대학생들이 방학을 이용해 일하며 시골생활을 체험하는 고향 워킹홀리데이를 겨울방학 기간 등 올가을 이후에 확대하기 위해 지자체에 권고하고 있다. 2018년 여름의 실시분은 참여 희망자가 모집을 상회하는 지자체도 있었으므로 소개할 수 있는 일자리 수나 새롭게 수락하는 지자체를 늘릴 방침이다. 이에 따라 총무성은 전국의 지자체에 대해 수락의 가부나 모집 인원수에 대한 의향 조사를 시작했다.

2018/8/9	이주 가구에 쌀 등 제공 (야마가타현)	야마가타현은 이주 세대를 위한 지원사업의 일환으로서 지역산 쌀과 된장, 간장을 제공한다. 야마가타만의 이주 촉진책으로서 음식 지원사업을 개시하는 것이다. 이에 따라 이주자에게 지역산 쌀인 '하에누키'나 '쓰야히메'를 60kg, 된장 3kg, 간장 3L를 제공하기로 했다.
2018/8/10	육아 세대의 중고주택 취득 지원, 보조금과 금리 우대 (가나가와현 요코스카시)	가나가와현 요코스카시는 육아 세대의 주택 취득 지원에 힘을 쓰고 있다. 이에 따라 시는 중고주택의 구입비를 조성하고 8월부터는 주택융자의 금리도 우대한다. 이 사업의 목적은 부모와 자녀 세대의 정주를 촉진하고 인구 감소를 축소하는 것이다.
2018/8/13	이주 희망자에게 할인 혜택 (아오모리현)	아오모리현은 현 내 이주 희망자를 대상으로 렌터카와 이사 등에 대한 요금 할인이나 혜택을 받을 수 있는 회원제도인 아오모리 이주클럽을 창설했다. 이 사업의 목적은 민관협력을 통해 아오모리로의 이주를 촉진하고자 하는 것이다.
2018/8/27	체험 이주로 빈집 무료 대여 (후쿠시마현 이타테촌)	후쿠시마현 이타테촌은 지역 내의 빈집을 매입해 이주 희망자에게 무료로 임대하는 사업을 시작한다. 체험 기간은 최장 1개월로, 그 대상은 타 지역에 거주하면서 당해 지역을 응원해 주는 사람들에게 발행하는 '고향 주민표'의 등록자이다. 임대 공간은 목조로 된 2층짜리 독채로, 냉장고와 세탁기 등 기본적인 가구 및 가전이 비치될 예정이다. 광열비는 지자체가 부담한다.
2018/8/28	이주나 창업에 최대 300만 엔 (정부)	정부는 도쿄 등 수도권의 한 개 도 혹은 3개 현의 거주자 중 지방으로 돌아가 취업이나 창업을 하는 사람에 대한 지원 방안으로 지방창생추진 교부금을 활용해 1인당 최대 300만 엔을 지급하기로 했다. 또한 일손 부족에 대응하기 위해 지방 거주자 중 일정 기간 직장에 다니지 않았던 여성이나 고령자가 취업이나 창업을 할 경우에도 최대 100만 엔을 보조한다.
2018/8/31	AI로 이주 상담 (히로시마현)	히로시마현은 인공지능(AI)을 활용해 이주 희망자의 상담에 응하는 시스템 구축에 나선다. 금년도 내에 시스템을 개발하는 업체를 선정해 실험을 시작하며, 상담 창구에서 축적된 노하우와 시스템을 통해 제공된 정보를 기본으로 챗봇을 통한 응대를 개선한다.
2018/8/31	빈집에서 거주 체험 (오사카부 도요노정)	오사카부 도요노정은 지역 내의 빈집에 일정 기간 살게 하는 '도요노 트라이얼 스테이'를 실시한다. 준비한 빈집은 단독주택 두 채이며, 두 번의 기간에 걸쳐 네 세대에게 제공한다. 참여료는 약 4만 5,000엔이다. 거주자는 기간 중 지역 행사나 투어에 참여하고 거주 후에는 설문에 협조해야 한다.
2018/9/3	아웃도어파에 이주 매력 홍보 (야마가타현 사가에시)	야마가타현 사가에시는 등산과 낚시 등을 취미로 하는 사람들을 대상으로 한 이주 추진 사업을 시작했다. 이를 위해 시는 산악과 자연을 주제로 하는 출판사 '산과 계곡사'의 사이트에 시의 매력을 홍보하고 이주 상담회와 체험회를 연다.

2018/9/5	육아 세대의 주택 구입비 등을 서포트, 정주 촉진을 위해 보조 제도 개시 (오사카부 네야가와시)	네야가와시는 육아 세대와 그 부모가 네야가와 시내에 거주하기 위한 주택 구입비나 주택 리모델링 공사비를 최대 40만 엔 보조하는 '3세대 정주 지원 보조금'을 새롭게 창설해 신청 접수를 받기 시작했다.
2018/9/12	주민이 기획한 이주 투어 (효고현 가미정)	효고현 가미정은 현지 주민이 기획한 이주 투어를 시작했다. 지역 투어의 입안에는 이주자를 포함한 마을 주민 약 10명이 참여했다. 이 사업은 여행사로부터 여행 계획 작성에 필요한 지식을 배우는 강습을 받은 후, 각각 기획안을 제출했는데, 최종적으로는 민박의 게스트 하우스 개축 작업과 색다른 허수아비 제작을 각각 체험하는 두 가지 이주 투어가 채택됐다.
2018/9/14	부케야시키 부지에 거주 체험 (가고시마현 미나미규슈시)	가고시마현 미나미규슈시는 시외에 거주하는 이주 희망자를 대상으로, 시 소유의 '부케야시키의 저택 정원' 내에 거주 체험 사업을 시작한다. 이를 위해 2018년도 9월 보정 예산안에 59만 6,000엔을 계상하며 사업비는 전액 고향납세를 통한 기부금을 활용한다. 1박당 6,000엔이다.
2018/9/21	과소지 활성화에 새로운 협동조합, 담당자 부족에 대응, 청년 정주 (자민당 의원연맹)	자민당의 '인구급감지역대책 의원연맹'은 주민생활에 필요한 서비스를 과소지에 지원하는 새로운 사업협동조합 창설을 위한 법안의 개요를 마련했다. 이는 지역의 일손 부족에 대처하고, 이주해 온 젊은층 등이 '지역 부흥 협력대' 등을 통해 지역에 정착하기 쉽도록 하는 것이 목적이며, 올해 가을 임시 국회에 제출한다.

4. 시민참여

시민이 기부처를 선택해 '납세'할 수 있는 '고향납세'는 최근 급격하게 확대됐지만, 답례품이 고액화되거나 환금성이 높은 답례품을 제공하는 지자체가 증가하고 있다. 이에 따라 총무성은 지자체에 고향납세를 적정한 수준으로 운영하도록 하고 환금성이 높은 상품권 등은 지급을 금지하거나 답례 비율을 3할 이하로 할 것 등을 내용으로 하는 지침을 작성했다.

사가佐賀현은 고향납세 기부자가 개별 NPO 법인 등을 지정해 지원하는 제도를 마련했는데, 이로 인해 기부가 증가하고 있다. 사가현의 2014년도 기부액은 약 1,700만 엔이었으나 2015년도에는 약 1억 5,100만 엔,

2016년도에는 약 2억 2,600만 엔으로 급상승했다. 2017년도에는 이미 2억 5,000만 엔을 상회하고 있다. 기부 대상 단체도 2014년도에 4개이던 것이 2017년도에는 37개까지 증가했다. 따라서 기부자의 선택지가 증가한 것이 기부 및 기부액 상승의 요인 중 하나로 꼽히고 있다. 게다가 현이 NPO나 자원봉사단체, 자치회, 노인회 등의 시민사회조직CSO 유치를 적극적으로 추진하고 있어 현 내에 6개 단체가 거점을 설치한 것도 그 하나의 이유라고 할 수 있다.

후쿠오카福岡현 오고리小郡시는 시가 실시하고 있는 사업에 대해 시민들의 의견을 파악하고자 '시민 참여형 앙케이트·시민 모두가 서비스 확인'을 실시해 향후의 시정 운영에 반영한다. 대상은 학교지구 교류 센터를 활용한 치매 카페나 민간위탁에 의한 확충된 지역포괄지원센터 등의 24개 사업이다. 참가한 시민이나 마을협의회 대표, 구청장 등 40인이 위원이 되며, 6개 그룹으로 나눠 각 그룹이 4개 사업씩 체크한다. 각 그룹이 시의 담당과로부터 설명을 듣고 논의한 후, 각 사업에 관한 의견서를 작성한다. 방청인이 의견을 제출하는 것도 가능하다.

도표 Ⅱ-3-4. 시민참여 동향

일자	제목	내용
2017/12/26	NPO 지원 사업 활발, 고향납세로 기부 급증 (사가현)	고향납세를 활용해 개별 NPO 법인 등의 단체를 지정하고 지원하는 사가현의 현민 협동과에 따르면, 이 제도를 통한 기부액은 2014년도에 약 17,00만 엔이었으나 2015년도에는 약 1억 5,100만 엔, 2016년도에는 약 2억 2,600만 엔으로 급증했으며, 2017년도에는 이미 2억 5,000만 엔을 상회했다.
2018/4/4	수해 방지 단원 감소 대책 강화, 기업 참여 촉진 전문가위원회 (국토교통성)	국토교통성은 수해 시에 지역에서 활동하는 수해 방지 단원의 감소에 대한 대책을 강화한다. 이에 따라 전국 건설업 협회 등에서 위원을 위촉해 수해 방지 활동의 활성화에 대해 서로 이야기하는 전문가 위원회를 설치했다. 국토교통성은 또한 '수방법'에 근거해 현지 기업이나 자원봉사단체 등을 시정촌이 '수방협력단체'로 지정하는 제도를 창설했다. 하지만 협력단체 지정 건수는 전국적으로 26개에 불과하다.

2018/4/6	기부금 용도로 15건 의 아이디어 (가고시마현 긴코정)	가고시마현 긴코정은 고향납세로 모인 기부금의 사용법을 결정하는 콘테스트를 실시해 15건의 아이디어를 채택했다. 긴코정은 아이디어를 바탕으로 조사·연구를 실시하고 사업화를 검토해 나간다. 사업화가 가능하다고 판단한 일부 아이디어는 2018년도 예산에 반영했다.
2018/4/13	앱으로 행정 정보 제공 (효고현 가코가와시)	효고현 가코가와시는 스마트폰을 통해 시민에게 행정 정보를 제공하는 '가코가와 앱'을 시의 홈페이지상에 공개했다. 시 홈페이지나 다른 시 공식 앱 등의 사이트와 연동하여 각종 행정서비스를 제공하는 것 외에 재해 등의 긴급 상황이 발생할 때 신속하게 관련 정보를 전달한다. 또한 시정에 대한 의견이나 질문, 제안을 보내는 '스마일 메일'이나 공공시설의 장소나 행정 정보를 지도상에 표시하는 '행정 정보 대시보드' 기능도 있다.
2018/6/11	시정 정보 전반을 스마트폰으로 (효고현 히메지시)	효고현 히메지시는 시정 정보 전반을 전달하는 공식 앱 '히메지 플러스'의 운용을 시작했다. 앱은 생년월일이나 성별, 초등학교구를 단위로 카테고리를 설정함으로써 이용자에게 필요한 지역이나 카테고리에 맞는 정보가 전달된다. 초기 화면의 캘린더에서는 일자별 행사를 일람으로 표시한다. 지도 앱과 연동하면 대피소나 공원 같은 공공시설 등으로 가는 루트도 안내해 준다.
2018/6/22	마을의 미래 만들기 사업에 보조 (이시카와현 아나미즈정)	이시카와현 아나미즈정은 마을의 특색을 살린 미래의 '마을 만들기', '사람 만들기', '일 만들기'를 지원하기 위해 '아나미즈정 미래 만들기 지원사업'을 시작했다. 이 마을은 2011년도부터 상품 개발과 같은 비즈니스 관련 지역 활성화 사업에 대한 보조를 개시하였다. 2005년도에 신청자가 없었기 때문에 제도를 재정비한 것이다. 또한 인재를 육성하거나 지역에 활기를 불어넣는 사업도 보조 대상에 추가하여 마을 만들기에 대한 주민의 참여 의식을 높이고자 했다.
2018/7/4	시민 참여형 보존활용 계획 (후쿠오카현 야나가와시)	후쿠오카현 야나가와시는 시민의 의견을 수렴해 '스이쿄 야나가와' 보존활용 계획을 수립한다. 이에 따라 2019년 2월까지 시민참여 워크숍을 3회 개최한다.
2018/7/13	시민 참여형 앙케이트 실시 (후쿠오카현 오고리시)	후쿠오카현 오고리시는 시의 사업에 대한 시민의 의견을 정확하게 파악하기 위해 '시민 참여형 앙케이트·시민 모두가 서비스 검토'를 실시한다. 이를 통해 24개 사업을 시민의 입장에서 점검받고 2019년도 이후에도 이 사업들 각각을 지속할지의 여부 등에 대한 시장의 방침 결정에 활용한다.

5. 세금·채권 회수

세금 징수율을 높이기 위해 신용카드나 인터넷 결제를 도입하는 지자체가 급증하고 있다. 야마나시山梨현 후지카와富士川정은 2018년 7월부터 야후가 제공하는 스마트폰의 앱을 사용해 납세할 수 있도록 했다. 대상은 현민세, 고정자산세, 경자동차세, 국민건강보험세이다. 앱을 다운로드해 은행 계좌를 등록하고 납부서의 바코드를 카메라로 인식시키면 곧바로 결제할 수 있다. 별도의 비용이 들지 않는 점이 도입의 결정적 요인이었다.

나라奈良현은 징수 업무 경험자인 국세국의 퇴직자를 기간형 계약직으로 채용해 체납 업무를 담당하게 한다. 채용 예정 인원은 3명으로, 원칙상 3년간 고용한다. 응모 요건에 해당되는 대상은 국세청 등에서 20년 이상의 세금체납 처분 경험이 있거나, 민간의 경우는 금융기관 등에서 20년 이상 채권회수 업무에 종사한 경험이 있는 이들이다. 이런 노하우를 현의 담당자에게도 지도하도록 한다.

지방세 전자신고·납세시스템 'eL-TAX(지방세 포털시스템)'를 운영하는 지방세 전자화 협의회는 2019년 4월에 지방세 공동기구를 새롭게 발족한다. 4월부터 eL-TAX를 이용해 여러 지자체에 기업이 일괄적으로 지방법인에 대한 2개의 세금이나 종업원의 주민세를 납부할 수 있는 '공통 전자납세 시스템'을 도입할 예정이다. 협의회는 이의 운영과 관련된 개인정보나 공급을 취급하기 위해 업무를 지방세 공동기구로 이행한다.

도표 II-3-5. 세금·채권 회수 동향

일자	제목	내용
2017/9/4	답례품은 증기기관차 운전 체험 (아이치현 니시오시)	아이치현 니시오시는 5만 엔 이상의 고향납세에 대한 답례품으로 증기기관차 운전 체험을 추가했다. 이 체험을 위해서는 자동차 보통면허가 있어야 하지만, 기부액이 2만 엔 이상일 경우에는 자녀도 체험에 참여할 수 있다.

2017/10/17	100엔이라도 예금 압류, 납세 의식 환기 (이와테현 기타 광역진흥국)	이와테현 기타 광역진흥국의 현세실(縣稅室)은 현세 체납자의 예금에 대해서 잔고가 1,000엔 미만의 소액이라도 100엔 단위로 압류하는 방침을 도입했다. 얼마 안 되는 돈이라도 강제 집행함으로써 납세 의식을 환기하는 것이 목적이다. 2015년도부터 시작했는데, 현재까지 징수율이 착실하게 향상되고 있다.
2017/10/25	주민세 특별징수 지정 알림, 26개 시정촌에 안내 (교토부)	교토부는 2018년도에 개인주민세 특별징수 지정을 앞두고 부내 전 26개 시정촌과 사업주 및 납세자에게 이를 주지시키는 'ALL 교토 공동 안내'를 실시한다고 발표했다. 연말정산 관계 서류에 일괄적으로 해당 광고지를 동봉하여 지정 예고 통지도 발송한다.
2017/11/15	세무직원 겸임으로 인원 부족 해소 (오카야마현 하야시마정, 사토쇼정)	오카야마현 하야시마정과 사토쇼정은 정민세 등의 징수 업무를 하는 세무직원이 두 지역의 같은 업무를 동시에 담당하고 있다. 이는 독촉에 응하지 않는 체납자의 가택 수색 등에서 실적이 저조한 지자체 간의 협력을 통해 담당 직원의 노하우를 향상시키고 인원 부족 문제를 해소하는 것을 목표로 한다.
2017/11/22	새로운 방식의 징수 연수 (도치기현)	도치기현은 2017년도, 현세 징수 실무 연수에 각자의 역할을 서로 체험하는 형식을 새롭게 도입했다. 현은 2014년도부터 외부 위탁 강사를 초청해 징수 실무와 관련된 대인 소통능력 향상 프로그램도 실시하고 있다.
2017/11/27	급식비, 편의점 납부, 미납금 절감, 편리성 향상 (문부과학성)	문부과학성은 공립학교의 급식비 미납을 줄이기 위해, 편의점에 납부하는 방식을 활용하도록 촉구하기로 했다. 이를 위해 해당 성에서는 편의점에서의 급식비 징수 업무가 연내에 위탁 가능해짐을 알리는 통지를 전국의 교육위원회에 보낸다.
2017/11/28	제3자 위원에 의한 행정개혁 평가, 미수금 절감 대책 필요 (니가타시)	니가타시의 행정개혁 플랜에 대해 시의 행정개혁 점검·평가위원회는 그 중간평가 제언서를 시장에게 전했다. 이 위원회는 목표 달성 상황을 '통상적인 수준'이라고 평가했다. 아울러, 미수금 건수를 절감하는 문제에 관해서는 '발본적인 대책을 강구해야 한다' 등의 의견을 제시했다.
2017/12/6	세금 공동징수 및 채권정리회수 체계 강화 (시모다 재무 사무소와 가모 시·정, 시즈오카현)	시즈오카현 시모다 재무 사무소와 시모다시, 5개 정, 시즈오카현은 시정촌세를 공동징수해 성과를 올리고 있다. 이는 '가모 지방세 채권정리회수 협의회'에 의한 2016~2017년도의 한시적인 시책으로 가모 관내의 수입률은 2014년도 결산에서 83.2%였던 것이 2017년도 전망은 90.7%로 대폭 상승했다. 2018년도부터 2년간에 대해서는 현이 지원을 계속할 것으로 결정했다.

2017/12/14	시정촌세 징수 촉탁 활발, 4개월 만에 목표 의 절반에 도달할 예정 (야마나시현)	야마나시현이 7월부터 도입한 '징수 촉탁' 사업이 성과를 올리고 있다. 이 사업은 시정촌을 대신해 야마나시현이 고 정자산세 등의 체납정리를 맡는 것이다. 2017년도의 회수 목표인 약 6,000만 엔 가운데 7~10월 사이 약 2,650만 엔을 회수함으로써 목표의 절반에 달하는 성과를 냈다. 징수 촉탁은 원래 거주지에서 기초자치단체세를 납부하 지 않은 채 현 내의 다른 자치단체로 이사한 납세자에 대 해 현이 재산을 파악하고 압류 등을 통해 체납세금을 환 수하는 제도이다.
2017/12/14	방침 전환으로 답례품 준비, 고향납세 공제로 수입 감소 (도야마시)	도야마시는 2018년 4월부터 고향납세의 답례품을 준비한 다. '지나친 답례품 경쟁'(모리 마사시 시장)에 대한 비판에 따라 도야마시는 현 내에서 유일하게 답례품을 제공하지 않았으나 방침을 전환했다.
2018/1/5	2018년부터 세액 통지서 에 마이넘버 기재 생략 (총무성)	총무성은 시정촌이 기업에 보내는 개인 주민세의 세액 통 지서 '특별징수 세액 통지'에 대한 마이넘버 기재 조건을 개정한다. 이에 따라 통지서를 지방세 전자신고·납세 시 스템인 'eLTAX'로 제공하는 경우에는 종전과 같이 기재를 요구하지만, 서면의 경우에는 기재할 필요가 없게 된다. 개 정 사항은 2018년 5월에 시정촌이 발송하는 세액 통지서 부터 적용된다.
2018/2/2	2019년도부터 신용카 드 납세 (나고야시)	나고야시는 2019년도부터 신용카드 납세를 도입한다. 대 상은 고정자산세, 경자동차세, 개인시민세이다. 이 제도는 인터넷을 통해 세금을 쉽게 낼 수 있어 편의점 납부보다 편리하다. 이에 따라 나고야시는 시스템 정비 비용 등 초 기 경비 약 1,000만 엔을 2018년도 당초 예산안에 포함시 킨다.
2018/3/1	급식비를 편의점에서 납부 (요코하마시)	요코하마시는 2020년도 내에 공립학교 급식비를 편의점 에서 납부할 수 있도록 한다. 2018년도 예산안에 이와 관 련한 사업자 공모나 시스템 정비 등을 위한 비용으로 약 6,000만 엔을 반영했다. 급식비 미납은 연간 8,000만 엔 안팎으로, 편의점 납부가 실현될 경우 납부액이 연간 약 3,000만 엔 증가할 것으로 예상하고 있다.
2018/3/9	특별 담당자 배치로 체 납세금 징수 효율화 (도치기현)	도치기현은 개인현민세의 징수율 향상과 체납을 축소하기 위해 제도를 강화한다. 이에 따라 현 내 7개소인 현세 사 무소 모두에 세금을 시정촌과 협력해서 징수하는 협동 징 수 사무 담당자를 배치한다. 징수가 곤란한 안건이나 광역 에 걸친 안건은 우츠노미야 현세 사무소에 신설하는 특별 정리 부서가 담당한다.

2018/3/9	세금징수율 향상 방책 강구 (야마나시현 호쿠토시)	야마나시현 호쿠토시는 체납세금 징수 업무를 강화하기 위해 압류대상 자동차의 사이드 미러에 공문서를 부착하는 등의 방책을 강구했다. 이는 일상생활에 필수적인 자동차에 제재를 가함으로써 체납금의 납부율을 높이기 위한 대처이다.
2018/3/14	3개 현세, 신용카드 납부 가능 (군마현)	군마현은 자동차, 개인사업, 부동산 취득의 현세 세 종류를 신용카드로 납세할 수 있도록 한다. 이 3종의 현세는 현이 지정한 금융기관에 계좌가 있으면 인터넷을 이용해 납세할 수 있다.
2018/3/30	시세 징수율, 현 내 최고 수준, 대책실 설치 10년 만에 (효고현 아이오이시)	효고현 아이오이시는 저조한 시세의 납부율을 약 10년에 걸쳐 현 내 최고 수준으로 끌어올렸다. 전담부서인 징수대책실을 2006년도에 설치해 인터넷 공매나 과불금 채권 압류, 체납관리 시스템 도입 등 다양한 대책을 마련해 왔다. 이로 인해 2006년도에는 징수율이 88.2%로 현 내 29개 시에서 27위에 불과했으나 2016년도에는 97.38%로 향상되어 현 내 징수율 3위로 약진했다.
2018/4/18	신용카드로 시세 납부 가능 (가나가와현 히라쓰카시)	가나가와현 히라쓰카시는 라이프 스타일에 맞춘 시세 납부로서 시민의 편의를 위해 신용카드 납부를 개시한다. 대상 세목은 시현민세(보통징수), 고정자산세·도시계획세(토지·가옥), 경자동차세 등이다.
2018/4/19	시세 신용카드 납부 개시 (교토부 가메오카시)	교토부 가메오카시는 2018년도부터 시에 대한 세금을 신용카드로 납부할 수 있는 서비스를 개시했다. 대상 세목은 경자동차세와 개인시민·부민세(보통징수), 고정자산세·도시계획세이다. 결제수수료는 납부액 1,000엔까지 10엔이며 납부액이 그 이상이면 1,000엔 오를 때마다 10엔씩 가산된다.
2018/4/26	편의점 납부, 세목 확대 (홋카이도)	홋카이도는 편의점 납세 대상 세목을 5월부터 자동차세에 추가해 개인사업세와 부동산 취득세, 그리고 도가 독촉장 및 납부서를 발행한 기타 세목으로 확대한다고 밝혔다.
2018/4/27	세금을 신용카드로 납부, 아키타 은행과 추진 협정 (아키타현 센보쿠시)	아키타현 센보쿠시와 아키타 은행은 지방세 등 신용 납부 추진에 관한 협정을 체결했다. 이 협정에 따라 납부서에 인쇄되어 있는 바코드를 이용해 스마트폰을 통한 신용카드 납부가 5월 1일부터 가능해진다.
2018/5/9	세무관리가 능숙한 직원 육성, 시정촌 대상, 주민세 세수 향상 (구마모토현)	구마모토현은 주민세 세수 향상의 일환으로 현 내 시정촌에서 세무 관련 업무에 종사하는 직원의 업무 수준 향상과 인재육성 및 지원에 힘쓴다. 시정촌 간에 체결하는 병임징수 협정하에서 체납정리에 필요한 기술향상과 함께, 세부업무 전반의 운영관리에 정통한 직원을 육성하기 위한 연수나 개별 지도 등에 주력한다.

2018/5/9	고향납세로 마차 수선 (사이타마현 가와고에시)	사이타마현 가와고에시는 고향납세 기부의 사용처로서 '가와고에 축제'의 마차나 역사적 문화재를 관리하는 명목을 새롭게 추가했다. 이 조치는 고향납세를 지역 밀착 사업에 활용해 기부자의 공감을 증대시키는 것이 목적이다.
2018/5/11	카드로 세금 납부 (아이치현 도고정)	아이치현 도고정은 납세자의 편의를 위해 세금을 신용카드로 납부할 수 있도록 했다. 대상 세목은 정민세·현민세, 고정자산세·도시계획세, 경자동차세, 국민건강보험료의 4가지 세목이다.
2018/5/21	모바일 계산대에서 세금·요금 납부 (후쿠오카현 신구정)	후쿠오카현 신구정은 NTT 데이터가 개발한 '모바일 계산'을 도입해 납세와 공영 주택 사용료 등의 각종 요금을 스마트폰으로 지불할 수 있도록 했다. 이를 이용하기 위해서는 금융기관과 인터넷뱅킹 계약을 한 후, 앱을 사용해야 한다.
2018/6/7	체납정리에 국세 OB 채용 (나라현)	나라현은 국세국 OB 등 징수 업무와 관련된 베테랑을 임시직 직원으로 채용해 체납정리 현장에서 일하게 한다. 이에 따라 계장급 임시직으로서 3명을 3년간 고용한다.
2018/6/7	도쿄도 내에 고향납세 영업 거점 마련 (가고시마현 시부시시)	가고시마현 시부시시는 도쿄도 주오구에 고향납세의 영업 거점으로 '도쿄 주재소'를 개설했다. 업무는 시의 관광특산품협회에 위탁하고 협회 담당자가 도쿄 주재소에 근무한다. 현지(도쿄)에서 시 출신자를 포함하여 2명을 채용했다.
2018/6/14	로지텍 파산으로 채권 2억 5,700만 엔 회수 불능 (구마모토시)	구마모토시가 잉여 전력의 판매처로 삼고 있던 신전력 대기업인 일본 로지텍 협동조합이 파산함으로써 시는 채권 약 2억 5,700만엔을 회수할 수 없게 됐다고 밝혔다.
2018/7/4	주민세, 앱으로 납부 (야마나시현 후지카와정)	야마나시현 후지카와정은 스마트폰의 앱을 사용해 주민세 등을 납부할 수 있도록 했다. 이 앱을 통해 납부할 수 있는 것은, 편의점 수납 서비스 대상이 되는 정·현민세, 고정자산세, 경자동차세, 국민건강보험세의 4개 세목이다.
2018/7/6	고정자산세 조사에 직원 동행 (오이타현)	오이타현은 시정촌에 의한 고정자산세의 과세 조사에 현의 담당자를 동행시킨다. 이는 경험이 적은 시정촌 담당자에게 노하우를 전하기 위한 것으로서, 신고 누락을 줄여 징수율을 올리는 것이 목적이다. 이에 따라 시정촌 진흥과의 담당자 1명이 7월부터 구스정과 히노데정의 담당자로서 근무한다. 이 사업은 대상 시정촌을 확대하면서 3년간 계속할 예정이다.
2018/7/9	유사 단체 수준의 징수율 상승 시 후쿠이시 세수는 8억 엔 증가 (후쿠이현 추산)	후쿠이현은 폭설 등의 영향으로 후쿠이시의 재정 상황이 악화되고 있는 점을 고려해 후쿠이시의 징수율이 유사 단체의 평균수준까지 상승하면 8억 엔의 증수가 될 것이라고 밝혔다.

2018/7/19	아이치 현립 메이와 고등학교에서 조세 교실 (나고야 국세국)	고등학생에게 세금에 대한 이해를 돕기 위해 7월 10일부터 13일까지 아이치현립 메이와 고등학교(아이치현 나고야시)에서 약 160명을 대상으로 조세 교실을 개최했다.
2018/7/19	지방세 공동기구 설립 준비, 전자납세 추진 (미야자키현 지사)	지방세 전자신고·납세시스템 'eLTAX'를 운영하는 지방세 전자화 협의회가 2019년 4월에 해산할 예정으로 지방세 공동기구를 새롭게 발족시키기 위해 설립위원에 의한 준비 작업이 시작됐다. 시스템 운용 과정에서 대량의 개인정보와 공금이 취급되므로, 그 운영 주체는 지방세법상 지방세 공동기구로 이행한다.
2018/7/23	고향납세 업무를 민간에 위탁 (가고시마현 마쿠라자키시)	가고시마현 마쿠라자키시는 고향납세에 관한 업무를 민간사업자에게 위탁한다. 용역업체는 기획제안 등을 점수화하여 심사하는 공모형 프로포절(제안) 방식으로 선정하는데, 고향납세의 홍보 전략이나 새로운 답례품을 제안하는 기획서, 업무의 인원 체계표 등의 서류를 근거로 한다.
2018/7/23	답례품으로 산후조리 (야마나시현)	야마나시현은 고향납세 답례품에 출산 후 산후조리 서비스를 추가했다. 이런 조치의 목적은 전국에서도 보기 드문 육아지원시설인 '건강과학대학교 산전·산후조리센터'를 홍보하는 것이다.
2018/7/30	구청의 체납정리 지원, 매뉴얼 정비, 출장 연수도 (기타규슈시)	기타규슈시는 채권관리를 적정하게 진행하는 행정문화 조성을 목표로 세입 확보를 위해 노력하고 있다. 이에 따라 시는 국민건강보험료와 같은 세외 채권을 소관하는 구청의 지원 업무를 통해 채권관리에 관한 매뉴얼 정비와 출장 연수 등을 실시했다. 그리고 그 결과, 압류 건수가 증가하는 등 체납정리 측면에서 이미 성과가 나오기 시작했다.
2018/8/10	2개 시와 공동으로 체납정리 (시가현 등)	시가현은 2개 시와 협력해 현세나 시세의 체납이 중복되거나 징수가 곤란한 안건을 대상으로 공동징수를 시작했다. 이를 위해 현 직원과 2개 시 직원이 서로 겸임하여 3개 단체의 세무정보를 공유하고 체납정리를 원활히 추진하고자 한다.
2018/8/14	급식비 관리, 학교에서 시구정촌으로, 교직원의 업무 개혁 (문부과학성)	문부과학성은 교직원의 업무 개혁의 일환으로 급식비의 징수·관리 업무 부담을 줄이는 방법에 관한 가이드라인을 금년도 중에 작성한다. 이 가이드라인은 급식비를 학교 내에서 관리하는 사적 회계가 아니라 시구정촌이 관리하는 일반회계로 취급해 교직원의 부담을 경감시킨 사례를 수집하고 인구 규모에 따른 징수 연구 등을 소개한다.
2018/8/23	주민세 특별징수 철저 (아이치현 8개 시·정)	아이치현 니시미카와의 8개 시·정(오카자키, 헤키난, 가리야, 안조, 니시오, 지류, 다카하마 각 시, 고다정)은 사업소가 종업원의 급여에서 개인주민세를 원천징수해 시·정에 납부하는 특별징수를 추진하기 위해 2019년도부터 원칙적으로 모든 사업장을 특별징수 의무자로 지정하고 징수를 철저히 하고자 한다.

2018/8/27	라쿠텐 그룹과 전국 최초 숙박세 대행 징수 협정 (교토시)	교토시는 10월부터 숙박세에 과세를 시작하는 데 맞춰 민박·숙박 예약 사이트를 운영하는 '라쿠텐 LIFULL STAY'와 숙박세를 대행 징수하는 협정서를 체결했다. 숙박세는 통상적으로 민박을 포함한 숙박시설의 운영자가 숙박자로부터 징수하지만 이번 협정서에 의해 라쿠텐 그룹이 운영자를 대신해 징수해 시에 납입한다.

6. 금융

지역재생법 개정안이 통과돼 2018년 6월에 시행됐다. 동법에서는 '지역재생 에리어 매니지먼트 부담금 제도'(일본판 BID, Business Improvement Districts)가 포함됐다. BID는 특정 지역에서 지역의 도시조성 활동이나 시설 정비 등을 위해 지역 내 소유자 등으로부터 부담금을 조정하는 제도로, 미국이나 영국 등에서 널리 이용되고 있다. 일본판 BID는 우선, 특정 지역에서 사업자 3분의 2 이상의 동의를 얻어 에리어 매니지먼트 단체(지역관리 단체)가 '지역 방문자 등 편익 증진 활동계획'을 지자체에 신청한다.

지자체는 이 계획을 인정한 후, BID 관련 조례를 제정하고 수익자로부터 부담금을 징수해 지역관리 단체에 보조금을 지급한다. 에리어 매니지먼트 단체는 도시조성 활동이나 방문객에게 도움이 되는 편익 증진 시설 정비 등을 실시한다. 동법 개정으로 도시공원에 주차장 또는 자전거 주차장, 관광안내소, 안내판 등을 설치할 수 있게 됐다.

고치高知현은 시정촌의 세입 감소에 대비해 대부금 제도 창설을 검토하고 있는데, 인구 감소 등으로 보통교부세액이 대폭 감소한 시정촌에 대해서는 건설사업비 대부를 고려하고 있다. 현은 또한 실질공채비 비율이 18% 이상인 지자체의 중도상환비나 현이 실시하는 건설 사업의 시정촌 부담분에 대해서도 지원한다. 현은 1977년도에 시정촌의 공공사업이나 재정 건전화 등에 대부하는 '자치복지진흥자금'을 설립했지만 그 필요성이 저하되어 동 기금은 2017년도에 폐지하고 새로운 대출금 제도로 개편할 생각이다.

도표 II-3-6. 금융 동향

일자	제목	내용
2017/9/21	마을조성에 인터넷 자금 (구마모토현 가미아마쿠사시)	구마모토현 가미아마쿠사시는 주민 단체가 실시하는 도시조성 사업을 대상으로 한 조성금 제도로서 클라우드 펀딩을 활용하기 시작했다. 출자자는 주로 시민일 것으로 예상하고 있으며, 신 제도를 통해 시의 심사를 통과한 단체가 현 내의 기업을 통해 클라우드 펀딩으로 자금을 조달해 필요액의 절반 이상을 조달한 경우, 그 나머지 잔액은 250만 엔 한도 내에서 조성금으로서 시가 지불한다.
2017/10/6	고향납세로 인재 육성, 중학생 해외유학 비용으로 용도를 특화 (오키나와현 기노완시)	오키나와현 기노완시는 고향납세를 활용한 인재 육성 사업에 착수해, '클라우드 펀딩'으로 중학생의 해외유학을 지원하는 자금을 모으고 있다. 고향납세 포털사이트인 '고향 초이스'는 본인 부담 없이 유학할 수 있도록 800만 엔을 목표액으로 조달하기로 했다.
2017/11/21	1천억 엔 인프라 펀드, 국내 최대 규모 (미쓰비시 상사 등)	미쓰비시 상사와 미즈호 은행 등은 공항이나 도로 등의 인프라 정비를 투자 대상으로 하는 펀드를 조성한다. 운용금액은 최대 약 1,000억 엔으로 인프라 펀드로서는 일본 최대 규모가 된다.
2017/11/22	시장공모채 내달 25일 100억 엔 발행 (사이타마시)	사이타마시는 전국형 시장공모채 '사이타마시 제15회 공모 공채'를 12월 25일에 발행한다고 발표했다. 상환 기간은 10년으로 만기에 일괄 상환한다. 모집 기간은 동월 8일부터 18일까지이며 이율은 동월 8일에 결정한다.
2017/11/22	시장공모채 내달 25일 100억 엔 발행 (미에현)	미에현은 12월 25일에 시장공모채를 100억 엔 발행한다고 발표했다. 상환 기간은 10년으로, 만기에 일괄 상환한다. 모집 기간은 동월 8일부터 18일까지이며 이율은 동월 8일에 결정한다.
2017/12/4	10년채는 3,160억 엔, 5년채 800억 엔, 12월 시장공모 지방채	시장공모 지방채(주민참여형채는 제외)의 12월 발행 예정 단체와 발행 예정액이 결정됐다. 10년채의 발행 예정액은 3,160억 엔으로 그중, 860억 엔이 공동 발행분이다. 5년채는 800억 엔이다.
2017/12/4	저금리로 장학기금 개편, 재원 확보, 지급자 증가에 대응 (사이타마현 히가시마츠야마시)	사이타마현 히가시마츠야마시는 내년도부터 고교생을 위한 급부형 장학금을 마련하기 위해 시 교육진흥 기금의 운용 이자를 장학금에 충당하는 방식으로 개정한다. 조례를 개정해 개편을 추진하며, 재원을 저금리로 확보해 지급 인원을 확대할 방침이다.
2017/12/8	히타치나카 시민채, 이율은 0.20% (이바라키현 히타치나카시)	이바라키현 히타치나카시가 발행하는 주민 참여형 시장공모 지방채인 히타치나카 시민채의 이율이 0.20%로 정해졌다. 발행 총액은 3억 엔으로 5년 만기이며 만기에 일괄 상환한다. 조달된 자금은 초·중학교 시설환경개선사업과 민간 보육시설 정비보조사업, 공원 정비사업에 활용한다.

2017/12/21	새로운 대부금 마련 검토, 시정촌의 세입 감소에 대응 (고치현)	고치현은 시정촌의 세입이 감소할 것에 대비하여 새로운 대부금을 마련하기 위한 검토에 들어갔다. 이에 따라 현은 자치복지진흥자금을 2017년도에 폐지하고, 세입 감소에 대비하고자 한다. 현은 인구 감소 등으로 보통교부세액이 큰 폭으로 감소한 시정촌에 대해서는 건설사업비 대부를 예상하고 있다. 또한 기채에 현의 허가가 필요한 실질 공채비 비율 18% 이상을 지자체가 조기상환한 비용이나 현이 실시하는 건설사업의 시정촌 부담분도 지원할 예정이다.
2017/12/28	로컬펀드 구축사업 추진에 관한 협정 체결 (에히메현 사이조시)	에히메 은행, 플러스 소셜 인베스트먼트와 사이조시는 '로컬펀드 구축 사업추진에 관한 협정'을 체결했다. 이에 따라 이들은 지역 펀드 구축에 대해 폭넓게 논의 및 검토하고 장기적으로는 폭넓은 시민참여 하에 '고향기금' 설립이나 클라우드 펀딩 활용, 또는 개별 안건의 조성조사 등의 대책을 협력하여 실시하도록 정했다.
2017/1/24	지원 모집을 위해 고향 납세 제도 도입 (구마모토현 아소시)	구마모토현 아소시는 구마모토 지진 피해를 복구하고 지역을 회복시키기 위해 폭넓은 지원을 확보하며, 그 일환으로 두 개의 기부금 제도를 활성화하고자 한다. 이를 위해 아소시의 자연을 유지 보전하기 위한 기존의 기금에 더하여 지역경제 활성화를 목적으로 한 고향납세 제도를 도입한다.
2018/1/30	SIB(Social Impact Bond)를 활용해 건강 만들기, 쓰쿠바 대학교 교수의 사업에 참여 (효고현 가와니시시 등 3개 시, 정)	효고현 가와니시시의 시장과 니가타현 미츠게 시장, 지바현 시라코정의 정장은 쓰쿠바 대학교 대학원의 구노신야 교수가 시작하는 헬스 케어 프로젝트에 참여한다고 발표했다. 이에 따라 민간자금을 활용해 사회적 과제 해결과 행정비용 절감을 도모하는 SIB(Social Impact Bond)를 활용한 건강 증진 사업을 3개 시정촌에서 추진한다.
2018/2/13	지역판 선불카드 협력, 이용 금액의 일부를 육아 지원에 (지바현·유초 은행)	지바현은 유초 은행 및 일본 우편과 협력하여, 유초 은행이 발행하는 선불식 카드의 지바현 판에 대해 동 은행에서 이용 금액의 일부를 기부받아 육아지원 사업에 활용한다고 발표했다. 카드에는 현의 캐릭터인 '지바군'을 인쇄한다.
2018/2/22	민간 기부로 빈곤 대책 기금 (오사카부)	오사카부는 민간기업 등에서 기부를 모집해 유아 빈곤 대책에 충당하는 '어린이 빛나는 미래 기금'을 창설한다. 유사한 목적을 가진 기금으로서 민간 기부금을 재원으로 하는 지자체는 유례가 없었다고 한다.
2018/3/19	재해 시 공금사무 협정 (오카야마시와 주고쿠 은행)	오카야마시는 지정 금융기관인 주고쿠 은행과 재해 시의 공금 취급에 관한 협정을 체결했다. 협정에서는 재해가 발생했을 때, 금융기관의 피해 상황이나 시스템의 가동 상황에 대해 보고하고 정보를 공유하는 것 외에 긴급한 지불에 필요한 현금 확보나 그에 대한 대응을 조정하는 역할을 담당할 은행원을 파견하는 것 등을 정했다.

2018/4/2	2018년도 주민참여형 시장공모 지방채 발행 예정 (총무성)	총무성이 정리한 2018년도 주민참여형 시장공모 지방채 발행 예정액은 발행 예정액이 정해진 지자체만 287.5억 엔이다.
2018/4/23	마이넘버 카드로 우대 금리 (오이타현)	오이타현과 오이타현 신용조합은 마이넘버 카드 소유자에게 우대금리를 제공하는 정기예금을 개설했다. 이 사업의 목표는 마이넘버 카드의 보급을 촉진해 주민들의 편의를 향상시키고 행정업무를 효율화하는 것이다.
2018/5/2	10년채 2,390억 엔, 5년채 1000억엔, 5월 시장공모 지방채	시장공모 지방채(주민참여형채는 제외)의 5월 발행 예정 단체와 발행 예정액이 결정됐다. 10년채의 발행 예정액은 2,390억 엔으로, 이 중 공동 발행분은 1,140억 엔이며 5년채는 1,000억 엔, 20년채는 600억 엔, 30년채는 300억 엔이다.
2018/5/9	4개의 창업지원 제도 개시, 현 신용협회, 상공회와 협력해 (구마모토현 기쿠치시)	구마모토현 기쿠치시에서는 지역 상공업 활성화의 일환으로서 시 상공회와 구마모토현 신용보증협회 간에 창업에 관한 기본협정을 맺었다. 이에 따라 창업융자 제도는 한도액이 1,000만 엔 이내이며 기간은 10년 이내이고 대출이율은 3년 이내면 연 1.00% 이내, 5년 이내면 연 1.10% 이내 등으로 설정하여 민간 금융기관으로부터 유리한 조건으로 자금을 받을 수 있도록 했다.
2018/6/12	자전거 사고 보험 개시 (도쿄도 세타가야구)	도쿄도 세타가야구는 자전거 사고 보상에 대처하기 위해 '구민 교통상해보험'을 시작한다. 구내의 자전거 사고 건수는 작년에 847건으로 도쿄도 23 구내에서 가장 많았다. 이에 따라 구는 보험 가입을 통해 교통 안전의식을 높이고 사고를 방지하고자 하는 방침이다.
2018/6/18	'77 은행', 최초 차세대형 점포 개설, 원격상담, 세미 셀프 카운터 도입	'77 은행'은 원격상담 시스템과 세미 셀프 카운터 등을 도입한 개인 차세대 점포를 미야기현 이시노마키시에 개설했다. 이를 통해 IT를 활용한 서비스로 고객의 편리성과 생산성 향상을 도모한다.
2018/7/9	재해 피해 기업에 저리 융자 (후쿠오카현)	후쿠오카현은 서일본을 중심으로 내린 폭우로 피해를 입은 중소기업을 대상으로 저리 융자를 실시해 복구를 위한 자금조달을 지원하겠다고 발표했다. 이는 작년 7월 발생한 규슈 북부의 호우에 이은 조치로, 통상보다 약 0.1~0.3% 낮은 이율로 융자를 받게 된다.
2018/7/11	참치 어업자에게 저리 융자 (홋카이도)	홋카이도는 올해 7월~2019년 3월의 소형 참다랑어(30킬로 미만) 어획량이 실질적으로 제로가 되는 것에 대한 대책으로 독자적인 융자제도를 마련했다. 이를 통해 금리를 통상 수준보다 낮은 0.4%로 설정해 참치 어민들의 경영 안정을 지원할 계획이다.

2018/7/13	역 티켓 발매기가 ATM기로 빠르게 바뀌어, 내년 봄, 국내 최초 서비스 (도큐 전철)	도쿄 급행전철은 역의 티켓 발매기에서 현금을 인출할 수 있는 국내 최초의 서비스를 2019년 봄에 시작한다고 발표했다. 우정 은행이나 요코하마 은행에 예금 계좌를 개설하면 수중에 현금 인출 카드가 없어도 스마트폰의 전용 앱을 사용해 '지갑 속 현금부족에 따른 불안감'을 해소할 수 있다. 이는 현금자동입출금기 기능을 대체해 역의 편의성을 높이는 조치이다.
2018/8/27	정부, '캐시 리스화' 추진, 올림픽를 염두에 두고 인바운드 대응 (스마트폰 결제)	QR코드 결제의 등장으로 현금이 필요없는 결제가 중국 등에서 급속히 보급되고 있다. 한편, 일본에서는 아직 현금 지불이 주류이다. 이에 따라 정부는 급증하고 있는 방일 외국인 여행자의 요구에 부응하기 위해 2020년 도쿄 올림픽과 패럴림픽을 염두에 두고 캐시 리스화를 추진하고 있다.
2018/9/12	세입 확보로 첫 채권 운용 (미야자키현 휴가시)	미야자키현 휴가시는 세입 확보책의 일환으로서 재정조정기금을 원금으로 2020년물의 지방채 3억 엔분을 구입했다. 이율은 0.53%이다. 이는 저금리로 예금 이자를 전망할 수 없는 점을 감안한 대응으로서, 시가 채권 운용에 착수하는 것은 이번이 처음이다.

1. 일본의 고향납세(ふるさと納税)는 자신의 고향이나 기부하고 싶은 특정 지자체에 개인 및 법인이 기부하는 제도이다. 이 제도를 통해 지자체는 기부금 수익을 얻을 수 있고 기부자는 일부 지방세의 공제 혜택을 받거나 기부에 대한 답례품을 받기도 한다. 답례품은 지자체에 따라 다르다. 각 지자체는 기부를 유도하기 위해 답례품을 다양하게 하거나 타지역과 차별화 하는 등, 기부 유도를 위한 참신한 답례품을 제공하고자 하고 있다. 답례품은 지역특산물, 상품권 등의 물건도 있으나 공공시설 이용권, 빈집 관리 등의 서비스를 내용으로 하기도 한다.

* 역자 주: 가구나 나무 그릇 등에 광택을 내기 위해 옻을 칠하는 공예를 말한다.

4장.
민관협력을 둘러싼 환경

1. 행정·재정 개혁

총무성은 지자체(도·도·부·현. 시·구·정·촌)에게 2015~2017년의 3년 동안의 재무서류를 통일된 기준에 따라 정비하도록 요구했다. 2017년말 시점에서 지자체 정비 상황을 조사한 결과, 일반회계 등 재무서류를 작성하고 완료한 지자체는 도도부현 41개, 시구정촌 1,536개 등, 총 1,577개 단체(88.2%)였다. 아직 작성 중인 단체는 광역자치단체, 기초자치단체를 합해 206개이며 미착수 단체는 도도부현 1개, 시구정촌 4개 단체였다. 고정자산대장은 도도부현 43개, 시구정촌 1,661개 단체(95.3%)가 정비를 완료했다. 나머지 단체도 작성 중이라고 응답했으므로 미착수 지자체는 없다.

정부는 행정절차의 온라인화와 첨부서류 폐지 등을 목표로 한 조치를 진행시키고 있다. 2017년에는 행정절차 등의 재고 등을 추진하고 '디지털 퍼스트법' 제정을 위해 준비하고 있다. 중앙정부의 이런 움직임은 향후 지자체의 업무 방향성과 조직 체계 등에 큰 영향을 미친다. 총무성은 창구업무 위탁 등과 더불어 AI나 RPARobotic Process Automation 도입을 위한 모델 프로젝트를 실시하는 지자체를 지원하고 있다.

아이치愛知현 이치노미야一宮시는 후지쯔, NEC 등 5개사와 협력해 RPA를 통한 정형 업무 자동처리화 실증실험을 2018년 7~8월에 실시했다. 실험 대상은 개인주민세, 사업소세와 관련된 4개 업무이다. 이런 4개 업무의 총 작업시간이 현재의 1,048시간에서 543시간으로 단축됐다(단축률 51.8%). 특히 단축률이 높았던 업무는 연금정보이동 입력(단축률 80.0%), 연도전환처리 입력(단축률 70.6%), 사업소세 신고서 입력(단축률 60.6%)이었다. 한편, 특별징수 이동신고 입력은 단축률이 32.8%였다.

이는 신고서 양식이 광학적 문자 인식OCR에 적합하지 않았고 기업의 개별 양식에 대한 대응책이 필요했기 때문이다. 나가노長野현도 총무부와 교육위원회에서 실시하는 3개 업무에서 RPA의 실증실험을 개시하였고 입찰과 관련된 설계적산 데이터의 오류 여부를 AI에서 확인하고 수정할 수 있는 시스템을 가동했다.

가고시마鹿児島현 사쓰마さつま정은 2019년도부터 사무 보조나 급식 조리 등 6개 업무를 민간에 포괄 위탁하여, 기존에 종사하고 있던 계약직 직원 100명 이상을 위탁처의 직원으로 근로 승계했다. 이는 2020년도부터 시작되는 '회계연도 임용 직원' 제도를 대비한 조치이며 위탁 계약 기간은 3년이다. 이적하는 계약직 직원의 급여 수준은 유지하도록 했다. 계약직 직원은 1년마다 고용을 갱신하지만 위탁처의 사원으로서 3년간은 고용이 안정된다. 한편, 전문성이 높거나 자격이 있는 계약직 직원은 회계연도 임용 직원으로 이행할 예정이다.

도표Ⅱ-4-1. 행정 · 재정 개혁 동향

일자	제목	내용
2017/10/24	지자체 간 비교를 통해 행정 개혁, 시민공개의 장에서 소개 (도쿄도 마치다시)	도쿄도 마치다시는 행정경영감리위원회에서 국민건강보험이나 시민세 등 인구 규모가 유사한 인근 지자체와 비교해 실시한 업무개선에 대해 소개했다. 시가 2015년도에 시작한 '지자체 간 벤치마킹'은 업무 프로세스별로 비용 등을 비교, 지표화하고 의견교환회에서 최선의 방법을 검토해 업무개선으로 연결하고 있다.

2017/10/25	플렉스제 및 민간위탁, 지자체의 업무방식 개혁	업무방식 개혁의 필요성이 부각되고 있는 가운데, 지자체에서도 독자적인 대책이 확산되고 있다. 고베시는 육아와 간호를 담당하는 직원을 대상으로 유연근무제를 인정하는 플렉스 타임제를 도입한다. 시가현은 2018년도 예산으로 업무의 민간위탁 등을 통해 직원의 시간 외 근무를 축소하고 이에 따라 필요한 예산의 범위를 새롭게 만든다.
2017/11/10	비영리라면 공정할까. 의원의 겸직 규제 (고치현 오카와촌)	고치현은 오카와촌의 의회 유지를 위한 검토 회의에서 마을과 도급 관계에 있는 비영리 단체의 임원 등에 대해 '의원을 겸해도 공정성을 해치는 리스크가 낮은 것은 아닌가'에 대한 검토 결과를 공표했다. 현과 촌은 12월의 차기 회의를 목표로 의회 유지책을 정리해 필요 시에는 연내에 정책을 제언한다.
2017/11/17	비용 절감을 위해 PC 등 공동 조달 (나가노현 교육위원회)	나가노현 교육위원회와 현 내의 시정촌 교육위원회는 초중고에서 사용하는 PC 등 ICT 기기의 공동 조달을 시작한다. 지자체별로 조달하는 것과 비교할 때, 이 조치는 스케일 메리트에 의한 비용 절감과 조달 사무 부담의 경감을 기대할 수 있다.
2017/12/6	재정 건전화 지침 수립 (교토부 후쿠치야마시)	교토부 후쿠치야마시는 행정개혁추진위원회의 의견을 참고해 2018~2020년도를 계획 기간으로 하는 재정구조 건전화 지침을 수립했다. 이 사업은 2016년도 보통회계 결산에서 경상수지 비율이 96.8%로 2006년 구 3개의 정(町) 편입 이후 그 비율이 가장 나빠진 것이 계기가 되었다. 이에 따라 지침은 세입과 세출 대처를 통해 경상수지 비율을 2014년도 실적의 92.7% 이하로 억제하는 것을 목표로 하고 있다.
2017/12/18	의회 유지 겸업 규제 재검토, 총무대신에게 제언 (고치현 오카와촌)	고치현 오카와촌의 촌장들은 총무성에 방문해 총무대신에게 촌의회 유지를 위한 제언서를 전했다. 제언서에는 의원 부족을 해소하기 위해 겸업 규제 재검토나 전업으로 활동하는 의원에 대해 보수 추가를 가능하게 하는 제도의 도입을 요청하는 내용이 담겼다.
2017/12/18	행정용 음성번역 실증실험 (가나가와현 아야세시)	가나가와현 아야세시는 시내에 거주하는 다수의 외국인에 대처하기 위해 창구 현장에서 행정업무용 음성번역 시스템 실증실험을 시작했다. 정보통신연구기구가 민간기업에 위탁해 개발 중인 '지자체용 음성번역 시스템'을 사용한다.
2017/12/27	시·정을 위한 행정·재정 가이드북 (시즈오카현)	시즈오카현은 시·정의 원활한 행정·재정 운영을 지원하기 위한 어드바이스를 수록한 '시·정 행정·재정 가이드북'을 만들었다. 가이드북은 기초자치단체의 요청을 받아 작성하고 60개의 사례를 '행정 일반', '주민', '의회', '공공시설' 등 20개 분야로 정리해 82페이지 분량으로 정리했다.

2018/1/9	정형 업무 자동화 검토, RPA, AI 활용으로 조사비 계상 (나가노현)	나가노현은 새로운 소프트웨어 기술을 도입해 직원들이 PC로 하는 정형 업무를 자동화하기 위한 조사 및 실증실험에 나설 방침이다. 자동화에는, PC상에서 번잡한 데이터 대조 작업 등을 실시하는 소프트웨어 '로보틱 프로세스 오토메이션(RPA)'과 인공 지능을 활용한다.
2018/1/12	환경미화차가 홍보방송 (오키나와현 이시가키시)	이시가키시는 환경미화차 스피커를 통한 행정정보 홍보를 시작했다. 2005년 12월부터 실증실험을 시작했으며, 실험 결과를 바탕으로 2018년도부터 본격적인 운용을 검토한다. 15대의 차량이 매일 시내를 순회하며 방송한다. 전용 앱을 활용해 더빙된 음성을 방송하며, GPS 기능을 통해 순회하는 지역마다 내용을 바꿀 수도 있다.
2018/1/30	주제별로 담당 부서 일원화 (도야마시)	도야마시가 2018년도 당초 예산안 편성 작업에서, 동일 주제의 시책에 대해서는 가능한 한 하나의 부국이 담당하도록 개정 방침을 제시한 것으로 알려졌다. 지금까지는 각 부서가 각각 독자적으로 예산을 요구해 왔다. 예산안 완성 후에도 비슷한 시책이 부국을 걸쳐 기재되는 경우도 있었지만, 궁극적으로 이를 해소하는 것이 목적이다. 각 부서에서 올라온 예산안에 대해 시장과 부시장, 재무부장이 종합적으로 파악해 조정한다.
2018/2/2	사무 사업 재검토로 10억 엔 마련, 난치병 환자 위로금도 폐지 (효고현 다카라즈카시)	효고현 다카라즈카시는 모든 사무 사업을 재검토해 2018년도부터 4년간 약 10억 엔의 재원을 마련한다. 2017~2021년도에 33억 엔의 재원 부족이 전망되는 가운데, 시는 난치병 환자를 위한 위문금을 없애는 등 총 149개 사업에 대해 폐지나 축소, 코스트 절감 등을 시행한다.
2018/2/7	청사 내의 합의 간소화로 권한 이양 촉진, 결재 구분도 완화 (도치기현)	도치기현은 2018년도, 사무개선의 일환으로서 합의 간소화나 결재 구분 완화를 추진하기로 했다. 구체적으로는, 예산 집행에 수반되는 재정 과장 합의를 폐지하는 것 외에 부장 전결 사항의 일부를 각 부국의 간사 과장 전결로 완화한다. 이는 청사 내의 권한을 이양시켜 직원의 부담 경감과 각 부국의 재량 확대를 도모하고자 하는 대책이다.
2018/2/9	행정기관의 창구업무 집약 (도치기현 닛코시)	도치기현 닛코시는 시내 4개 지역의 행정기관에서 실시하고 있는 휴일·연장 창구업무를 2017년도에 한해 종료하고 4월부터 본 청사에서 담당하기로 했다. 그러나 평일 오전 8시 30분부터 오후 5시 15분까지 실시하는 통상의 창구 업무는 계속한다. 이는 한정된 인원을 업무량이 많은 평일 창구에 집중시키는 조치로, 사무를 효율화하고 직원의 부담을 경감시키는 것이 목적이다.
2018/2/19	지방 독립행정법인 위탁이나 AI 활용 촉진, 시정촌 창구의 업무 효율화 (총무성)	총무성은 시정촌의 창구업무 효율화를 위해 지방 독립행정법인에 대한 위탁이나 지자체 간 협력, 인공지능(AI) 활용을 한층 활성화시킬 방침이다. 이에 따라 6~7개의 시정촌이 실시할 예정인 '업무개혁모델 프로젝트'에서 이런 대책을 적극적으로 활용한다. 이후 프로젝트의 성과를 정리해 공표하고 전국적인 전개로 확대할 방침이다.

2018/3/6	업무 위탁, 촉탁 재고용 (미야자키현 니치난시)	미야자키현 니치난시는 임시·촉탁 직원 약 70명이 담당하고 있는 창구업무 등 15개 업무를 기업 업무개선을 전문으로 하는 민간기업에 위탁한다. 임시 촉탁 직원이 희망할 경우, 민간기업의 정규직 또는 비정규직 직원으로 재고용할 방침이다. 현재와 동일한 업무에 종사할 수 있으면 보수도 동일하다.
2018/3/7	현 내의 국민건강보험료율, 2024년에 통일 (나라현)	나라현은 국민건강보험의 재정 운영 주체가 도도부현에 이관됨에 따라 2024년도에 현 내의 보험료율을 통일한다. 현이 설정한 보험료율을 위해 각 시정촌은 단계적인 개정을 통해 현 내 어디에 살든 동일 소득·세대 구성이라면 같은 보험료가 적용되도록 할 예정이다.
2018/3/7	계좌이체 통지서 송부 일부 폐지 (미에현 이가시)	미에현 이가시는 물품 구입비나 위탁비 등을 출납실을 통해 계좌이체한 후, 입금처에 송부하던 통지서용 엽서를 폐지한다. 그러나 각 과가 직접 보내는 보험이나 복지 관련 급부비 등의 통지서는 계속 송부한다. 시는 이번 폐지에 따라 연간 약 200만 엔의 절감 효과를 볼 것이라 기대하고 있다.
2018/3/9	행정 개혁으로 2022년도에 수지 균형 (야마구치현)	야마구치현은 2017~2021년도를 개혁 기간으로 하는 행정·재정구조 개혁 실시 방침을 정리했다. 직원의 정원 축소나 사무 제고 등 세출 개혁을 철저히 하여, 2022년도 당초 예산부터는 세입과 세출이 균형을 이룰 것으로 전망했다.
2018/3/16	업무에 ICT 활용 (가고시마현 미나미오스미정 등 7개 정촌)	가고시마현 미나미오스미정 등 7개 정촌은 업무와 시책을 추진할 때, ICT와 IoT 기술을 활용하고자 협의회를 설립했다. 현정촌회 진흥과가 사무국으로서 중심적인 역할을 담당하고 협의회는 비정기적으로 총회를 열어 논의한다.
2018/3/20	지사 회견에서 자동 문장화 소프트웨어 도입 (오카야마현)	오카야마현은 마이크의 음성을 자동으로 문장으로 변환하는 소프트웨어를 처음으로 도입했다. 앞으로는 지사 회견 외에도 심의회나 각종 회의 등의 의사록 작성에 이를 활용할 예정이다. 이 장치는 음성인식 소프트웨어가 들어간 PC 단말기와 발언자의 마이크를 접속하면 거의 실시간으로 문장이 작성된다.
2018/3/30	감리단체에 대한 OB 재취업 축소, 외부 인력이나 재임용 활용 (도쿄도)	도쿄도는 직원의 근무 방식이나 업무 재검토, 감리단체의 기본방향에 대해 향후의 방향성을 나타낸 '2020 개혁 플랜' 안을 수립했다. 이 플랜은 텔레워크의 활용 및 확대, 플렉스 타임제의 본격적인 도입, 내부 사무의 '캐시리스화(cashless화)' 등을 추진한다. 이에 따라 감리단체의 임원이 차지하는 도 관계자의 비율을 2020년도까지 20% 정도 축소하는 목표를 설정하고 OB 재취업을 단계적으로 축소할 방침이다.

2018/4/6	재정 건전화을 위해 신 계획, 세출 개혁으로 중간보고 (자민당 소위원회)	자민당의 '재정재건에 관한 특명 위원회'의 '재정구조에 관한 검토 소위원회'는 세출 개혁에 관한 중간보고서를 작성했다. 이 보고서는 2019년도부터 3년간을 개혁 가속기간으로 삼아 새로운 재정 건전화 계획을 제시해야 한다는 내용이다.
2018/4/9	2017년도 작성은 97.7%, 통일된 기준의 재무서류 (총무성)	총무성은 통일적인 회계 기준에 근거한 재무서류를 작성한 지자체가 2017년도 중에 작성 예정인 지자체를 포함해 1,747개 단체에 이른다는 조사 결과를 공개했다. 이는 전체 도도부현·시구정촌의 97.7%에 해당하는 수치이다. 조사는 1월 말에 실시했는데, 3월 말까지 작성을 끝낼 예정이라고 회답한 곳은 36개 도도부현과 1,469개 시구정촌으로 총 1,505개 단체였다. 남은 41개 단체도 2018년도 이후로, 시기적으로는 늦어지지만 작성할 의향을 나타내고 있다.
2018/4/11	공동 학교 사무실 설치, 교재 일괄 구입이나 수금 일원화 검토 (홋카이도 히가시카구라정 교육위원회)	홋카이도 히가시카구라정 교육위원회는 2018년도, 마을 전체 5개 초·중학교가 공동으로 사무를 처리하는 '공동 학교 사무실'을 도입했다. 이 사업은 과중한 업무에 대한 대책으로서 교원이 담당하고 있던 사무 작업의 일부를 전문 사무직원이 담당하는 등, 업무 효율화를 도모한다.
2018/4/12	역할 끝낸 기금 재편성, '지역 조성' 등 2개 기금 신설 (효고현)	효고현은 역할을 마치고 활용하지 않는 기금 등을 폐지해 지역창생 추진에 충당하는 '지역창생 기금'과 현 소유 시설의 정비를 위해 활용하는 '현유 시설 등 정비 기금'을 신설했다. 폐지한 기금은 아카시 해협 대교의 정비비나 관련 사업비에 충당하고 있던 '현재 관리 기금', 공공 시설을 신설할 때에 활용하던 '공공시설 정비 기금' 등 6개 기금이다.
2018/4/20	원거리 종합청사를 잇는 네트워크 가상화 기술 도입으로 업무처리 간소화 (미야자키현)	2017년도, 미야자키현이 본청과 원거리에 있는 종합청사를 잇는 네트워크에 가상화 기술을 도입하자 운용관리와 관련된 업무가 대폭 간소화됐다. 기존에는 종합청사에서 네트워크를 추가·변경할 때 현지의 기기 조정 등으로 작업에 2일 이상 소요됐지만, 가상화를 통할 경우 본청의 원격 설정으로 최소 30분 만에 이를 완료할 수 있게 된다.
2018/5/1	행정·재정개혁 PT 설치 (오사카부 기시와다시)	오사카부 기시와다시는 지속가능한 시정 운영을 위한 구조 개혁과 재원 확보를 위해 재정·행정개혁 프로젝트를 조직했다. 이를 통해 나가노시의 시장 취임 전에 정리된 행정·재정 재건 플랜안을 재검토해 2018년도 말까지 대책을 추가하거나 수정할 방침이다.
2018/5/9	재정 건전화 고문회의 (도야마현 다카오카시)	도야마현 다카오카시는 6월에도 부시장과 시의 재정, 행정개혁 담당자, 지방자치와 기업경영 등에 종사하는 전문가 5명으로 구성된 재정 건전화 어드바이저 회의를 조직한다. 이 회의에서는 2019년도 예산편성을 위한 의견과 시가 정리한 '재정 건전화 긴급 프로그램'에 대해 조언, 제언한다.

2018/5/9	돈 버는 공공시설 검토, 행정 개혁 추진 PT로 증수 모색 (가고시마현)	가고시마현에서는 현이 올해 초 예산편성을 위해 설치한 행정·재정 개혁 추진 프로젝트팀이 첫 회의를 가졌다. 회의에서 이외키리 부지사는 금년도의 대처 방침에 대해 설명하면서 "현의 문화재나 공공시설에 대해 '돈을 번다'는 발상으로 임하고 싶다"고 말했다. 이에 따라 공공시설 이용자를 늘려서 그 이용료 수입을 증가시키는 등의 중장기적 재원 확보책을 검토해 갈 의향도 밝혔다.
2018/5/11	창구에서 기다리는 시간 단축, 성수기 3분의 1 이하로 (구마모토시)	2017년 10월부터 구청에서의 대기시간 단축을 목표로 창구 개혁을 추진하고 있는 구마모토시는 전출입 절차로 붐비는 4월의 대기시간을 예년의 3분의 1 이하로 줄였다. 이는 기입 방법을 지도하는 '작성 가이드'를 배치해 신청서의 기재대를 집약하는 등의 여러 방책을 진행시켜 온 결과이다. 2018년 1월부터는 주민 이동 신고서의 입력 업무를 민간기업에 시험적으로 위탁했고, 이 업무를 담당하던 직원을 접수창구로 재배치하여 창구를 5개에서 8개로 늘렸다.
2018/5/25	계획 수립 지원을 민간에 위탁 (도쿄도 히가시무라야마시)	도쿄도 히가시무라야마시는 제5차 종합계획 등 5개 계획의 수립 지원 업무를 일괄적으로 민간에 위탁한다. 이 사업의 목표는, 지금까지 이를 담당하던 5개 과 각각이 민간에 위탁해 실시하던 통계 데이터 분석 등을 일괄적으로 위탁함으로써 계획 간의 정합성을 높이는 동시에, 이것이 업무 원활화와 인적·경제적 부담 경감으로 이어지도록 해 계획을 효율적으로 수립하는 것이다. 이에 따라 민간에 위탁하는 업무는 인구, 토지 이용, 환경, 도로, 교통 네트워크 등 통계 데이터의 현황 분석과 장래 예측, 설문조사, 워크숍 등 시민참여의 방책 및 실시 등이다. 기간은 2018년도부터 3년간이고, 위탁비 합계는 8,000만 엔이다.
2018/6/11	RPA효과 5년에 3,600만 엔, 실증실험 실시해 계산 (구마모토현 우키시)	구마모토현 우키시는 2017년도에 로보틱 프로세스 오토메이션(RPA) 도입에 대한 실증실험을 실시해 결과를 분석했다. 이에 따르면, 2018년도 이후 이를 4개 업무에 도입했을 경우 비용 대비 효과가 5년에 3,600만 엔이상으로 계산되었다.
2018/6/21	교사 근무 개혁 협의 (도쿄도 히노시 교육위원회)	도쿄도 히노시 교육위원회에서는 교육위원회와 현장 교사, 컨설턴트로 구성된 팀이 교원의 근로 개혁을 추진하기 위해 초·중학교 각 1개교를 대상으로 '교원의 타임 매니지먼트 향상'을 시범적으로 시행한다.
2018/6/25	서비스 향상을 위해 조직개편 (교토부 무코니치시)	교토부 무코니치시는 시청 본관의 재건축을 계기로, 시민 서비스 향상을 위한 조직개편을 단행한다. 이에 따라 시는 시민용 창구업무를 맡고 있는 부서를 이전하고 시장 공실을 '고향 창생 추진부'로 개편한다. 또한 관광 업무를 옮겨 홍보 업무 부서 등과 협력한다.

2018/6/28	시청 업무에 AI 도입 협정 (오사카부 이즈미오츠시)	오사카부 이즈미오츠시는 AI 기술을 사용해 업무를 효율화시키는 '워크스타일 리폼 프로젝트'를 개시하기 위해 AI 개발 기업 주식회사인 '9DW'와 포괄협력 협정을 체결했다. 시는, 아웃소싱(outsourcing)을 위탁해도 위탁처에서 충분한 인원을 확보할 수 없는 경우도 있으므로 일본에서 유일하게 고객별로 AI 시스템을 구축하는 9DW와 협정을 맺기로 한 것이다.
2018/7/2	인터넷 기술을 행정에, 활용책 모색 스터디 그룹 (오이타현 다케다시)	오이타현 다케다시는 직원들을 위해 블록체인 기술 스터디 모임을 열었다. 이 모임은 행정서비스의 효율화로 이어지는 활용책을 모색하는 것 외에, 과소지로의 이주·정주 시책의 실마리를 찾고자 기획한 것이다. 블록체인을 이용한 문서조작 탐지 서비스의 실증실험도 조만간 개시된다.
2018/7/25	마을 조성에 스마트 인클루전(inclusion) (이시카와현 가가시)	이시카와현 가가시는 장애의 유무에 관계 없이 모든 사람이 사회에 참여할 수 있는 '스마트 인클루전(inclusion)'을 '마을 조성'에 도입한다. 이를 도입함으로써 장애인 개개인에 대한 정보를 블록체인으로 집약해 창구에서 원활하게 응대할 수 있도록 하며, 침대 등에 센서를 설치해 장애인의 건강상태를 분석하고 돌보는 스마트홈 등이 가동될 것이라 기대한다.
2018/8/6	RPA 도입으로 실증 실험, 시세 업무를 효율화 (아이치현 이치노미야시)	아이치현 이치노미야시는 7월부터 후지쓰, NEC 등 5개 회사와 협력해 정형 업무를 자동으로 처리하는 로보틱 프로세스 오토메이션(RPA) 실증실험을 시작했다. 이 시스템은 특정 시기에 단순 작업이 많이 발생하는 업무를 대상으로 8월 말까지 실시할 계획이다. 실험에 따른 시의 재정 부담은 없으며, 개인주민세나 사업소세와 관련된 총 4개 업무에 RPA을 적용한다.
2018/8/13	학교급식비 공공부문 회계화, 편의점·신용카드도 (구마모토시 교육위원회)	구마모토시 교육위원회는 시립 초·중학교 급식비 회계 제도를 행정의 세입·세출 예산으로 관리하는 '공공부문 회계'로 이행한다. 이 조치의 목적은 시 교육위원회가 징수와 독촉 업무를 일괄적으로 담당함으로써 교직원의 업무를 축소하는 것이다. 이는 또한 편의점이나 신용카드사와의 협력을 통해 편의점 납부나 신용카드 지불도 가능케 함으로써 학부모의 편의도 향상시킨다. 2020년도부터 도입하는 것을 목표로 하고 있다.
2018/8/22	사업 개혁 첫 실시, 재정난 심각화 예측에 대비 (지바현 가토리시)	지바현 가토리시 시장은 시민참여형 사업 개혁을 가토리시에서 처음으로 실시한다고 발표했다. 예정된 개혁 대상은 공원 정비나 역 주변 재개발 등 36개 사업이다. 이 사업에 참여할 시민은 주민기본대장에서 2,000명을 무작위 선정해 참여 의향 확인 후 최종 선정한다.
2018/9/10	학교급식비 공공부문 회계화 검토 (나가노현 오마치시 교육위원회)	나가노현 오마치시 교육위원회는 시립 초·중학교와 의무교육 학교의 급식비에 대해 시 교육위원회가 일괄 관리하는 공공부문 회계화를 검토한다. 이는 미납자에 대한 대처와 징수 등을 담당하고 있는 교직원의 부담 경감을 목표로 하고 있으며, 금년도 내에 제도를 설계할 예정이다.

2018/9/12	일부 비정규직, 민간기업으로 이직, 회계연도 임용제도 대비 (가고시마현 사쓰마정)	가고시마현 사쓰마정은 2019년도부터 사무 보조나 급식 조리 등 6개 업무를 민간에 포괄 위탁한다. 이에 따라 이 업무에 종사하고 있던 기존 비정규직 직원을 위탁처의 사원으로 이직시킬 방침을 결정했다. 이는 2020년도부터 시작되는 '회계연도 임용 직원' 제도를 대비한 조치로서, 비정규직 직원 100명 이상을 민간에 이직시키는 방침을 통해 정(町)의 회계연도 임용 직원을 최소한으로 억제하고자 하는 것이다.
2018/9/20	총무부, 교육위원회의 3개 업무에 RPA, 입찰 관련 AI도 (나가노현)	나가노현은 정형적인 사무를 자동으로 처리하는 '로보틱·프로세스·오토메이션'의 실증 실험을 3개 업무에서 실시한다. 인공지능 AI도 건설부의 1개 업무에서 실험한다. 대상은, ①현 관계청사의 전기와 가스, 수도요금 청구서를 인식해 집계한 뒤 관련 부서에 할당하는 재산활용과의 업무, ②급료 및 수당 등을 반납 통지하는 총무사무과 직원의 업무, ③학교의 체력 테스트 데이터를 집계해 피드백하는 교육위원회 스포츠과의 업무.

2. 공공시설

총무성은 지자체가 수립하는 공공시설 등에 대한 종합관리계획의 지침을 개정해 유지관리나 갱신에 드는 비용의 보통회계·공영사업회계의 각 경비나 재원 등의 내역을 항목별로 표시하도록 요청했다. 경비와 재원의 전망을 기재하는 양식 사례도 제시했다.

특히, 향후 10년간의 경비에 대해서는 회계구분별로 지방채나 기금 등 충당 가능한 재원 전망을 기재하도록 요청했다. 거의 모든 지자체가 종합관리계획을 이미 수립했고, 현재는 개별 시설계획이 수립되고 있다는 점에서 개정의 필요성도 인식되고 있었다. 또한, 향후 실시할 장수명화 대책에 대해 주민과 의회에 대한 설명의 책임을 다하기 위해 비용 대비 효과도 명시하도록 했다. 이것의 목적은 통폐합이나 용도 변경 등을 하는 경우와 아무 대책 없이 단순히 시설을 갱신할 경우에 예상되는 비용과의 대비를 알 수 있도록 하는 것이다. 아이치愛知현 오부大府시는 초등학교의 노후 수영장을 개보수하지 않고 민간 실내수영장에서 수영 수업을 하기로 했다. 시내

9개 초등학교 중 7개 초등학교의 수영장은 건설된 지 30년 이상이 지났으며, 이를 개보수할 경우 6,000만 엔, 재건축(야외수영장)은 1억 5,000만 엔, 재건축(실내수영장)은 2억 5,000만 정도가 소요되는 것으로 예상됐다. 따라서 이시가다니石ヶ谷의 초등학교 6학년(188명) 수업은 인근 민간 풀장을 이용하도록 했으며, 경비는 약 100만 엔이 소요된다. 경비 절약의 효과가 확인되면 이를 같은 초등학교의 전 학년으로 확대해 2020년 이후에는 타교로도 확대하거나 합동 수영장 건설을 검토하기로 했다. 이 제도는 새로운 시설을 갖추고 있는 학교 1개를 제외한 지역 내 모든 학교를 대상으로하며, 이 제도가 확대될 경우 연간 경비는 3,000만 엔 정도가 필요할 것으로 예상된다.

도표 II-4-2. 공공시설 동향

일자	제목	내용
2017/9/4	공공시설 개편, 민간 도시개발 추진기구가 지원, 공동 개발 후 지자체로 임대 (국토교통성)	국토교통성은 민간자금을 활용한 지자체의 공공시설 정비를 촉진하기 위해 민간 도시개발 추진기구에 의한 금융 지원을 확충한다. 이에 따라 청사 등 공공시설과 민간의 오피스나 호텔이 들어서는 복합시설을 동 기구가 민간사업자와 공동으로 개발한 후, 동 기구의 지분을 지자체에 임대해 공공시설로서 활용하는 구조를 새롭게 마련할 계획이다.
2017/9/20	'매입형' 재해 공영주택 (구마모토현 니시하라촌)	구마모토현 니시하라촌은 구마모토 지진으로 피해를 입어 임시가설주택 등에서 생활하는 이재민이 입주기한이 지난 후에도 자택을 재건할 수 없는 경우 등에 대비해, 이들이 입주 가능한 재해 공영주택을 동일한 한 사업자에게 설계부터 건설까지 일괄 발주해 완공하고 이를 촌(村)이 매입하여 제공하는 '매입형'으로 정비한다.
2017/11/16	시설, 학교 통폐합으로 육아 지원 (오사카부 도요나카시)	오사카부 도요나카시는 2022년에 시 남부에 있는 출장소나 마을회관 등을 통폐합해 육아 지원 기능에 중점을 둔 복합시설을 오픈한다. 시설에는 총 5개의 초·중학교를 통합한 초중 통합학교도 함께 건립할 예정이다. 시 남부를 육아 세대에 매력있는 지역으로 만들어 활성화하고자 할 방침이다.

2017/12/12	기금 잔고를 이유로 재원 절감 '부적당', 노후화 대책 지원 (지방재정심의회)	지방재정심의회는 지방 재정에 관한 의견서를 정리해 총무대신에게 제출하고 재무성이 지자체의 기금 잔고 증가를 문제시하고 있는 것에 대해 '지방 재정의 여유 여부에 대한 논의나 지방의 재원을 절감하는 논의는 부적당하다'고 견제했다. 또한, 지자체가 공공시설 노후화에 대비하기 위한 세출이 증가하고 있는 사정을 감안하여, 필요한 사업비와 재원을 더 확충해 지자체를 지원해야 한다고 촉구했다.
2017/12/20	2개 지표로 공공시설 분석, 고정자산대장 활용으로 (시즈오카현)	시즈오카현은 고정자산대장을 사용해 학교나 공영주택 등 공공시설의 특징을 시정촌별로 분석할 수 있는 방법을 개발했다. 시설의 노후화도('오래되지 않았다')와 취득 원가(시설 규모가 '크다', '크지 않다')라는 두 가지 지표를 좌표축으로 해 대장에 근거한 각 지자체 데이터를 입력함으로써 지자체나 시설 유형별로 특징을 추출한다.
2018/1/9	학교시설 개수 계획안, 수명 연장, 경비 평준화 (교토시 교육위원회)	교토시 교육위원회는 시내 학교시설의 노후화 대책을 계획적으로 실시하기 위해 관리행동 계획안을 마련했다. 기존처럼 개축 중심의 학교시설 유지계획 그대로라면, 2030년 이후 30년간에 걸쳐 연간 경비비용이 약 200억 엔으로 증가할 가능성이 있다. 이에 따라 먼저 조사를 통해 학교시설의 콘크리트 열화(劣化) 상황을 파악하고 목표사용연수를 60년, 80년, 100년 중 하나로 설정한 후, 우선순위를 정해 수명 연장 공사를 계획적, 순차적으로 실시할 것이다. 아울러 개수공사는 일정 시기에 집중되지 않도록 한다.
2018/1/10	공공시설 야간조명 방침 (도쿄도)	도쿄도는 도쿄 야간경관의 매력을 높이기 위해 도가 보유한 공공시설의 라이트 업에 관한 기본방침 초안을 마련했다. 초안에 따라 역사가 깊은 공공 건축물이나 인프라라는 그 아름다움을 빛으로 연출하며, '스미다가와·린카이부', '도쿄역·황궁 주변', '아카사카 영빈관 주변'의 3곳은 2020년 도쿄 올림픽·패럴림픽까지 라이트 업 중점 추진 지역으로 설정했다.
2018/1/19	현립 고교 4개 폐교, 교육진흥회의가 지사에게 보고서 (도야마현)	'도야마 현립 고교교육진흥회의'의 회장은, 현청에서 이시이 류이치 지사와 면담하고 2020년 4월부터 현립 고교 4개의 신규 학생 모집을 중단 등을 제언하는 내용의 보고서를 전했다. 현은 2018년도 내에 지사 주재로 도야마현 종합교육회의를 열어 모집정지 학교를 정식으로 결정할 방침이다.
2018/1/26	드론으로 건물 열화 조사 (사이타마현)	사이타마현은 현유 시설의 벽이나 지붕 등의 열화 조사를 위해 적외선 카메라 탑재 드론 1기를 도입했다. 관련 기재를 포함한 비용은 60만 엔 미만이며 직원들도 이 고정밀 조사를 안전하게 할 수 있다고 한다. 기존에는 열화 조사를 육안으로 했지만, 드론으로 촬영하면 소요되는 시간도 기존보다 절반 이하일 뿐만 아니라 지붕과 같이 높은 곳이나 접근하기 어려운 곳도 안전하고 정밀하게 조사할 수 있다. 게다가 육안이나 일반 카메라로 찾기 어려운 타일의 벗겨진 부분도 적외선 카메라를 이용해 조사할 수 있게 된다.

2018/2/6	공공시설에서 전력을 지역생산·지역소비, 쓰레기 발전의 잉여분 활용 (도쿄도 하치오지시)	도쿄도 하치오지시는 시내의 호후키 청소 공장에서 쓰레기를 태우는 열로 발전한 잉여 전력을 시청 본청사 등 6곳의 공공시설에서 활용한다. 이는 일반 송배전 사업자의 송전망을 사용해 실시하는 자기 탁송으로, 스스로의 시설에서 발생한 전력을 스스로 사용한다. 동 청소 공장의 잉여 전력의 대부분인 900킬로와트를 사용한다.
2018/2/9	민관협력으로 취업의 장, 공공시설은 포괄 관리 위탁 (도쿄도 히가시무라야마시)	도쿄도 히가시무라야마시는 2018년도 예산안을 발표했다. 민관협력의 신규 2개 시책이 주요 시책으로, 도심까지 통근하지 않아도 시내에서 일할 수 있는 장소를 만드는 것 외에 공공시설의 유지관리 업무를 일괄 발주해 포괄 관리를 위탁한다. 공모형 제안(proposal) 방식으로 선정해 야마토 리스와 계약을 맺었으며, 85개 시설의 638개 업무의 대상이 된다. 기간은 2018년부터 3년간으로, 위탁비는 총 8억 2,800만 엔이다.
2018/2/9	도시의 포괄 시설관리 도입 상황을 조사	지방 행정·재정조사회는 청사나 학교 등 공공시설의 보수나 유지관리와 같은 업무를 일괄적으로 외부에 위탁하는 '포괄 시설관리'에 대해 조사했다. 나가사키시는 210개 단체(209개 시와 1개 정)를 대상으로 의뢰 조사를 했으며 그중 165개 단체로부터 회답을 받았다(회수율 78.6%). 이에 따르면, '실시하고 있다'고 대답한 곳은 15개 시와 1개 정, '실시 예정'이 3개 시, '실시를 위해 검토 중'이 24개 시, '실시하고 있지 않으며 검토도 하고 있지 않다'가 110개 시, '기타'가 12개 시로 나타났다.
2018/3/6	방범카메라 지원 자판기 설치, 특정 비영리 활동 법인과 협정 (후쿠오카현 오고리시)	후쿠오카현 오고리시는 오고리시의 미쿠니교구 마을회관에서 NPO법인과 방범카메라 시스템 지원 자판기 설치에 관한 협정을 체결했다. 이에 따라 시내 공공시설에 주류 자판기를 2대 설치하고 그 매출로 방범카메라를 설치, 운용한다. 방범카메라는 2개소에 마련해 NPO법인이 운영하고 영상을 관리한다.
2018/3/7	공공시설 종합관리 기금 창설, 2개 기금 폐지해 재원으로 확보나 (가노시)	나가노시는 2017년도 공공시설 관리 추진 재원인 특정목적기금 '공공시설 등 종합관리 기금'을 창설할 방침이다. 신청사·예술회관 개관으로 역할을 마친 청사정비 기금과 문화시설 건립 기금을 폐지해 24억 400만 엔을 그 재원으로 활용한다.
2018/3/9	학교 수영장 노후화로 민간시설 활용 (아이치현 오부시)	아이치현 오부시는 수영장 시설이 오래된 초등학교의 수영 수업을 민간 실내수영장에서 시행하기로 했다. 이 조치는 재건축보다 비용이 저렴할 뿐만 아니라, 민간 수영 지도원이 수업을 보조할 경우 교직원의 업무 경감에도 도움이 될 것으로 기대되고 있다.

2018/3/10	본청의 30%가 내진 기준에 미달, 148개 시정촌은 대책 미정, 동일본 대지진 후 7년	일본의 1,741개 시구정촌의 28.4%에 해당하는 494개 단체가 본청사의 내진화를 끝내지 않은 것으로 총무성의 조사에서 밝혀졌다. 이 중, 346개 단체는 내진 개수나 재건축, 이전을 실시할 방침이지만 나머지 148개 단체는 향후 대책이 아직 정해지지 않은 상태이다. 재해 시에 본청사가 제 기능을 하지 못하면 재해 증명서 발행 등에 지장을 초래해 주민의 생활 재건에 피해를 줄 수 있다. 따라서 내진 강도에 못 미치는 지자체는 대책을 검토해야 할 것으로 보인다.
2018/3/13	공공시설 통폐합, 야마구치현 이관	야마구치현은 행정·재정구조개혁의 일환으로, 본청 등의 행정시설과 학교를 제외한 204개 공공시설을 통폐합하거나 시나 정으로 이관하는 방향으로 검토에 착수했다. 향후, 시설이용 상황이나 시·정과의 교섭을 통해 시설별로 방침을 정할 예정이다. 이는 시설의 노후화로 인한 유지관리비 증가가 예상되므로 재정적인 부담을 경감하고자 하기 때문이다.
2018/3/16	유지·관리의 경비·재원 가시화, 공공시설계획 지침에 포함 (총무성)	총무성은 건축물이나 인프라의 노후화 대책 등을 추진하기 위해 지자체가 수립하는 공공시설 등 종합관리계획의 지침을 개정했다. 기존 지침에서는 지금까지도 유지·관리 등에 드는 중장기적인 경비나 충당 가능한 재원 전망을 포함하도록 하고 있었다. 개정에 따라 보통회계·공영사업회계의 각 경비나, 그것들을 조달하는 지방채·기금에 따른 재원 등 종류별로 내역을 나타냄으로써 '가시화'를 진행하도록 한 것이 특징이다.
2018/3/19	공공시설 노후화, 만화로 주의 환기, 시민에게 팜플렛 배포 (가나가와현 가와사키시)	가나가와현 가와사키시는 공공시설의 노후화와 재건축 문제를 알기 쉽게 이해시키는 만화 팜플렛 '모두 함께 생각하자! 공공시설의 미래'를 구청과 도서관 등에서 시민들에게 배포하겠다고 밝혔다.
2018/3/20	정이 운영하는 입욕시설 20년 임대, 온천 운영, 재생기업에게 (사이타마현 오고세정)	사이타마현 오고세정은 입욕시설 등으로 구성된 정영(町營) 시설 '만남건강센터 유파크 오고세'를 온천시설 운영 사업 및 기존 사업을 재건하는 기업과 20년간의 정기 건물임대차 계약을 체결했다. 향후에는 동사가 운영하는 시설 중 이용자가 감소하고 있는 곳을 재건시키기 위해 종합 레저 시설로 단계적으로 리모델링한다.
2018/3/26	현의 시설, 전력 소비 75% 절감 (아이치현)	아이치현은 노후화된 환경조사센터 위생연구소의 재건축을 통해 신시설의 전력 소비량을 종전보다 75% 절감한다. 이 새 시설은 전국 톱 클래스의 제로 에너지를 목표로 하며, 초중학생을 대상으로 한 환경 학습의 장으로도 활용한다.
2018/3/26	지진대책을 위해 민간과 실증 프로젝트 (시즈오카현 가케가와시)	시즈오카현 가케가와시는 전기설비 및 기기제조업체와 협력해 지진에 대한 지역 방재시스템의 실증 프로젝트를 시작한다. 시내 문화재나 공공시설에 감진 브레이커와 진도 등의 계측기기를 설치해 데이터를 수집·분석함으로써 지역 방재에 활용한다.

2018/3/27	공공시설에 지역전력 공급, 에너지의 지역생산 지역소비 촉진 (오이타현 분고오노시)	오이타현 분고오노시는 2018년도, 약 230개소의 시유 공공시설의 전력을 시영 태양광 발전 시설에서 조달한다. 빠르면 4월에 시작하며, 전력은 시 등이 출자해 설립한 신전력 회사와 계약해 공급받는다. 시는 시내에 목질 바이오매스 등 신재생에너지 발전 시설이 많은 점을 이용해 에너지의 지역생산 지역소비를 통한 지역 활성화를 목표로 하고 있다.
2018/3/28	학교 시설 사용료 징수, 연 수입 2,100만 엔 (기타큐슈시 교육위원회)	기타큐슈시 교육위원회는 단체로 운동하는 시민들에게 학교 교육에 지장이 없는 범위에서 무료로 개방하던 시립학교 시설에 대해 사용료를 징수하기로 했다. 대상은 초·중학교와 특별지원학교 운동장, 체육관 등이다. 이에 따른 연간 사용료 수입은 약 2,100만 엔으로 예상하고 있다.
2018/4/5	공공시설의 바이오에너지 이용 확대 (오카야마현 마니와시)	오카야마현 마니와시는 시청 본청사 등 일부 시설이 도입하고 있는 '목질 바이오매스'에 의한 전력 공급처를 초·중학교를 포함한 총 45개 공공시설로 확대한다. 이 사업에서는 민관 출자로 가동을 시작한 '마니와 바이오매스 발전소'가 발전하고, 전력 소매사업자인 '마니와 바이오에너지'가 공급한다.
2018/4/9	주오린칸에 공공시설 3곳 오픈 (가나가와현 야마토시)	가나가와현 야마토시는 주오린간역 인근에 위치한 '주오린칸 도큐 스퀘어' 내에 도서관, 육아 지원 시설, 시청 출장소 등을 개설했다. 육아 지원 시설은 다양해지는 육아 요구에 부응하기 위해 유치원 등과 협력한다. 또한 시청 출장소에서는 주민표의 사본이나 인감증명서 등 각종 증명서 발행과 전입·전출 신고나 호적 관련 접수 등록 등을 할 수 있다.
2018/4/12	역할 끝낸 기금 재편성, '지역창생' 등 2개 기금 신설 (효고현)	효고현은 역할이 끝나 더이상 활용하지 않게 된 기금 등을 폐지하고 이를 이용해 지역창생을 추진하는 '지역창생 기금'과 현 소유 시설의 정비·갱신에 활용하는 '현유 시설 등 정비 기금'을 신설했다. 폐지한 기금은 아카시 해협 대교의 정비나 관련 사업의 비용으로 사용하고 있던 '현채 관리 기금'과 공공시설 신설 시 활용하던 '공공시설 정비 기금' 등 6개 기금이다.
2018/4/18	공공시설의 화장실 양식화(洋式化), 4년 만에 80% (후쿠시마시)	후쿠시마시는 2020년 도쿄 올림픽을 위해 시 공공시설 화장실의 양식화를 본격화한다. 이용자가 많은 시설을 중심으로 개수(改修)를 진행해 2021년도까지 양식화율을 40%에서 80%로 높인다. 이를 위해 2018년도 당초 예산에 개수비 등으로 1억 4,000만 엔을 계상했다.
2018/4/25	지정 대피소에 자동 해제 장치, 모든 초·중학교에 설치 (지바현 홋츠시)	지바현 홋츠시는 대규모 재해 시 지정 대피소가 되는 시내의 시설 가운데, 모든 초·중학교의 체육관에 진도 감지 장치가 내장된 자동 해제 박스를 설치한다. 현행 시의 메뉴얼에서는, 재해 시에 시 직원이 달려와 자물쇠를 열게 되어 있지만 도착까지 시간이 지체될 수 있기 때문에 대피자 스스로가 자물쇠를 열 수 있는 방식으로 정비하는 것이다.

2018/5/21	수명 연장 대책의 효과액 명시를, 공공시설 관리 계획 (총무성)	총무성은 노후화가 진행되는 건축물이나 인프라의 적정한 유지관리를 위해 지자체가 수립하는 '공공시설 등 종합관리계획'에 향후 실시할 수명 연장 대책의 효과액을 명시하도록 요구하는 사무연락을 도도부현 등에 보냈다. 이 조치는 주민과 의회에 대한 설명 책임을 충분히 수행하기 위한 것으로, 아무 대책 없이 시설을 유지보수할 경우에 예상되는 비용과의 대비를 알 수 있도록 하기 위한 것이다.
2018/5/24	공공시설 정비에 초·중·고생 의견 (사이타마현 고노스시)	사이타마현 고노스시는 공공시설의 바람직한 방향을 검토하는 워크숍을 개최한다. 이 워크숍은 초중고생을 포함한 멤버로 구성되었다. 이 워크숍을 통해 평생학습 거점인 중앙 마을회관 등 노후화가 진행되는 공공시설에 대한 차세대의 의견을 수렴해 향후 시설 정비의 원안에 반영시킬 방침이다.
2018/5/30	신청사·복지회관, 복합건물로, 추경 예산에 기본설계 위탁료 (도쿄도 고가네이시)	도쿄도 고가네이시는 시유지에 건설하는 신청사, 신복지회관의 개요를 발표했다. 이에 따르면 현재 청사의 노후화나 분산을 해소하는 방안으로 신청사와 신청사 회관을 복합 청사로 건설하고자 한다.
2018/6/1	초·중학교에 가상 발전소, 전국 최초, 재해 시에도 전력 공급 (요코하마시)	요코하마시는 시립 중학교 등에 축전지를 설치해 재해 시 등에 전력을 공급하는 가상 발전소 '버추얼 파워 플랜트 (VPP)' 사업을 시작했다. VPP는 평상시 일반 가정의 전력 사용량 1.5일분에 해당되는 약 15킬로와트 용량의 축전지에 전력을 확보한다. 전력 수요 피크 시나 재해 등의 비상 시에는 원격 조작으로 축전지에서 전력을 공급해 수급을 조정한다.
2018/6/8	공공시설 바닥면적 2% 절감 (가나가와현 니노미야정)	가나가와현 니노미야정은 2027년도까지의 10년간의 공공시설 운영에 대해 재검토를 시작했다. 이에 따라 지금 있는 공공시설 64개를 줄여 총 연면적 2%를 절감한다. 마을 운영 풀장 등을 통폐합 대상으로 삼았다.
2018/6/12	시립 병원 신병동, 현 설계로 건설 요청, 합작법인(Joint Venture)의 반론 회견 (홋카이도 구시로시)	홋카이도 구시로시의 시립 구시로 종합병원의 신축 병동 건설이 연기되어, 설계를 위탁받은 공동 건축설계사무소가 시내에서 기자 회견을 열고 '행정 절차의 극히 일부를 제외하고는 설계를 완료했다'며 공사 기간이나 비용의 면에서도 신축 병동 건설을 현재의 설계대로 진행시키는 것이 시민에게 이익이 된다고 호소했다.
2018/6/18	건축설계 위탁으로 매뉴얼, 공사별로 적합한 선정방식을 (국토교통성)	국토교통성은 지자체가 공공시설의 건축설계업무 위탁처를 선택할 때 참고가 될 매뉴얼을 작성했다. 신축이나 증축, 대규모 개수의 경우에는 기술 제안서의 평가에 따라 사업자를 결정하는 '프로포절(제안) 방식'이 바람직하지만 도도부현에 비해 시정촌에서는 그 도입이 충분히 진행되지 않았다는 지적이 있다. 따라서 매뉴얼에서는 공사의 규모나 내용을 바탕으로 가장 적합한 설계업자를 선정하도록 촉구하고 있으며, 프로포절 방식의 진행방식에 대해서도 중점적으로 해설하고 있다.

2018/6/19	초·중교실, 유치원에 에어컨 (사이타마현 가조시 교육위원회)	사이타마현 가조시 교육위원회는 모든 시립 초·중학교의 일반교실과 유치원 보육실에 에어컨을 설치하기로 했다. 이에 따라 시는 최적의 설치 방법을 2018년도 내에 검토하고 2019년도에 실제 시설계를 거쳐, 조기 설치를 목표로 한다. 학교의 현황을 파악한 후, 직접 공사나 리스, PFI 중 어느 사업 방법이 좋을지에 대한 결정을 비롯해 일정이나 열원 방식, 사업비를 모두 고려하여 최적의 안을 검토한다.
2018/6/22	민간기업 내에 도쿄 사무소 개설 (구마모토현 야마토정)	구마모토현 야마토정은 도쿄도 미나토구에 도쿄 사무소를 개설했다. 정은 이 사무소를 통해 기업의 사회사업 컨설팅 등을 하는 도내 민간회사에 사업을 위탁해 교류 인구의 증가나 기업의 위성 오피스 유치, 특산품 판로 확대를 기대하고 있다.
2018/6/26	블록 담장 철거에 보조 (야마나시현 후지요시다시)	야마나시현 후지요시다시는 오사카 북부 지진으로 시내의 민가나 기업에 무너질 위험성이 있는 블록 담장의 철거나 개수를 위한 비용 보조를 시작한다. 대상은 높이 1m 이상의 블록 담장으로 도로나 공원, 공공시설 등에 인접한 것으로 상정하고 있다.
2018/6/29	710개소 보수 필요, 공공시설 블록 담장 (교토시)	오사카 북부 지진으로 공공시설 블록 담장을 긴급 점검하던 교토시는 1,005개소의 블록 담장 중 710개소가 보수 등이 필요한 것으로 판명됐다고 밝혔다. 이 710개소에는 이미 철거한 학교 등의 블록 담장도 포함되어 있다.
2018/6/29	위험 블록 담장 대책에 보조 (사이타마현 도다시)	사이타마현 도다시는 도로변에 있는 위험한 담장의 철거나 개수를 위한 비용 보조 제도를 창설할 방침이다.
2018/7/11	낙도에서 초·중 통합교 개교 (후쿠오카시 교육위원회)	후쿠오카시 교육위원회는 낙도인 노코지마의 노코 초등학교, 노코 중학교를 초·중 통합학교로 개교한다. 이 통합학교에서는 풍부한 자연환경을 살려 '고향과' 교과를 신설하고 인터넷을 활용한 원격 수업 등 정보통신기술 교육도 강화한다.
2018/7/13	공공시설 재편계획 작성 (도쿄도 마치다시)	도쿄도 마치다시는 노후화가 진행되는 시내 공공시설에 대해 전체적인 서비스와 기능은 유지하면서 시설 수를 축소하는 '공공시설 재편계획'을 작성했다. 시는 앞으로 시민들에게 이에 대해 설명할 기회를 마련할 방침이다.
2018/8/24	시민 수영장 통폐합 방안 마련 (나가노시)	나가노시는 시민 수영장의 통폐합안을 공표해 2020년도에 야외수영장 4개소를 폐지할 방침이라고 밝혔다. 현재 시가 보유하고 있는 야외수영장은 9개이고 실내수영장은 3개이다. 2017년도의 중핵시 시장회의 도시 요람에 의하면, 나가노시는 전국의 중핵시 중에서도 인구 10만 명당 수영장 시설 수가 3번째로 많다고 한다.

3. 인프라

국토교통성은 2015년부터 20년간에 걸쳐 건설 후 50년 이상 경과한 하수도 관거의 연장이 10배로 급증하는 것을 감안해 오수처리시설의 통폐합 등을 추진한다.(2015년의 경우. 건설 후 50년 이상의 연장은 약 1.3만km에 달한다.) 이에 따라 여러 지자체들이 협력해 하수처리장이나 오수처리장을 계획적으로 통폐합하거나 운영의 광역화를 지원하기 위해 2022년 시점의 감축 목표를 설정하고, 도도부현에 대해 통폐합 진행 방법에 관한 계획을 수립하도록 요청했다. 도도부현이 수립하는 계획에는 오수처리시설의 통폐합 외에 정보통신 기기를 이용한 관리의 효율화나 공동 관리 혹은 발주의 일원화 등도 포함된다. 이후에는 광역화의 선진 사례집 작성이나 목표 설정을 위한 공청회 실시도 검토하고 있다.

한편, 국토교통성이 전국 지자체 하수도시설 관리에 대해 작성한 '통신부'에 따르면, 이에 대한 대책들이 지역에 따라 큰 차이가 있다는 것이 밝혀졌다. 이는 시설의 리스크 관리와 수선·개축 실시계획 수립 상황 등 8개 항목으로 평가한 결과인데, 후쿠시마현이 95.5점(13개 시정촌. 유역이 평가에서 100점을 받았다)으로 높은 평가를 받은 반면, 도야마, 돗토리, 가가와, 오이타, 오키나와의 5개 현은 최하위인 0점을 받아 지역차가 컸다.

도쿄도 후추府中시가 2014년도부터 추진하고 있는 시도의 포괄 관리 사업이 토목학회 건설 매니지먼트 위원회의 '우수사례Good Practice 상'을 수상했다. 포괄 관리 사업은 동 시청이나 게이오 전철의 후추역 주변 약 19ha에서 실시한 것으로, 3년간의 다년 계약으로 도로와 관련된 유지관리 및 청소를 비롯해 건설, 조경, 전기 등을 일괄적으로 발주했다.

이를 통해 연간 약 350만 엔(약 7%)의 비용 절감 효과가 있었을 뿐만 아니라 최종 연도에는 시민들의 불만 건수가 포괄 관리 개시 전의 절반 이하로 감소하는 등 성과가 있었다. 2018년도부터 3년간은 대상 범위를 시의 약 4분의 1(약 750ha)로 확대 발주할 계획이다. 시내의 사업자로 구성된 합작법인이 사업을 수탁했다. 제2기 사업에서는 총액 계약의 포괄 위탁 외에 소규모(50만 엔 미만) 수선공사뿐 아니라 50만 엔 이상의 수선공사나 예방적 갱신사업(500만 엔 미만) 등을 단가계약으로 할 수 있도록 하고, 문제 장소 등에 대한 신속한 대책을 도모한다. 또한, 계약 불이행 등에 대해서는 패널티 포인트도 설정했다.

도표 Ⅱ-4-3. 인프라 동향

일자	제목	내용
2017/9/15	AI 활용으로 손상 산황에 대한 데이터 축적, 인프라 점검, 작업 효율화 (국토교통성)	국토교통성은 교량이나 터널의 손상 상황을 사진 데이터로 축적한 플랫폼을 시작한다. 데이터를 바탕으로 인프라별로 인공지능(AI)이 점검 기록을 만드는 기술 개발로 연결한다. 이를 통해 지자체 등에 의한 점검 작업의 업무 경감을 기대할 수 있다.
2017/9/25	하천 22개 시설에서 운용규칙 미준수, 댐 사고 접수 총점검 (니가타현)	니가타현은 현이 관리하는 댐과 수문, 배수장 22개 시설에서 운용규칙으로 정한 조작규칙을 확정하는 사무결재가 완료되지 않았다고 발표했다. 그러나 하천관리과에 따르면 시설들이 실질적으로는 모두 규칙에 의거해 운용되고 있었기 때문에 현민에게 불이익은 없었다고 한다.
2017/9/26	재해 시 드론 활용 협정 (에히메현 우와지마시)	에히메현 우와지마시는 재해 시 등에 드론을 활용하기 위해 계측조사 기업인 '스카이 조인트'와 협정을 체결했다. 스카이 조인트는 드론의 야간비행 및 원격조종 기술도 뛰어나 재난 이외에 실종자 수색에서도 드론 활용을 기대할 수 있다고 한다.
2017/9/26	중소 2만 개 하천 긴급 점검, 규슈 호우 피해 (국토교통성)	국토교통성은 규슈 북부 호우 등 최근의 수해를 계기로, 광역자치단체가 관리하는 약 2만 개 중소 하천에 대해 방재 대책 강화를 위한 긴급 점검을 실시한다고 발표했다. 지자체와 협력해 차례차례 실시하고 11월 말에 결과를 정리한다.
2017/10/6	전(全) 공항의 보수 데이터 관리, 안전도 순위 부여 (국토교통성)	국토교통성은 국내 총 97개 공항의 개소별 노후화 점검 결과와 보수 데이터를 일원적으로 관리할 방침이다. 이에 따라 2018년도에 시스템을 구축하고 국가나 지자체 등 공항 관리자가 보유하는 정보를 기본으로 전 공항의 안전도를 여러 단계의 등급으로 나누고 열람할 수 있도록 한다. 이 조치의 목적은 보수의 우선순위를 한눈에 알 수 있도록 해 노후화에 대한 대책을 효율적으로 추진하는 것이다.

2017/10/31	오수처리시설 통폐합으로 감축 목표, 2022년 시점, 광역자치단체에서 계획 (국토교통성)	국토교통성은 여러 지자체가 협력하여 하수처리장이나 정화조 같은 오수처리시설을 통폐합하고 운영하는 등의 광역화를 계획적으로 진행하기 위해 2022년 시점의 감축 목표 설정 방침을 정했다. 이에 따라 성은 광역자치단체에게 각 기초자치단체(시구정촌)별로 관리하고 있는 오수처리시설의 통폐합 진행방법을 명시한 계획을 수립하도록 요청했다. 이 조치는 노후화로 유지관리비가 증대하는 가운데 운영을 효율화하기 위한 것이다.
2017/11/13	민관협력 침수 대책 계획 (오카야마시)	오카야마시는 시민과 사업자가 일체가 되어 침수 대책을 추진하기 위해 '침수 대책 기본계획'을 처음으로 수립했다. 이는 국지적 호우가 증가하는 가운데, 하수도나 하천 정비에 관한 시의 행정 업무만으로는 수해를 막을 수 없다고 판단하여 민간과 협력한 종합적인 대책 마련에 나선 것이다.
2017/11/15	낙도 도로 관리, 포괄 위탁 (나가사키현)	나가사키현은 낙도의 신카미고토정에서 현이 관리하는 국도와 지방도의 유지관리를 민간에 포괄 위탁하는 방향으로 검토를 시작했다. 이 사업의 목적은 민간 포괄 위탁을 통한 현의 업무 축소와 인구 감소가 현저한 마을 내 현지 건설업의 경영 안정화 도모이다.
2017/11/22	중일본 고속 전 사장 등 서류 송검, 사사고 터널 사고, 기소 난항 (야마나시현)	2012년 12월, 야마나시현의 중앙 자동차도로인 사사고 터널에서 천정판이 붕괴해 9명이 사망하고 2명이 부상한 사고가 있었다. 이에 현은 터널을 관리하는 중일본 고속도로의 가네코 사장 등 당시의 동사나 자회사의 임원 총 4명과 현장의 보수점검 담당자를 업무상 과실치사 혐의로 이번 달 중에 서류 송검할 방침을 굳혔다.
2017/11/24	재해 시 드론 공중 촬영 협정 (건설업 단체와 사이타마현)	사이타마현은 드론 조종사가 재직하는 건설회사로 구성된 일반 사단법인 '재해 대책 건설협회 JAPAN47'과 재해 시 협력에 관한 협정을 체결했다. 이에 따라 현은 협정사에 드론에 의한 재해지의 공중 촬영을 의뢰한다.
2017/11/29	하수도 관리, 지역 차 심해, 스톡 관리에서 '통신부' (국토교통성)	국토교통성은 하수도시설을 효과적으로 활용해 수명 연장을 도모하는 '스톡 매니지먼트'를 추진하기 위해 각 지자체의 대응책을 수치화하는 '통신부'를 공표했다. 도도부현별의 성적으로는, 후쿠시마 등 도호쿠가 독점적으로 상위에 올랐다. 한편, 5개 현은 0점을 받는 등 지역 차가 현저했다.
2017/12/7	도로 불량 스마트폰으로 신고 (효고현 이타미시)	효고현 이타미시는 도로나 공원의 불량 장소에 대해 시민이 스마트폰으로 신고할 수 있는 시스템을 마련했다. 이는 직원의 순회 점검으로는 확인하기 힘든 장소를 시민의 협력으로 조기에 보수해 안전한 마을을 조성하고자 하는 것이다.

2017/12/22	인프라 유지관리에 AI 도입, 1.2% 감소한 322억 1,100만 엔 (국교성 종합정책국)	국토교통성 종합정책국의 2018년도 예산안은 전년도에 비해 1.2% 감소한 322억 1,100만 엔으로 책정되었다. 그러나 교량이나 터널 등 인프라는 노후화가 진행돼 효율적인 유지관리가 과제가 되고 있는 상황이다. 따라서 사람 대신 인공지능(AI)이 보수 필요성을 판단하는 소프트웨어 개발에 7,100만 엔을 계상했다. 이는 보수관리를 위한 재정이나 담당자 부족 등의 과제에 대한 대안으로서, AI나 로봇을 활용해 그 생산성을 향상시키고자 하는 조치이다.
2017/12/22	지방재생에 30개 도시 지원, 공공시설 재편 촉진 (국토교통성 도시국)	국토교통성 도시국과 관련된 2018년도 예산안은 국비 기준으로 전년도 대비 0.5% 감소한 553억 6,400만 엔이 됐다. 이에 따라 전국 30개 도시를 도시의 콤팩트화와 지역 경제 활성화에 대응하는 모델이 되는 '지방재생 컴팩트 시티'로 선정해 하드웨어와 소프트웨어 양면에서 중점적으로 지원한다. 아울러 민간의 도시개발 추진기구에 의한 금융지원을 확충하고 지방의 공공시설 재편을 촉진한다.
2017/12/28	교량이나 터널 수리의 보조 요건 완화, 도도부현, 정령시를 대상으로 (국토교통성)	국토교통성은 2018년도에 도도부현이나 정령시가 관리하는 교량이나 터널의 유지보수 사업 등에 대한 보조 제도를 확대한다. 사업비의 요건을 낮추는 것 외에 보조율을 인상한다. 또한 노후화된 교량을 미리 관리하는 '예방 보전형' 관리를 촉진하기 위해 지자체에 대한 지원을 강화한다.
2018/1/17	리스로 도로조명을 LED화 (아이치현 도요카와시)	아이치현 도요카와시는 온실가스 감축의 일환으로 시내 도로조명 등을 모두 LED화한다. 이를 통해 연간 957톤의 이산화탄소를 줄일 수 있다고 한다. 이에 따라 시는 LED화를 위해 히타치 캐피탈과 2월부터 10년간의 리스 계약을 체결했다.
2018/1/17	전국 최초 '터널 카드' 발행, 여행객 유치 (가나가와현 요코스카시)	가나가와현 요코스카시는 시내의 터널 정보를 수록한 '터널 카드'를 발행한다고 발표했다. 이는 관광 진흥책의 일환인데, 여행객 유치를 위해 터널 카드를 발행하는 것은 전국 최초라고 한다.
2018/1/19	하수도 오염 토양 등의 에너지를 연료전지차의 에너지로, 수소 제조, 안내서 개정 (국토교통성)	국토교통성은 하수처리장에서 나오는 토양 등을 수소로 제조하는 기술 도입을 촉진하기 위해 안내서를 개정했다. 개정판에는 흙으로 만든 수소를 연료 전기 자동차에 공급하는 기술이나 사례를 추가했다. 이는 지자체가 이 기술 도입을 검토할 경우 도움을 주기 위함이다.
2018/1/23	리스로 가로등 LED화 (사이타마시)	사이타마시는 리스 방식을 통해 모든 가로등을 LED화 한다. 전기요금이 싼 LED 등으로 전환하는 것은 미나마타 조약에 근거한 규제에도 대응할 수 있게 한다. 이를 위한 총사업비는 10년간 24억 6,000만 엔으로 예상하고 있다.

2018/2/5	댐 터널에 야채 저장 (후쿠이현 오노시)	후쿠이현 오노시가 100% 출자한 '에치젠 오노 농림악사'는 오노시 내에 있는 마나가와 댐의 관리용 터널에서 야채를 저장하는 실험을 시작했으며, 2020년도 오픈을 목표로 부가가치가 있는 야채를 저장·판매할 계획이다. 실험에서 평소에 야채를 자재 하치장의 관리용 터널에 저장할 계획인데, 이 저장 방식이 성공할 경우, 이것이 댐의 유효활용으로 이어질 것으로 기대하고 있다.
2018/2/22	지진 재해 복구를 위한 인프라 가이드 발간 (도호쿠 지방 정비국)	도후쿠 지방 정비국은 동일본 대지진 발생 7주년을 맞아 연안 재해지의 복구 및 부흥 사업을 소개한 '인프라 투어 포인트 가이드 부흥판'을 발간했다. 이를 통해 이와테, 미야기, 후쿠시마 3현의 부흥 도로나 항만, 공원, 마을 만들기 등 총 18개소를 소개했다.
2018/3/15	특집, AI와 지자체, 도로 보수 및 창구업무 보완, 직원 부족 대응, 서비스 향상을 위한 실증에서 실용으로	인공지능(AI)을 활용한 제품과 서비스가 잇따라 생겨나는 가운데, 지자체에서도 AI를 행정 실무에 도입하려는 움직임이 확산되고 있다. 예컨대 도로 보수의 필요성을 판단하거나 창구 응대 업무를 스마트폰 상의 앱으로 대행하는 실증실험이 확대되고 있으며 실용화를 위한 적극적인 실증실험도 추진되고 있다.
2018/3/16	스마트폰으로 도로 불량 신고 (도쿄도 마치다시)	도쿄도 마치다시 시장은 시도의 불편에 관한 정보를 시민이나 통행자로부터 스마트폰으로 제공받기 위해 전용 앱을 무료로 배포한다고 발표했다. 앱 개발비는 약 200만 엔이다.
2018/3/29	NTT 서일본, 도로 파손 진단 서비스 제공, AI 활용으로 저비용	NTT 서일본 등은 인공지능을 활용해 도로의 파손 상태를 진단하는 서비스를 시작한다고 발표했다. 이 서비스는 전용 측정차량을 사용하는 경우의 약 3분의 1의 비용으로 점검이 가능하다. 이 방법은 먼저 비디오 카메라를 장착한 차량이 도로를 촬영하면서 주행하는데, 이 영상을 기본으로 AI가 화상을 분석해 균열 등 도로의 손상 상태를 검출한다. 손상된 곳은 지도에 표시하고 전용 서버에 접속하면 PC 등에서 확인할 수 있다.
2018/3/29	수도 사업에 공통 사양서(仕樣書) (시즈오카현)	시즈오카현은 시정촌이 수도 사업의 경영전략이나 비전을 수립할 때에 이용하는 '공통 사양서'를 마련했다. 여기에서는 컨설턴트 회사에 위탁하는 경우에도 실효성이 높은 내용으로 진행되도록 과제를 정리하고 목표를 설정했으며, 수지 격차도 해소하고자 노력하는 등 필요한 항목을 제시했다.
2018/3/30	포장도로의 수명 연장 수선 계획 (교토시)	교토시는 포장도로의 노후화가 진행되는 가운데, 유지보수가 일시적으로만 집중되는 것을 막기 위해 '포장 수명 연장 수리 계획'을 수립했다. 이에 따라 기존의 조치를 30년 후를 대비한 예방 보전형 유지관리로 전환한다. 아울러 예산의 평준화나 수명 연장 대책도 추진해 비용도 절감하고자 한다.

2018/4/17	미·일, 인프라 자금을 위한 협력, 민간투자, 조세로 촉진 (정상회담에서 제안)	미·일 정부는 양국의 인프라 투자를 활성화시키기 위해 민간으로부터 자금을 조달하는 제도적 협력을 통해 인프라를 정비해 나갈 방침이다. 이에 따라 양국에서는 민간투자를 촉진하는 조세 개정 등을 진행시킨다. 트럼프 행정부는 1.5조 달러를 상회하는 인프라 투자를 표명하고 있으며 일본 정부에 대한 협력 의사를 밝혔다. 이는 미국이 대일 무역적자를 축소하겠다는 의향으로 해석할 수 있다.
2018/4/27	지속가능한 수도 사업에 대한 대책 검토, 요금 수준이나 지원 방법 (총무성 연구회)	총무성은 수도 사업의 지속적인 경영을 위해 필요한 대응책을 검토하기 시작했다. 인구 감소로 인한 요금 수입의 저하나 노후화 시설의 증가로, 특히 소규모 시정촌의 재정 상황이 악화되고 있다. 이에 따라 전문가와 지자체 관계자 등으로 구성된 총무성 연구회는 수지 개선을 위한 적정한 요금 수준과 국가 지원책을 포함한 상승 추세의 행정경비 부담에 관해 논의하며, 10월에 보고서를 제출한다.
2018/5/18	나리타 개항 40주년, 3번째 활주로 신설	나리타 공항 개항 40주년을 앞두고, 나리타 국제공항 회사는 지바현 나리타 시내에서 기념식을 열었다. 나츠메 마코토 사장은 공항 기능 강화 계획에 대해 3번째 신활주로가 되는 C활주로의 조기 착공에 의욕을 보였다. C활주로 신설 외, B활주로의 연장과 비행 제한 완화를 핵심으로, 이번 봄, 공항부지가 있는 지역과 합의했다.
2018/5/22	라오스 수도 지원 협정 (사이타마시 등)	사이타마시 수도국 등 4개 수도사업체와 국제협력기구는 라오스 수도사업의 기술협력에 관한 협정을 체결했다. 이에 따라 현지에 직원을 파견하고 정수장에서 연수를 실시하는 등 업무에 협력한다. 수도사업체는 사이타마시 수도국과 사이타마현 기업국, 요코하마시 수도국, 가와사키시 상하수도국이다.
2018/5/25	독립행정법인 기업 참여 지원, SOC 수출로 신법 성립	하수도나 신칸센의 정비 등 해외 인프라 사업에 일본 기업의 참여를 촉진하기 위한 신법이 가결, 성립됐다. 이 신법은 철도 건설·운수시설 정비의 지원기구와 같은 독립행정법인이나 고속도로 회사 등에 인프라 수출을 위한 조사 등의 업무를 맡기고 이들을 지원할 수 있도록 하는 것이 핵심이다.
2018/5/29	전교 디지털 지도 소프트, 통학로 안전 대책 (이바라키현 모리야시)	이바라키현 모리야시는 통학로의 안전 대책으로 모든 초·중학교에 디지털 지도 소프트를 배포했다. 이를 통해 각 초·중학교가 학생 한 사람 한 사람의 통학 경로 데이터를 디지털맵에 반영한다. 특히, 어린이가 범죄에 휘말릴 가능성이 높은 지역을 시각적으로 파악해, 보호자나 인근 주민·순찰 자원봉사자들에게 적극적으로 보호 협력을 호소하고 지역 전체의 안전 확보를 도모할 방침이다.
2018/5/30	와카도 대교 무료 '산업경제 활성화 (기타바시 기타규슈 시장)	기타규슈시의 기타하시 켄지 시장은 와카마츠구와 도바타구를 연결하는 유료도로인 '와카도 대교'와 '와카도 터널'의 무료화에 대해 '시민생활의 편의 향상과 함께 구마모토시 전체의 산업경제를 활성화할 수 있다는 이점을 기대할 수 있다'고 강조했다.

2018/6/13	중소 하천에 저비용 수위계, 46개소, 비용은 10분의 1 (오이타현)	오이타현은 현 관리 중소 하천 46개소에 저비용으로 설치 및 운용이 가능한 위기관리형 수위계를 설치한다. 과거 침수피해 정도를 참고해 선정한 현 내 피해지역 전역에 6월 중으로 설치를 마칠 예정이다. 이 사업의 목적은 비가 많이 오는 시기에 대비해, 각 지자체가 신속·정확하게 대피 정보 발령 여부를 판단할 수 있도록 돕고자 하는 것이다.
2018/6/18	방범카메라 일괄 관리 (도쿄도 아다치구)	도쿄도 아다치구는 2019년 4월까지 옥외에 있는 방범카메라 전 580대를 일괄 관리한다. 사건사고 발생 시 경찰에 영상을 제공하거나, 유지관리의 효율을 높이는 것이 목적이다. 이 조치는 카메라의 일괄 관리를 통해 경찰에게 정보를 원활히 제공할 수 있을 뿐만 아니라 같은 도로의 중복 녹화도 막을 수 있게 된다.
2018/7/17	오사카 노후 수도관 대책 차질, 지진으로 단수, 일원화 검토 (오사카 북부 지진)	오사카 북부 지진으로 수도관이 파열되어 약 21만 명이 단수, 누수 피해를 입었다. 노후화한 수도관이 그 원인으로 여겨지며, 보수 사업비는 1조 엔을 웃돌 전망이나 재정난 때문에 대책은 시행되지 않았다. 이에 따라 오사카부는 수도 사업의 운영 주체를 일원화해 경영 효율화에 관한 검토를 시작했으며, 이를 통해 남은 재원으로 노후관 교체 등을 시급히 추진하고자 한다.
2018/7/18	사업비 3,200억 엔 분담, 니혼바시 지하화 합의	국토교통성, 도쿄도, 수도 고속도로 회사는 니혼바시 위를 지나는 수도 고속도로의 지하화 계획에 관한 검토회를 열어 잠정 사업비를 약 3,200억 엔으로 하고 사업비를 분담하는 것에 합의했다. 착공은 2020년의 도쿄 올림픽·패럴림픽 후를 목표로 하고 있으며, 공사 기간은 10~20년을 예상하고 있다.
2018/7/19	오픈데이터로 무료 지도 제작 (시즈오카현 후쿠로이시)	시즈오카현 후쿠로이시는 항공측량 및 지리정보시스템(GIS)을 취급하는 파스코의 지도 제작 소프트웨어 '맵핑드롭'을 시민들이 무료로 이용할 수 있는 서비스를 시작했다. 시 홈페이지의 배너를 클릭하면 공개된 도로, 교량, 공공시설 등의 위치정보나 지명 등을 이용해 필요한 지도를 자유롭게 만들 수 있다.
2018/7/20	도로터널 점검기록 작성 지원 로봇기술에 관한 평가지표를 공표하고 기술 공모	국토교통성에서는 2013년도부터 '차세대 사회 인프라용 로봇 현장검증위원회'를 개최하고, 새롭게 개발된 로봇기술 현장 도입을 위한 대책을 실시하고 있다. 이 위원회의 터널 유지관리부회에서는 현재 '점검원 등에 의한 근접 육안 등'으로 실시하고 있는 터널 점검을 지원하는 로봇기술을 공모, 검증 및 평가했다.
2018/7/26	도로 점검을 위해 도요타와 협력 (아이치현 도요타시)	아이치현 도요타시는 도요타 자동차와 협력해 차량의 주행정보를 도로 보수점검에 이용하는 전국 첫 실증실험을 8월부터 시청 주변에서 개시한다. 도요타는 시청을 중심으로 약 10km의 사방을 달리는 여러 대의 차량으로부터 얻은 주행 시 진동에 관한 데이터 등을 분석해 노면 상황을 확인하고 전체 도로 상황 등에 관한 해석 결과를 시에 제공한다.

2018/8/2	수도 사업 존치에 재정 지원 검토, 대상 명확화가 논점 (총무성)	총무성은 인구 감소로 인한 요금 수입의 감소나 시설 노후화로 경영환경이 어려워지고 있는 시정촌의 수도 사업에 대해 새로운 재정지원책을 검토한다. 요금인상 등의 경영적 대책을 거듭해도 수지가 안정되지 않는 사업자를 중심으로 필요한 수단을 강구할 방침이다. 총무성 연구회가 10월에 정리하는 보고서에서 방향성을 제시할 예정이다.
2018/8/2	'규슈 인프라 카드' 발급 (규슈 지방정비국)	규슈 지방정비국은 인프라 관광을 촉진하는 툴로서 동 정비국이 정비·관리하는 하천이나 도로, 항만 시설을 소개하는 '규슈 인프라 카드'를 무료로 발급한다. 이는 수집가들의 관심을 모아 인프라에 대한 이해를 높이기 위함이다.
2018/8/7	위기관리형 수위계를 공동 조달, 7개 지자체에서 공동 구입으로 원가 절감	위기관리형 수위계로 얻은 홍수 시 데이터를 일괄 정리하는 공통 시스템 '하천 수위 정보' 운용협의회에 참여한 지자체들이 동일한 수위계를 공동 조달하고 있다. 제1탄으로서 아오모리현이나 고베시 등 7개 지자체가 총 167대를 1대에 30만 엔에 구입하기로 했다. 발주 물량이 증가함에 따라 단가가 낮아지므로, 소규모 지자체도 이런 방법을 통해 구입하기가 용이해졌다.
2018/8/17	지하수 공조 보급을 위해 정부에 특구 제안 (오사카시)	오사카시는 지하수를 이용한 공조 기술 보급을 위해, 빌딩 용수법에 따라 채취가 규제된 지역에서도 건축물 냉난방이 목적이라면 지하수 채취를 인정하도록 하는 국가전략특구의 규제 완화를 정부에 제안했다.
2018/8/28	수도 컨세션 도입 Q&A, 사업비 절감 효과 등의 설명 (하마마츠시)	하마마츠시는 상하수도 사업에의 '컨세션 방식' 도입에 관한 Q&A를 작성했다. 현재 도입 여부를 검토 중인 상수도 사업 관련 내용이 중심이며, 이 방식을 도입할 경우의 사업비 절감 효과 등에 대한 설명을 담았다. 상수도에 관해서는 도입 여부를 검토하고 있어 금년도 중에 결론을 낼 방침이다.
2018/8/29	수도 일원화를 위해 협의회 첫 회합 (오사카부)	오사카부는 수도사업의 일원화를 위해 부 내 시정이나 오사카시 이외의 시정촌에 물을 공급하는 사무조합인 '오사카 광역 수도기업단'을 멤버로 하는 '지역 제일의 수도를 위한 수도협의회'의 첫 회합을 오사카시에서 열었다. 협의회하에 수도를 일원화하고 요도가와를 수원으로 하는 정수장을 최적의 위치에 배치하는 문제를 논의하는 두 개의 전문 부회를 구성해 연내에 중간보고를 정리한다.
2018/8/30	저수지 정비사업의 요건 완화, 서일본 호우 피해 (농림수산성)	농림수산성은 7월에 있었던 서일본의 호우 피해를 감안하여, 전국의 농업용 연못 및 저수지 정비사업의 실시 요건을 완화할 방침이다. 이는 정비사업을 용이하게 함으로써 지자체가 실시하는 사업에 추진력을 실어 주고자 하는 방침이다.
2018/8/30	드론으로 교량량 사전조사, 약 600만 엔 경비 절감 (기후현 가카미가하라시)	기후현 가카미가하라시는 길이 약 600m를 자랑하는 시내 최대급의 교량 '가카미가하라 대교'의 정기 점검 시 육안 점검에 앞서, 드론을 이용한 사전조사를 하기로 결정했다. 이 사전조사를 실시하면 점검 차량의 가동 일수를 단축할 수 있어서 약 600만 엔의 경비를 감축할 수 있을 것이 전망된다고 한다.

2018/9/5	교량 점검에 독자적인 자격 제도, 담당자 확대를 통해 시정촌 지원 (나가노현)	나가노현은 교각 점검을 담당하는 기술자를 양성하는 독자적인 자격 제도를 검토한다. 2019년도에 창설하는 것을 목표로, 신슈 대학교 공학부나 건설 컨설팅 협회 등 6단체로 구성된 운영협의회를 설립하고 제도의 구체적인 사항을 정한다. 시정촌 직원이나 지역의 건설업자, 일반 현민을 대상으로 교량 점검 기술자를 양성하는 강습회를 열어 수강자를 자격자로 인정한다.
2018/9/6	저수지 1,540곳이 위험, 서일본 호우로 긴급 점검 (농림수산성)	농림수산성은 서일본 호우로 농업용 저수지 붕괴가 잇따르자 전국에서 실시한 긴급 점검에서 1,540개의 위험한 저수지가 발견됐다고 발표했다. 대책을 마련하지 않으면 피해를 볼 수 있는 위험한 저수지는 히로시마현이 534개로 가장 많았다. 오카야마현은 244개, 효고현은 183개, 에히메현은 135개, 후쿠오카현은 129개였다.
2018/9/10	도로계획 재검토를 통한 새 지침 마련 (아이치현)	아이치현은 미착공 상태의 도시계획도로의 필요성을 검증하기 위해 새로운 지침을 마련했다. 새 지침은 '정비 완료인가', '사업 중인가', '대체성이 있는가'와 같은 기준에 따라 계획의 존속이나 폐지 여부를 판단한다. 이는 현재 계획 중인 도로 약 5,000km 가운데, 미정비 상태인 약 1,360km를 주된 대상으로 하여 관련 시정촌 등과 협의한다.
2018/9/21	주요 인프라 긴급 점검, 정부, 11월 말 재난대책 수립	정부는 홋카이도 지진이나 태풍 21호 등 자연 재해가 연이어 발생함에 따라 전국의 전력·교통 등 중요 인프라의 긴급 점검에 관한 관계 각료회의를 수상 관저에서 개최했다. 아베 신조 총리는 긴급 점검을 실시한 뒤, 11월 말까지 대책을 마련하겠다고 밝혔다.

4. 공공서비스

마이넘버 제도(일본의 개인식별번호, 한국의 주민등록번호와 유사—역자)를 이용해 국가나 지자체가 보유한 개인정보의 상호 참조 등을 가능하게 하는 '정보 협력'이 2017년 11월에 시작돼 어린이집 입소 신청이나 육아 관계 절차 등이 온라인으로 가능하게 되었다. 이에 따라 서류 제출 등과 같은 불편이 줄어들었다.

단, 2018년 2월의 조사에서는 육아 관련 신청을 온라인으로 받고 있는 시정촌은 410개 단체로 약 20%에 불과했다. 총무성은 이런 상황을 감안해 전국의 지자체장에게 마이넘버 제도의 활용을 촉구하는 총리대신 서한을 송부했다. 정부는 마이넘버 제도의 활용과 국가 및 지자체가 이용할 수 있는 대조 시스템을 구축해 온라인화, 서류 제출 폐지 등을 추진할 방침이며, 2020년도 이후에는 법인등기, 주민등록등본, 호적등본을 제출할 필요가 없도록 하고 그 서류의 범위를 점차 확대해 나가기로 했다. 다만, 마이넘버는 개인들이 임의로 등록하는 것인 만큼 등록률은 아직 12%로 저조하다.

지방에서는 시민의 생활과 직결되는 공공서비스를 유지하기 위해 민간사업자 등과 협력하는 지자체가 증가하고 있다. 예컨대 일본 우편은 공적 증명서를 발행할 수 있는 멀티복사 단말기를 설치하는 서비스를 시작했고, 나가노長野현 야스오카泰阜촌에서는 '미나미 지소'가 실시하고 있는 모든 창구업무를 인근의 온다 우체국에 위탁하는 것을 검토하고 있다. 위탁업무 대상은 25개로, 주민이 기입한 신청서를 우체국원이 팩스 등을 이용해 주민센터로 송부하면, 이를 주민센터 직원이 처리한 후 우체국으로 보내게 된다. 매뉴얼 작성과 감시카메라 설치 등, 개인정보 유출을 예방하기 위한 대책도 검토하고 있다.

군마群馬현 시모니타下仁田정은 과소지의 주유소를 유지하기 위하여 지역 주유소에서 행정서비스 일부를 담당하도록 계획하고 있다. 현재 정에 있는 주유소는 2곳인데, 더이상 감소하면 마을 주민 생활에 영향을 미칠 것이기 때문에 방재나 복지 등의 행정서비스 일부를 주유소가 담당하도록 할 계획인 것이다. 따라서 주유소에 방재창고를 설치하고 기자재를 보관하여 그곳을 방재 거점으로 삼는 것 외에도 고령자의 교류 공간으로 이용하거나 등유 배달 시 순찰서비스를 실시하도록 하는 업무도 검토하고 있다.

도표 II-4-4. 공공서비스의 동향

일자	제목	내용
2017/9/4	지역 과제 '셰어'로 해결, 고령자나 육아 지원 (총무성)	총무성은 2018년도에 지자체의 과소 및 일손부족 문제를 지자체가 '셰어링 이코노미'를 활용해 해결하도록 지원한다. 이를 통해 예컨대 개인 자가용을 이용해 고령자의 이동을 돕거나 시간적 여유가 있는 사람이 육아 세대의 아이를 돌보는 등 다양한 형태의 '셰어'를 촉진하고자 한다.

2017/9/12	마이키 ID로 도서 대출, 전국 최초로 실증시험 대비 시험 운영 (도쿄도 도시마구)	도쿄도 도시마 구립 중앙도서관은 마이넘버 카드 뒷면의 IC칩에 내장된 빈 영역 등을 가리키는 마이키 부분을 사용해 도서를 대출하는 시스템을 시험적으로 실시했다. 당해 시험적 시도는 구민 등을 대상으로 한 전국 첫 실증실험에 대비해 실시한다. 실증실험은 3월 말까지로 예정하고 있다.
2017/9/22	일본 우편, 우체국에서 주민표 등 교부, 14개 우체국에 단말기 설치	일본 우편은 지자체가 교부하는 주민표 등의 공적 증명서를 발급할 수 있는 단말기를 전국 14개 우체국에 설치해 서비스를 개시한다. 이 단말기는 우체국 영업시간 내에 이용할 수 있으며 이번에 설치하는 곳은 홋카이도 이시카리시, 도쿄도 미타카시, 후쿠이현 에이헤이지정, 오키나와현 난조시 등 11개 시와 3개 정의 14개 우체국이다.
2017/10/10	신청 보조로 보급률 향상, 마이넘버 카드 (도야마현 히미시)	도야마현 히미시는 시청 직원이 관공서의 스마트폰을 이용해 마이넘버 카드 신청을 도와주는 등의 서비스를 통해 카드 보급률을 향상시키고 있다. 직원이 신청을 도와주는 서비스는 1~2월에 실시한다. 소득신고를 하기 위해 시청을 찾는 시민이 늘어날 것을 예상해 600여 명이 마이넘버 카드를 신청했다. 내년 1~2월에도 실시를 검토하고 있다.
2017/10/21	악천후 시 드론 출동, 내년 10개 정령시에 배치 (총무성 소방청 방침)	총무성 소방청은 2018년도에 헬리콥터가 날지 못하는 악천후 시에도 재해 현장을 촬영할 수 있는 방수성 높은 드론을 10개 정령시에 배치할 방침이다. 이를 통해 금년 7월의 규슈 북부 호우의 경험을 토대로 재해 시의 정보 수집체계를 전국적으로 강화한다.
2017/11/4	수도요금을 신용카드로 지불 도입 (효고현 가토시)	효고현 가토시는 수도요금과 하수도요금을 신용카드로 지불할 수 있는 시스템을 도입한다. 2018년 1월 청구분부터 실시하며, 신용카드 납부는 인터넷 야후의 공금 지불 사이트를 활용한다. 이용 등록 접수는 11월부터 시작했다.
2017/11/6	셰어링 이코노믹 협정, 육아 지원으로 2개사와 협력 (시가현 오쓰시)	시가현 오쓰시는 인터넷을 통해 개인 간에 물건이나 서비스를 거래하는 '셰어링 이코노믹'을 활용해 지역 과제를 해결하고자 시리얼링 이코노믹 협회와 포괄협력 협정을 체결했다. 동 협회와의 협정은 도쿄도 시부야구에 이어 두 번째라고 한다. 시는 협정에 의거해 민간사업자 2개사와 협력해 육아 지원 사업의 확대를 촉진할 예정이다.
2017/11/13	마이넘버 카드 신청, 출장 접수 (오사카부 네야가와시)	오사카부 네야가와시는 마이넘버 제도의 마이넘버 카드를 지자체 공무원이 지역별 커뮤니티 센터 등에서 신청받도록 하고 있다. 이를 통해 직원이 신청서 기입을 도와주거나 얼굴 사진 촬영을 실시함으로써 카드 신청에 따른 시민의 부담을 줄이고 보급을 확대하고자 한다.

2017/11/13	지자체 창구에서 절차 간소화, 마이넘버 정보 협력 본격 개시	국가나 지자체 등이 각각 보유하고 있는 개인정보를 마이넘버와 협력하는 '정보 협력'이 본격적으로 시작됐다. 이에 따라 인가된 보육시설에 입소하는 등의 육아 서비스 이용이나 공영주택 입주 등에 필요한 절차를 지자체 창구를 통해 밟을 때, 주민표 사본이나 과세 증명서와 같은 신청 서류의 일부를 제출하지 않아도 되게 되었다.
2017/11/15	지자체 포인트로 실증 실험, 20일부터 금년도 내 (가나가와현 가와사키시)	가나가와현 가와사키시는 총무성이 진행하는 '지자체 포인트' 제도의 운용에 대한 실증실험을 시내의 '모토스미·브레멘 거리 상가'에서 2018년 3월 말까지 실시한다. 지자체 포인트로 전환하려면, 이용자 ID를 작성·등록한 후 신용카드 회사 등 동 제도에 제휴된 12개사의 사이트상에서 자신이 가진 신용카드 포인트를 지자체 포인트로 교환하면 된다.
2017/11/27	기업과 협력해 '육아 셰어' (아이치현 이누야마시)	아이치현 이누야마시는 육아에 관한 지원이 필요한 사람과 지원할 의사가 있는 사람이 서로 돕는 '육아 셰어'를 진행시키기 위해 양자를 매칭하는 민간기업의 시내 유치를 검토하고 있다. 이는 현재 시에서 시행하고 있는 매칭 사업의 실시 주체를 민간으로 옮겨 이용자의 편의를 향상시키고자 하는 조치이다.
2017/12/6	다국어에 대처 쓰레기 분리수거 앱 (아이치현 이누야마시)	아이치현 이누야마시는 쓰레기의 분리 방법 등을 확인할 수 있는 스마트폰용 앱을 도입했다. 내년도부터는 이 앱에서 영어나 중국어뿐 아니라 타갈로그어나 베트남어 등 이누야마시에서 주로 사용되는 6개 국어로 통역이 가능하게 된다.
2017/12/27	마이넘버 카드 신청 전용 PC 설치 (야마나시현 야마나시시)	야마나시시는 마이넘버 카드 발급 증대를 위해 카드 신청 전용 PC 1대를 시청에 설치했다. PC에는 카메라도 내장되어 있어 카드에 사용되는 사진을 촬영할 수 있다. 사진도 무료로 촬영할 수 있으며, PC 사용이 익숙하지 않은 사람은 직원의 도움을 받을 수 있다.
2017/12/28	기업 일괄 마이넘버 신청 (도치기현 모오카시)	도치기현 모오카시는 시내에 사업소 등을 둔 기업·단체의 사원 등을 대상으로 마이넘버 카드의 일괄 신청을 촉진하는 방책을 마련했다. 담당 직원이 방문해 희망자에게는 태블릿 단말로 설명하면서 신청을 돕는 방식이다.
2018/1/10	지자체 포인트 사업 참가 (도치기현 모테기정)	도치기현 모테기정은 총무성의 지자체 포인트 제도 실증 사업에 참여했다. 마을은 이미 이 사이트에서 '쌀가루 바움쿠헨', '유자소금 라면' 등의 특산품 26개 품목을 판매하고 있다. 상품의 취급이나 발송은 '국도 휴게소 모테기'가 담당한다.

2018/1/10	법인등기, 주민표, 호적 제출 불필요, 행정 온라인화, 지자체에 요청 (정부)	정부는 행정 절차의 온라인화를 추진하기 위해 기업의 등기사항 증명서와 주민표의 사본, 호적 등·초본을 제출할 필요가 없도록 2020년도 이후 순차적으로 개선해 나갈 방침이다. 이는 제출 서류 폐지를 위한 첫 번째 시도이다. 정부는 마이넘버 제도를 활용해 기업의 소재지나 개인의 이름, 주소 등의 정보를 국가와 지자체가 확인할 수 있는 시스템을 구축할 방침이며, 전국 지자체에 행정 절차의 온라인화를 촉구했다.
2018/1/15	마이넘버 카드 신청으로 무료 촬영, 서류 작성 지원 (도쿄도 아키루노시)	도쿄도 아키루노시는 마이넘버 카드 보급을 위한 첫 권장책으로서 신청용 사진의 무료 촬영과 신청서의 작성 서포트를 실시한다.
2018/1/24	마이넘버 사진 무료 촬영 (에히메현 마쓰야마시)	에히메현 마쓰야마시는 마이넘버 카드 신청에 필요한 얼굴 사진을 시민과 창구에서 무료로 촬영해 주는 서비스를 실시한다. 2017년 10월부터 2개월간, 무료 촬영을 실시했는데 반응이 좋아 재개하기로 결정했다.
2018/1/24	시민과 기업을 대상으로 빅데이터 사이트 개설, 관광, 인프라 정보 분석 가능 (삿포로시)	삿포로시는 시와 민간기업이 보유한 다양한 데이터를 통합해 시민과 기업을 대상으로 관련 정보를 제공하는 웹사이트를 개설하겠다고 밝혔다. 이 사이트에서는 방재, 관광, 스포츠, 육아 등 12개 분야에 관한 정보를 이용할 수 있다. 데이터를 지도상에 표시하는 등 교통기관의 운행 정보나 독감 감염 상황 등을 파악할 수 있다. 병원과 어린이집의 분포 상황을 분석해 각 구의 시설 수를 비교할 수도 있다.
2018/1/29	종합안내에 AI 활용, 2월에 실증실험 실시 (아이치현 도요타시)	아이치현 도요타시는 시의 종합안내업무에 인공지능(AI)을 활용하기 위한 실증실험을 실시한다. 이에 따라 스마트폰이나 PC에서 시에 접속해 채팅 형식으로 AI에게 질문을 할 수 있다. 효과가 있을 경우, 업무량을 대폭 줄일 수 있다.
2018/2/13	편의점에서 증명서 발급 (에히메현 도온시)	에히메현 도온시는 전국의 편의점에서 주민표 등 각종 증명서를 발급할 수 있는 서비스를 시작한다. 이 서비스를 이용할 수 있는 대상은 마이넘버 카드 소유자이다.
2018/2/20	마이넘버 카드의 활용 모색, 노선버스로 실증실험 (효고현 히메지시)	마이넘버 카드의 활용도를 높여 카드 발급률을 증대하고 시민 서비스를 향상하고자 효고현 히메지시는 노선버스 승차 시에 카드를 활용하는 실증실험을 했다. 노선버스에서의 실험은 국내 최초라고 한다. 이는 총무성의 연구사업으로서 TKC가 실시하며 히메지시에 본사가 있는 신키 버스가 협력하고 모니터링에 응모한 65세 이상의 시민 27명이 참가했다.

2018/2/22	경찰서에서 방재 무선을 직접 방송 (이바라키현 나메가타시)	이바라키현 나메가타시는 시내를 관할하는 경찰서가 방재 행정 무선을 직접 방송할 수 있도록 시스템을 정비한다. 지금까지 방범 정보는 경찰서의 의뢰를 받은 시가 방송했지만 휴일이나 야간에는 담당자가 청사에 상주하면서 방재 방송을 담당해야 했기 때문에 여러 가지 업무상의 제약이 있었다. 이에 따라 시는 원격 제어 장치를 설치해 경찰서가 직접 방송 관련 기기를 조작할 수 있도록 할 방침이다.
2018/2/23	소방 광역화, 6년 연장, 지속적으로 재정 지원 (총무대신)	노다 세이코 총무대신은 소규모 소방 본부를 통합하는 등의 소방 광역화 추진 기간을 2024년 4월 1일까지 6년 연장할 방침이라고 밝혔다. 이에 따라 청사 건립 등 광역화에 소요되는 비용을 충당하는 재정적 지원도 계속한다.
2018/2/27	지자체 포인트 교환 우대, 신용카드 회사 세존과 27개 단체	포인트를 모아 지역특산품을 구입하거나 쇼핑 시 사용할 수 있는 지자체 포인트의 사용 확대를 위해 지자체 등으로 구성된 협의회와 신용카드 회사인 세존이 협력하기로 했다. 이에 따라 지자체는 세존의 신용카드 포인트를 지자체 포인트로 교환할 경우, 27개의 지자체 포인트에 대해 우대 조치한다고 발표했다.
2018/3/3	마이넘버 활용 본격화, 5일부터 연금 절차에 마이넘버 사용	연금 분야에서도 마이넘버 카드 활용이 본격화된다. 일본 연금기구는 개인의 연금 기록을 기초연금 번호뿐만이 아니라 마이넘버로도 파악할 수 있는 시스템을 구축한다. 이에 따라 연금의 수급 등을 신청할 때에는 원칙적으로 각 개인에게 발급된 마이넘버를 기재하게 되었다. 지자체의 연금 정보 조회도 곧 시작될 전망이다.
2018/3/8	재해 시 피해 정보 일원화를 위해 새로운 조직 마련 (도치기현)	도치기현은 2018년도, 재해 시의 피해 정보 수집과 정보 발신을 일원화하기 위해 '방재 대책반'을 하천과 내에 새롭게 마련한다. 기존의 공공 토목시설의 피해 상황 파악과 더불어 현민 생활부 소속의 위기관리과 등 청 내의 타조직과의 협력을 통해 매스컴 등에 정보를 제공하고 취재에도 응한다. 이는 신속한 정보 수집과 적절한 정보 제공을 위한 대책이다.
2018/3/16	아동 환자들을 대상으로 한 보육사업 개시 (가나가와현 아쓰기시)	가나가와현 아쓰기시는 시내 보육사업자에게 운영비를 보조하고 아동 환자들을 대상으로 한 보육을 시작했다. 홈페이지나 공공시설의 홍보를 통해 이에 대한 시책을 알리고 있으며, 간호사와 보육사가 1명씩 상주한다. 이용 정원은 1일 3인이며 요금은 1일 2,000엔이다(점심과 간식비는 별도로 300엔 필요).
2018/3/28	주유소가 방재·지킴이 역할 담당, 과소지 대책 (군마현 시모니타정)	군마현 시모니타정은 마을에 겨우 2개 남은 주유소를 유지하기 위한 대책으로서 과소화가 점차 진행되고 있는 지역의 주유소에 방재 대책과 고령자 지킴이 같은 행정적 역할을 부여했다. 마을이 주유소에 행정 기능의 일부를 위탁해 물이나 손전등 등 재해 시에 필요한 자재를 보관하는 방재 창고도 마련한다. 이에 따라 주유소 종업원은 마을의 '방재 연락원'으로서 재해 시에 재해 상황이나 지원 정보 등을 지역주민에게 알리는 역할을 한다. 평상시의 등유 배송 시에는 고령자의 안부 확인과 지킴이 서비스를 담당한다.

2018/4/3	특집·주유소 과소지의 내책, 주유소에 행정 기능을 부여, '시모니 타 모델' 보급을 목표 로·경제산업성	경제산업성은 주유소가 3곳 이하인 이른바 '주유소 과소지'라 불리는 시정촌에 연료 공급 체계 확보를 위한 계획을 수립하도록 요청했다. 이에 따라 군마현 시모니타징은 방재, 복지 등 행정서비스 일부를 주유소에 부여하는 내용을 담은 대책을 처음으로 발표했다. 경제산업성은 당해 지역을 과소지 재생의 모델로서 전국에 홍보하기 위해, 그 홍보 지침을 가까운 시일 내에 수립할 방침이다.
2018/4/4	사전투표 절차 간소화, 마이넘버 카드 활용 (니가타현 산조시)	니가타현 산조시는 마이넘버 카드를 이용해 사전투표 절차를 간소화한다. 시는 이를 22일에 있을 시의원 선거의 사전투표에 적용할 예정인데, 이는 전국에서는 첫 번째 시도라고 한다.
2018/4/11	마이넘버 카드에 혜택 (사이타마현 이나정)	사이타마현 이나정은 주민의 마이넘버 카드 신청을 촉진하고자 지금까지 5월부터 6월에 입장료를 받던 현 내 장미원의 입장료를 카드 소유자에게는 무료로 제공하기로 했다.
2018/4/11	편의점에서 지방세(현세) 납부 확대 (가고시마현)	가고시마현은 4월부터 편의점에서의 납부 대상 세목을 확대했다. 이에 따라 기존의 자동차세에 더해 개인사업세와 부동산취득세가 추가됐다. 단, 세금액이 30만 엔 이하인 경우에 한한다. 이 조치는 납세자의 편의 향상을 도모함으로써 지방세(현세) 납부율을 높이려는 것이다.
2018/4/23	시청 등 2곳에 택배 보관함 설치 (군마현 마에바시시)	군마현 마에바시시 시장은 시청 등 시내의 시설 2개소에 택배 보관함을 설치했다고 발표했다. 24시간 이용이 가능하며, 부재 시의 재배달지로 지정할 수 있다. 보관함은 시청과 시내 중심부의 복합상업 시설에 설치했다.
2018/4/25	IC 카드 인식기 무료 배포, 마이넘버 카드 보급 촉진 (후쿠이현 에치젠시)	후쿠이현 에치젠시는 마이넘버 카드 보급을 위해 카드 뒷면의 IC칩을 읽는 인식기를 무료로 배포한다. 이에 따라 시내 공립 초·중학교의 중고 컴퓨터를 사용해 단말기와 접속하는 방식의 인식기를 선착순으로 100개 제공한다.
2018/4/27	기존 시설을 활용한 어린이 식당 (아이치현)	아이치현은 조리학교 등 기존 시설을 활용한 어린이 식당 시범사업을 실시한다. 그동안 17개 사업자가 응모했으며 현 내 전역에서 10개 시설을 선정했다. 이 사업은 12월까지 실시한 후, 운영상의 과제 등을 2018년도 중에 정리해 보고서를 제출할 예정이다.
2018/5/8	비현금화 실험 (후쿠오카시)	후쿠오카시는 모바일 결제나 전자화폐 등 비현금화 실증실험에 참가할 사업자를 모집한다. 이는 독자적인 아이디어와 기술을 활용한 민간의 실증실험을 전면적으로 지원하는 실증실험 서포트 사업의 일환이다. 대상은 ①박물관, 아시아 미술관 등 시유 시설 ②포장마차, 상가 등 민간시설 2종류이다.

2018/5/15	소방대원에게 드론을 활용한 훈련 (가나가와현)	가나가와현은 2018년도 소방대원을 대상으로 드론과 로봇의 재해 대처 활용 훈련을 실시한다. 이를 위해 로봇 사업체로부터 강사를 초빙해 현 내 24개 소방 본부가 합동훈련을 실시하고 소방학교에서도 훈련을 실시할 예정이다.
2018/5/18	마이넘버 카드로 책 대출 시작 (오이타현)	오이타현은 현립 도서관에서 마이넘버 카드를 대출권으로 이용할 수 있는 서비스를 시작했다. 이용자는 처음 사용 시에는 ID를 등록하고 도서대출권 이용자 카드번호와 연계해야 하지만 연계 이후에는 마이넘버 카드를 인식시키는 것만으로 사용이 가능하다.
2018/5/18	회계사무에 헬프 데스크, 회계처리 실수 감소를 위한 상담창구 마련 (미야자키현)	미야자키현은 관청의 각 부서로부터 회계사무에 관한 상담을 받는 '헬프 데스크'를 회계과 내에 설치했다. 이 조치는 상담하기 편한 환경을 조성해 회계처리에서 발생하는 실수를 줄이는 것이 목적이다. 헬프 데스크는 회계지도 담당이 맡고, 인원은 5명이 배치된다. 전화나 메일 상담이 중심이지만 희망 시에는 신청 부서에 직접 나가 지원한다.
2018/5/23	마일리지 등을 포인트로, 마이넘버 카드 활용 (사이타마현 가와구치시)	사이타마현 가와구치시의 시장은 마이넘버 카드를 활용한 시 포인트 발행 사업을 시작할 것이라고 밝혔다. 이에 따라 항공사의 마일리지나 신용카드 회사의 포인트 등을 시의 포인트로 전환해. 시내 소규모 점포 등에서 사용할 수 있는 500엔 단위의 상품권으로 교환할 수 있도록 할 계획이다. 시는 이 사업이 지역경제 활성화에 보탬이 될 것으로 본다.
2018/5/28	개인 인증에 호적 부표 활용, 해외 전출 시, 마이넘버 카드 활용 대안 제시 (총무성)	총무성의 연구회는 해외로 전출한 사람이 계속해서 마이넘버 카드를 활용할 수 있도록 하기 위해 개인 인증 방식에 관한 중간보고서를 작성했다. 이에 따라 해외 전출 시 말소되는 주민표가 아닌, 호적의 부표나 주민표 등 각종 서류 중 하나를 기본으로 한 전자 증명서 발행을 검토한다. 이와 관련해 총무성은 이르면 내년 정기국회에 관련 법 개정안을 제출할 방침이다.
2018/6/4	비밀번호가 필요하지 않은 인증, 마이넘버 카드를 건강보험증으로 이용 (총무성)	총무성은 마이넘버 카드를 건강보험증으로 이용할 경우, 비밀번호를 입력하지 않아도 본인 확인이 가능하도록 했다. 이는 치매 환자나 의식 불명 상태로 구급 반송된 사람 등 입력이 어려운 사람에 대한 대책으로 공적 개인 인증법의 개정을 목표로 한다.
2018/6/8	지자체 포인트 충전, 마이넘버 카드 (총무성)	총무성은 지역 특산품 등을 구입할 수 있는 '지자체 포인트' 제도에 대해, 은행 계좌나 신용카드로부터 마이넘버 카드에 충전이 가능하도록 하는 시스템의 검토에 들어갔다. 이는 상점가 쇼핑 등에 전자화폐 대신 마이넘버 카드를 사용할 수 있게 해 지역경제의 비현금화를 추진하는 것이 목적이다.

2018/6/8	가설주택·구호물자 권한, 정령시로, 개성 재해구조법	재해 시 도도부현이 담당하고 있는 가설 주택의 정비나 구호물자에 관한 권한을 정령시로 이양하는 개정 재해구조법이 가결, 개정됐다. 이는 권한 이양에 따라 도도부현이 다른 지자체를 지원하는 데 힘을 집중할 수 있도록 하며 이재민 구조의 신속화를 도모한다. 2019년 4월부터 시행된다.
2018/6/21	공립 병원에서 원격 수화 통역 서비스, 태블릿 활용 (이시카와현 하쿠산시)	이시카와현 하쿠산시는 태블릿을 활용해 시내에 있는 두 개의 공립 병원에 원격 수화 통역 서비스를 도입했다. 이 서비스는 태블릿을 병원의 접수대에 설치해 시청에 상주하는 수화 통역사와 화상전화를 통해 대화하는 방식이다.
2018/6/29	지소 창구업무를 우체국에 (나가노현 야스오카촌)	나가노현 야스오카촌은 빠르면 2019년 4월부터 현재 미나미 지소에서 실시하고 있는 모든 창구업무를 근처의 온다 우체국에 위탁할 방침이다. 내각부가 2015년에 제시한 민간사업자 위탁 가능 창구업무 25개가 위탁 검토 대상이다. 주민표 사본 교부 등 5개 업무에 대해서는 우체국이나 편의점에서 서비스를 제공하는 지자체가 적지 않지만 모든 창구업무를 우체국에 위탁하는 경우는 전국 최초라고 한다.
2018/7/9	대화형 AI 자동응답 시스템, LGWAN 제공, 업계 최초, 조회 응답 업무용 (JSOL)	미쓰이스미토모 은행 파이낸셜그룹계 시스템 인터그레이터인 JSOL은 대화형 AI 자동응답 시스템을 통합행정 네트워크(LGWAN)상에서 제공하는 서비스를 시작했다. 미쓰이스미토모 은행이 일본 마이크로소프트와 공동 개발한 'SMBC 챗봇'을 LGWAN에 대응하도록으로 개량했다. 이 개량판은 인터넷상에서 제공하는 클라우드 서비스에 비해 운용환경의 보안을 현격히 향상시켰다.
2018/7/18	현금 인출 환경 개선, 슈퍼 계산대에서도 (도쿄도 하치조정)	도쿄도 하치조정은 현금인출 카드를 사용해 슈퍼의 계산대 등에서 현금을 인출할 수 있는 서비스를 개시했다. 이 서비스는 전국의 도서 지역이나 산간지역, 과소지역 등 현금자동인출기의 이용이 어려운 곳의 불편을 해소하기 위한 시범사업으로 활용할 방침이다.
2018/8/6	인터넷 투표에 마이넘버 이용 (이바라키현 쓰쿠바시)	이바라키현 쓰쿠바시는 블록체인과 마이넘버 카드를 활용한 인터넷 투표를 국내에서 처음으로 실시한다. 시는 AI, AR 등 첨단기술을 시내에서 활용하고자 하는 단체들의 아이디어를 모집하는 사업을 진행 중이다. 최종 심사에서는 인터넷 투표를 이용하며, 이에 앞서 20~24일에는 사전투표도 실시한다.
2018/8/17	가정용 쓰레기 일부 유료화 (가나가와현 에비나시)	가나가와현 에비나시는 쓰레기를 줄이기 위해 가정용 쓰레기 중 식품과 같은 타는 쓰레기와 유리, 도자기 같은 타지 않는 쓰레기처리를 유료화할 방침이다. 이를 위해 시가 지정한 유료 봉투를 사용하게 할 방침이며, 시민들의 이해를 얻어 2019년 가을부터 실시할 방침.

2018/8/20	증명서를 편의점에서 교부 (교토시)	교토시는 2019년 1월부터 주민표 사본 등의 증명서를 전국의 편의점에서 받을 수 있도록 한다. 대상 증명서는 주민등록증 사본이나 인감등록증명, 소득증명서 등 7종류다.
2018/8/23	'호적 부표' 활용이 최적, 마이넘버 카드의 해외 이용 (총무성 연구회)	총무성 연구회는 해외로 전출한 사람이 마이넘버 카드의 전자 증명서 기능을 계속해서 이용할 수 있도록 하는 방안에 대해 최종 보고서를 정리했다. 이에 따르면 주민표의 정보를 바탕으로 개인 인증하는 현행의 방법을 개정해 최신의 이름이나 주소가 반영된 '호적 부표'를 근거로 인증하는 방식이 최적이라는 판단을 내렸다. 총무성은 호구 제도를 소관하는 법무성과 협의한 다음, 내년 정기국회에 관련 법 개정안을 제출할 방침이다.
2018/8/27	태블릿으로 각종 서류 취득 (이바라키현 고카정)	이바라키현 고카정은 주민표나 인감등록증명 등의 증명서류를 발급할 수 있는 태블릿을 주민센터 1층 창구 카운터에 1대 설치했다. 도입 비용은 약 80만 엔이며, 카운터의 태블릿 위에 마이넘버 카드를 놓고 안내에 따라 필요한 서류의 교부 신청을 실시하는 방식이다.
2018/8/27	수도요금, LINE Pay 등으로 지불 가능 (구마모토시)	구마모토시는 9월부터 무료 대화 앱 'LINE'의 송금·결제서비스 'LINE Pay(라인페이)'와 결제 앱 'PayB'에서도 상하수도 요금을 지불할 수 있도록 했다. 이 조치는 지불 방법의 선택지를 늘려 시민의 편리성을 높이는 것이 목적이다.
2018/8/29	장애인 정보 일원화, 스마트 인클루전 구상 (이시카와현 가가시)	이시카와현 가가시는 첨단기술을 활용해 복지서비스 이용 상황 등 장애 시민에 관한 정보를 일원화하고 시청, 복지 사업자 등과 공유하는 시스템 구축에 나선다. 시는 인공지능(AI)이나 IoT 등을 활용해 장애를 가진 시민도 참여할 수 있는 사회구현을 목표로 하는 '스마트 인클루전'을 추진하고 있는데, 이는 그 첫 번째 시도에 해당된다.
2018/9/4	통역 소방단 발족 (홋카이도 하코다테시)	홋카이도 하코다테시 소방본부는 재해·구급현장 등에서 부상당한 외국인과의 소통을 원활히 하기 위해 '통역 소방단'을 발족시킨다. 이는 급증하는 외국인 관광객에 대비한 조치로서, 통역 소방단은 특별기능직 소방단원으로서 국적에 관계없이 통역 업무에 전념하도록 한다.
2018/9/10	창구업무용 창구 폐지, 편의점 교부 서비스 확대 (나가노시)	나가노시는 증명서 발행 업무를 하는 시민창구과의 2개의 창구를 폐지한다. 이용률이 감소하고 있는 창구를 폐지하는 대신, 10월부터 편의점에서 취득할 수 있는 증명서의 수를 늘림으로써 편의점 교부 서비스를 확대하면 약 1,000만 엔의 비용이 절약된다고 한다.

2018/9/13	신용카드로 충전 가능, 지자체 포인트, QR 코드 결제도 검토 (총무성)	총무성은 2019년에 지자체가 발행하는 포인트를 모아 현지 생산품의 구입 등에 사용할 수 있는 '지자체 포인트'의 활용 확대에 나선다. 이에 따라 신용카드 지불이나 은행 송금을 통해서도 포인트를 충전할 수 있도록 하고, 점포에서 쇼핑할 때의 QR코드 결제 도입도 검토한다. 이 조치는 지자체 포인트를 전자화폐처럼 사용이 편리하도록 하여 지역의 캐시리스화를 진행시키는 것이 목적이다.

5. 광역협력

정부는 인구 감소가 심각해지는 2040년경에는 각 지자체가 종합적인 행정 사무를 제공하기 힘들어질 것이라는 예측하에, 지자체 행정의 기본방향을 '협력 중추도시권'이나 '정주 자립권' 같이 광역 권역을 단위로 하는 것에 대한 검토에 착수했다. 이를 위해 '제32차 지방 제도 조사회'를 총리 대신의 자문기관으로 설치해 검토를 시작했다. 2018년 7월에 '지자체 전략 2040 구상 연구회'가 정리한 보고서에서는, 의료·간병의 수요 증가, 학교 수 감소, 인프라 노후화, 대중교통망 쇠퇴 등의 과제에 대해 광역 권역이 시정촌을 대신해 주체가 되어, 행정을 운영하는 제도를 법제화할 것을 제언했다.

아래는 의료·간병이나 교육, 마을조성 등 각 행정 분야의 과제를 관계 부처와 또는 광역 단위의 협력을 통해 선진적으로 추진하고 있는 지자체의 상황을 조사하고 그 논의사항 등을 정리했다.

가고시마鹿児島현 정촌회町村会는 소규모 지자체에 증명서의 편의점 발급 시스템 보급을 촉진하기 위한 시책을 개시했다. 이를 위해 소규모 지자체들은 정촌회가 창구가 되어 정보처리 서비스 회사인 ㈜TKC가 제공하는 클라우드 시스템을 공동 이용한다. 그리고 정촌회를 구성하는 현 내 26개 시정촌과 공동이용 사업에 참여하고 있는 나가사키, 구마모토 두 현의 1개 시 2개 정 가운데, 서비스 도입을 희망하는 시정촌에 시스템을 제공한다.

소규모 지자체에서는 도입 비용의 장벽으로 단독 도입이 어렵지만 공동 이용할 경우, 개별적으로 시스템을 조달하는 것보다 도입·운용 비용을 절약할 수 있다.

도표 II-4-5. 광역협력의 동향

일자	제목	내용
2017/9/7	전국 최초, 현 전역에서 협력 중추도시, 고치 시장이 선언	고치현 오카자키 세이야 시장은 전체 34개 시정촌의 협력 중추도시권 형성을 위한 '협력 중추도시 선언'을 실시했다. 현 전역에서의 협력 중추도시권 형성은 전국에서 처음이다. 향후 현 내의 전 시정촌의 의결을 거쳐 2017년도 말에 협력 협약을 맺는다.
2017/10/12	요시노야마 관광개발 협정 (나라현과 요시노야마)	나라현과 요시노정은 정 내의 세계유산 '요시노야마'의 관광개발을 위한 포괄 협정을 체결했다. 이에 따라 현이 노하우나 기술·재정 면에서 정을 지원하고 협력해 마을조성에 참여한다.
2017/11/2	협력 도시권 형성 협약 체결 (기후시와 주변 6개 시정촌)	기후시와 주변 6개 시정촌은 경제성장과 행정서비스 향상을 위한 '협력 중추도시권' 형성을 위해 협력 협약을 체결했다. 기후시와 협약을 체결한 것은 야마가타, 미즈호, 모토스노 3개 시와 기난, 가사마츠, 가타가타의 3개 정이다. 이 협력 협약을 체결한 지자체들의 총 인구는 60만명에 이른다.
2017/11/7	협력 중추도시권, 사업 수를 엄선, 주민 눈높이를 중시 (도야마 등 5개 시정촌)	도야마시와 주변 4개 시정촌은 2018년도 시작을 목표로 추진 중인 '도야마 광역 협력 중추도시권'에서 협력 사업 수를 큰 폭으로 줄인다. 도야마 광역권은 11개 사업만을 포함시킨다고 한다. 5개 시정촌은 2017년 12월 말까지 도시권의 비전을 수립하고, 2018년 1월 중순에는 협력 협약을 체결해 주민에게 주지시키며, 4월부터 실제로 협력을 진행시켜 나갈 방침이라고 한다.
2017/11/15	창업지원사업으로 광역 협력 (이바라키현 도리데시, 류가사키시)	이바라키현 도리데시와 류가사키시는 창업가와 그 예비군에 대한 창업지원사업을 협력을 통해 대응하기 위해 협정을 체결했다. 두 시는 국가 창업지원사업 계획을 인정받아 각각 지원사업을 벌여왔지만 인접 지자체가 협력해 광역적으로 대처하는 것이 더 효과적이라고 판단했다.
2017/11/17	정령시로의 권한 이양 지정 제도, 재해구조법의 개정 검토 (내각부)	내각부는 재해구조법에서 도도부현의 권한으로 돼 있는 가설주택의 정비, 물자 제공 등에 대해 정령시가 이양을 희망할 경우, 기준 충족 여부를 확인한 후, 이양을 인정하는 정령시를 지정하는 제도를 마련할 방침이다.

2017/12/14	편의점 발급 시스템 공동 이용, 29개 시정촌이 대상 (가고시마현 정촌회)	가고시마현 정촌회는 주민등록 등 증명서의 편의점 발급 서비스 보급을 위해 정보처리 서비스 대기업인 'TKC'가 제공하는 클라우드 시스템을 공동 이용한다. 정촌회가 창구가 되며, 2018년 7월 이후에 서비스를 도입하고자 하는 시정촌 등을 대상으로 시스템을 제공해 나갈 방침이다.
2017/12/18	여러 시정촌에서 공동 위탁을, 빈곤생활자 자립지원사업 (후생노동성)	후생노동성은 2018년도, 직원이 적은 시정촌에서 빈곤생활자의 자립을 지원하는 체계를 정비할 방침이다. 취업에 필요한 기초 능력을 몸에 익히게 하는 '취업 준비'와 가계에 관해 조언하는 '가계 상담'은 모두 임의 사업으로, 실시율은 40% 정도에 그친다. 후생노동성은 여러 소규모 시정촌들이 각 사업을 NPO 등 동일 단체에 위탁하도록 장려하고 이를 전국적으로 확산시키고자 한다.
2018/1/10	협력 중추도시권 협약 체결 (도야마시)	도야마시는 주변 4개 시정촌과 도야마시를 중심으로 하는 협력 중추도시권을 형성했다. 이 도시권은 복지, 관광, 경제 등에 걸친 12개 사업에 협력하며 도시권명은 '도야마 광역 협력 중추도시권'이다. 도야마시와 관계가 깊은 나메가와시, 가미이치정, 다테야마정, 후나바시촌으로 구성되었다.
2018/1/12	인접시와 협력 협정, 공공시설 상호 이용 (나라시·교토부 기즈가와시)	나라시와 교토부 기즈가와시는 인접한 두 시가 폭넓은 분야에서 협력하기 위한 포괄 협정을 체결했다. 두 시가 소유하는 도서관 등의 공공시설을 상호 이용할 수 있도록 하고, 재해 대책이나 교육, 관광 등 다양한 분야에서 협력한다.
2018/2/13	도시부에서 지자체 클라우드, 주민정보시스템 공동 이용 (도쿄도 다치카와, 미타카, 히노 3개 시)	도쿄도 다치카와, 미타카, 히노의 3개 시는 주민기록과 세금 등 주민정보 시스템을 외부 데이터 센터에서 관리·운용하고 공동 이용하는 지자체 클라우드를 운용하기 위해 협정을 체결했다. 2022년도 시작을 목표로 한다. 시스템 경비를 각각 약 20% 절감할 수 있다.
2018/3/16	부흥 토지구획 사업 협정, 현이 주체가 돼 마시키정 부흥 (구마모토)	구마모토현과 구마모토현 마시키정은 구마모토 지진으로 피해를 입은 구마모토시 시가지 부흥을 위한 토지구획 정리사업을 현 주체로 추진하는 협정을 체결했다. 작년 12월에 마시키정 심의회가 현지 주민의 이해를 얻지 못하고 사업 계획안을 부결시키는 바람에 협정의 체결이 늦어지고 있었다.
2018/3/20	공동 정비 어린이집 공개 (지바, 이치하라, 요쓰카이도시)	지바시, 지바현 이치하라시, 요쓰카이도시가 공동 정비한 인가 어린이집 '우에쿠사 학원자바역 어린이집'이 내람회를 열었다. 지바 시민 이외의 이용자 수가 많은 JR 지바역의 빌딩을 정비해 이용 정원 59명 가운데, 이치하라, 요츠카이도 양 시의 정원을 3명씩 설정했다. 정비비는 정원 수에 따라 3개 시가 보조한다. 운영비도 3개 시가 보조할 수 없는지에 대해 부담 비율 등을 협의 중이다.

2018/3/29	광역도시권, 협력 협약 체결, 현 내 33개 시정촌 (고치시)	고치시는 고치시를 중심으로 고치현 내 전체 34개 시정촌이 협력해 인구 감소, 경제 활성화 등의 과제에 임하는 '협력 광역도시권' 협력 협약을 체결했다. 이에 따라 고치시를 중심으로 한 21개 시정촌이 국가의 재정적 지원을 받는다. 당초 고치시는 현 내에 있는 모든 시정촌의 협력 중추도시권 형성을 목표로 했지만, 국가가 정한 요건을 충족하지 못해 시행되기가 곤란하다고 판단했다. 이에 따라 '협력 광역도시권'을 새롭게 구성해 현 내 모든 시정촌에 의한 독자적인 광역도시권 형성이 실현됐다.
2018/5/10	광역 협력 스탬프 랠리 (시가현 모리야마시)	시가현 모리야마시는 자전거 동호인이 많이 찾는 '시마나미 해안도로'와 비와호에서 모두 이용할 수 있는 스탬프 랠리를 시작했다. 자전거 애호가를 유치해 지역 활성화를 꾀하는 것이 목적이며 8월 말까지 실시한다.
2018/6/4	4개 정과 공동으로 아동 환자 보육 (가나가와현 가이세이정)	가나가와현 가이세이정은 가나가와현의 마츠다, 오이, 나카이, 야마키타의 4개 정과 공동으로, 발열이나 감염증 등으로 어린이집이나 초등학교에 가지 못하는 아동의 일시 보육을 실시하는 아동 환자 보육을 시작한다. 이 사업은 맞벌이 가정 등을 지원하기 위해 5개 정이 부담금을 거출하고 동현 니노미야정에 위치한 사회복지법인이 시설을 위탁 운영한다.
2018/7/3	인구 감소 대책을 위한 협력 강화, 지자체 서비스 유지 (총무성 연구회)	고령화가 절정에 달하는 2040년경의 행정 과제를 검토하고 있는 총무성 연구회는 서비스 유지를 위한 지자체의 최종 보고서를 노다 세이코 총무대신에게 제출했다. 인구 감소에 직면한 지방에서 여러 기초자치단체가 협력해 서비스를 제공하는 구조의 법제화를 요청했다. 수도권에서는 의료·간병 등 지역 전체가 해결해야 할 과제에 대응하기 위해 국가를 포함한 협의의 장이 필요하다고 제언했다.
2018/7/13	해저드 맵 제작 지원 (오이타현)	오이타현은 시정촌에 의한 토사 재해 위험 지도 제작을 가속화하기 위해 제작 업자 위탁비를 1/2 보조한다. 상한은 두지 않는다. 토사 재해 방지법에 근거해 현이 지정한 경계 구역은 현 내에 약 1만 1,000개소가 있다. 시정촌은 이를 바탕으로 해저드 맵을 제작하고 있지만 제작이 끝난 것은 30% 정도에 불과하다고 한다.
2018/7/17	히로시마현 미하라시의 사무 대행, 고향납세 기부 접수 (사이타마현 하스다시)	사이타마현 하스다시는 서일본을 중심으로 한 호우로 극심한 피해를 입은 히로시마현 미하라시에 대해 고향납세를 활용한 기부금의 사무 대행을 시작했다고 발표했다. 이는 고향납세 사이트를 활용해 재해 지원 기부금을 해당 지자체에 전달하는 데 수반되는 (영수증 발행과 같은) 행정 사무를 하스다시가 담당한다는 의미이다. 재해를 입은 지자체에 전달되는 이 기부금은 답례품 없이 재해 지원만을 목적으로 하는 기부금이다.
2018/7/19	대규모 재해법 적용 검토, 호우 복구, 국가가 대행 가능	정부가 서일본 호우의 재해지 복구를 가속화하기 위해 대규모 재해부흥법 적용을 검토하고 있는 것으로 밝혀졌다. 이는 도로나 하천 등의 복구 공사를 국가가 대행하는 것으로서, 재해를 입은 지자체의 부담을 경감시키고자 하는 것이 목적이다.

2018/8/29	재해 폐기물 처리 수탁, 재해 입은 구라시키, 소자시부터 (오카야마현)	오카야마현 지사는 서일본 호우로 인해 구라시키시, 소자시에서 발생한 재해 폐기물 약 22만 톤을 현이 대신 처리한다고 발표했다. 현은 이 작업을 위해 선별이나 파쇄를 하는 중간 처리 시설을 연내에 설치하고, 기존 시설을 활용하면서 2년 후에 처리를 완료하는 것을 목표로 한다. 이에 따라 지방자치법에 근거하여 양 시의 사무 위탁 신청이 있었다.
2018/8/29	현 접경지역 조수(鳥獸) 포획 강화, 광역조합 등도 지원 대상에 (환경성)	환경성은 현의 경계를 넘나드는 사슴과 멧돼지 포획을 강화하기 위해 2019년도부터 지원 대상을 확대할 방침이다. 현재는 계획을 정해 포획 관할 지역인 도도부현을 대상으로 보조금을 지급하고 있다. 단, 동물이 현의 경계를 넘었을 경우에는 대응이 어렵다는 의견을 고려해, 현 경계 지역에서 활동하는 광역조합이나 협의회 등도 지원 대상에 포함시켜 포획수 증대를 도모한다.
2018/9/3	도 외(道外) 학생에게 취업 준비 교통비 보조, U턴 촉진에 일조 (삿포로시)	삿포로시는 시와 주변의 총 12개 시정촌에 구직 활동을 위해 방문하는 학생 중 홋카이도 이외 지역에 사는 경우 교통비를 보조한다. 이는 8개 시와 3개 정에 신시노츠촌을 합친 '삿포로권'의 광역 협력의 일환이다. 보조 대상은 도외 거주 대학(원)생, 전문대생 등과 고등전문학교 학생으로, 조건은 1개사 이상에 채용 면접 또는 2개 시정촌 이상의 기업에서 인턴십에 참여하는 것 등이다.
2018/9/14	'모바일형' 가설주택도, 서일본 호우로 첫 도입 (홋카이도 지진)	서일본 호우 재해로 극심한 피해를 입은 오카야마현 아이시키시에서는 재해구조법에 의한 가설주택으로서는 전국 최초인 '모바일형'을 도입했다. 이에 따라 가설주택을 조기에 확보하기 위해 현으로부터 사무 위임을 받아 트레일러로 운반할 수 있는 모바일형 50동의 도입을 결정했다. 이 모바일형에는 건설형 가설주택에 앞서 이재민의 입주가 시작되었다.
2018/9/21	모든 지자체 오픈데이터 공개, 10월부터 (후쿠오카 도시권)	후쿠오카시를 중심으로 하는 후쿠오카 도시권 9개 시 8개 정은 10월부터 협력하여 구축한 오픈데이터를 공개한다. 이에 따라, 이미 공개하고 있던 후쿠오카시에 더해 16개 지자체가 10월에 일제히 데이터를 공개함으로써 동 도시권의 포털 사이트에서 일괄적으로 열람·검색할 수 있게 된다.
2018/9/23	재난 정보, 전자지도로 공유, 정부 내년부터 본격 운용	정부는 2019년도부터 폭우, 지진 등의 자연재해 발생 시 각 부처와 지자체가 수집하는 정보를 집약해 전자지도상에 일괄적으로 표시할 수 있는 시스템을 본격 운용한다. 이 시스템은 재해 시의 산재한 정보를 가시화하고 정리해 관계 기관이 재해 상황에 적절히 대응할 수 있게 돕는 것을 목적으로 한다. 정부는 지자체와의 정보 공유도 바라고 있다.

6. 민관 협정

미에三重현은 사업승계에 관한 과제에 직면한 중소기업의 지원체계를 갖추기 위해 인재 서비스 업체인 비즈리치와 포괄 협정을 체결했다. 이 협정에 따라 비즈리치가 운영하고 있는 온라인상의 사업승계 M&A 플랫폼을 활용하며, 사업승계의 협력체계를 구축하여 연수를 실시하거나 차세대 경영자 육성, 이주 촉진 등을 도모한다. 이미 현과 협력체계에 있는 8개 금융기관도 사업승계 분야에서 비즈리치와 사업을 협력해 지원체계를 강화한다. 협력 은행은 하쿠고 은행, 미에 은행, 제3 은행, 쿠와나 신용금고, 기타이세우에노 신용금고, 쓰 신용금고, 미에 신용금고, 기호쿠 신용금고이다.

가나가와神奈川현 야마토大和시는 시내에 공장을 둔 업체와 재해 시 시설 사용에 관한 협정을 맺었다. 이에 따라 재해가 발생한 경우, 협정을 맺은 업체는 공장 내 주차공간과 회의실을 제공한다. 또한 대규모 재해 시에는 타지역 지자체 공무원 등이 지원을 위해 모이는데, 이들의 휴식이나 숙박을 위한 장소로 혹은 구호물자의 물류거점으로도 동 공장 내 공간을 사용할 수 있도록 한다. 시는 동일본 대지진 이후, 원거리에 있는 지자체와 상호 응원협정 체결을 진행시키고 있는 상황을 고려해, 이 업체들에게 제공받는 공간을 재해 시의 활동거점으로 사용한다.

도표 II-4-6. 민관 협정 동향

일자	제목	내용
2017/9/13	고난 학원, 고베 학원 대학교와 협정 (고베현)	효고현은 고난 학원, 고베 학원대학교와 각각 지역창생에 관한 포괄협력 협정을 맺었다. 고난 학원과의 협정에서는 고교생의 현 내 정착과 학원 OB와 협력한 기업입지 촉진 등 7개 항목에서 현이 협력을 요청했다.
2017/9/26	드론 활용에 대한 일본 대학교와 협정, 연구 성과를 마을조성에 반영 (후쿠시마현 가쓰오촌)	후쿠시마현 가쓰오촌과 일본 대학교 공학부는 드론을 활용한 마을조성에 관한 협정을 체결했다. 일본 대학교 공학부가 드론을 활용하여 해당 마을의 실태 조사 등을 실시해 그 연구개발의 성과를 마을조성에 반영시킬 생각이다.

2017/10/4	고령자 쇼핑 지원으로 농협과 협정 (가나가와현 아쓰기시)	가나가와현 아쓰기시는 아쓰기시 농업협동조합과 고령자들의 쇼핑 지원에 관한 협정을 체결했다. 이에 따라 농협은 이동 판매차 운행과 농축산물 판매를 비롯, 이동 판매차를 활용하여 시정 정보를 제공한다. 시는 판매 장소 조정이나 공공시설 무상 제공을 실시한다.
2017/10/13	오비히로시와 이온, 협력 협정, 시장 '전국에 매력 발산(發信)을'	홋카이도 오비히로시와 이온은, 지역경제 활성화와 시민 서비스 향상을 목적으로 마을조성에 관한 포괄협력 협정을 체결했다. 이에 따라 관광 진흥을 비롯한 문화·예술·스포츠 진흥 등 9개 항목에 걸친 업무를 협력한다. 이온은 전자화폐 'WAON'과 동종의 현지 카드 '토카치오비히로 WAON'을 발행해 지불액의 0.1%를 오비히로시에 기부할 예정이며 이 금액은 시의 육아 지원이나 교육환경 개선을 위해 사용된다.
2017/10/26	아이오이 손해보험과 협력 협정 (돗토리현)	돗토리현과 아이오이 닛세이 동화 손해보험은 현청에서 포괄협력 협정을 체결했다. 이에 따라 환경 보전 활동과 장애인 스포츠 보급을 위한 지원 등 7개 항목에 관해 협력한다. 환경 보전과 스포츠 이외에 방범 활동이나 육아 지원, 관광 진흥 등의 사업에도 협력한다.
2017/10/30	재해 시 시설 사용으로 협정 체결 (가나가와현 야마토시)	가나가와현 야마토시는 민간기업과 '재해시의 시설 사용에 관한 협정'을 체결했다. 이 협정의 목적은 협력 업체의 시설을 재해 발생 시 시로 지원 나오는 시외 공무원을 위한 숙박 시설 등으로 확보하고 이를 활동 거점으로 사용하는 것이다.
2017/10/31	NTT 에히메 지점에 어린이집, 민관협력으로 육아 지원	NTT 서일본은 에히메 지점에 기업 내 탁아소 '꿈꾸자 어린이집'을 개설했다. 이 시설은 2016년 6월에 에히메현과 마츠야마시가 체결한 포괄 협정에 의한 협력 사업으로, 지역의 육아지원이 목적이다.
2017/11/13	이토요카당, 세븐 일레븐과 포괄협력 협정, 시 생산품 판매 등 8개 분야에서 (사이타마현 가스카베시)	사이타마현 가스카베시는 이토요카당, 세븐일레븐 재팬과 지역 활성화에 관한 포괄적인 협력 협정을 체결했다. 이에 따라 시 생산품의 판매·활용이나, 육아, 고령자에 대한 지원 등 총 8분야에서 폭넓게 협력한다. 협정에 따른 기타 협력 분야는 ▽건강 증진, 식생활 교육, 식품 안전 ▽환경 보전·재활용 ▽방범, 재해 대책 ▽산업·관광 진흥 등이다.
2017/11/17	현 내 모든 신용금고와 포괄 협정 (아이치 노동국)	아이치 노동국은 현 내 15개 신용금고와 업무개혁 추진을 위한 포괄협력 협정을 체결했다. 이에 따라 노동국은 신용금고를 통해 각종 조성제도를 소개하는 등 중소기업이나 소규모 사업자의 업무 개혁 활동을 위한 정보를 제공하고 업무 개혁을 도모한다.
2017/12/13	지역 3개 금융기관과 포괄협력 협정 (도쿠시마현 이시이정)	도쿠시마현 이시이정은 정주 인구 확보를 목적으로 현지 금융기관인 아와 은행, 도쿠시마 은행, 시코쿠 은행과 포괄협력 협정을 체결했다. ①육아환경을 향상시켜 이주·정주 촉진 ②살기 좋은 생활환경 조성 ③산업 진흥과 고용 창출의 3가지 사항에 대해 정과 3개 은행이 상호 협력하여 추진한다.

2017/12/18	소프트뱅크와 포괄 협정, 인공지능 등의 활용으로 협력 (도쿠시마현)	도쿠시마현과 소프트뱅크 주식회사는 인공지능(AI), IoT, 빅데이터의 활용을 협력해 실시하는 포괄협력 협정을 체결했다. 협정은 산업 진흥, 위기 관리, 의료, 교육 진흥 등 8개 항목에서 협력하는 내용을 담았다.
2017/12/20	J2 야마구치, 메이지 야스다 생명과 포괄 협정, 3자 체결은 전국 최초 (야마구치현)	야마구치현과 J리그의 간판 스폰서인 메이지 야스다 생명보험, J2(J리그 2부) 레노파 야마구치는 지방창생 추진을 위한 포괄협력 협정을 체결했다. 지자체와 J클럽, 생명보험회사의 3자가 체결한 이 협정은 전국 최초로, 건강 증진이나 젊은층의 만남의 장소 조성 등 폭넓은 분야에서 협력한다.
2017/12/20	세이부 라이온스와 협력 협정 (사이타마현 요코세정)	사이타마현 요코세정은 세이부 라이온스와 스포츠 진흥, 청소년 건전 육성, 지역 진흥 분야에서 협력하는 협정을 체결했다. 협정은 마을에 관전 티켓을 무상으로 제공하는 것 등이 주요 내용이다. 라이온스 측도 팬들이 야구에서 관심이 멀어지는 가운데, 이를 통해 새로운 팬층 확보를 도모하고자 한다.
2017/12/20	손해보험 재팬과 포괄협정 (교토부)	교토부는 손해보험 재팬 일본 흥아와 지역 활성화 포괄협력 협정을 맺었다. 이에 따라 재팬은 동사(同社)의 강우량 예측 시스템을 교토부에 제공함으로써 방재에 활용하고, 빅데이터를 방재 대책에 활용하기 위한 교토부 공무원 양성 등에 협력한다.
2017/12/20	지방창생 포괄협력 협정, JTB, 무사시노 은행 (사이타마현 기타모토시)	사이타마현 기타모토시와 JTB 간토, 무사시노 은행은 지방창생에 관한 포괄협력 협정을 체결했다. 이에 따라 인구 감소 상황에서의 지역 활성화를 위한 지역자원 브랜드화, 젊은층을 대상으로 한 이주·정주·육아지원 등에 협력한다.
2017/12/21	서일본 시티 은행과 관광 협력 협정 (오이타현 벳부시)	오이타현 벳부시는 서일본 시티 은행과 관광 진흥에 관한 협력 협정을 체결했다. 향후에는 협정에 근거해 시가 협력 은행에게 시내의 카드 결제가 가능한 선물가게와 여관을 확대하는 데 관한 조언을 받는다. 시는 2019년 럭비·월드컵 일본 대회 등을 앞두고 관광업 전체의 캐시리스화를 진행해 소비 증대를 꾀하고, 중소기업에 대한 지원 방안도 검토하고 있다.
2018/1/15	프로야구 니혼햄과 파트너 협정 (홋카이도 기타히로시마시)	홋카이도 기타히로시마시는 프로야구·홋카이도 니혼햄 파이터스와 파트너 협정을 체결했다. 이에 따라 시민 참여형 스포츠 이벤트 개최와 어린이 야구교실 등을 통해 스포츠 진흥과 지역 활성화에 협력한다.
2018/1/17	요코하마 국립대학교와 포괄협력 협정 체결 (가나가와현 가와사키시)	가나가와현 가와사키시의 후쿠다 노리히코 시장은 요코하마 국립대학교와 교육, 산업 진흥, 마을조성에 관한 포괄적인 협력 협정을 체결했다고 발표했다. 이 협정은 시의 다양한 과제나 시책 추진에 대해 서로가 가진 자원과 네트워크를 살려 사회적 과제를 해결하고 시의 발전을 위해 상호 협력하는 것이 목적이다.

2018/1/19	세븐과 지역 지킴이 협정, 이동 판매도 개시 (가나가와현 미우라시)	가나가와현 미우라시는 편의점인 세븐일레븐 재팬과 '지역 수호와 안심할 수 있는 마을조성에 관한 협정'을 체결했다. 협정에 따라 이동 판매 '세븐 안심 배송'이 시내에서 시작됐다.
2018/1/23	아이오이 손해보험과 지역 진흥 협정, 어린이집에서 반사판 스트랩 만들기 (사이타마현 교다시)	사이타마현 교다시는 아이오이 손해보험과 지역 진흥을 위한 포괄 협정을 체결했다. 협정은 지역의 안전·안심 대책과 재해 대책, 관광 진흥 대책, 육아지원 및 청소년 육성 대책 등 8개 항목이다.
2018/1/23	몽벨과 포괄 협정, 시민의 아웃도어 활동 촉진 (구마모토현 기쿠치시)	구마모토현 기쿠치시는 아웃도어 종합 메이커인 몽벨과 포괄협력 협정을 체결했다. 이에 따라 자연 체험, 재해 대처 능력 향상, 지역 매력 발산 등 7개 분야에서 시와 몽벨이 협력해 나간다.
2018/1/29	아이오이 손해보험과 포괄 협정 (이바라키현 오미타마시)	이바라키현 오미타마시는 아이오이 손해보험과 지방창생에 관한 포괄 협정을 체결했다. 이에 따라 드라이브 시뮬레이터를 이용한 안전운전 적성 진단, 중소기업에 대한 재난 시의 업무지속계획(BCP) 작성 지원, 인바운드 접객 세미나 실시 등이 논의되고 있다.
2018/1/31	치매 지원 마크 작성 (가나가와현)	가나가와현은 치매 환자와 가족 등을 지원하고 치매 시책의 보편화와 더불어 치매에 대한 계몽 활동을 추진하기 위해 독자적인 마크를 작성해 발표했다. 이 사업은 포괄 협정을 체결한 학교법인 이와사키 학원이 운영하는 요코하마 디지털 아트 전문학교가 협력한다.
2018/2/5	문화재 보호 협정, 닛신전기 300만 엔 기부 (교토시)	교토시는 닛신전기와 문화재 보호에 관한 협정을 체결했다. 닛신전기는 교토시 문화시민국과 경관·도시조성센터에 각각 250만 엔과 50만 엔을 기부한다.
2018/2/6	법무 능력 향상을 위해 대학원과 협력 (효고현 아시야시)	효고현 아시야시는 공무원의 법무 능력 향상 등을 목적으로 간사이 학원대학교 법과 대학원과 상호 협정을 체결했다. 이 협정의 목적은 공무원이 대학원 수업을 수강할 수 있게 하고 대학원 수업에 시 공무원을 파견하는 등, 서로의 법무 지식을 높이고자 하는 것이다.
2018/2/9	쇼핑몰 이온과 포괄 협정 (가나가와현 자마시)	가나가와현 자마시는 쇼핑몰을 운영하는 이온과 포괄 제휴 협정을 체결했다. 이에 따라 육아, 재해 대책, 방재, 방범, 마을·지역조성, 건강 증진, 자마시판 WAON 카드 활용 등 9개 항목에 걸쳐 제휴한다.
2018/3/5	지역 활성화를 위해 포괄 협정, 도시 홍보용 그림책을 점포에 비치 (사이타마현 후카야시)	사이타마현 후카야시와 신용금고는 지역 활성화를 위해 시티 세일즈 등 9개 분야에서 상호 협력하는 포괄 협정을 체결했다. ①산업·경제 진흥, 일자리 창출 ②환경 보전 ③관광 진흥, ④생활 안전·안심 방재 대책 ⑤어린이·청소년 육성 등 9개 분야이다.

2018/3/14	가고메와 미병(未病) 치료 등을 위해 협정 (가나가와현)	가나가와현과 대기업 식품 메이커인 가고메는, 미병 치료를 위한 대책이나 지역산 농수산물의 판매·활용, 교육 진흥 등에서 협력하기 위해 포괄 협정을 맺었다. 초·중학교에서는 가고메가 제공하는 토마토 모종을 아이들이 재배해 수확하는 등의 수업을 실시할 예정이다.
2018/3/15	세븐일레븐과 포괄 협정 (교토시)	교토시는 세븐일레븐 재팬과 지방창생 포괄 협정을 체결했다. 양 측은 2007년부터 관광 분야 시책 중심으로 이미 협력해 왔지만 10년째인 올해는 관광·문화·전통산업 진흥, 육아 및 외국 국적 주민 지원, 환경 대책 등 7개 항목에 대한 포괄 협정을 체결했다.
2018/3/16	코나미와 포괄 협정, 6개 분야에서 협력 (사이타마현 소카시)	사이타마현 소카시와 시 체육협회, 코나미스포츠 클럽은 소카시의 스포츠 진흥과 건강 진흥 등 6개 분야에서 상호 협력하는 포괄협력 협정을 체결했다. 이에 따라 3자가 역할을 분담해 체조 교실 개최 등의 구체적인 사업을 전개한다.
2018/3/16	이세탄과 협정 체결, 건강장수마을 추진 (시즈오카시)	시즈오카시는 시즈오카 이세탄과 건강·장수에 관한 협력 협정을 체결했다. 이는 도시의 고령자를 수용하는 CCRC(노년층 주거 단지 또는 노인복지 커뮤니티) 구상의 일환으로, 그 목적은 인근에 건설 중인 유료 노인시설 이용객을 CCRC로 유도해 시즈오카시를 건강과 장수의 도시로 발전시켜 나가기 위한 것이다.
2018/3/16	이요 철도와 도시조성 협정 (에히메현 마쓰야마시)	에히메현 마쓰야마시는 이요 철도와 포괄 협정을 체결했다. 협정에 따라 관광·산업 진흥, 지역의 매력·활력 만들기, 안전·안심 거리조성 등 5개 분야에서 협력할 예정이다.
2018/3/20	ICT 활용해 지진 피해지 부흥, NTT 서일본과 협정을 연장 (구마모토현·구마모토시)	구마모토현과 구마모토시, NTT 서일본은 정보통신기술을 활용한 지역 활성화 추진을 위해 2012년에 맺은 포괄 협정을 연장하기로 합의했다.이는 ICT를 활용한 매력적인 마을조성 등을 중심으로 구마모토 지진으로부터 창조적 부흥을 목표로 한다.
2018/3/26	류큐 대학교와 포괄 협정 (오키나와현 오키나와시)	오키나와시는 류큐 대학교와 포괄 협정을 체결했다. 이에 따라 지역사회의 발전과 인재 육성을 목적으로 마을조성, 평화 활동, 관광산업 등 9개 항목에 대해 서로 협력한다.
2018/3/29	ANA 종합연구소와 협정 (미야자키현 미야코노조시)	미야자키현 미야코노조시는 ANA 홀딩스 산하 ANA 종합연구소와 포괄적인 협력 협정을 체결했다. 이에 따라 시는 4월부터 ANA 종합연구소의 직원 1명을 받아들인다. 이 직원에게는 '미트 투어'를 추진하는 '미야조 PR과'의 업무를 담당하게 해 관광객 증가를 도모한다. '미트 투어'는 시의 고객 유치 사업으로서 지역특산품인 고기와 소주를 중심으로 진행된다.
2018/3/30	우체국과 포괄 협정 (아이치현 가마고리시)	아이치현 가마고리시는 시내 우체국 9곳과 재해 지원, 시민 보호 등 포괄적인 협력에 관한 협정을 체결했다. 기존에는 재해 지원이나 폐기물 불법 투기, 도로 손상 등의 정보 제공에 대해 개별적으로 협정을 체결했었다. 그러나 이번에는 우체국 측의 제안에 따라 주민 지킴이에 관한 일도 추가하게 됨으로써 협력 사항을 일원화하는 포괄협력 협정으로 변경했다.

2018/4/4	측량 회사의 드론 활용 (사이타마현 가와시마정)	사이타마현 가와시마정은 재해 시나 평시에 드론을 활용하기 위해 마을 내 측량 회사 3사와 포괄 협정을 체결했다. 이 협정의 목적은 드론을 활용하여 안전하고 안심할 수 있는 마을조성을 촉진하는 것이다.
2018/4/20	스마트폰으로 무료 소아과 상담 (나가노현 하쿠바촌)	나가노현 하쿠바촌은 야간에 스마트폰으로 소아과 의사와 상담할 수 있는 원격 건강의료 상담을 7월부터 시작한다. 이는 임신으로부터 육아기까지 지원하는 육아 세대 포괄 지원 센터의 설치에 따라 시책을 충실하게 이행하기 위한 대처의 일환이다. 이 조치는 스마트폰으로 부담없이 상담할 수 있기 때문에 대면 진료를 줄일 수 있을 뿐만 아니라, 임산부와 육아 세대의 불안도 해소할 수 있을 것으로 기대되고 있다.
2018/4/24	블록체인 활성화 (이시카와현 가가시)	이시카와현 가가시는 암호화폐의 기반 기술인 블록체인을 활용하여 지역 활성화를도모하기 위해, 오사카에 본사를 둔 IT 기업인 스마트밸류, 시빌라 2개사와 포괄협력 협정을 맺었다. 가가시는 2014년, '일본 창성 회의'의 논의 결과에서 '소멸 가능성 도시'로 분류된 것을 계기로 위기감을 가지고 IT나 IoT 등 선진 기술을 활용한 마을 부흥을 추진하고 있다.
2018/5/15	시 내외 6개 우체국과 포괄 협정, 고령자 보호, 홍보 (나라현 가쓰라기시)	나라현 가쓰라기시는 시내 4개 우체국과 인접 시의 2개 우체국까지 총 6개 우체국과 포괄협력 협정을 체결했다. 지금까지도 재해 시 등에 협력하기 위한 협정은 체결하고 있었지만, 이번 포괄 협정을 통해서는 고령자 보호, 시 홍보 활동, 교육 분야 등 협력의 범위를 한층 더 넓힌다.
2018/5/16	군마 대학교와 포괄 협정, 지역 산업, 도시조성 (마에바시시)	마에바시시와 군마 대학교는 산업 진흥과 의료, 도시조성 등 폭넓은 분야에서 협력하는 포괄 협정을 체결했다. 시는, 지금까지도 노선버스의 자율운행이나 소형 수력발전 등의 개별 사항에 관한 협정은 맺고 있었지만 이번 포괄 협정을 기회로 두 조직 간의 협력 체계를 한층 깊게 함으로써 지역 발전과 인재 육성 등에 기여하는 것을 협정의 목표로 한다고 밝혔다.
2018/5/18	포괄 협정 체결, 지역의 에너지 절약과 관광 홍보 (나라현과 간사이전력)	나라현과 간사이 전력은 18일, 지역 에너지 절약과 재해 시 협력 강화, 관광문화 활동까지 포함한 폭넓은 분야에서 협력하는 것을 목적으로 한 포괄적 협력 협정을 체결했다. 간사이 전력이 지자체와 포괄 협정을 체결하는 것은 이번이 처음이다.
2018/5/21	전국 최초, 도시재생 기구와 도시조성을 위한 포괄 협정 (나가노현)	나가노현은 도시재생 기구와 도시조성 지원에 관련되는 포괄 협정을 맺었다. 이에 따라 현 내의 기초자치단체를 지원할 때 협력하고자 신설된 '신슈 지역 디자인 센터'에 관한 검토와 노후화된 공공시설을 활용한 사업화 지원, 전문가 파견 등에서 협력한다.

2018/5/21	다이이치 생명과 포괄 협정, 건강 증진, 여성·고령자 지원 (나라현)	나라현과 다이이치 생명보험은 포괄협력 협정을 체결했다. 이에 따라 향후에는 건강진단의 진찰률 향상이나 건강 증진 이벤트에 관한 협력, 여성의 커리어 형성이나 고령자의 교통사고 방지 등, 다양한 사업을 진행시켜 나간다.
2018/6/1	짓센 여자학원대학교와 포괄 협정, 여성의 시선으로 지역 과제 해결 (도쿄도 시부야구)	도쿄도 시부야구와 짓센 여자학원대학교는 여성의 시선에서 지역 과제를 해결하기 위해 포괄 협정을 체결했다. 이에 따라 대규모 지진 발생과 같은 상황에서 영유아를 동반한 대피자를 위한 구체적인 대피소 생활방법을 검토하고, 의식주 연구를 전문으로 하는 동 대학교 생활과학부는 접수나 위생 면을 고려해 대피소 생활에 불편함이 없도록 하는 방안을 연구하는 등 여러 가지 방안 마련을 위해 협력한다.
2018/6/8	아이오이 손해보험과 포괄 협정 (아이치현 도요하시시)	아이치현 도요하시시는 아이오이 손해보험과 지방창생에 관한 포괄 협정을 체결했다. 이에 따라 ①산업 진흥과 고용 창출 ②이주·정주 촉진 ③육아지원, ④지역과 생활 안전·안녕 ⑤다문화 상생 등의 항목에 대해 정기적으로 협의해 관련 사업을 실시한다.
2018/6/25	비즐리치와 포괄 협정 (미에현)	미에현은 사업 승계와 관련된 과제에 직면한 중소기업을 지원하기 위해 비즈리치와 포괄 협정을 맺었다. 이 사업은 비즈리치가 운영하는 온라인상의 사업승계 M&A 플랫폼을 활용한다.
2018/6/26	신용금고와 포괄 협정, 지역창생 분야 (사이타마현 가와고에시)	사이타마현 가와고에시는 사이타마현 신용금고와 지역창생에 관해 다양한 분야에서 협력하는 포괄 협정을 체결했다. 이에 따라 빈집의 증개축이나 철거 등을 희망하는 시민에게 신용금고의 '빈집 활용 융자'를 통해 우대금리를 적용하는 등의 방책을 계획하고 있다.
2018/6/27	지방창생으로 신용금고와 협정 (사이타마현 미요시정)	사이타마현 미요시정은 사이타마현 신용금고와 지방창생에 관해 폭넓은 분야에서 협력하는 내용의 포괄 협정을 체결했다. 협정은 ①경제·산업 진흥과 지역 고용 창출 ②인구증가, 정주촉진 ③시티 프로모션, 관광 진흥 ④결혼·출산·육아지원·교육 ⑤안전·안심도시 조성, ⑥인재 양성 등 10개 항목이다.
2018/7/5	도시조성을 위한 협정 체결 (가와사키시)	게이힌 급행전철 주식회사, 가나가와 대학교와 가와사키시는 게이큐선을 중심으로 한 도시조성에 대해 조사·연구 등을 실시함으로써 철도·역을 중심으로 한 도시의 활성화 및 미래 비전 형성에 기여하기 위한 협정을 체결했다.
2018/7/6	세븐일레븐과 포괄 협정 (시즈오카현 이와타시)	시즈오카현 이와타시는 세븐일레븐 재팬과 포괄적인 협력 협정을 체결했다. 이에 따라 시민의 안전과 안녕을 확보하고 건강 증진과 지역 활성화 등 다양한 분야에서 협력한다. 이런 협정이 체결된 것은 현 내 시정촌 중에서는 처음이다.

2018/7/6	도쿄 가정대학교와 포괄 협정 (사이타마현 이루마시)	사이타마현 이루마시는 도쿄 가정대학교와 포괄적인 협력에 관한 기본협정을 체결했다. 지금까지도 현과 대학은 지역복지나 교육, 스포츠, 인재 육성 등에서 협력해 왔지만 이번 포괄 협정으로 지역을 한층 매력적이고 활력 있게 발전시키고자 상호 협력체계를 구축했다.
2018/7/10	안테나 숍을 백화점 지하로 이전 (가나가와현)	가나가와현은 '안테나 숍 가나가와'를 JR 요코하마역 근처의 '소고 요코하마점' 지하의 식료품 플로어로 이전시켰다. 이는 현과 포괄 협정을 맺어 현의 생산품을 취급하는 기간 한정 행사를 실시한 적이 있는 '소고·세이부'가 제안한 것이다.
2018/7/11	아이오이 일본 생명과 포괄 협정 (후쿠시마시)	후쿠시마시는 아이오이 일본 생명, 도와 손해보험과 지방 창생에 관한 포괄협력 협정을 체결했다. 협력 분야는 ▽지역·생활 안전 안녕 ▽방재·재해 대책 ▽산업 진흥·중소기업 지원 ▽육아지원, 어린이·청소년 육성 ▽스포츠 진흥 분야이다.
2018/7/11	소프트뱅크와 협력 협정, 로봇 '페퍼'로 정보 전달	후쿠시마현과 후쿠시마 이노베이션·연안 구상추진기구, 소프트 뱅크는 현 내 연안부에 로봇이나 재생 가능 에너지 등 신(新)산업을 집적하는 '후쿠시마 이노베이션·연안 구상'을 추진하기 위한 협력 협정을 체결했다. 이에 따라 현지 고교생이 소프트뱅크의 인간형 로봇 '페퍼'에 프로그래밍을 인식시켜 현 내 시설의 창구에 배치하고 이를 정보 발신에 활용한다.
2018/7/11	일본 우편과 포괄 협정, 지방창생 협력 (도쿠시마현)	도쿠시마현과 일본 우편은 지방창생에 관한 포괄 협정을 맺고 체결식을 가졌다. 일본 우편은 우체국 네트워크를 살려 재해 시에 방재 정보의 발신 거점으로 제공되거나 이주 상담자를 위한 창구가 되는 등의 사업에서 협력한다.
2018/7/12	미즈노와 포괄협력 협정 (사가현 우레노시)	사가현 우레시노시는 스포츠 메이커 미즈노와 포괄협력 협정을 체결했다. 이에 따라 어린이의 체력 및 운동 능력 향상, 시민의 건강 증진, 관광자원의 효과적 활용에 관한 사업 등 다양한 분야에서 협력한다.
2018/7/27	미야와카시와 규슈 대학교가 '신국부 지표'를 활용한 마을조성 협력 협정을 체결 (후쿠오카현 미야와카시)	미야와카시는 '신국부 지표'를 활용한 마을조성 협력 협정을 규슈 대학교 도시연구센터와 체결했다. 동 센터가 연구를 진행시키고 있는 경제지표인 '신국부 지표'는 GDP에서는 고려되지 않은 자연 및 건강 등을 정량화함으로써 이를 지금까지 평가하기 어려웠던 시책 등에 대한 객관적인 평가지표로서 이용할 수 있게 된다.
2018/7/30	페이스북 재팬과 협정, 지역 활성화 지원 (고베시)	고베시는 페이스북 재팬과 사업 협력 협정을 맺었다. 이 협정은 시정 정보의 발신력 강화와 지역경제 및 지역 커뮤니티의 활성화 등을 도모한다.

2018/8/1	소프트뱅크와 포괄 협정, 업무 효율화나 일본 방문객의 편의 향상 등 (구마모토현 기쿠치시)	구마모토현 기쿠치시는 시청 내의 업무 개혁과 방재력 강화를 위해 소프트뱅크와 지역 활성화 포괄협력 협정을 체결했다. 이 협정은 청 내의 페이퍼 리스화나 업무 효율화, 대피소의 Wi-Fi 정비 등을 추진한다. 또한, ICT를 외국인 관광객의 편의 향상에 활용하거나 농업 분야에서의 생산 관리 등에 유용하게 적용할 방침이다.
2018/8/3	구마가이 상공신용조합과 포괄 협정, 빈집 이용, 활용 우대 융자 (사이타마현 후카야시)	사이타마현 후카야시는 구마가이 상공신용조합과 지역 활성화를 위한 포괄협력 협정을 체결했다. 협정은 '산업·경제 진흥, 고용 창출', '시티 프로모션, 관광 진흥' 등 총 9개 항목에서 서로 긴밀히 협력하는 내용을 담았다. 구마가이 상공신용협동조합은 빈집 활용을 위한 대출의 금리 우대나 마을 활성화를 꾀하기 위한 창업 지원 등에 참여한다.
2018/8/7	산업능률 대학교와 포괄 협정 체결 (가나가와현 이세하라시)	가나가와현 이세하라시는 시내에 쇼난 캠퍼스가 있는 산업능률 대학교와 포괄 협정을 체결했다. 협정은 ▽인적 교류 촉진 ▽지적·물적 자원의 상호 활용 ▽조사연구와 사업 공동 실시 등의 내용을 담고 있다.
2018/8/8	재해 시 비상용 전원으로, 카 셰어 단체와 협정 (미야기현 이시노마키시)	미야기현 이시노마키시 시장은 일본 카 셰어링 협회와 재해 시의 상호협력에 관한 협정을 체결한다고 발표했다. 이에 따라, 정전에 대한 대책(자가발전기 등)이 충분하지 않은 지역의 대피소에서는 협회가 소유한 전기자동차를 비상용 전원으로 공급하는 등 재해 시의 협력을 강화한다.
2018/8/8	대형 생명보험 4개사와 포괄 협정, 검진PR 등 협력 (교토부)	교토부는 스미토모 생명, 다이이치 생명, 니혼 생명, 메이지야스다 생명 등 대형 생명보험 4개사와 지역 활성화를 위한 포괄협력 협정을 체결했다. 이에 따라 4개사는 향후, 고객을 위한 암 세미나 기획 외에도 광고지 등을 통해 부나 시정촌이 실시하고 있는 검진 제도 관련 정보를 제공할 방침이다.
2018/8/9	이토요카도와 지역 활성화 협정 (사이타마현 가와구치시)	사이타마현 가와구치시는 유통 대기업인 이토요카도와 쇼핑센터 '알리오'의 운영 등을 담당하는 세븐&아이·크리에이트 링크와 지역 활성화에 관한 포괄협력 협정을 체결했다. 이에 따라 지역생산·지역소비 추진이나 육아지원, 재해 대책, 관광 진흥 등 8개 분야에서 협력한다.
2018/8/21	구시로시와 이온이 협력 협정 (홋카이도)	홋카이도 구시로시와 유통 대기업 이온은 지역협력 협정을 맺었다. 이온은 이 협정의 일환으로서 '구시로 WAON'을 시내의 계열 점포에서 판매한다. 이는 전자화폐 WAON의 일종으로, 지불 금액의 0.1%를 시에 기부하여 아이들을 위한 문화·스포츠 진흥이나 국가의 특별천연기념물인 두루미나 아칸호의 마리모 등의 보호 같은 사업에 사용한다.

2018/8/23	다케다 약품과 지역 케어 협정 (도쿄도 다마시)	도쿄도 다마시는 다케다 약품공업과 지역포괄 케어 추진에 관한 협정을 체결했다고 밝혔다. 협정은 주거, 의료, 간병, 질병 예방, 생활 지원의 각 서비스를 통합적으로 제공하는 지역포괄 돌봄 시스템 구축을 통해 상호 협력할 것을 확인했다.
2018/8/28	시마네 대학교와 포괄 협정 체결, 도시조성 등 협력 (시마네현 마스다시)	시마네현 마스다시는 시마네 대학교와 도시조성, 인재 육성, 산업 진흥 등 8개 분야에서 상호 협력하겠다는 방침을 확인하는 포괄 협정을 체결했다. 이번 협정은 이전부터 실시해 온 교육·의료 분야의 협력 사업 외에 다른 분야에서도 협력 관계를 강화한다.
2018/9/5	리코 재팬과 협력 협정 체결 (도쿄도 히가시야마토시)	도쿄도 히가시야마토시에서는 각각의 인적·지적 및 물적 자원을 효과적으로 활용해 협동함으로써 지방창생 대책을 추진하고 지역의 과제 해결을 도모하기 위해 리코 재팬 주식회사와 협력 협정을 체결했다.
2018/9/11	메이세이 대학교와 포괄 협정 체결, 10개 분야 연계 (도쿄도 아키루노시)	도쿄도 아키루노시는 메이세이 대학교와 교육 진흥, 육아 지원 등 10개 분야를 연계하는 포괄 협정을 체결했다. 협정에 따라 ①교육 진흥 ②육아지원 ③경제·산업 활성화 ④예술·문화 진흥 등 10개 분야에서 연계한다.
2018/9/13	11개 대학교 및 전문대학교와 포괄 협정, 시장 '마을과 운명 공동체' (지바시)	지바시는 지역의 과제 해결이나 학생의 취업 지원에 협력하는 것을 포함하는 포괄 협정을 시내를 중심으로 한 11개 사립대·전문대와 체결했다. 이 협정은 지역 활성화와 졸업생의 시외 유출을 막는 것이 목적이다.
2018/9/13	'아이오이 닛세이 도와' 손해보험과 포괄 협정, 지방창생으로 (도쿄도 히노시)	도쿄도 히노시는 '아이오이 닛세이 도와' 손해보험와 지방창생에 관한 포괄 협정을 체결했다. 협력 분야로는 ①지역 및 생활안전·안녕 ②방재·재해 대책 ③스포츠 진흥, ④관광 진흥, ⑤산업 진흥 등이 열거되었다.

7. 민간 제안

국토교통성에 따르면, 지방자치단체에 의한 사운딩형 시장조사Market Sounging* 실시 건수는 2016년도에는 85건에 불과했던 것이 2017년도에는 190건으로 급증했다(일본PFI-PPP협회 조사). 이런 사운딩형 시장조사 실시 건이 높아짐에 따라 국토교통성은 2018년 6월에 지자체 전용의 사운딩형 시장조사 안내서를 공표했다. 사운딩형 시장조사는 국공유지 활용 등을 할 때, 활용사업의 기본계획 수립이나 사업방법 검토 등에 관심 있는 민간사업자와 지방자치단체가 주로 대면을 통해 의견을 교환하고, 민간에게서 수렴한 의견이나 아이디어를 바탕으로 사업 내용, 계획(scheme), 민간사업자의 응모요건 등을 검토하는 것을 말한다.

이 지자체 전용 안내서는 민간사업자의 아이디어 등을 그대로 공개해 사운딩에 참여한 사업자의 노하우를 비롯하여 아이디어의 유출에 대한 유의, 민간사업자의 부담(사운딩에 참여하기 위한 비용, 필요한 사전 준비 등) 축소, 인센티브의 기본 방향 등에 관해 언급했다. 또한, 사운딩에 참여하는 여러 사업자 간의 공평성 확보, 사업 담당 부서와 PPP 담당 부서를 비롯한 관청 내 타 부서와의 협력 필요성도 강조했다. 아울러 사운딩 실시 요령이나 엔트리 시트, 결과 발표의 형식도 공표했다.

2018년 3월에 국토교통성이 공표한 '공적 부동산 활용에서 지역 기업의 다양한 대응 방안 사례집'에서는 지역의 문제의식과 접점을 가지고 있던 민간사업자의 제안이 공적 부동산의 활용으로 이어진 사례도 소개돼 있다. 예를 들면 홋카이도 고시미즈小淸水정의 경우, 당해 지자체가 지역 내 6개 초등학교를 1개 학교로 통합했는데 이로 인해 폐교된 1개 초등학교에 대해 민간사업자가 양도를 요청했고, 지자체가 이 제안을 수렴해 민간사업자에게 양도하였다. 이 사례는 제과업을 하는 사업자가 원료인 전분 공급 의뢰를 지역 내의 'JA 고시미즈'에 부탁한 것이 계기가 되어 실현된 경우이다.

이것은 평소에 지역주민들이 학교 통폐합과 부지 이용을 지역의 과제로 인식하고 있었기 때문에, 제과업자가 전분을 공급받았을 때, JA 고시미즈와 당해 지자체인 고시미즈정이 폐교한 초등학교를 생산 거점으로 삼자고 제안하고 협의 후 수의계약으로 양도하기에 이르렀다. 이런 사례들은 철거지 활용뿐만 아니라 지역 농가의 소득 향상과 안정화, 새로운 일자리 창출로 이어지고 있다.

도표 Ⅱ-4-7. 민간 제안 동향

일자	제목	내용
2017/9/7	역 주변 정비 의견 교환, 사업자, 시민과 함께 (도쿄도 구니타치시)	도쿄도 구니타치시는 JR 구니타치역 주변 정비 사업의 일환으로, 남쪽 출구에 재건축하는 구 역사의 활용책과 관련하여, 그곳에 시민과 함께 정비하는 공공·민간 복합시설에 대해 민간사업자들 각각과 10월에 의견을 교환한다. 이 민간시설의 구체적 내용은 미정이며, 공모를 통해 시가 민간사업자와 개별적으로 의견을 교환하고 대화를 실시하는 마켓 사운딩 조사를 10월에 3일간 실시한다. 이 조사를 통해 민간 기능, 공공 기능, 옥상 광장, 기능 배치와 사업 방식, 민관의 역할 분담, 사업 일정이 협의될 예정이다.
2017/9/13	민간 직결 IC 정비에 대해 우대조치, 기업의 등록면허세에 특례 검토 (국토교통성)	국토교통성은 고속도로에 관광시설이나 물류시설 등 민간시설을 직결시키는 스마트 인터체인지의 정비 비용 일부를 부담하는 민간기업에게 세제 우대를 하는 조치에 대해 검토에 들어갔다. 이에 따라 기업 측이 스마트 IC 정비 시에 토지를 취득한 경우, 등록면허세를 비과세로 하는 등의 사항을 2018년 세제 개정 요망에 포함시켰다.
2017/9/14	청사 철거지 재활용 아이디어 모집 (이바라키현 쓰쿠바시)	이바라키현 쓰쿠바시는 2010년에 폐지된 쓰쿠사키 청사와 야타부 청사의 철거지 이용에 대해 민간사업자로부터 아이디어를 모집하는 '사운딩형 시장조사'를 개시했다. 현재는 모든 부지 내의 일부를 시가 운영하는 마을버스의 로터리로 이용하고 있어 시는 로터리 기능을 살리면서 토지의 유효활용을 도모하고자 한다.
2017/11/7	구 소방청 청사의 활용방안 모집, 사업자와의 '대화형'으로 (오키나와현 나고시)	오키나와현 나고시는 신청사로 이전함에 따라 폐쇄된 구 소방청 청사 철거지의 유효활용을 위해 민간사업자와의 대화를 통해 활용 방법을 찾는 '사운딩형 시장조사'를 실시한다. 시는 숙박시설이나 상업시설로서의 활용을 염두에 두고 있지만 '포텐셜이 높은 토지'라는 관점에서 조사 범위를 현 내로 한정하지 않고 폭넓은 사업자의 제안을 받아 사업 내용을 결정하고자 이 조사를 실시하는 것이다.
2017/11/27	병원 철거지 이용 방안을 사운딩 조사 (가나가와현 니노미야정)	가나가와현 니노미야정은 2002년에 폐원된 국립 소아병원 니노미야 분원의 철거지 이용에 대해 민간사업자의 의견이나 제안을 폭넓게 수렴하는 '대화형 사운딩 조사'를 실시한다. 철거지는 시가화 구역의 약 9860㎡로, 현재는 어린이 광장과 게이트볼장으로서 사용하고 있다.
2017/12/12	운동공원 용지 이용방안을 사운딩 조사 (이바라키현 쓰쿠바시)	이바라키현 쓰쿠바시는 종합운동공원을 건설할 예정이었던 토지에 대해 민간사업자로부터 의견이나 제안을 폭넓게 수렴하는 '사운딩형 시장조사'를 실시한다. 해당 토지는 시가화 구역에 있으며, 약 46ha이다. 이곳은 2015년 8월, 공원 기본계획의 시비를 묻는 주민투표에서 건설에 반대하는 표가 과반수를 차지함으로써 계획이 백지화되었고 현재는 산림으로 남아 있다.

2018/1/11	역 앞 시유지 활용 민간 아이디어 모집 (이바라키현 고미타마시)	이바라키현 고미타마시는 JR 하토리 역전의 시유지를 활용해, 시의 활기를 되찾기 위한 민관 복합시설 정비를 검토하고 있다. 그리고 이를 위해 여러 민간사업자와의 대화를 통해 아이디어를 모집하는 사운딩형 시장조사를 실시한다. 시유지는 역 동쪽 출구 쪽의 약 4,800㎡이며, 1998년에 시유지로 취득되었지만 지금까지 활용되지 않았다.
2018/2/8	유휴시설 활용에 사운딩 조사 (교토부 후쿠치야마시)	교토부 후쿠치야마시는 민간사업자로부터 시유 자산의 활용을 대한 아이디어를 널리 모집하는 '사운딩형 시장조사'를 실시한다. 대상은 '구 후쿠치야마 의사회관', '구 후쿠치야마시 미타케 청소년, 산의 집'이다.
2018/3/16	'제안모집 방식'으로 사례집, 분권의 성과, MVP도 선정 (내각부)	내각부는 국가에서 지자체에 권한 이양이나 규제 완화를 실시한 지방분권 개혁에 대한 성과 사례집을 작성했다. 사례집은 지자체가 국가에 분권 아이디어를 제안하는 형태로 2014년도에 도입된 '제안모집 방식'에 특화된 내용으로 이루어졌다. 이 문서는 지방분권개혁추진실 웹사이트에서 다운로드할 수 있도록 하고 전체 도도부현·시정촌에는 4월에 송부한다.
2018/4/26	폐교 활용에 대화형 시장조사 (군마현 시부카와시)	군마현 시부카와시는 폐교된 초등학교의 토지나 건물을 활용하고자, 민간사업자의 제안으로 실현 가능성을 찾는 '사운딩형 시장조사'를 실시한다. 시장조사 대상은 2013~2016년도에 통폐합으로 폐교된 초등학교 3개 학교이고, 모두 아카기 인터체인지 주변의 아카기 산기슭에 위치해 있다.
2018/5/17	초·중학교 전 교실 냉방 검토, 첫 사운딩 조사 (나가노시)	나가노시는 모든 시립 초·중학교 교실의 냉방시설 설치를 전제로 운영 관련 제반 사항을 검토하기 위해, 민간사업자의 의견이나 제안을 수렴해 아이디어를 파악하는 '사운딩형 시장조사'를 시작한다. 이 조사는 시설 정비 방법 등에 대한 것이며, 면적 등이 상이한 각 교실에서 적정한 실온을 유지하기 위한 설비나 비용, 조기에 정비하는 방식 등에 대해 의견을 수렴한다.
2018/6/27	화장실, 공원에 관한 사운딩 조사 (삿포로시)	삿포로시는 2018년도 옥외 화장실의 개수와 공원의 용지 활용에 대해, 민간사업자의 제안을 모집하는 '사운딩형 시장조사'를 실시한다. 조사 대상은 시내 모든 공원에 있는 야외화장실 886곳이다.
2018/7/10	민간과의 대화로 시유 재산 활용 (시즈오카현 후쿠로이시)	시즈오카현 후쿠로이시는 시유재산의 이용 방법이나 사업 방법을 민간사업자와의 '대화'를 통해 모집하는 '사운딩형 시장조사'를 실시한다. 대상은 2020년 4월에 새로운 시설로 기능 이전이 예정되어있는 시민체육관과 후쿠로이 소방 본부 등 6개 시설이다.

2018/7/25	이즈나 고원 관광전략으로 사운딩 조사 (나가노시)	나가노시는 이즈나 고원의 새로운 관광전략을 전개하기 위해 사운딩형 시장조사를 실시한다고 발표했다. 시는 스키장과 야마노역의 운영이나 정비, 이즈나 고원의 관광시설을 올 시즌에 활용하기 위한 제안 등에 대해 사업자의 의향을 조사한다.
2018/7/27	역사적 건축물의 민간 활용을 위해 '사운딩형 시장조사'를 실시 (니가타현 조에츠시)	니가타현 조에츠시에서는 지방창생의 일환으로 '조카마치 다카다'의 역사·문화를 활용하면서 '거리 재생'을 도모하기 위한 대책을 추진하고 있다. 이에 따라 시가 소유한 역사적 건축물의 민간 활용을 위한 검토를 진행시키기 위해 민간사업자 등의 제안·의견을 공모하는 '사운딩형 시장조사'를 실시한다. 대상 시설은 구 사단장 관사와 구 이마이 염색 점포이다.
2018/8/13	IR 구상안 모집 (요코하마시)	요코하마시는 카지노를 핵심으로 하는 '통합형 리조트' 실시법 제정에 따라, '통합형 리조트'의 시내 유치에 대한 구상안 모집을 시작했다. 시가 모집하는 구상안은 ①시에 미치는 직간접적 경제 파급 효과 ②도박 의존증과 청소년에 대한 악영향, 치안, 자금세탁 방지, 반사회적 세력에 대한 대책 ③입지 장소와 이미지도, 시설 컨셉, 투자 전망과 수지 계획 등을 포함한 5개 항목을 포함한다.

8. 의료·복지

후쿠오카시와 아이치현에서는 국가전략특구를 이용해 스마트폰 등을 통한 복약 지도가 시작됐다. 지금까지는 원격진료를 받더라도 처방전에 따라 약을 받으러 약국에 가야 했지만, 이번에 도입된 원격 복약 지도는 의료기관의 진찰 후, 환자와 등록 약국 쌍방에 우편이나 팩스를 통해 처방전을 송부하는 시스템으로 바뀌었다. 따라서 처방전을 받은 환자는 스마트폰 등을 통해 약국의 지도를 받은 뒤, 우편으로 약제를 받을 수 있다. 이 시스템은 도서·산간 지역의 환자나 가족들의 부담을 덜어 줄 것으로 기대되고 있다. 또한 국가전략특구에서 원격 복약 지도가 인정된 것을 계기로 중앙사회보험 의료협의회는 조제 보수 산정을 인정했다.

후쿠오카현 구루메久留米시는 교외의 어린이집에 아이를 맡기는 보호자의

부담 경감을 위해 시 중심부의 어린이집 가운데 정원에 여유가 있는 어린
이집으로 대상 아동을 보내는 '픽업 보육 스테이션' 사업을 2019년 4월부
터 시작한다. 해당 스테이션은 JR 구루메역과 가까운 어린이집에 설치하
고, 운영은 보육 실적이 있는 단체에 위탁한다. 이용 대상은 1세 이상의
유아이다. 보호자는 스테이션에 유아를 맡기고 저녁에 스테이션에 데리러
간다. 시 중심부의 어린이집이나 인가받은 유치원은 대기 아동이 다수 있
지만 주변부에는 인원에 여유가 있는 곳이 많다. 이에 따라 픽업 장소는
보호자와 위탁보육 어린이집이 개별적으로 조정한다.

도표 II - 4 - 8. 의료·복지 동향

일자	제목	내용
2017/10/3	육아지원 가이드 발행 (사이타마현 구마가야시)	사이타마현 구마가야시는 육아지원 가이드북 '구마가야에서 기른다'를 발행했다. 이 가이드북은 육아 세대 포괄지원센터인 '구마쓰코 룸' 개설에 맞춰 시의 육아지원 시책을 소개하고 육아 세대를 위한 이벤트나 놀이터, 축제 등의 정보와 시민들이 구마가야에서 사는 매력을 이야기하는 인터뷰 등을 담았다.
2017/10/13	의료비 공제되는 온천 요양 제공 (오이타현 다케다시)	오이타현 다케다시는 시영 온천 '고젠유' 이용자에게 소득세의 의료비 공제 대상이 되는 온천 요양 프로그램을 제공하기 시작했다. 이 프로그램은 시내에서 솟는 탄산천의 요양 효과에 주목하고 조사를 진행해 시민의 건강 증진과 요양 여행에 유용하게 활용한다.
2017/10/17	고령자 외출, 나들이 촉진 실증실험, 도쿄도 다마시 (야마토 운수와 국토교통성)	야마토 운수와 국토교통성 국토교통정책연구소는 고령자의 외출, 나들이 등을 촉진하기 위한 실증실험을 도쿄도 다마시의 후원으로 실시하고 있다. 대상은 다마 시내의 엘리베이터 없는 단지에 살며 외출하는 것을 불안해하는 65세 이상의 고령자이며, 10월 한 달간 매주 화요일과 목요일 오전과 오후에 야마토 운수가 준비된 차로 고령자를 픽업해 고령에 따른 질병 예방 이벤트에 참여하게 하거나 쇼핑, 외식을 하게 하는 방식으로 진행된다.
2017/10/17	우체국원이 고령자 지킴이로, 고향납세 답례품으로 전국 최초 야마가타현 사가에시	야마가타현 사가에시는 일본 우편과 고향납세에 관한 협정을 체결해 우체국원이 고령자의 자택을 방문해 생활 상황을 파악하는 '지킴이 방문서비스'를 답례품 항목에 추가했다. 동 서비스가 답례품이 되는 것은 전국 최초라고 한다.

2017/10/26	고령자 지원을 위해 이동 슈퍼 (이나게야, 도쿄·고다이라, 히가시야마토시)	도쿄·다마 지역 등에서 슈퍼를 경영하는 '이나게야'는 고령자 등 쇼핑 약자 지원을 위해 경트럭으로 식품 등을 판매하는 이동 슈퍼를 고다이라, 히가시오와 양 시의 일부 지역에서 시작했다. 아울러 고령자나 어린이를 돌보는 활동도 함께 실시해 다마 지역을 중심으로 확대시킨다.
2017/10/31	어린이 지킴이로 실증실험, IoT 기술 활용 (도쿄도 후추시, 도쿄전력, otta)	IoT 기술을 활용한 어린이 지킴 시스템의 실증실험이 도쿄도 후추시에서 시작된다. 이 시스템은 전파수발신기를 탑재한 호루라기 전용 단말기를 가진 어린이의 위치 정보를 가족이 스마트폰이나 PC로 파악할 수 있게 한다. 이에 대해서는 서비스 주체인 도쿄 전력 홀딩스와 시스템을 상용화하고 있는 otta, 후추시의 3자가 발표했다.
2017/12/6	지불요구 통지서에 지원 안내 동봉 (가나가와현 가마쿠라시)	가나가와현 가마쿠라시는 고정자산세 등 개인세 체납자에게 최고장을 송부할 경우, 생활곤란자들을 위한 지원 상담창구 안내를 동봉하기로 했다. 12월 중순의 발송분부터 시작해 첫 회는 약 5,000명에게 보낸다. 간병보험료나 국민건강보험료 체납자 등도 대상으로 할지는 향후 검토한다.
2017/12/18	기후 대학교에 과소지 의사 코스 (기후현)	기후현은 기후 대학교 의학부의 지역 특별전형으로 입학(정원 28명)한 과소지 출신 학생이 출신 지역으로 돌아가 의사로 일하기를 희망하는 경우를 위해 과소지 출신자를 위한 코스를 신설하기로 했다 이에 따라 현 내 14개 시정촌의 협력을 얻어 지원을 확충하고 교육장학금을 1,070만엔에서 1,790만 엔으로 증액한다.
2017/12/18	'평생 활약'할 마을에서 설명회, 시범사업을 소개 (후쿠오카현 기타규슈시)	후쿠오카현 기타규슈시는 시가 말하는 '평생 활약할 마을'을 목표로 시내 6개 지구를 모델 지역으로 지정하고, 고령자의 사회활동에 대한 적극적 참여나 계속적인 의료·간병 체계 구축 등에 민관이 일체가 되어 힘쓰고 있다. 이런 노력의 일환으로 야와타니시구 도난 지구는 특별 간병 노인시설의 대처 사례 등에 관한 설명회를 실시했다.
2018/1/5	지자체 첫 이동 약국 차량 도입 (기후시)	기후시는 대규모 재해의 피해지역에서 의약품을 공급하거나 조제가 가능한 이동 약국 차량을 시립 기후 약학대학교에 도입했다. 국내에서는 미야기현 등 약사회에 총 7대가 도입됐지만, 이를 지자체가 소유하는 것은 처음이다.
2018/1/9	사회복지사를 지구 담당제로 (아이치현 오카자키시)	아이치현 오카자키시는 분야별로 나눠 활동하는 사회복지사 업무를 지구 담당제로 하는 시범사업을 실시하고 있다. 현재는 한 지역에만 2명의 사회복지사가 활동하고 있지만 2019년도 이후에는 대상 지역을 늘려갈 방침이다.
2018/2/1	파견 기관에 고령자 취업 창구, 기업의 인력 부족 대책 (효고현)	효고현은 2018년도, 기업의 일손 부족에 대한 대책으로서 경험이 풍부한 고령자 고용을 본격화시킨다. 이에 따라 후생노동성의 보조사업 실시와 함께 현 내 9개소에 있는 출장기관인 현민국, 현민센터에 고령자 전용 취업상담 창구를 4월부터 신설한다.

2018/2/1	보육사 보육료 1년 무상화, 1,600명 대상	고베시는 2018년도, 보육사 자격을 보유하고 있지만 어린이집 등에서 근무하고 있지 않는 보육사가 시내 보육시설에 근무할 경우, 보육사 자녀에 대한 보육료의 절반을 보조하는 현행 국가의 제도에 고베시가 나머지 절반에 해당하는 금액을 지원함으로써 보육료를 무상화할 방침이다.
2018/2/5	스마트폰 앱으로 건강 관리=, 보행 수에 따라 포인트 부여 (시즈오카현 후쿠로이시)	시즈오카현 후쿠로이시는 스마트폰으로 간단하게 건강 관리를 할 수 있는 앱을 개발했다. 이 앱은 보행 수와 소비 칼로리를 자동으로 계산해 기록하는 동시에, 보행 수에 따라 건강 포인트를 부여하여 음식점 등에서 사용할 수 있도록 한다.
2018/2/7	육아 앱 (아오모리현 히라카와시)	아오모리현 히라카와시는 임산부나 육아 세대를 대상으로 예방 접종이나 이벤트 등의 정보를 제공하는 스마트폰 전용의 '시(市) 육아 앱'을 배포했다. 이 앱은 아동의 생년월일 등을 등록하면 건강진단이나 예방 접종의 시기를 알려준다. 또한 시내의 육아 관련 시설이나 시가 실시하는 육아 관련 이벤트나 서비스 정보를 파악할 수 있고 아동의 키나 체중 등을 그래프화 해 관리할 수도 있어 성장 기록을 만들 수 있다.
2018/2/7	원격진료 보급 기대, 진료비 개정	중앙사회보험 의료협의회가 답신한 2018년도 의료비 개정안에는 화상전화 등을 통해 의사가 진찰하는 원격진료비가 신설됐다. 원격진료의 보급이 확대되면 통원이 불필요해져 고령 환자들의 부담이 경감될 것으로 기대된다.
2018/2/7	재택 요양 중인 중증 아동 일시 보호, 간병 부담 경감, 의료기관에 보조 (후쿠오카현 등)	후쿠오카현과 후쿠오카, 기타규슈, 구루메의 3개 시는 소아암 등 특정한 소아 만성 질병 환자 가운데, 재택 요양 중인 중증 아동을 일시적으로 위탁하는 의료기관을 지원한다. 이 사업은 간병하는 부모가 질병에 걸리거나 피로가 누적되는 등의 이유로 아동의 재택 요양이 일시적으로 곤란하게 된 경우에 의료기관을 지원해 부모의 간병 부담을 경감하는 것이 목적이다.
2018/2/20	간병 이용 절차를 온라인화, 마이나 포털에서 2018년 (정부)	정부는 간병 서비스를 마이넘버 제도의 개인용 사이트인 마이나 포털을 활용해 온라인으로 신청할 수 있도록 하기로 했다. 이에 따라 ▽간병·지원 인정 ▽복지 용구 구입비 수급일 등 간병 분야의 이용 신청을 온라인화할 방침이다. 이 조치는 마이나 포털을 통해, 이용 가능한 간병 서비스의 검색부터 신청까지의 절차를 일괄적으로 처리할 수 있도록 해 본인이나 가족, 케어 매니저의 부담을 경감시킨다.
2018/2/23	농업·복지상품 6차 산업화 지원 (교토부)	교토부는 복지작업소의 장애인, 농업 관련 사업자, 대학교 등과 상호 협력해 농업·복지상품의 6차 산업화를 추진한다.
2018/3/9	온라인 진료, 증상 안정 환자 한정 (후생노동성 가이드라인)	태블릿 단말 등을 이용해 원거리에 있는 환자를 실시간으로 진료하는 '온라인 진료'에 관한 구체적인 절차나 주의점을 나타낸 첫 가이드라인 안을 후생노동성이 정리했다. 이 가이드라인은 이달 중에 정식으로 결정해 도도부현에 전달한다.

2018/3/14	아동 일시 보호, 차량으로 픽업, 한부모 가정 지원 (아이치현)	아이치현은 아동시설에 일시적으로 아동을 맡길 수 있는 서비스를 통해 한부모 가정의 아동을 시설의 차량으로 데려다주는 시범사업을 시작한다. 이 사업의 의도는 한부모 가정의 부모가 잔업이나 휴일 근무에 대처하기 쉽게 해 취업 환경을 향상시키고자 하는 것이다.
2018/3/15	여성의 불안, 창구 일원화, 취업이나 육아 상담 응대 (삿포로시)	삿포로시는 여성의 취업이나 육아에 관한 창구를 일원화하는 사업을 시작한다. 새로운 창구는 10월에 개설할 예정으로, 관련 자격을 가진 상담원을 6명 배치할 예정이다. 가정과 병행할 수 있는 일과 자녀를 맡길 곳을 찾고 있는 여성에게 단일한 창구를 통한 상담을 제공하여 각각의 고민에 맞게 취업을 지원하고 육아 관련 시설 등을 소개한다.
2018/3/16	쇼핑 약자 대책으로 이동 판매 시행, 쇼핑몰 이온에 위탁 (나가노현 시모스와정)	나가노현 시모스와정은 대형 쇼핑몰인 '이온'에 위탁해 마을의 2개 지구에서 이동 판매를 시험적으로 실시한다. 이 사업은 고령자를 중심으로 하는 쇼핑 약자를 지원하는 것이 목적이다. 이에 따라 이동 판매차의 준비 등에 드는 위탁비용 약 130만 엔을 동년도 당초 예산안에 계상했다.
2018/3/19	외국인의 고령자, 장애인 등의 간병 분야에 대한 취업 지원 (아이치현)	아이치현은 외국인의 간병 분야 취직을 지원하기 위해 일본어 연수나 간병시설에서의 현장 연수를 무료로 받을 수 있도록 한다. 대상은 영주자 등 취업 제한이 없는 정착 외국인이며, 연수 기간에는 보수도 지급된다. 이 사업은 해당 외국인이 연수를 받은 요양시설에 정규 직원으로 채용되는 것을 목표로 한다.
2018/3/23	전통공예 진흥을 위해 사회복지시설과 협력, 장애인 고용 창출 (도치기현 오야마시)	도치기현 오야마시는 전통공예품의 생산 진흥을 위해 시내 사회복지시설과의 협력을 추진한다. 구체적으로는 시설을 이용하는 장애인에게 생산 공정을 알려주고 그 일부를 담당하게 함으로써 일자리 창출과 함께 전통공예의 새로운 담당자를 확보하고자 하는 것이다.
2018/3/29	지역 포괄 케어 체계 정비 본격화, 상담창구나 방문간호를 위한 환경 조성 개시 (우쓰노미야시)	우쓰노미야시는 지역 포괄 케어 시스템 구축을 위한 정비를 본격화 한다. 이에 따라 의료·돌봄 종사자를 위한 상담 등의 거점으로서 '의료·돌봄 협력 지원센터'를 신설하고, 방문 간호 서비스를 새롭게 시작하는 사업자에 대한 지원도 실시한다.
2018/4/2	농업과 복지 협력 거점 개설 (야마나시현)	야마나시현은 일할 의욕이 있는 장애인과 담당자 부족에 시달리는 농가를 매칭시키는 거점으로서 야마나시현 농업·장애인 복지협력 추진센터를 오픈했다. 이 센터는 장애복지과 내에 설치하며 비정규직을 포함한 현청 직원 4명으로 구성한다. 취업 기회가 적고 임금이 낮은 장애인의 자립 지원과 농가의 인력 부족 문제를 동시에 해결하는 것을 목표로 한다.

2018/4/9	재활 치료에 로봇 활용 (아이치현 도요타시)	아이치현 도요타시는 후지타 보건위생 대학교와 협력해 의료기관의 재활 치료를 강화하기 위해 로봇 기술을 활용한 실증을 실시한다. 이에 따라 후지타 보건위생 대학교에서 파견되는 의사의 전문 지식을 통해 구체적인 실증 방법을 검토한다.
2018/4/11	IoT를 활용해 치매환자 보호 (이시카와현 가나자와시)	이시카와현 가나자와시는 IoT를 활용한 치매 고령자의 돌봄이 네트워크 사업을 시작한다. 이에 따라 시는 소형 IC칩과 수신기, 스마트폰 앱을 활용해 시민참여형 네트워크를 구축할 방침이다.
2018/4/16	우체국에 고령자 보호 위탁 (나가노현 미나미마키촌)	나가노현 미나미마키촌은 우체국 직원이 고령자 집을 방문해 가족에게 건강 상태 등을 보고하는 돌봄이 방문서비스를 도입한다. 이를 위해 일본 우편과 업무 위탁계약을 체결했으며, 예산은 약 100만 엔이다. 이에 따라 지금까지는 지역포괄지원 센터 사회복지사 1명이 고령자의 집에 방문했으나, 앞으로는 노인 지원을 강화하기 위해 희망자에 대한 서비스를 확대하기로 했다.
2018/4/24	산부인과 공모 (사이타마현 쓰루가시마시)	사이타마현 쓰루가시마시는 시내에 산부인과를 개설하는 의료기관에 관련 경비의 2분의 1을 보조한다. 5,000만 엔 한도로 토지·건물 매입 비용과 건설비 등 산부인과 의료기관 개설에 필요한 경비의 2분의 1을 보조한다. 시의 모자보건 및 육아지원 사업과 협력하여 사업을 진행할 경우에는 별도로 추가 지원한다.
2018/4/24	어린이의 꿈을 지원, 기금과 협정 (도쿄도 다치카와시)	도쿄도 다치카와시는 어린이의 꿈을 지원하는 시민단체 기금과 협정을 체결했다. 향후, 기금의 활용 방법을 검토해 어린이의 꿈 실현, 어린이를 위한 사업, 환경 정비를 지원한다.
2018/5/1	숙박형 산후조리로 모자 지원 (아이치현 닛신시)	아이치현 닛신시는 산모와 신생아 케어나 수유 지도, 육아 서포트를 받을 수 있는 숙박형 산후 케어 사업을 시작한다. 대상자는 출산 후 4개월 미만의 산모와 신생아로, 가사 및 육아지원을 충분히 받지 못하거나 육아에 대한 불안으로 상담과 지도가 필요한 산모들이다.
2018/5/10	치매 노인 등의 고령자 지킴이 (시즈오카현 고사이시)	시즈오카현 고사이시의 고령자 지킴이 활동이 주목을 끌고 있다. 시민들이 서로 의견을 나누고 네트워크를 형성해 치매로 인한 배회·실종의 방지책을 만들기 위해 활동하고 있다. 올해 1월부터 논의를 시작했으며 현재 약 30명 정도가 참가하고 있다.
2018/5/22	대기 의사로 재택 의료, 24시간 대비 가능하게 (나고야시)	나고야시는 고령화가 점차 진행됨에 따라 의료 수요가 증가하는 상황에 대처하기 위해 시 의사회에 위탁해 야간이나 휴일에 의사를 배치하고 24시간, 365일 대응 가능한 재택 의료 체계를 마련한다. 이는 갑작스러운 왕진 등에 대비하는 것으로 주치의의 부담을 줄일 수 있다. 시내를 네 지역으로 나누어 대기 의사를 각 지구에 1명씩 배치한다.

2018/5/23	농업과 복지를 함께 추진하는 협의회 설립 (시즈오카현 미시마시)	시즈오카현 미시마시는 농업과 장애인복지 협력조직으로서 협의회를 설립했다. 이 협의회에서는 농업 종사자의 고령화로 의한 노동력 부족 문제와 함께 장애인의 일자리 확대나 임금 향상과 관련된 문제를 해결해 나간다.
2018/5/31	성인 후견 제도, 전화 상담 (사이타마현 혼조시)	사이타마현 혼조시는 민관협력에 의한 성년 후견 제도의 전화상담 창구를 개설한다. 대상은 판단 능력이 부족한 사람과 그 가족 등이다.
2018/6/7	보육 인재 뱅크 신설, 수습 기간 설정, 소개료도 보조 (이바라키현)	이바라키현은 어린이집 입소를 기다리고 있는 대기 아동 문제를 해결하기 위해 보육 교사 확보를 목적으로 하는 '이바라키 보육 인력 뱅크'를 설치했다. 이에 따라 현은 잠재 보육사와 탁아소 등과 협력하는 인재 뱅크를 민간사업자에게 위탁한다. 보육사는 정식 고용 전에 1개월의 수습 기간을 두며, 수습 기간 중의 급여도 현이 보조한다.
2018/6/11	답례품으로 암 검진 (사이타마현 구마가야시)	사이타마현 구마가야시는 고향납세의 답례품으로서 구마가이 종합병원의 암 검진 서비스를 추가했다. 이 조치는 건강에 대한 의식이 높아지는 상황을 고려해, 지금까지보다 정밀한 검사를 통해 암을 조기에 발견할 수 있는 PET-CT 검진을 답례품으로 추가함으로써 기부 확대를 도모하고자 하는 것이다.
2018/6/15	원격 복약 지도 담당 약국 모집 (후쿠오카시가 특구 활용)	후쿠오카시는 환자 등이 자택에서 스마트폰 등으로 복약 지도를 받아 처방약을 배송받는 '원격 복약 지도'를 도입하기 위해 담당 약국을 모집한다. 국가전략특구 자문회의에서 인정된 것을 근거로 응모나 심사가 순조롭게 진행될 경우, 모집은 7월 중에 본격적으로 시행될 전망이다. 도서 지방에 사는 환자 및 가족의 부담 경감이 기대된다.
2018/6/15	처방약의 원격 지시로 사업자 모집, 대형 조제 약국 4개사가 의욕적 (아이치현)	아이치현은 국가전략특구 제도를 활용한 약제 원격 지시 사업의 등록 신청 접수를 시작한다고 밝혔다. 빠르면 1~2개월 이내에 이 제도의 시행이 가능하다. 현에 의하면, 대기업 조제 약국 4개사가 사업 참여에 의욕을 보였다고 밝혔지만 드럭 스토어 체인점을 운영하는 사업자는 포함되지 않았다고 한다.
2018/6/19	특례 자회사와 전국 최초의 농업·복지 협력 협정, 장애인 고용과 농업 활성화 (가나가와현 요코스카시)	가나가와현 요코스카시는 파솔 홀딩스의 특례 자회사인 파솔 생크스와 농업 및 복지를 협력하는 포괄 협정을 체결했다. 이 협정은 장애인 고용 촉진과 지역 농업 활성화가 목적이다.
2018/6/26	어린이집 아동 픽업으로 대기 아동 대책 (후쿠오카현 구루메시)	후쿠오카현 구루메시는 탁아 수요를 분산시키기 위해 시 중심부의 어린이집에서 여유가 있는 다른 어린이집으로 아동을 데려다 주는 '픽업 보육 스테이션' 사업을 2019년 4월부터 시작한다. 이 사업은 전용 버스로 보육사가 동행해 여러 어린이집을 순회함으로써 교외의 어린이집에 자녀를 맡겨야 하는 보호자의 부담을 경감한다.

2018/7/6	어린이집 보육사 모집 경비 지원 (가나가와현 야마토시)	가나가와현 야마토시는 어린이집 보육사 확보책의 일환으로 민간 보육 사업자가 보육사 모집에 든 경비의 일부를 보조하는 제도를 개시했다. 새로운 보조 대상은 ①인력업체와 인력소개업체 등에 지불하는 소개수수료 ②모집공고에 소요된 경비 ③신규 고용 보육사 등에게 경제적 지원으로 지급한 취업장려금 등 3개 항목이다.
2018/7/12	외부 위탁비 과다 등 문제시, 시립 병원 경영 재건 대책 (삿포로시 회의)	삿포로시는 적자가 지속되는 시립 삿포로병원의 경영 재건을 위해 전문가를 포함한 3차 회의를 열었다. 이날은 병원이 안고 있는 8개의 과제에 대한 의견을 교환했는데, 외부 위탁비가 다른 병원에 비해 많다는 등의 문제가 제기돼 그에 대한 개선점을 논의했다.
2018/7/18	특구에서 '원격 복약 지시' (후쿠오카시)	후쿠오카시는 국가전략특구를 활용해 교통이 불편한 지역 등의 환자들에게 온라인으로 복약을 지시하고 처방약을 배송하는 원격 복약 지시를 전국 최초로 실시한다. 시는 기존에 온라인 진료는 진행해 왔지만, 약을 타려면 약국을 찾아가야 했다. 대상 지역 8개 중 히가시구 시가시마의 환자가 첫 케이스가 돼 구내 약국이 원격으로 복약 지시를 실시한다.
2018/7/19	치매 고령자 사고에 손해배상 보험 (가나가와현 에비나시)	가나가와현 에비나시는 치매로 인해 거리를 배회할 우려가 있는 고령자가 건널목 사고 등으로 제3자에게 손해를 입혔을 경우에 대비해 개인배상 책임보험의 보험료를 공비로 부담하는 사업을 시작했다. 이에 따라 시로부터 위탁을 받은 사회복지협의회가 보험계약자가 되어 최대 3억 엔까지 보상한다.
2018/7/20	스마트 스피커를 간병 서비스에 이용 (아이치현 오와리아사히시)	아이치현 오와리아사히시는 나고야 대학교, 덴소와 협력해 스마트 스피커를 활용한 새로운 행정서비스를 전개하여 지역포괄 케어 시스템 구축의 가능성을 시험하는 시도를 시작했다. 시는 이에 따른 데이터를 수집해 고령자의 건강 유지, 재택 요양 등에 활용한다.
2018/7/20	포괄 케어 정보 사이트 개설 (도쿄도 하치오지시)	도쿄도 하치오지시는 고령자 전용 생활 지원 서비스의 정보를 정리한 '지역포괄 케어 정보 사이트'를 운영한다. 이 사이트에서 제공하는 정보는 의료기관이나 간호·생활 지원 사업자, NPO 법인이나 주민자원봉사 등의 서비스 내용과 주소, 지도 등이다.
2018/7/23	모자수첩 앱 이용 개시 (구마모토현 미나미아소촌)	구마모토현 미나미아소촌은 스마트폰으로 이용할 수 있는 모자수첩 앱 운용을 시작했다. 촌(村)에서는 구마모토 지진 후, 출생률이 감소하고 있어 육아 환경을 정비함으로써 출생률 증가와 정주 촉진을 도모할 목적이다.
2018/7/26	특구 활용, 복약 원격 지도 (아이치현)	아이치현은 국가전략특구 제도를 활용해 스마트폰과 태블릿을 통해 복약 지도를 받을 수 있는 제도를 시작했다. 환자는 약국에 가지 않고 집에서 복약 지도를 받을 수 있어 외딴 섬이나 산간 지역에 사는 환자나 가족의 부담이 경감된다.

2018/7/31	시유지를 10년간 무상 대여, 산부인과 의사 개업 (시즈오카현 고니시시)	시즈오카현 고니시시는 시내에 개설하는 산부인과 의원에게 시유지를 10년간 무상대여하는 제도를 창설할 방침이나. 이 세도는 이주·징주 촉진책의 일환으로서 9월 시의회에 관련 조례 개정안을 제출하고 가결되면 10월에 실시한다.
2018/8/22	한부모 가정 무료 우대권 (나고야시)	나고야시는 한부모 가정에 대해 미술관 등 시유 시설을 무료로 이용할 수 있는 우대권을 배포한다. 우대 이용이 가능한 시설은 미술관, 박물관, 나고야성 등 5개 시유 시설이고 대상은 아동 부양 수당이나 한부모 가정 의료비 지원을 받고 있는 시내의 약 1만 9,000세대이다.
2018/8/29	의사 부족 해소 위해 10개 거점 병원, 중소 병원, 진료소 지원 (나가노현)	나가노현은 의사를 대규모 거점 병원으로 모아 의사가 부족한 진료소나 중소 병원에 파견해 지원하는 새로운 사업을 시작하기로 했다. 이에 따라 의사회와 신슈 대학교 의학부 관계자 등으로 구성된 '나가노현 지역의료대책 협의회'를 열어 파견처가 될 10개의 거점 병원을 지정했다.
2018/9/5	새 병원 유치를 위해 건설비 지원 (사이타마현 가조시)	사이타마현 가조시는 현재 진행 중인 사회복지 법인의 신 병원 '현제생회 가조 의료센터'에 대한 지원책의 큰 틀을 정했다. 이에 따라 2019년도부터 3년간, 건설 공사와 의료기기의 정비를 위해 최대 50억 엔을 보조하고, 9월 보정예산안에 3년간 같은 액을 상한으로 하는 채무 부담 행위를 포함시켰다.
2018/9/21	답례품에 지킴이 서비스 (구마모토현 우시로시)	구마모토현 우시로시는 고향납세의 답례품에 일본 우편의 '지킴이 방문서비스'를 추가했다. 이는 고향을 떠나 사는 사람에게 우체부가 가족의 생활상을 알려주는 서비스로, 기부자가 원거리 고향에 있는 가족의 안부를 파악할 수 있도록 한다.

9. 교통

동일본 대지진의 영향으로 인구가 급감하고 있는 미야기宮城현 이시노마키石巻시는 지속적인 공공 교통의 역할을 검토하기 위해 민간사업자와 협력해 실증실험을 실시했다. 실증실험에서는 마을버스를 카 셰어링과 조합하거나 화물과 여객을 혼재해 택배 화물을 운반하기도 했다. 연안 지역은 민간버스가 없고 지역주민 대표들로 구성된 지구협의회가 주민버스를 운행하고 있다. 시는 2017년 여름에 NTT 데이터 도호쿠東北, 일본 카 셰어링 협회, 야마토 스탭 서플라이, CDS 전략연구소와 컨소시엄을 결성하고 2018년 1월부터 실증실험을 실시했다.

또한 실증실험의 정보공유를 위한 정보 플랫폼도 구축했다. 주민들은 버스에 승차한 후, 정보단말기로 하차할 정류장을 지정한다. 카 셰어링에서는 주민이 자원봉사 운전자가 되어 지정된 버스정류장으로 마중을 나가고 자택 등의 목적지까지 태워준다. 화물과 여객 혼재 방식은, 택배업 사업자인 야마토의 짐을 중심부와 지역 사이에 있는 휴게소에 일단 집적한 후, 주민버스로 지역까지 운반하고 야마토와 계약을 맺은 주민이 버스정류장에서 수취해 배송하는 방식이다.

가고시마鹿児島현 기모쓰키肝付정은 NTT 도코모와 협력해 'AI 운행 버스'의 실증실험을 시작했다. 이용자가 전용 스마트폰 앱으로 예약한 정보를 바탕으로 AI가 고객이 승하차하는 위치에서 최적의 경로를 판단해 운행한다. 이 실험은 10인승 미니밴 1대와 5인승 세단 1대를 사용하며, 앞으로 고령자의 면허 반납 등이 증가할 것을 대비해 교통수단을 확보하고 편리성을 향상시키기 위해 시행되는 것이다.

또한, 각지에서 자율운행 실험이 시작됐다. 이시카와石川현 와지마輪島시에서는 일본 최초로 원격 조작형 자율운행 실증실험을 실시했다. 이는 원격지에 있는 운전자가 무인 차량을 조작하여 자율운행하는 방식이다. 이 방식은 과소지 등에서의 대중교통 운영 비용을 절약하고 운전자 부족 문제도 해결할 수 있을 것으로 기대된다.

도표 Ⅱ-4-9. 교통의 동향

일자	제목	내용
2017/9/7	도쿄 전력과 일본 교통, 택시에서 어린이 지킴이, IoT로 위치감지	도쿄 전력 카 홀딩스와 일본 교통의 자회사 등은 어린이 지킴이 서비스를 택시에 활용하는 시스템을 본격적으로 운용하기 시작했다고 밝혔다. 도쿄 전력 HD와 벤처기업 otta는 지역의 공공시설이나 점포, 주택 등에 수신기를 설치함으로써 전용 단말기를 가지고 있는 초등학생의 위치 정보를 스마트폰이나 PC로 파악할 수 있는 서비스의 사회 실증을 6월부터 시부야구에서 실시하고 있다.

2017/10/3	아이치현 자율주행 실험, 전국 최초, 원격형 '무인' 주행	아이치현은 가리야시의 레저시설에서 원격형 자동운전의 실용화를 향한 실증실험을 실시했다. 이 실증실험은 차량 외부에서 사람이 모니터로 감시하고, 차량은 센서로 주위를 확인하면서 자율주행하는 시스템이다.
2017/10/3	소형 EV로 셰어 실험 (오카야마시)	오카야마시는 초소형 전기자동차의 활용과 대중교통의 협력 효과를 검증하기 위해 시가지에서 셰어링 실험을 실시한다. 이를 통해 차량 이용 목적이나 주행 경로 등을 파악해 시가지의 교통 정체를 경감시키고자 한다.
2017/10/4	과소지에서 드론 배송 실험, CO2 감소, 트럭부터 시행 (환경성)	환경성은 과소지에서 드론을 활용한 배송 실험을 실시한다. 이 실험은 운반하는 짐이 적은 지역에서 트럭 운송이 아닌 드론 배송을 촉진케함으로써 차량이 배출하는 이산화탄소량 감소를 기대하고 있다. 조종사가 볼 수 없는 장소에서 비행하는 경우, 현행 제도에서는 드론을 감시하는 사람을 둘 필요가 있지만, 국토교통성은 이 규제를 내년 봄에 완화할 방침이다.
2017/10/11	시가지에서 자율주행 실험, 삿포로시에서 시행, 전국 최초	삿포로시는 삿포로역 주변 중심가에서 자율주행 실험을 했다. 경제관광국에 의하면, 시가지에서의 주행 실험은 전국 최초라고 한다. 운전석에는 예비 운전자가 핸들을 잡지 않고 착석, 실험 관계자와 보도진이 동승해 차체 상부에 달린 카메라로 신호등 등을 감지하며 약 2.5km를 주행했다.
2017/10/25	노선버스 자율주행 실험, 내년 11월 마에바시에서 전국 최초	군마현 마에바시시는 25일, 군마 대학교, 버스 회사와 협력해 노선버스를 자율운행하는 실증실험을 시내에서 내년 11월을 목표로 시작한다고 발표했다. 이 실험에서는 실제로 승객을 태우고 약 1km의 영업 노선을 주행한다. 이 노선은 시가 운행을 위탁하고 있는 '일본 중앙버스' 노선 중 약 1km로, 군마 대학교가 자율운전용으로 개조한 버스를 주행하게 한다.
2017/10/26	공유 자전거 도입 (시즈오카현 후지에다시)	시즈오카현 후지에다시는 자전거를 공동으로 이용하는 '셰어 사이클' 사업을 시작한다. 자전거는 역이나 시청같이 사람이 많이 모이는 5개소에 설치한다. 이용자는 스마트폰의 앱을 사용해 지도상에 나타난 설치 장소나 자전거 대수를 확인할 수 있다.
2017/10/31	세 가지 운행 방식 비교, 규슈 신칸센 나가사키 노선 (국토교통성)	2022년도 개업 예정인 규슈 신칸센 나가사키 노선은 일부 구간이 재래선으로 되어 있으므로 당초에는 신칸센과 재래선 특급을 갈아타는 방법으로 운영할 방침이었지만, 현재는 승객의 편리성을 고려한 차후의 방책을 모색하고 있다. 환승이 필요 없는 ①개발 중의 프리 게이지 트레인 ②전선을 신칸센으로 연결하는 방법 ③비용이 저렴한 미니 신칸센을 도입하는 세 가지 운행 방식이 선택지에 올랐으며, 국토교통성은 금년도 말을 목표로 수지 채산 등을 검토한다.
2017/11/9	자전거 택시로 사회 실험 (오사카부 사카이시)	오사카부 사카이시는 자전거 택시를 운행하는 사회 실험을 하고 있다. 이 택시는 10~11월의 주로 주말에 관광지가 많은 사카이 구내 중심지에서 운행한다. 이용자에 대한 앙케이트를 통해 효과를 검증한다.

2017/11/10	지역 항공의 통합 효과 계산, 노선 유지 (국토교통성)	국토교통성은 도시와 낙도 등을 소형 항공기로 왕복하는 지역 항공 회사의 노선을 유지하기 위해 여러 회사가 통합·합병한 경우의 비용 절감 효과를 추산한다. 이는 가장 효율적인 경영 방식을 찾는 것이 목적이다. 추산 결과는 규슈 등에 본사를 둔, 5개사의 경영에 대해 제언하는 전문가 연구회에 연내에 제출한다.
2017/11/13	드론으로 우체국 배송, 나가노에서 배송 실험, 도쿄 대학교 등 (실전 비행. 내년 봄에 재도전)	드론으로 산간부나 낙도에 화물을 배송하기 위해 도쿄 대학교, 일본 우편, NTT 도코모 등이 나가노현 이나시에서 자율비행에 의한 배송 실험을 실시했다. 이는 우체국과 국도 휴게소 사이에서 배송물을 싣고 왕복시키는 실험으로, 시험비행에서는 성공했지만 실제 비행에서는 문제가 발생해 내년 3월경에 재도전하게 됐다.
2017/11/13	중산간(中山間) 지역에서 1인용 자율주행 차량, 고령자의 이동수단으로 (아이치현 도요타시)	아이치현 도요타시와 나고야 대학교 등은 중산간 지역 고령자의 교통편의를 위해 1인용 저속 자율주행 차량을 활용하는 실증실험을 진행하고 있다. 이는 자택으로부터 버스정류장 등의 근거리를 잇는 실험이며, 도요타·모빌리티 기금의 지원을 받는다.
2017/11/20	프로가 감수한 자전거 지도 제작 (시가현 모리야마시)	시가현 모리야마시는 자전거 애호가를 현 내 각지로 유치하기 위해 프로가 감수한 사이클링 맵을 제작했다. 시를 출발점으로, 인기가 높은 비와코 연안을 비롯해 시외 산간부를 포함한 6개 코스를 소개하고 있다.
2017/12/4	미나미야마촌에서 화물과 여객 혼재 실증사업 (교토부)	교토부는 남부의 미나미야마촌에서 택시 차량 1대를 이용한 화물과 여객 혼재 형태의 실증사업을 시작한다. 마을 내에 택시영업소는 없지만, 실증사업은 이미 면허를 가진 인근 사업자에게 위탁하는 형태를 상정하고 있다. 매일 오전 8시 반부터 오후 4시 반까지 마을 내에서만 서비스를 제공한다.
2017/12/7	수요자 택시 시험 운행 (가고시마현 시라시)	가고시마현 시라시는 수요자(디맨드) 교통 도입을 검토하기 위해 시험 운행을 실시한다. 마을버스의 이용자 감소에 따라, 수요자 교통의 편리성이나 과제 등을 이 시험 운행을 통해 검증해 시에 적절한 이동수단인지 를 조사할 방침이다.
2017/12/14	무인 자율주행 자동차 실험, 공공도로 전국 최초 (도쿄, 아이치)	운전석에 운전자가 없는 승용차가 공공도로에서 달리는 '유격형 자율주행 시스템'의 실증실험이 됴쿄도 내와 아이치현 내에서 각각 행해졌다.
2017/12/21	특집·화물과 여객 혼재로 버스 노선 유지, 특산품의 해외 운송 (규제 완화, 미야자키)	화물과 여객을 함께 실어 나르는 화물·여객 혼재형 운송이 주목받고 있다. 이 방식은 인구 감소가 사회적 문제가 되고 있는 상황에서 교통 노선망을 유지하고 물류의 효율화를 도모하는 것이 목적이다. 미야자키현에서는 미야자키 교통(미야자키시)과 야마토 운수가 2015년, 사이토시와 산간부에 위치한 니시메라촌 간의 약 50㎞를 연결하는 노선버스를 도입했고, 과소지역을 중심으로 현재는 현 내 3개 노선으로 확대됐다.

2017/12/22	면허 반납 고령자에게 혜택, 서비스 제공 사업지 모집 (기타큐슈시)	기타큐슈시는 고령자의 운전 미숙 등으로 인한 사고 방지를 위해 운전 면허증을 반납한 고령자에게 요금 할인 등 서비스를 제공하는 사업자를 모집한다. 이 서비스는 운전 경력 증명서를 제시한 65세 이상의 시내에 거주 고령자에게 요금 할인, 음료수 제공 등의 혜택을 준다.
2017/12/22	도시조성 검토회 설치, JR 삿쇼선 유지 (홋카이도 쓰키가타정 등 4개 정)	JR 홋카이도가 폐선 방침을 표명한 삿쇼선 주변 4개 정은 노선 유지를 위해 '사쓰누마선 주변 지역 검토회'를 구성하기로 결정했다. JR 홋카이도가 지난달, 사쓰누마선의 운행을 계속할 경우에 필요한 경비를 4개 정에 알림으로써 주변 지자체가 대책을 검토하기 시작했다. 앞으로 검토회는 철도 폐선에 따라 교통수단을 버스로 전환하는 것을 포함해 지역 교통문제를 해결하기 위해 구체적인 타개책을 모색한다.
2018/1/11	PPP로 버스정류장 유지관리 (후쿠오카 국도 사무소)	규슈 지방 정비국 후쿠오카 국도 사무소는 버스정류장의 지붕과 벤치를 유지관리하는 민간사업자를 1월 말까지 공모하고 있다. 버스정류장 시설의 정비 및 유지관리를 민관이 함께 추진하는 PPP로서는 처음으로 입찰 방식을 채택했다.
2018/1/18	공공 교통망 개편을 위한 초안, 2018년도부터 계획 수립 (이와테현)	이와테현은 모리오카 시내에서 열린 지역 대중교통 활성화 검토회의에서 지속적인 대중교통망 구축 방침 초안을 공개했다. 이 회의에서 현은 시정촌의 행정구역을 초월한 공공 교통망의 재구축을 위해 2018년도부터 마스터 플랜 작성에 착수한다는 방침을 밝혔다.
2018/1/29	버스 노선 변경으로 실증 운행 (지바현 나라시노시)	지바현 나라시노시는 게이세이 버스와 협력해 시내 노선 버스의 경로를 일부 변경하는 실증실험을 개시했다. 이는 버스 편수가 적은 지역의 교통 편의를 위한 것이다. 승객이 일정 수를 넘으면 계속 운행할 방침이다.
2018/2/7	배송형 대여 자전거로 실험 (구마모토현 가미아마쿠사시)	구마모토현 가미아마쿠사시는 이용자가 지정한 장소까지 자전거를 배송하고 대여하는 '배송형 렌터사이클' 실증실험을 시작했다. 이 방식은 이용자가 지정하는 일시, 장소까지 자전거를 배송하고 반환 장소도 지정할 수 있다. 현지의 관광 협회가 접수를 받고 배송 업무는 협력 기업인 자전거 판매점이 트럭으로 배송한다.
2018/2/13	특집·지방 항공 노선 유지, 스포츠, 비즈니스 이용으로 활로, 활성화 노하우 모색 (국토교통성 및 지자체)	지방 항공사의 항공기가 취항하는 낙도나 과소지의 노선을 유지하기 위해 국토교통성과 현지 지자체가 타개책을 모색하고 있다. 투어를 만들어 관광객을 유치하는 등의 대처가 주류이지만 스포츠 합숙이나 상담, 회의 등의 비즈니스 용도로도 활로를 찾고 있다.
2018/3/9	드론으로 택배 운반 실증 실험, 산간지 쇼핑 대행 (오이타현)	오이타현은 현 내 산간부에서 드론을 이용해 일용품을 민가에 배송하는 실증실험을 실시했다. 이처럼 산간 지역에서 무게 10킬로의 짐을 옮기는 실험은 전국 최초이다.

2018/3/23	교통 불편 해소로 합승 택시 (지바현 인자이시)	지바현 인자이시는 교통이 불편한 지역의 교통 불편 문제를 해결하기 위해 합승 택시를 운행한다. 연내에 시험적으로 시작해 효과를 검증한 후, 본격 실시 여부를 정할 방침이다. 대상 지역은 도로가 좁아 버스가 통행할 수 없는 지역이다. 이 사업은 택시 회사에 위탁해, 오전 7시경부터 오후 7시경까지 10인승 대형 택시를 운행한다.
2018/4/6	대중교통 활성화를 위한 협의회, 신칸센 운행 앞두고 계획 수립 (후쿠이현 등)	후쿠이현과 현 남부에 있는 6개 시와 정은 주변 지역의 대중교통 활성화 협의회 설립 총회를 시청에서 개최했다. 계획 기간은 2023년 가을까지 5년간이다. 이 사업은 계획 수립에 따라 국토교통성 등이 보조금을 우선적으로 지급하는 이점이 있다.
2018/4/13	빅데이터 활용 교통안전 대책, 기업, 대학과 협정 (아이치현 도요하시시)	아이치현 도요하시시는 시내를 주행하는 차량으로부터 얻을 수 있는 데이터를 교통안전 대책에 활용하는 협정을 관련 기업 및 도요하시 기술과학 대학교와 체결했다. 기업은 버스와 택시를 중심으로 차량 약 100대에 기기를 탑재해 2016년 9월부터 데이터를 수집한다. 수집된 빅데이터는 도요하시 기술과학 대학교에 무상으로 제공한다.
2018/4/19	특집·움직이기 시작한 차세대형 노면 전차(LRT), 전국 최초 노선 전체 운행 및 2022년 운행 목표 (도치기현 우쓰노미야시)	도치기현 우쓰노미야시 등이 진행하는 차세대형 노면 전차(LRT) 사업이 움직이기 시작했다. 이 사업은 궤도 정비에 필요한 법정 절차가 완료돼 3월 말에 공사에 착수하며, 2022년 3월 운행을 목표로 본격적으로 정비에 나서게 된다. 노선 전체를 LRT가 운행하는 것은 전국 최초이다.
2018/4/20	게이요선 신역, 부담 비율 합의, JR 히가시가 6분의 1 부담 (지바현, 지바시, 이온)	지바현과 지바시, 대형 유통기업인 '이온 몰'로 구성된 협의회는 JR 게이요선에 신설할 예정인 역 건설비에 대해 JR 동일본과 합의했다. 이온이 2분의 1, 현과 시와 JR 동일본이 각각 6분의 1을 부담한다.
2018/5/8	재해지 최적의 교통 수단 모색, 카 셰어, 화물·여객 혼합 실증 (미야기현 이시노마키시)	미야기현 이시노마키시는 인구가 급감한 동일본 대지진의 피해 지역에서 지속적인 대중교통의 원활화를 검토하고 있다. 1월부터 2월에 걸쳐 지역주민의 다리인 마을버스(주민버스)와 카 셰어링을 연계하거나 택배 화물을 함께 운반하는 화물·여객 혼합 실증실험을 민간사업자와 실시한다.
2018/5/15	교통 불편 지역에 1,000엔 택시, 사업자 협력으로 운임 절반 (이바라키현 미토시)	이바라키현 미토시는 시 외곽에서 택시를 편도 1,000엔에 이용할 수 있는 제도를 시범 도입했다. 이 제도는 사업자의 협력을 얻어 시가 택시 2대를 정규 운임의 절반에 빌리고 나머지 반액은 사업자 부담으로 하는 방식이다. 이용 시간은 택시 가동률이 낮은 시간대로 설정했다.
2018/5/18	차세대 '5G' 자율주행, 올해 안에 실시 (아이치현)	아이치현은 차세대 고속통신 '5G'를 사용해 자율주행 차량을 주행하는 실증실험을 검토하고 있다. 위탁 사업자의 제안이 전제이지만 빠르면 2018년도 내에 실시할 방침이다. 2017년에 현이 실시한 자율주행 실험에서는 속도를 시속 15km로 제한했지만, 5G를 통한 실험이 실현되면 보다 고속으로 주행할 수 있다.

2018/5/24	군마 대학교에 자율주행 연구 거점 (마에바시시)	군마 대학교의 아라마키 캠퍼스에 자동차 자율주행의 새로운 연구 거점이 될 '차세대 모빌리티 사회구현 연구센터'가 완공됐다. 규모나 설비는 전국 최고급이며 조기 사업화를 위해 연구를 가속할 생각이다. 군마 대학교는 운행을 모두 자동화해 운전자가 불필요하지만 달리는 노선은 정해져 있는 '레벨 4'에 특화할 계획이다.
2018/6/18	JR 사쓰누마선 폐지 용인, 버스로 전환 (홋카이도 쓰키가타정)	JR 홋카이도가 폐지 방침을 표명한 삿쇼선의 연선에 있는 쓰키가타정의 우에사카 류이치정장(町長)은 폐지를 용인할 방침을 밝혔다. 우에사카 정장은 '앞으로는 대체 버스의 운행을 추진하고 싶다'고 밝혔다.
2018/6/21	요론섬에서 라이드 셰어 서비스, 벤처기업과 관광협회 실증실험	벤처기업 Azit와 가고시마현 요론섬 관광협회는 자동차 라이드 쉐어 서비스 개시를 위한 실증실험을 한다. 이는 주민의 자가용으로 관광객을 목적지까지 태워주는 것으로, 섬 내의 택시만으로는 감당할 수 없는 성수기의 관광 수요에 대비한다.
2018/7/9	AI운행 버스 실증 실시 (가고시마현 기모쓰케정)	가고시마현 기모쓰케정은 NTT 도코모와 협력해 이용자가 스마트폰 앱으로 예약한 정보를 바탕으로 최적 루트를 만들어 주행하는 'AI운행 버스'의 실증 운행을 시작했다. 이 시스템은, 향후 고령자의 면허 반납이 증가할 것에 따라 대중교통 문제를 해결하기 위한 것으로서 주민의 새로운 교통수단 확보와 편의 향상을 도모한다.
2018/7/9	JR 이용 촉진을 위한 조성금 (홋카이도 아바시리시)	홋카이도 아바시리시는 JR 홋카이도가 '단독으로는 유지 곤란'하다고 밝힌 2개 노선의 이용 촉진을 도모하기 위해, 이 2개 노선을 이용하는 시민에게 운임을 보조하는 사업을 시작했다.
2018/7/19	택배 로봇, 상품 배달, 쇼핑하기 어려운 주민 지원 실험 (로손 등)	로손과 로봇 벤처기업 ZMP는 로봇을 활용해 개인이 인터넷으로 주문한 상품을 전달하는 실증실험에 나선다. 이 실험은 무인 배송을 통해 과소지나 도시의 고령자 등 일상생활 중에 쇼핑이 곤란한 주민을 지원하는 것이 목적이다.
2018/8/14	인터넷 경로 검색으로 활용 촉진, 마을버스 운행 개시 (후쿠오카현 고가시)	후쿠오카현 고가시는 산학관 협력을 통해 마을버스 운행을 개시했다. IT를 활용해 구글맵 등 인터넷 경로 검색이 가능하다. 다수의 이용자가 있는 것으로 알려진 인터넷 경로 검색에 소형버스가 등장해 당해 버스의 존재와 편리성을 폭넓게 알림으로써 시민의 교통 편의 향상과 인근 시정촌의 당일 관광객 증가를 기대하고 있다.
2018/8/14	에노시마 자율주행 버스 실증실험 (가나가와현)	가나가와현 지사는 후지사와시의 에노시마에서 자율주행 버스의 실증실험을 실시한다고 발표했다. 현지 버스 사업자인 오다큐 버스와 에노덴 버스가 실험에 협력한다.

2018/8/22	저속 전동버스 보급 촉진, 차량 구입비 보조 (환경성·국토교통성)	환경성은 2019년, 국토교통성과 협력해 '그린 슬로우 모빌리티'라 불리는 시속 20㎞ 미만으로 도로를 달리는 전동버스 보급을 촉진한다. 이 버스는 고령화가 진행되고 있는 지역에서 주민의 발이 되고, 관광객의 이동 수단으로서도 기대되고 있다. 2019년에는 환경부가 창설한 보조금을 통해 100대 정도를 도입할 예정이다.
2018/8/25	도쿄도, 자율주행 택시 첫 공개, 실용화 지원	도쿄도는 자율주행 택시 실증실험이 도심에서 시작되기에 앞서 언론 시승회를 열었다. 실증실험은 택시 대기업인 히노마루 교통과 벤처기업인 ZMP가 참여했다. 차량은 미니밴 타입으로, 실험 구간의 일부를 주행했다. 지요타구의 오오테정을 출발해 차선 변경, 좌·우회전을 자율운행으로 실시하고 중앙관청이 즐비한 가스미가세키, 국회의사당 앞, 황궁 등의 구내 코스를 약 30분 주행했다.
2018/8/31	드론 활용 물류 프로젝트 시동, 하천 상공 지역을 항로로 (나가노현 이나시)	드론을 활용한 화물 배송이 기대를 받고 있는 가운데, 나가노현 이나시는 KDDI, 젠린과 협력해 시내의 덴류가와, 미미네카와의 상공을 항로로 하는 드론 물류의 실증실험을 시작했다. 실증실험에서는 중심 시가지로부터 휴게소 등의 과소지역의 거점까지 하천 상공을 자율비행하고 무게 10kg의 짐을 20km 거리까지 배송한다.
2018/9/3	폭염으로 호조? 수요자(디맨드) 교통 (사이타마현 고노스시)	사이타마현 고노스시가 시작한 수요자(디맨드) 교통의 실증 운행이 호평이다. 이 시스템은 고령자나 육아 세대 등의 이동 수단 확보를 위해 시가 보조해 통원, 쇼핑 등에 택시 이용을 지원하는 내용이다. 디맨드 교통은 70세 이상, 간병·지원 대상자, 신체장애자, 미취학 아동, 임신 중인 여성 등을 대상으로 하며, 등록제로서 대상자들이 택시를 저가로 이용할 수 있는 제도이다. 역이나 공공시설, 병원, 약국, 학교 등 시내 687곳에 승강장을 지정하고 운행을 지원한다.
2018/9/8	버스 이용 촉진을 위해 오리지널 책자 등 (후쿠오카현 고가시)	후쿠오카현 고가시는 만성적인 적자로 인해 시의 손실 보전으로 유지되고 있는 민간 노선버스의 이용을 촉진하기 위해 오리지널 책자 '버스를 타는 미래, 타지 않는 미래'를 제작했다. 버스 이용자에게는 공공시설 등의 할인권을 배포하는 이용 촉진 캠페인도 전개한다.
2018/9/10	주말 버스 승객 증가 홍보 (사이타마현 소카시)	사이타마현 소카시는 주말과 공휴일의 마을버스 이용 증가를 목표로 홍보사업에 나선다. 이에 따라, 주말과 공휴일에 마을버스에 5회 승차한 이용자에게는 소카 센베의 홍보 캐릭터 '파리폴리군'을 새긴 버스 디자인 수건을 선물한다.

10. 환경·농업

2019년 4월, 산림경영관리법이 시행되면서 소유자가 관리할 수 없는 인공림 관리를 시정촌이 담당하는 '삼림 은행'이 시작됐다. 소유자가 고령자이거나 먼 곳에 사는 등의 이유로 관리가 곤란할 경우, 시정촌이 삼림 관리를 수탁하고 희망 사업자에게 재위탁한다. 수익성이 낮다는 등의 이유로 재위탁처를 찾을 수 없는 삼림은 새롭게 창설되는 '삼림 환경세'를 재원으로 시정촌이 직접 관리한다. 현재, 국내 삼림의 70%가 제대로 관리되지 못하고 있는 실정이다.

2014년도에 설치된 농지 은행 등의 노력으로 황폐한 농지는 2016년에 이르러서는 전국에서 0.3만ha 감소했다. 그러나 지역에 따라 이용 상황에는 큰 차이가 있다. 농림수산성은 농지 은행 이용을 촉진하기 위해 절차를 간소화하는 등 촉진책을 검토하고 있다. 한편, 2017년도에 임차된 농지면적 4만 1,000ha 가운데, 농지 은행을 통한 농지의 면적은 1만 7,000ha이고 은행 외의 단체(농협, 지자체, 공사 등)를 통한 면적은 2만 4,000ha로 2016년도에 비해 농지 은행 외의 단체를 통한 임차 면적이 대폭 감소함에 따라 농림수산성은 정확한 상황을 조사할 계획이다.

도표 II-4-10. 환경·농업의 동향

일자	제목	내용
2017/9/25	개인정보 유출 방지 오피스 제지기 도입 (아오모리현 하치노헤시)	아오모리현 하치노헤시는 사용한 종이를 원료로 재생지를 생산하는 오피스 제지기를 도입했다. 이는 청사 내에서 기밀문서도 처리할 수 있어 기밀정보의 외부 유출 방지로도 이어진다. 연간 375만 엔의 리스료가 든다. 시는 이를 통해 마이넘버나 개인정보 등이 기재된 기밀도가 높은 문서를 처리한다.
2017/10/2	다마시 최대급의 메가솔라 가동, 매립 완료된 다니토자와 폐기물 처분장 (도쿄 히노데정)	도쿄 다마시 광역 자원순환조합은 매립이 완료된 야토자와 폐기물 광역 처분장에 메가 솔라 시설을 설치해 가동했다. 2.7ha 부지에 태양광 패널 7,200개를 설치했으며, 출력은 다마 지역 최대급인 약 2메가와트로 연간 예상 발전량은 약 230만 킬로와트이다. 이 전력은 도쿄 전력 파워 그리드에 판매한다.

2017/10/7	지비에의 안심, ICT로, 정보 관리 실증실험 (농림수산성)	농림수산성은 야생 조수의 고기를 뜻하는 '지비에'를 안심하고 먹을 수 있도록, 정보통신기술을 이용해 포획한 지점과 가공 장소 등의 데이터를 일원적으로 관리하는 실증실험을 2018년부터 시작한다. 실증실험은 전국 12개소에서 실시하며, 농림수산성은 지자체에 필요 경비의 2분의 1을 지원한다. 상품의 라벨에는 조수의 종류나 포획일, 포획 지역, 포획 방법, 성별, 체중, 연령 등을 알 수 있는 QR코드가 부착된다.
2017/10/18	옻칠 산업 지원 (이와테현 니노헤시)	이와테현 니노헤시는 옻칠을 위한 원목 확보를 위해 시의 공유지를 이용해 민간기업이 묘목 등을 관리하는 '옻나무 숲 만들기 서포트 사업'을 시작했다. 협력사 제1호로서는 9월에 이와테 은행과 협정을 체결했다. 민간 지원을 통해 옻칠 수요 증가에 대처한다.
2017/11/1	수소 에너지 보급을 위한 민관 추진팀 발족 (도쿄도, 도요타 등)	도쿄도는 도요타 자동차 등 민간기업과 도내 일부 지자체와 함께 민관협력으로 수소 에너지 보급에 힘쓰는 'Tokyo 수소추진팀'을 발족시켰다. 추진팀에는 도를 포함해 111개 지자체, 기업, 단체 등이 참여했다. 구·시·정·촌으로는 아다치구, 아키시마시 등 22개의 구·시가 추가로 참여했다.
2017/12/5	지역 신전력 회사 설립 (사이타마현 도코로자와시)	사이타마현 도코로자와시는 JFE 엔지니어링, 한노 신용금고, 도코로자와 상공회의소와 공동으로 재생 가능 에너지에 의한 지역 신전력 회사 '도코로자와 신전력'을 설립한다. 이 새로운 회사는 재생에너지 시설 등에서 전력을 매입해 공공시설이나 사업자에게 친환경 전력을 공급하고, 새로운 재생에너지 창출과 지역경제 순환 등의 과제 해결을 도모한다.
2017/12/19	기능성 채소 연구소 개설 (가가와현)	가가와현은 기능성 채소의 저비용 재배를 실증실험하는 연구소를 쇼도시마에 개설했다. 이화학 연구소, 게이오 대학교, 가가와 대학교가 광양자 공학 등의 기술 면에서 시즈오카현과 재배 기술 등에 관해 협력한다. 이 사업은 산업화와 지역 브랜드화를 목표로 비즈니스 모델을 구축해 일자리 창출과 유휴지 활용으로 이어갈 방침이다.
2017/12/19	오지바 은행에서 쓰레기 감량화 (사이타마현 시키시)	사이타마현 시키시는 오지바 은행을 개설해 시민들에게 이용을 권장하고 있다. 오지바 은행은 지금까지 일반 가정에서 가연 쓰레기로 배출하던 낙엽 등을 회수해 비료로 만들어 활용하고 있다. 시민이 낙엽 등을 제공하면 포인트가 쌓여 비료 등으로 교환할 수 있다. 비료화는 시내 업자에게 위탁한다.
2018/1/12	농촌 취락 강화 협동지원센터 (교토부)	교토부는 농촌의 과소·고령화 취락이 급증하는 가운데, 지속가능한 농촌 구축을 목표로 지역 외 사람들도 참여시키는 '농촌 커뮤니티 강화 실행 계획'을 수립했다. 이 사업은 2018년도부터 3년간을 대상 기간으로 하며, 지역 내외 사람들을 연계하는 '농촌 커뮤니티 협동지원센터' 설치 등을 포함한다.

2018/2/14	벌목 대나무를 효과적으로 활용 (교토부)	교토부 오야마자키정은 대나무 벌목 후에 나오는 여분의 가지 비료 등을 분쇄하는 기계를 구입해 비료 등으로 유효활용하는 대책을 실시했다. 마을이 삼림 정비를 위탁한 업체가 분쇄기 이용을 신청하면 1일 5,000엔에 대여해 준다. 그 이익은 마을 이벤트 및 축제 등에 사용함으로써 마을 주민에게 환원한다.
2018/2/21	판명된 소유자 전원 동의 필요, 소유자 불명 삼림을 시정촌에 위탁 (임야청)	임야청은 소유자의 일부를 알 수 없는 삼림에 대해 판명된 소유자 전원이 시정촌의 관리 위탁에 동의할 경우, 위탁을 가능하게 하는 대책을 마련했다. 이는 '고정자산세를 지불하고 있는 소유자의 동의만으로 위탁 가능'하도록 한 당초의 검토안보다 엄격한 조건을 부과한 것이다. 이 안은 이번 국회에 제출할 산림경영관리법안(가칭)에 포함시킨다.
2018/2/28	경관 보전을 위해 태양광 발전 규제 (오사카부 미노시)	오사카부 미노시는 산간부나 농지의 경관을 보전하기 위해, 태양광 발전 설비가 일정 규모를 넘지 못하도록 설치를 규제하는 조례안을 마련했다. 조례가 규제하는 지역에서는 출력 10킬로와트 이상 또는 면적 100평방미터 이상의 태양광 발전 설비 설치를 허용하지 않는다. 이 조례안은 3월 의회에 제출하며, 4월부터 시행을 목표로 한다.
2018/3/1	농·어·산촌 커뮤니티 형성 지원 (교토부)	교토부는 과소·고령화가 진행되는 농·어산·촌의 활성화를 목표로 생활기반 유지부터 수익 확보를 위한 비즈니스 강화까지를 지원하는 농·어·산촌 커뮤니티 형성을 지원한다.
2018/3/6	삼림경영법안을 각의(閣議) 결정 (시정촌, 사업자가 관리)	정부는 삼림경영관리법안을 각의에서 의결했다. 이 법안은 소유자가 관리할 수 없는 삼림을 시정촌이나 사업자가 맡아 간벌·벌채하는 '삼림 뱅크' 창설이 주요 골자이다. 이번 국회에 제출해 2019년도 시행을 목표로 한다.
2018/3/29	곰 구제(驅除) 허가, 시정촌에 이양, 사람과의 구분에 관리 지침 (아키타현)	아키타현은 곰 피해 방지 대책을 강화하기 위해 2018년도부터 반달곰 구제 허가 권한을 '인명 피해를 방지'하는 목적에 한해 시정촌에 이양한다. 또한, 사람과 곰이 생활하는 지구(zone)를 분리하는 '조닝(zoning) 관리'에 관한 지침을 만들어 시정촌에 관리계획 수립을 요청했다. 이에 따라 시정촌이 구제 허가 권한을 가짐으로써 신속한 대응이 가능해진다.
2018/4/13	농산물 판매 지도 제작 (사이타마현 소카시)	사이타마현 소카시는 농가의 정원이나 밭 등 농산물의 판매 장소를 요약한 '시 농산물 정원 판매 지도'를 4,000부 제작하여 시내 공공시설이나 농협 지점 등에서 무료로 배포하고 있다. 지도는 A5판이며 총 8페이지 분량이다. 책자 앞면과 뒷면에 시 전역의 지도를 표시하고 판매하는 농가 61명의 이름, 주소, 전화번호, 판매 품목, 기간 등을 기재했다.

2018/5/16	항공 레이저 계측으로 임업 활성화, 현지 목재 유통에도 활용 (아이치현)	아이치현은 항공 레이저 계측으로 수집한 삼림 정보를 GIS로 집약해 목재 생산자와 제재 공장, 양쪽 모두가 활용하는 방법을 강구했다. 이와 같은 방식은 방재 분야에서 활용하는 것이 일반적이지만 현은 이를 목재 유통의 강화에도 활용했다. 생산자는 이 정보를 바탕으로 제재 공장의 수요에 맞는 목재 절단이 가능해진다.
2018/5/18	농림·어업 민박, 역대 최고 (아오모리현)	아오모리현은 그린 투어리즘의 핵심이 되는, 농림·어업을 체험할 수 있는 민박집의 2017년도 숙박자 수를 통계화했다. 숙박자는 전년도 대비 469명 증가한 6,658명으로 2년 연속으로 과거 최고를 기록했다. 여기에는 국내외의 수학여행 등 교육목적 여행이 많았고, 특히 대만 여행자가 크게 증가한 것으로 나타났다.
2018/5/21	협정에 근거해 산림 정비 (기후현, 16 은행)	기후현과 '16 은행'은 현이 추진하는, 기업과의 협력에 따른 삼림조성 사업의 일환으로 지난해 9월 삼림조성 협정을 체결했다. 이 협정에 의해 은행원 등 약 120명과 현 공무원 등이 미타케정의 삼림 일대를 정비했다.
2018/5/25	삼림 뱅크 창설, 시정촌 관리로 임업 활성화	소유자가 관리할 수 없는 인공림을 시정촌이 관리하는 '삼림 뱅크' 제도 창설을 위한 삼림경영관리법이 제정됐다. 이 법은 적절한 산림 정비를 통해 임업을 활성화하기 위한 것으로, 2019년 4월부터 시행된다. 동법은 소유자의 삼림관리 책무를 명확하게 규정하고 있다. 삼림 뱅크는 소유자가 고령이거나 먼 거리에 거주하는 등의 이유로 관리할 수 없는 경우, 시정촌이 관리를 수탁해 의욕과 기술을 가진 사업자에게 재위탁하는 제도이다.
2018/6/4	흘러나온 온천수의 유효활용 조사 (가고시마시)	2018년 가고시마시는 지역 자원인 온천의 활용을 위해 욕조에서 흘러나온 온천수를 이용해 급탕이나 공조 설비의 열원으로 활용하는 시스템을 시유(市有) 시설에 도입할 수 있는지 조사한다. 조사는 모두 시가 지정관리자 제도를 통해 단체에 관리를 위탁한 3개 시설에서 실시한다.
2018/6/11	뱅크 이외의 대출 농지 조사, 집적 대폭 저하 (농림수산성)	농림수산성은 농업협동조합(JA)과 지자체 등 농지 중간관리기구(농지 뱅크) 이외의 단체가 중개해 농가에 임대한 농지에 대한 실태조사에 나선다. 농림수산성은 주로 농지 뱅크를 중개로 분산된 농지를 집적하고 있지만 2017년도에는 뱅크를 개입시키지 않은 집적 신장률이 전년도에 비해 크게 하락했기 때문에 이에 대해 시정촌에 조사를 의뢰하고 대책을 수립한다.
2018/6/18	정·촌의 소망, 마침내 (지방 6개 단체)	방치된 삼림 관리를 시정촌 등이 수탁하는 삼림경영관리법이 이번 국회에서 통과됐다. 전국 약 670만ha의 인공림 가운데, 약 70%가 그 대상이다. 2024년에 창설되는 '삼림환경세'가 삼림관리의 재원으로 충당되지만, 2019~2023년에는 지방 양여세를 앞당겨 삼림 관리 재원으로 배분한다.

2018/6/26	연안어업, 신규 취업 지원, 고용보증을 통해 기술지도 (시마네현)	시마네현은 U턴 근로자나 현 내 시가지에 사는 주민을 대상으로 연안어업 취업 지원을 시작한다. 연수자에 대해 고용을 보장하고 자영업에 필요한 기술을 지도한다. 연수 기간은 2년간이며, 2006년에는 3명이 이용할 예정이다.
2018/7/2	신재생에너지 인재 육성 무료 강좌 (후쿠시마현)	후쿠시마현은 현 내의 신재생에너지 산업의 발전을 목표로, 대학 교수를 강사로 초빙한 무료 강좌를 새롭게 시작했다. 이 강좌는 산업 일꾼의 현 외 유출을 방지하고 현 내에서 신재생에너지 산업의 핵심을 담당할 인재를 육성하기 위해서이다. 이 사업은 2020년도까지 3년간 실시할 계획이다.
2018/7/18	신재생에너지 기금으로 이시카리시 인증 (홋카이도)	홋카이도는 지역 고유의 에너지 자원을 활용한 사업을 보조하는 '신재생에너지 가속화 기금'의 시범 지역으로서 새롭게 이시카리시를 인정했다. 이시카리시에서는 발전 출력 총 40킬로와트의 태양광 패널과 소형 풍차를 설치해 발생한 전력을 연료전지에 저장한다. 그리고 이를 휴게소와 초·중학교에 공급하며 재해 시에는 비상 전원으로 활용한다.
2018/7/20	'앞으로의 농촌 숙박' (일본 팜스테이 협회)	관광객이 농어촌에 머물며 농어업을 체험하는 농촌 숙박 보급을 위해 설립한 일반 사단법인 일본 팜스테이 협회가 도쿄 히가시긴자 지지 통신홀에서 첫 행사를 열었다.
2018/9/13	산림 정보 클라우드화 지원, 도도부현·시정촌에 반액 보조 (임야청)	임야청은 도도부현이 보유한 산림 정보와 시정촌이 2019년부터 실시하는 임지대장을 클라우드를 활용해 공유하는 정책을 지원한다. 이에 따라 임야청은 도도부현과 시정촌의 시스템 정비 비용 등에 대해 각각 2분의 1의 상당액을 보조한다.
2018/9/21	'양배추 투어리즘 연구회' 설립 (군마현 쓰마고이촌)	군마현 쓰마고이촌은 농업과 관광의 협력을 통한 지역 활성화 방안을 찾기 위해, 마을과 농가, 관광업체에 대학생, 고교생 등이 참여하는 '양배추 투어리즘 연구회'를 조직했다. 이 연구회는 다양한 주민들의 교류의 장으로도 활용되도록 하고, 이를 통해 새로운 사업 창출도 도모하고자 한다.

11. 관광

2018년 6월 주택숙박사업법[住宅宿泊事業法, 민박신법民泊新]이 시행됐다. 민박신법에서는 시설을 도도부현 지사에 신고하도록 했고 연간 시설 제공 일수를 최대 180일로 개정했다. 이와 더불어, 위생 확보 조치나 소음 방지를 위한 안내, 민원 응대, 숙박자 명부 작성 및 비치, 표식 게시 등을 의무화했다. 또한 민박 관리업자는 국토교통성에, 민박 중개업자는 관광청에 등록을 의무화함으로써 적정한 사업이 이루어지도록 조치했다.

신법에 따른 규제 강화와 더불어 조례를 통해 규제하는 지자체도 증가하고 있다. 예컨대 6월 1일 현재, 15개 도부현, 37개 시구에서 민박에 관한 조례를 시행하고 있다. 효고현은 초·중학교, 어린이집, 도서관 등의 주변 지역이나 주거전용 지역, 전원주택 지역, 경관지구에서는 민박을 전면 금지하는 조치를 취했다. 나가노현은 학교 주변 지역, 주거전용 지역, 스키장 주변에서 민박을 제한할 수 있는 조례를 규정했다. 아울러, 가루이자와 軽井沢정은 관광 시즌(5. 7. 8. 9월) 4개월 동안 가루이자와정 전역에서 민박을 금지하는 조례를 규정했다. 해당 지역주민들은 민박을 1년 동안 금지하는 규제 강화안을 요구했지만, 현의 전문가 위원회는 이를 관광 시즌으로만 한정하는 방침을 제시해 4개월 동안의 규제로 결정된 것이다.

홋카이도와 삿포로시는 민박에 관한 민원을 원스톱으로 처리하는 콜센터를 개설했다. 이를 통해 소음, 쓰레기 등의 위생, 적법성 등에 대한 주민들의 민원을 매일 접수한다.

도표 II-4-11. 관광의 동향

일자	제목	내용
2017/10/3	자전거 휴게시설 정비 (사이타마시)	사이타마시는 시내를 달리는 자전거 이용자가 휴식 시에 사용할 수 있는 사이클 서포트 시설을 정비한다. 이에 따라 스탠드가 없는 스포츠 타입의 자전거도 주차할 수 있는 바이크랙이나 타이어 공기 주입기, 화장실을 겸비한 시설을 '사이클 스테이션'으로 지정해 자전거 애호가 유치 및 시민 건강 증진 등을 도모한다.
2017/10/11	대형 크루즈선 유치 실증 운항 (지바현 기사라즈시)	지바현 기사라즈시는 항구의 매력을 살린 마을 활성화 대책의 일환으로, 호화 여객선으로 기사라즈항을 투어하는 운항을 실시했다. 에도 시대부터 항구도시로 번창했던 역사를 가진 시는, 현재 공산품 수송을 위해 이용되고 있는 항구를 '보소반도' 관광의 거점으로도 활용하고자 대형 외항 크루즈선 유치를 계획하고 있다.

2017/10/27	오제 국립공원 나뭇길 보수을 위한 기금 마련 (후쿠시마현 히노에마 치무라)	후쿠시마현 히노에마치무라는 오제 국립공원 내에 있는 아이즈 고마가타케 내의 나뭇길 복원을 위한 기금을 창설했다. 이 기금은 고향납세나 모금의 형태로 기부를 접수하고 앞으로는 클라우드 펀딩도 도입할 예정이다. 기부자에게는 답례품으로 산장이나 안내소에 이름을 게시하거나 티셔츠를 선물하기도 한다.
2017/11/6	다마 순회 관광, 2020년 올림픽에서 외국인에게 (도쿄 5개 시장회)	도쿄도 다마 지역의 무사시노, 조후, 히가시무라야마, 히가시쿠루메, 홋사 각 시의 시장은 '제7회 5개 시의 시장이 말하는 지역 지자체 협력 심포지엄'을 홋사시에서 개최했다. 주제는 2020년 도쿄 올림픽에서의 활동이며, 유산 보존과 함께 전 세계에서 방문하는 외국인이 다마를 방문하도록 하는 시스템 구축이 중요하다는 의견이 이어졌다.
2017/12/12	홍콩 회사와 협력, 연간 175회 운항, 크루즈선 거점 형성 계획 수립 (시즈오카현)	시즈오카현은 시미즈항의 크루즈선 거점 형성 계획을 수립했다. 아시아 최대의 크루즈 기업인 '겐틴 홍콩'과 협력해 2020년에 연간 90회, 2030년까지 연간 175회의 운항을 목표로 한다.
2017/12/14	건강 증진 투어 실시 (시가현 구사쓰치)	시가현 구사쓰시는 운동과 지역산 야채를 사용한 식사를 제공하는 건강 증진 투어를 실시한다. 시내 여행사에 위탁하며 위탁비는 약 900만 엔이다. 투어는 당일 여행과 1박 2일의 두 가지 코스가 있다. 당일 여행은 노인 20명, 1박 2일은 22~40대 여성 15명을 시내외에서 모집한다.
2017/12/19	현 내에서 출발하는 버스 투어 사업, '잠깐 여행'으로 관광 수요 확대 (지바현)	지바현은 주요 역이나 공항 등을 기점으로 주변 관광지를 새롭게 순회하는 버스 투어를 기획하거나 관광 정기버스를 운행하는 사업자에게 비용의 일부를 지원하는 사업을 시작했다. 대중교통으로 접근하기 어려운 관광지 방문 수요를 전용버스를 활용해 확대한다.
2018/2/8	중국인 관광객 유치를 위해 동영상 제작 (홋카이도 하코다테시)	홋카이도 하코다테시는 중국인 관광객을 유치하기 위해 홍보 동영상을 제작해 중국 내 8개 동영상 사이트에 배포하기 시작했다. 동영상은 약 5분짜리 '일상 편'과 약 3분짜리 '야경 편' 2편으로 구성됐다. 중국인의 관점에서 연출하고 중국인 리포터가 중국어로 관광지를 소개한다.
2018/2/19	지난 3월 민박 콜센터 (관광청)	관광청은 주택숙박사업법(민박신법)의 6월 시행을 앞두고 민박 제도 상담과 민원 응대를 위해 원스톱으로 응대하는 콜센터를 개설할 방침이라고 밝혔다. 이는 관광청이 사업자에 대해 신속한 대응을 권장하고, 도도부현이 적절한 행정 지도 등을 할 수 있도록 협력하기 위함이다.
2018/2/20	매력 홍보, 활동 보조 최대 100만 엔 (효고현 단바시)	효고현 단바시는 시민단체 등이 실시하는 시의 매력 홍보 활동 경비를 최대 100만 엔까지 보조하는 제도를 2018년도부터 시작한다. 이는 민간의 아이디어를 살려 시의 인지도를 높이고, 관광객과 인구 증가를 촉진하기 위한 정책이다.

2018/3/1	민박의 바닥면적 기준 완화 (오사카부)	오사카부의 후지이 무츠코 건강의료 부장은 오사카부 의회 본회의에서 25㎡ 이상인 현행 민박의 바닥면적 기준을 정원 1인당 3.3㎡ 이상으로 완화할 계획을 발표했다. 오사카부는 국가전략특구로서 2016년에 민박을 허용했다. 시설 인정 시에 적용되는 기존의 가이드라인에서는 베란다를 제외하고 연면적이 25㎡ 이상이어야 했었다.
2018/3/2	초소형 전기차로 일본 유산 관광 (와카야마현 유아사정)	양조장의 발상지로 일본 유산으로 인정된 와카야마현 유아사정에서 도요타 자동차의 초소형 전기차 콤스를 이용해 관광지 실증실험 '유아사 콤스 산책'이 진행되고 있다. 콤스는 1인승으로 최고 속도는 시속 60㎞, 6시간 충전으로 약 50㎞를 주행할 수 있다.
2018/3/15	민박 조례안 수정, 초등학교 주변은 평일 금지 (오사카시)	오사카시는 민박신법에 근거해 2월 의회에 제출한 조례안을 수정할 방침이라고 발표했다. 수정안에서는, 초등학교의 주변 100m 이내에서의 평일 영업을 금지한다. 도로 폭 4m 미만 도로에 접하는 주거전용 지역에서도 전 기간 금지한다. 단, 민박 주인이 상주하는 민박은 그 대상에서 제외된다.
2018/3/22	시 전체를 서비스 지역으로, 2018년도부터의 관광 기본계획 (후쿠오카현 나카마시)	후쿠오카현 나카마시는 2018~2022년도의 5개년 관광 기본계획을 공표했다. 핵심적인 관광 요소는 없지만, 기타규슈시와 후쿠오카시 사이에 위치하고 있고 도시의 주요 기능이 집약돼 있다는 점을 살려 '동료 서비스 구역 계획'을 기본 컨셉트로 설정했다. 이는 휴식 삼아 중간 지점인 나카마시에서 음식과 쇼핑을 즐길 수 있도록 관광객을 유치함으로써 관광 경제 효과를 높이기 위해서이다.
2018/3/30	나이트 라이프 부문 설정, 고향납세 기업가 지원 (오사카부 이즈미사노시)	오사카부 이즈미사노시는 고향납세 제도를 활용한 기업가 지원 프로젝트에 대해 일본을 방문한 외국인 관광객 전용의 나이트 라이프 제안 사업 등 5개 부문을 새롭게 만들기로 했다. 단, 음식점만이 아니라 좋은 추억을 남길 수 있는 밤을 보낼 수 있는 사업에 대해 지원한다. 지원 상한은 2,000만 엔이다.
2018/4/5	외국인을 위한 공식 가이드 투어, 지역 아이돌 라이브 감상도 (도쿄도 시부야구 관광협회)	도쿄도 시부야구 관광협회는 외국인 관광객을 위해 유상 가이드 투어를 시작했다. 이에 따라 협회는 스크램블 사거리에서 기념촬영을 하거나 지역 아이돌의 라이브 감상을 즐기는 독자적인 투어를 마련하고, 요금은 3,000엔으로 인하했다. 이 중, 2시간 정도의 야간 투어에는 다코야키, 초밥집 등에 들러 요리를 즐기고 지역 아이돌의 라이브를 즐길 수 있는 코스도 마련했다.
2018/4/16	국제회의, 학회, 전시회 등의 유치 전략 수립 (사이타마시)	사이타마시는 국제회의나 학회, 전시회 등을 적극적으로 개최해 지역 활성화를 목표로 하는 유치 전략을 수립했다. 계획 기간은 2020년까지 3년간이다. 이를 위해 시는 부족한 시설을 정비하고 숙박기능을 강화하는 등의 과제를 공론화하고 향후 정책 방향을 제시했다.

2018/4/18	편의점에서 민박 체크인, 열쇠 수령과 반납을 세븐일레븐에서	세븐일레븐 재팬은 일반 주택의 공실 등에 여행자를 유료로 숙박하게 하는 '민박'의 체크인과 열쇠를 자동으로 수령하고 반납할 수 있는 단말기 '세븐 체크인'을 6월 15일부터 도쿄도 내의 일부 점포에 설치한다. 이 시스템은 24시간 365일 언제든지 체크인 할 수 있도록 해, 방일 외국인의 편의를 높인다.
2018/4/19	국제회의, 학회, 전시회 등의 유치를 위한 지원 (도쿄도)	도쿄도는 국제회의나 전시회 등의 유치를 강화하기 위해 국내에서 개최하는 회의나 이벤트를 대상으로 다국어화를 추진하는 등 국제화를 도모하기 위한 제도를 마련했다. 대상은 비영리 단체이고, 학회나 협회로 상정하고 있으며 ①해외를 대상으로 하는 프로모션 ②국내 회의 등 다국어화 ③일본다움을 연출하는 프로그램을 제공할 계획이다.
2018/4/24	컨벤션 역대 최다, 보조 증가, 유치 협력으로 성과 (오카야마시)	오카야마시는 2017년도에 시내에서 열린 컨벤션 건수를 정리했는데, 전년도에 대비해 14건이 증가한 353건으로 역대 최다이다. 이는 주최자에 대한 개최 보조금의 확충 및 컨벤션 시설 등에 대해 관계 기관과 일체가 되어 벌인 유치 활동의 성과라고 평가하고 있다.
2018/5/1	교외 지역 관광객 유치 강화를 위해 순환형 버스 운행 (삿포로시)	삿포로시는 2018년, 시 중심부로부터 15킬로 권 내에 있는 시내의 관광명소를 순환형 버스로 순회하는 시범사업을 시작한다. 이는 당면 과제인 교외 지역 관광객 유치를 위한 강화책의 일환으로서 8월부터 9월 말까지 운행한다. 순환버스 정류장은 삿포로역 부근의 호텔 3곳과 히가시구에 있는 모에레누마 공원, 삿포로 아일랜드, 삿포로 맥주원 등 3곳으로 계획하고 있다.
2018/5/2	외국인 투숙객 1만 명 돌파 (오카야마현 미마사카시)	오카야마현 미마사카시가 정리한 2017년도 외국인 총 숙박자 수는 전년도에 비해 77.9% 증가한 1만 862명으로 역대 최고치를 기록했으며, 1만 명을 돌파한 것은 처음이다. 시는 대만 여행객의 증가에 대해서는 '직항편 증편 및 인바운드 유치 사업의 효과'라고 분석했다.
2018/5/8	현의 매력, 종합 정보지 한 권에 (야마가타현)	야마가타현은 현의 매력을 홍보하는 종합 정보지를 제작한다. 이 정보지는 자연문화, 관광명소, 현지 산업 등 모든 분야를 망라한 책자로 제작할 방침이며, 관광객이나 기업, 이주자 유치에 도움이 될 것으로 기대하고 있다. 정보지를 디자인하고 인쇄할 기업은 공모를 통해 선정하고 2019년 2월 초 발주한다.
2018/5/10	일본판 관광지역조성법인(DMO) (시코쿠 투어리즘 창조 기구)	광역 관광진흥을 위해 시코쿠 지방의 4개 현과 민간기업 등으로 구성된 '시코쿠 투어리즘 창조 기구'는 총회를 열어 관광청이 추진하는 일본판 관광지역조성법인(DMO)에 등록하기 위한 법인화를 결의했다. 이는 관광청의 지원 대상이 됨으로써 사업을 보다 촉진하기 위해서이다.

2018/5/10	방일 중국인 대상 스마트폰 결제 실험 (오사카부 이즈미사노시)	오사카부 이즈미사노시는 방일 관광객의 편리 향상을 통해 소비 확대를 도모할 목적으로, 중국인 관광객을 대상으로 스마트폰을 사용한 결제 실증실험을 실시한다. 이를 위해 결제 서비스 등을 제공하는 기업과 협력해 태블릿 단말 3대를 무상 제공한다. 단말기는 간사이 공항이나 난카이 전철 이즈미사노역 등 3개소의 특산품 판매소에 설치한다. 4월 하순부터 1년간 중국의 알리페이 등 2개 기업의 결제 서비스를 도입해 데이터를 분석한다.
2018/5/16	글램핑으로 일자리 창출 (오이타현 사에키시)	오이타현 사에키시는 호화 캠프 '글램핑'의 서비스를 개발하는 고용 창출 사업을 진행한다. 시내에는 야영장 등 숙박시설이 많지만, 고속도로에서 떨어진 곳을 중심으로는 이용자 수가 감소하고 있다. 시는 이 점을 감안하여 바다나 산과 가까운 곳의 경관이나 식자재의 풍부함을 살린 글램핑을 통해 이용자 유치를 도모하고자 한다.
2018/5/21	국제회의 유치 전용 창구 (도쿄도)	도쿄도는 도내에 있는 미술관 등 역사와 예술적 가치가 있는 시설을 국제회의 등으로 이용할 경우, 원스톱으로 지원하는 전용 상담 창구를 도쿄 관광재단에 개설했다. 창구에는 재단 담당자와 이벤트 기획사 담당자가 상주한다.
2018/6/8	민간 주도의 관광협회 설립, 고마자와 여자대학교 협력 협정 (도쿄도 이나기시)	도쿄도 이나기시에 민간 주도의 일반 사단법인 이나기시 관광협회가 설립돼 2019년 럭비 월드컵, 2020년 도쿄 올림픽을 앞두고 관광 정책을 강력하게 전개해 나가기로 했다. 시는 관광에 특화된 관광문화학부를 설립한 시내 고마자와 여자대학교 및 관광협회와 '이나기시 관광마을조성 산학관 협력 협정'을 체결했다.
2018/6/14	방일 외국인 서비스 사업 보조 (가나가와현 아쓰기시)	가나가와현 아쓰기시는 외국어로 된 간판, 안내판, 홈페이지 등을 관광시설이나 점포에 설치하는 시내 사업자에게 경비 일부를 보조하는 사업을 시작했다. 대상자는 시내 소매점, 숙박시설, 관광 관련 사업자 등이다. 간판, 안내판, 상품 메뉴, 팜플렛, 홈페이지를 외국어로 제작하는 비용의 2분의 1을 보조한다.
2018/6/20	관광 촉진을 위해 주식회사 설립 (가고시마현 가노야시)	가고시마현 가노야시 등 오스미 반도에 있는 4개 시, 5개 정(다루미시, 소오시, 시부시시, 오사키정, 히가시쿠시라정, 긴코정, 미나미오스미정, 간즈케정)은 민간사업자와 협력해 관광객의 요구 조사 등 마케팅을 중심으로 조사를 실시하는 '주식회사 오스미 관광 미래 회의'를 조직한다. 이 회의는 관광지역 조성을 추진하는 조정자로서 교류 인구 및 여행 소비 매출의 증가를 목표로 한다.
2018/6/22	세 가지 셰어 서비스 도입, 새로운 관광 모델 구축 (구마모토현 우키시)	구마모토현 우키시는 셰어 사이클 등 세 가지 셰어링 서비스를 관광지에 도입해 순환형 관광 모델을 구축한다. 이 사업은 동년 8월부터 차년도 3월 중순까지 실시할 예정이며, 효과나 개선점을 검증해 내년도 이후에도 계속할 방침이다.

2018/7/10	드라이브 관광으로 공통 기반, 방일 관광객을 홋카이도로 (국토교통성)	국토교통성 홋카이도 개발국은 방일 관광객의 드라이브 관광 촉진을 위해 대형 지도 검색 업체인 네비타임 재팬, 홋카이도 등과 렌터카 관광정보 공유를 위한 플랫폼을 마련했다. 이 플랫폼은 도내의 삿포로시 등을 제외한 교외 지역의 관광객 유치를 목적으로 하며, 시정촌이나 관광 단체의 참여를 기다리고 있다.
2018/7/10	고급 숙박시설 유치 (이바라키현)	이바라키현은 현의 관광 이미지를 높이기 위해 외국계 유명 호텔이나 초고급 여관과 같은 고가의 숙박시설을 유치하기 위한 적극적인 활동에 나선다. 조사와 보조를 통한 지원이 주요 전략이며, 현은 이 사업에 2018년도 10억 1,400만 엔을 투입한다.
2018/7/11	전통 축제를 소개하는 교류센터 (아이치현 가니에정)	아이치현 가니에정은 관광사업 촉진을 위해 유네스코 무형문화 유산에 등재된 스나리 축제를 소개하는 교류센터를 개설했다. 이에 따라 축제 분위기를 느낄 수 있도록 가상현실(VR) 등의 기술을 활용했으며 현지 특산품을 판매하는 공간도 마련해 관광 거점으로 즐길 수 있도록 연구를 거듭하고 있다.
2018/7/11	예술가 마을 정비 기공식, 문화재 보존·활용 거점 (나라현)	나라현이 문화재 보존과 관광 등에 대한 활용을 위한 거점으로서 정비하고 있는 '나라현 국제 예술가촌'의 기공식이 덴리시 소마노우치정에서 개최됐다. 문화재 복원시설, 전시시설과 함께 국도 휴게소를 정비하거나 민영 호텔을 유치함으로써 현 중부의 새로운 관광 거점으로서도 기능하게 할 방침이다. 2021년도 내 오픈을 목표로 한다.
2018/8/2	체류형 관광을 목표로 셰어 사이클 도입 (나가노현 아즈미노시)	나가노현 아즈미노시는 역 등의 거점시설에서 관광지로 향하는 '2차 교통'을 확충하기 위해 셰어 사이클을 도입하는 실증실험에 착수한다. 운영 기간은 8~10월의 약 3개월이다. 사업은 나가노현의 '지역발 활력조성 지원금' 약 180만 엔을 활용하고 부족한 부분은 시가 지원한다.
2018/8/7	현 선정 투어 판매 개시 (사이타마현)	사이타마현과 사이타마현 관광협회가 선정, 추진하는 숙박 투어의 판매가 시작됐다. '긴키 일본 투어 리스트 수도권' 등이 기획·판매를 담당했다. 현 관광과와 협회는 숙박형 여행상품 콘테스트를 6월에 실시하여 '사이타마의 자연', '사이타마의 역사·문화', '맛집·술' 등 5개 주제로 여행사의 투어를 모집해 응모된 47개의 투어 가운데, 14개를 선정했다.
2018/8/8	8개국어로 관광 정보 제공 (구마모토 미나미아소촌)	구마모토현 미나미아소촌은 외국인 관광객 유치를 위해 8개국어로 관광 정보를 제공한다. 마을은 일반 재단법인인 모바일 스마트 타운 추진 재단과 협정을 맺어 재단이 운영하는 웹사이트에 샘물로 유명한 마을 내의 '시라카와 수원'이나 휴게소 등의 정보를 외국어로 공개하고 있다. 각각의 관광지에 QR코드가 있는 패널을 설치함으로써 현지에서도 간단하게 관광 정보에 접속할 수 있도록 한다.

2018/8/10	외국인 여행객에게 다국어로 정보 제공 (도쿄도 이나기시)	도쿄도 이나기시는 스마트폰을 통해 외국인 관광객에게 다국어로 지역 정보를 제공하는 서비스를 시작했다. 이에 따라 시내의 관광지나 안내소 등에 근거리 무선통신과 QR코드가 부착된 '터치 플레이트'를 설치했다. 이 시스템은 QR코드를 통해 관광정보 페이지를 찾을 수 있도록 구성돼 있다.
2018/8/14	방일 외국인이 지역 공헌, 시범사업 (관광청)	관광청은 2019년도 국제회의, 여행 등의 '국제 MICE'에서 지역의 환경미화 및 사회복지 활동에 방일 외국인이 참여하는 프로그램의 시범사업을 실시한다. 이 사업은 '지역 공헌형 MICE'로서 프로그램 개최 경비 등을 동년도 예산 개산 요구에 포함시킬 방향으로 조정하고 있다.
2018/8/20	프랑스 요리 열차 운행, JAL과 협력 협정 (후쿠오카현 후쿠치정)	후쿠오카현 후쿠치정은 일본 항공과 관광 진흥, 지역창생 추진 등 4개 분야에서 포괄적인 협력 협정을 체결했다. 9월에 협력 사업의 제1탄으로서 프랑스 요리, 디저트, 과일, 음악을 즐길 수 있는 '프렌치 & 스윗츠 열차 슈가로드호'를 운행한다. 정원은 10개 조로, 요금은 1인당 1만 5,000엔이다. 8월 말까지 홈페이지에서 접수를 받는다.
2018/8/22	공항과 관광지를 연결하는 택시 (아오모리현)	아오모리현은 스마트폰용 배차 앱을 활용해 아오모리, 미사와의 두 공항과 주요 관광지를 연결하는 택시 실증실험을 시작했다. 이 앱은 정액권과 함께 요금도 인하해 외국인이나 개인 여행자가 공항에서 택시를 이용하기 쉽도록 하는 것이 목적이다.
2018/8/30	세계 2위 여객선사와 워킹그룹 설치, 크루즈선 기항 증가 목표 (구마모토현)	구마모토현은 세계 제2위의 크루즈선사 '로얄 캐리비안 크루즈(RCL)'와 야쓰시로항의 시설정비나 투어 기획 등에 대해 의견을 교환하는 워킹그룹을 설치한다. 야쓰시로항에는 현이 대형주차장을, RCL이 여객터미널을 각각 설치하고, 2020년에는 이 항을 국제 크루즈선의 거점항으로 정비할 계획이다.
2018/9/5	관광열차 도입 검토, JR에서 경영 분리 병행 재래선 (후쿠이현)	후쿠이현은 2022년도 말 호쿠리쿠 신칸센의 현 내 연장 영업에 따라, JR 서일본으로부터 경영 분리되는 병행 재래선에 관광열차를 도입하기 위한 방안을 검토한다고 밝혔다. 이 검토에서는 관광열차 도입이 이용 촉진책이나 수지 개선책이 될 수 있는지에 대해 논의한다. 전국의 제3섹터 기업 8개 중, 관광열차를 운행하는 곳은 4곳이다.
2018/9/5	미래 온천마을 체험, 나가토유모토 온천 사회 실험 스타트 (야마구치현 나가토시)	온천가 재생 대책이 진행되고 있는 나가토유모토 온천에서 미래의 온천가를 체험하는 사회 실험 '나가토유모토 미래 프로젝트'가 시작됐다. 올해 사회 실험에서는 주로 하천공간 활용과 야간 경관 연출, 도로 공간 활용을 실험했으며, 하천 공간 활용에서는 온천마을을 흐르는 온신가와(音信川)의 강바닥을 설치해 운영방법을 검증하고 도로 공간 활용에서는 보행자 전용도로와 보행자 공존도로를 설정해 사람이 걷기 좋은 온천마을 검증을 실시한다.

2018/9/10	국도변에 위치한 휴게소를 거점으로 관광객 유치 촉진, 도내 드라이브 관광 (국토교통성 홋카이도 개발국)	국토교통성 홋카이도 개발국은 방일 관광객의 도내 드라이브 관광을 촉진하기 위해, 휴게소를 거점으로 관광객을 지역의 숨은 명소로 유도하는 방안을 마련했다. 이는 현지 주민이 즐겨 찾는 명소나 맛집 등의 정보를 모아 관광객이 방문하지 않던 지역에도 관광객을 유치하기 위해서이다.
2018/9/12	무료 SIM 배포, 지원을 위해 호텔과 협력 (미야기현 이시노마키시)	미야기현 이시노마키시는 관광 대책으로 외국인 여행자에게 SIM 카드를 무료 배포하는 사업을 시행했다. 단, 이용객 수가 많지 않으므로 시내에 있는 루트인 그룹의 비즈니스 호텔 2개소와 협력하고 8월 하순부터는 각 호텔에서도 배포를 개시한다.
2018/9/13	관광 마케팅에 AI 활용, 일본 유니시스와 실증실험 (시마네현 마쓰에시)	시마네현 마쓰에시에서는 일본 유니시스와 협력해 관광 마케팅 실증실험을 시작했다. 지역 관광시설, 음식점 등의 데이터를 인공지능(AI)으로 하나의 웹사이트에 담아 지도 정보와 함께 관광객에게 제공한다. 이와 더불어 이용자의 위치 정보나 열람 정보를 수집해 효과적인 관광 정책을 입안하는 데에도 활용한다.
2018/9/14	'숙박세'를 신설하기 위한 관광 조례 성립, 시장 '신속히 검토', 현과 조정 (후쿠오카시 의회)	후쿠오카시의회는, 호텔이나 여관 등의 숙박자에게 부과하는 '숙박세'에 관한 관광 진흥 조례를 찬성 다수로 가결했다. 조례는 시장에게 관광산업의 진흥과 여행객을 위한 환경 정비 등을 요구하고, 그 재원을 충당하기 위해 '숙박세를 부과한다'고 명기했다. 세율이나 과세 시기 등은 별도로 정한다.
2018/9/18	터널을 활용해 고객 유치 (가나가와현 요코스카시)	가나가와현 요코스카시는 시내의 터널을 활용한 고객 유치 사업을 추진하고 있다. 터널 카드 배포나 심포지엄을 통해 터널이 많은 지역특성을 요코스카의 새로운 매력으로 홍보한다.
2018/9/20	DMO '나가노 이나다니 관광국' 설립 (나가노현 8개 시정촌)	나가노현의 이나다니시와 고마가니시 등 8개 시정촌은 관광지역 조성에서 조정 역할을 담당할 '나가노이나타니 관광국'을 설립한다. 이 관광국은 시정촌을 초월한 체류형 관광지 조성을 목표로 한 '지역협력 DMO'로 관광청에 신청할 방침이다. 가미이나 광역 연합에 의하면, 대상 지역은 2개 시 외에, 다쓰노정, 미노와정, 이이지마정, 미나미미노와촌, 나카가와촌, 미야타촌의 가미이나 지역이다.
2018/5/24	민박, 가루이자와는 4개월 금지 (관련 조례로 규제)	나가노현은 민박신법의 6월 시행을 앞두고 일본의 유명 관광지인 가루이자와에 대해서는 5월, 7~9월의 4개월간 민박을 금지하도록 조례를 통해 규제했다.
2018/5/24	민박 콜센터 개설, 민원 원스톱 대응 (홋카이도·삿포로시)	홋카이도는 민박신법의 시행 전에 삿포로시와 공동으로 민박 제도에 대한 민원을 원스톱으로 받기 위한 콜센터를 개설한다고 발표했다. 콜센터는 홋카이도와 삿포로 공통이며 매일 오전 9시부터 접수를 받는다.

* 역자 주: 국·공유지의 활용방법을 검토함에 있어서 '사운딩 시장조사(Market Sounding)'는 공모를 통해 민간사업자로부터 폭넓은 의견이나 제안을 구하고 대화, 의견 교환 등의 민간과의 소통을 통해 사업 성립 여부의 판단이나 시장성 유무, 사업자가 보다 참가하기 쉬운 공모조건의 설정을 파악하는 조사 방법을 말한다. 국·공유지의 소유자인 국가나 지자체의 획일적인 활용용도 및 활용방법을 정하는 방식과 비교할 경우, 민간의 다양한 의견과 민간에게 유리한 공모 조건을 파악할 수 있다는 점에서 민간사업자의 사업 참여를 유도할 수 있고 사업 성공으로 이어지는 경우가 많아 적극적으로 활용되고 있다.

민관협력 키워드 해설

키워드

업무개선 지구(BID: Business Improvement District)

지권자와의 합의에 따라 특정 지구를 지정하고 그 지구를 대상으로 세금에 가산한 부담금을 강제적으로 징수하는 권한 및 구조를 가진 비영리 조직이다. 북미의 약 1,200개소 이상에서 채택되고 있다. 그 재원을 바탕으로 청소 활동, 블록 유지보수와 같은 도시건설 활동 외에도 주차장이나 교통기관의 운영, 경관 유지, 공공 공간의 관리운영, 신규 세입자 유치, 장래 계획 수립과 같은, 지자체가 담당하기 힘든 지역 관리 활동을 담당하는 경우도 많다.

2018년 6월, 지역개정법의 개정으로 '지역재생 매니지먼트 부담금 제도'(일본판 BID)가 창설됐다. 특정 지역에서 수익자(사업자) 3분의 2 이상의 동의를 얻어 매니지먼트 단체가 '지역 방문자 등 편의 증진 활동 계획'을 지자체에 신청하고 이것이 인정되면 지자체가 조례를 제정해 부담금을 징수한다. 지자체는 징수한 부담금을 교부금으로 해당 지역의 에리어 매니지먼트 단체에 지원한다. 일본판 BID 제도 창설 전에는, 오사카시에서 우메다역 주변(우메다 지역)의 지권자에게 지방자치법에 근거한 분담금을 징수해 매니지먼트에 충당하는 제도를 도입한 사례가 있다.

BOT/BTO/BOO/RO/BLT/DBO

PFI 등 공공서비스형 PPP 사업방식의 유형이다.

BOT(Build Operate Transfer)란, 민간사업자가 스스로 자금을 조달해 시설을 건설하고, 계약 기간 중에 유지관리·운영을 통해 자금을 회수한 후, 공공 주체에게 시설 소유권을 이전하는 방식을 말한다.

BTO(Build Transfer Operate)란, 민간사업자가 스스로 자금을 조달해 시설을 건설하고 그 소유권을 공공 주체에 이전하는데, 그 대신 계약 기간 중의 유지관리 및 운영할 권리를 얻는 방식을 말한다.

BOO(Build Own Operate)란, 민간사업자가 스스로 자금을 조달해 시설을 건설하고 계약 기간 중에 유지관리 및 운영을 하되, 소유권은 공공 주체에 이전하지 않는 방식을 말한다.

RO(Rehabilitate Operate)란, 민간사업자가 스스로 자금을 조달해 기존 시설을 개보수하고 계약 기간 동안 유지관리 및 운영하는 방식을 말한다. 이와 유사한 방식으로는 BLT, DBO 등이 있다.

BLT(Build Lease Transfer)란, 민간사업자가 스스로 자금을 조달해 시설을 건설하고 공공 주체에게 그 시설을 임대해 계약 기간 동안 공공 주체로부터 임대료와 시설의 유지관리 및 운영에 대한 자금을 획득하는 방식을 말한다. 계약 기간 종료 후에는 유상 또는 무상으로 시설 소유권을 공공 주체에 이전한다.

DBO(Design Build Operate)란, 공공 주체가 자금을 조달하고 설계·건설, 운영은 민간에 위탁하는 방식을 말한다. 공공 주체가 자금을 조달하므로 민간이 자금을 조달하는 것에 비해 자금조달 비용이 낮고 VFM 평가에서 유리하다. 반면, 공공 주체가 자금을 조달하므로 설계시공, 운영단계에서 금융기관이 감독할 수 없거나 감독하기 힘든 단점이 있다.

관련 용어: PFI, PPP, VFM

기업의 사회적 책임(CSR: Corporate Social Responsibility)

CSR, 즉 기업의 사회적 책임이란, 기업이 사회 및 환경과 공존하며 지속 가능한 성장을 도모하기 위해 그 활동의 영향에 대해 책임을 지는 기업행동으로, 기업을 둘러싼 다양한 이해관계자로부터 신뢰를 얻기 위한 기업의 책임, 방향성 등을 의미한다. 구체적인 활동에는 적절한 기업 경영, 리스크 관리, 내부 통제의 철저뿐만 아니라 시대나 사회의 요청에 대한 자주적인 대책도 포함된다. 그 범위는 환경이나 노동 안전·위생·인권, 고용창출, 품질, 거래처에 대한 배려 등 폭넓은 분야로 확대되고 있다. 또한 최근에는 자선활동에만 그치지 않고 사회와 기업 모두에게 가치를 가져다 주는 공유가치 창출(CSV: Creating Shared Value) 활동도 주목받고 있다.

핵심성과지표(KPI: Key Performance Indicator)

중요성과지표를 지칭한다. 성과 달성에 필요한 항목 중, 중요한 것을 추출해 객관적으로 평가한다. PPP의 시장화 테스트 실시 시에 주목받아 현재는 지방창생 사업 등에서도 필요하다. 결과나 성과에 관한 객관적 지표를 설정함으로써 의뢰인은 대리인이 바람직한 행동을 취하고 있는지 감시하는 (모니터링) 비용을 줄일 수 있다. 또한, 요구 수준을 나타내는 적절한 지표 설정이 가능하다면, 상세한 사양을 지정하는 발주 방식(사양 발주)에서 서비스의 질을 지정하는 발주 방식(성능 발주)으로 전환할 수도 있다.

예를 들어, 직업훈련학교의 운영을 위탁할 경우, KPI로 취업률을 설정하는 등의 시도도 있었다. 서비스의 질에 따라 적절한 지표를 설정하는 것에는 문제점도 있지만, KPI의 도입은 PPP 분야뿐 아니라 다양한 계약에 공통적으로 응용할 수 있는 개념이다.

관련 용어: 모니터링, 도덕적 해이(moral hazard), 성능 발주, 지방창생

신공공관리론(NPM: New Public Management)

신공공관리론이란, 민간기업의 경영이념, 방법, 성공사례 등을 공공부문에 적용해 관리 능력을 높임으로써 효율적이며 질 높은 행정서비스를 제

공하는 것을 목표로 한다. 신공공경영이라고도 한다. 1980년대 재정적자의 확대와 당시 정부/행정부문 운영의 비효율성에 대한 인식으로 인해 1990년대에 일어났던 큰 정부에서 작은 정부로의 움직임 속에서 영국, 뉴질랜드를 비롯한 유럽과 미국에서 도입됐다. 기본적인 방침으로는 성과주의 도입, 시장 메커니즘 활용, 시민 중심주의를 통한 다양한 수요에 대한 대응, 조직의 간소화와 조직 밖으로의 분권 등을 들 수 있다.

일본에서는 고이즈미(小泉) 정권의 '향후 경제재정 운영 및 경제사회 구조 개혁에 관한 기본방침'(2001년 6월 각의 결정)에서 새로운 대책으로 다루어져 많은 지자체가 도입하기에 이르렀다.

관련 용어: PPP

비영리기관(NPO: Non-Profit Organization)

영리를 목적으로 하지 않는 단체의 총칭이다. 자원봉사단체나 시민단체, 재단법인, 사단법인, 의료법인, 학교법인, 생활협동조합, 자치회 등도 포함된다. 이 중, 특정 비영리활동 촉진법(NPO법)에 따라 인증을 받아 법인격을 취득한 단체는 NPO 법인(특정 비영리활동 법인)이라 하며 NPO 법인 중에서도 일정한 기준을 충족해 관할청의 인증을 받은 단체는 인증 법인이라 한다(2018년 9월 말 기준으로 인증 법인 수는 5만 1,745개, 인증·가인증 법인 수는 1,083개). 인증 NPO 법인에게는 세제상의 우대조치가 적용된다.

2017년 4월 1일에 '특정 비영리활동 촉진법의 일부를 개정하는 법률'이 시행됐다. NPO 법인 설립의 신속화나 정보 공개 추진 등이 주요 개정사항이다. 구체적인 개정사항은 ①인증 신청 열람 기간 단축(기존 2개월에서 1개월로)과 인터넷 공표를 가능하게 한다 ②대차대조표 공고를 의무화한다(공고 방법은 관보, 일간신문, 전자공고, 시민이 보기 쉬운 장소에 게시) ③내각부 NPO 법인 정보 포털 사이트를 통한 정보 제공 확대 ④사업보고서 등의 비치 기간 연장(기존 3년에서 5년으로) 등이다. 또한 인증 NPO

법인, 가인증 NPO 법인에 대해서는 ①해외송금에 관한 서류를 소관 부처에 사전 제출하도록 하는 것을 폐지한다 ②공무원 보수 규정 등의 보관 기간을 기존 3년에서 5년으로 연장 ③'가인증'이라는 명칭을 '특례 인증'으로 변경하는 조치가 취해졌다.

그리고 NPO와 유사하게 사용되는 비정부기구(NGO: Non Governmental Organization)가 있으나 일반적으로는 국제적인 활동을 하는 비영리 단체를 가리키는 경우가 많다. 또한 EU에서는 사회적 경제(Social Economy)라는 용어가 사용되고 있다.

관련 용어: 새로운 공(公)/새로운 공공/공조사회 조성

민간투자사업(PFI: Private Finance Initiative)

일본 PPP의 대표적인 사업 방법으로, 공공시설의 건설·유지관리 등의 측면에서 민간의 자금, 경영 능력, 기술력을 활용하기 위한 방법이다. 1992년에 영국에서 도로 건설 등에 도입된 것이 시초로, 일본에서는 1999년에 '민간자금 등의 활용을 통한 공공시설 등의 정비 등의 촉진에 관한 법률(PFI법)'이 제정됐다.

2018년 6월의 법 개정에서는 정부에 대한 PPP 원스톱 창구의 설치와 조언 등의 기능 강화, 컨세션 사업에서 이용요금의 설정에 관해 지정관리자 제도상의 승인을 얻지 않고 신고로 끝나도록 하는 등의 특례, 운영권 대가를 사용해 수도 사업 등의 재투자금에 대한 중도상환금이 발생할 경우의 보상금 면제 등이 포함됐다.

2011년의 개정에서는 공공시설 등 컨세션의 창설 등이, 2013년의 개정에서는 민관협력 인프라 펀드의 기능을 담당하는 '민간자금 등 활용사업 추진기구'의 설립이 포함됐다. 2015년의 개정에서는 컨세션 사업자 등에 대한 공무원 파견제도를 도입했다.

PFI의 발상지인 영국에서는 PFI 제도의 추진, 장기 인프라 계획 수립, 중요 프로젝트의 감독을 IPA(Infrastructure and Projects Authority)가

모두 담당하고 있다. IPA의 전신인 PUK(Partnerships UK)는 민관이 공동출자한 조직으로 PFI 프로젝트에 관한 컨설팅도 담당하고 있었다. 또한, 재무부와 지방자치단체 협의회(LGA)가 설치한 Local Partnerships가 지자체의 PFI 지원을 실시하고 있다.

PFI 사업의 기본적인 입장은 민간자금 활용에 있지만, 클린 센터 등에서의 DBO 방식이나 공영주택 정비에서의 BT 방식+잉여지 활용 등 보조금·교부금, 기채를 통한 공공 측의 자금조달 업무라 할지라도 여러 업무를 종합적으로 민간에 위임하기 위한 방법으로도 이용되고 있다.

관련 용어: 컨세션(공공시설 등 운영권), 서비스 구매형/독립채산형/혼합형

공립 사립 교육시설 및 기반시설에 관한 법률(PPEA: Public Private Educational Facilities and Infrastructure Act)

2002년에 미국 버지니아주에서 제정된 법률이다. 민간의 자유로운 제안으로 공공시설 정비와 민간 프로젝트를 동시에 실행할 수 있는 것이 특징이다. 명칭에 교육(Education)이 포함돼 있지만 학교와 같은 교육시설뿐만 아니라 청사, 병원, 주차장, 하수처리장, 도서관 등 모든 인프라를 대상으로 한다. 현재까지 150건 이상의 실적을 올렸다. 미국 내에서는 동법을 모델로 한 PPP법을 제정하는 주가 증가하고 있다.

이 법률에서는 민간이 자유롭게 실시하는 사업, 규모, 방법에 관한 아이디어를 제안할 수 있는데, 제안 시에 민간이 지자체에게 심사료를 지불하게 되어 있다. 지자체는 이 심사료를 활용해 제안된 사업의 타당성 심사를 실시하고 사업이 가능하다고 판단될 경우, 사업추진을 위한 구체적인 계획, 기간, 방안 등에 관해 추가적으로 제안을 요청한다. 세계적으로 PPP법에 민간 제안 제도를 이용하고 있는 사례는 많지만 심사료를 실제로 징수하는 사례는 드물다.

관련 용어: 민간 제안 제도

민관협력 제도(PPP: Public Private Partnership)

좁은 의미로는 공공서비스 제공이나 지역경제 재생 등 특정 정책 목적을 가지는 사업을 실시하는 데 있어서, 관(지자체, 국가, 공적 기관 등)과 민(민간기업, NPO, 시민 등)이 목적 결정, 시설 건설·소유, 사업운영, 자금 조달 등의 역할을 분담해 실시하는 것이다.

이때 ①리스크와 수익 설정 ②계약에 의한 관리·감독의 2가지 원칙이 적용된다. 넓은 의미로는 어떤 정책 목적을 가지는 사업의 사회적 비용 대비 효과 계측 및 관·민·시민 간의 역할 분담에 관해 검토하는 것을 말한다. 세계의 대표적인 PPP 연구기관인 미국PPP협회(NCPPP: National Council for PPP)는 다음과 같이 정의하고 있다.

"민관협력은 공공기관(연방정부, 주정부나 지역정부)과 민간사업자 간의 계약관계를 의미한다. 이 계약을 통해 각 부분의 기술과 자산이 일반적인 공공의 용도로 활용된다. 자원의 공유라는 관점에서 각 부분은 리스크를 분담하고 성과를 공유한다.

A Public—Private Partnership is a contractual agreement between a public agency (federal, state or local) and a private sector entity. Through this agreement, the skills and assets of each sector(public and private) are shared in delivering a service or facility for the use of the general public. In addition to the sharing of resources, each party shares in the risks and the rewards potential in the delivery of the service and/or facility."

공적 부동산(Public Real Estate)/기업 부동산(CRE: Corporate Real Estate) 전략

CRE(Corporate Real Estate)란, 기업이 사업을 지속하기 위해 사용하는 모든 부동산을 기업 가치를 최대화할 목적으로 소유·임대·리스 등에 따라 담당 부서와 관계없이 경영적 관점에서 효과적으로 운용하려는 전략이다.

마찬가지로 공적 부동산(Public Real Estate)이란, 지자체나 국가에서 저·미이용되고 있는 자산을 포함해 공유자산을 최대한 효율적으로 활용하는 전략이다. 매도 가능한 자산을 산출하는 것과 같은, 지자체의 회계 개혁이나 자산채무 개혁은 공적 부동산을 도입·추진하는 좋은 계기가 된다. 정부 조사에 의하면, 공적 부동산은 일본의 부동산 규모 약 2,300조 엔 중, 금액 규모로는 약 580조 엔(전체의 약 23% 상당), 면적 규모로는 국토의 약 36%를 차지하고 있다[국토교통성 '공적 부동산 전략 실천을 위한 안내서(2012년 3월 개정판), 3면].

관련 용어: 공공시설 매니지먼트(백서), 회계 개혁

재정사업 비교지수(PSC:Public Sector Comparator)

PSC(Public Sector Comparator)란, 공공이 시설 설계, 시공, 유지관리의 각 업무를 개별적으로 발주·계약하는 기존형 공공사업을 실시한 경우의 생애주기 비용을 말한다. PFI 사업에서의 사업 실시가 기존형 공공사업 방식에 비해 장점이 있는지를 평가하는 VFM 산정 시에 산정한다.

관련 용어: VFM

조세담보금융 제도(TIF: Tax Increment Financing)

미국에서 널리 이용되고 있는 독자적인 과세 제도로, 특히 쇠퇴한 중심 시가지의 재생에 사용되는 시스템의 하나이다. 각 주의 주(州)법에 규정된 일정한 요건을 충족시키는 지역·프로젝트를 대상으로 하는 것으로 But For Test (TIF 이외의 방법으로는 재생되지 않는다고 인정되는 것) 등의 요건을 붙이는 예도 많다. TIF 지구를 지정해 지정 구역 내에서 재산세 등 과세 평가액을 일정 기간 고정한 다음, 새로운 개발 등에 의한 과세 평가액의 상승분과 관련된 세수입을 기반 정비나 민간사업자에 대한 보조 등의 재원으로 충당하는 시스템이다. 장래의 세 증가분을 상환 재원으로 해 TIF채로서 증권화하거나 세의 증가액이 기금에 적립된 시점에서 사업을 실시하는 것 등도 가능하다. 개발 이익이 발생하지 않으면 성립하지 않기 때문에 잠재력이 낮은 개발을 도태시킬 수도 있고, 지역 내에서 재투자를 통해 제3자의 신뢰를 얻기 쉽다는 장점도 있다.

적격성 조사 제도(VFM: Value For Money)

VFM(Value For Money)이란, 지불(Money)에 대해 가장 가치가 높은 서비스(Value)를 공급한다는 개념이다. 같은 질의 서비스라면 가격이 보다 저렴한 쪽이 VFM이 있는 것이 되고, 같은 가격이라면 보다 질 높은 서비스 쪽이 VFM이 있는 것이 된다.

VFM의 정량적인 산정 방법으로는 PSC의 현재가치와 PFI 사업으로서 실시하는 생애주기비용(PFILCC)의 현재가치를 계산해(PSC−PFILCC)÷PSC×100으로 산정한다. PFI LCC〈PSC가 되면, VFM이 있고 PFI 사업에서 실시하는 이점이 있다는 것을 나타낸다.

관련 용어: PFL, PSC

WTO 정부조달협정

WTO 정부조달협정(Agreement on Government Procurement, 약칭 GPA)은 우루과이 라운드의 다각적 무역협상과 함께 1996년 1월 1일에 발효된 국제협정이다. 1995년 1월 발효된 '세계무역기구를 설립하는 마라케시협정(WTO협정)'의 '부속서 4'에 포함된 복수국 간의 무역협정 중 하나이다.

이제까지 정부조달에서 적용되던, 자국과 다른 체약국의 상품이나 공급자에 대해 차별하지 않는다고 규정한 '내국민 대우 원칙'이나 '무차별 대우 원칙'의 적용 범위를 서비스 분야의 조달이나 지방정부(도도부현과 정령지정 도시)에 의한 조달 등으로까지 새롭게 확대했다. 적용 기준액은 상품과 서비스에 따라 상이하지만 건설공사의 조달계약 적용 기준액은 국가 6억 8,000만 엔, 도도부현·정령시 22억 9,000만 엔(적용 기간은 2018년

4월 1일~2020년 3월 31일)으로 정해져 있다.

이 요건에 해당하는 PFI 사업은 일반 경쟁 입찰로 진행된다. 일본은 협정의 적용을 받는 기관 및 서비스의 확대, 개발도상국의 협정 가입에 대한 특별대우, 전자적 수단 활용을 통한 조달 절차의 간소화, 민영화한 조달기관 제외 등을 규정한 개정 의정서를 2014년에 수락했다.

새로운 공(公)/새로운 공공/공조(共助)사회 조성

'새로운 공(公)'은 행정뿐만이 아니라 다양한 민간 주체를 지역 조성의 담당자로 해 이런 주체가 기존의 공공적 가치를 포함한 사적 영역이나, 공(公)과 사(私)와의 중간적인 영역에서 협동한다는 개념이다. 2000년 7월에 각의 결정된 '국토형성계획(전국 계획)'에 대해 4개의 전략적 목표를 추진하기 위한 횡단적 관점으로 이용됐다. 민주당 정권의 '새로운 공공'과 아베 제2차 정권에서의 '공조사회 조성'에서도 기본적인 노선은 유지되고 있다.

'공조사회 조성 간담회'(내각부)의 정리에 따르면, 모든 인재가 각각의 위치에서 가진 능력을 활용할 수 있는 '전원 참여'가 중요하며, 자조·자립을 중요시하면서도 자조(自助)·공조(共助)·공조(公助)의 균형있는 정책을 검토해 나갈 필요가 있으며, 공조(公助)에 대해 재정적 제약을 안고 있는 상황 속에서 지역 과제를 해결하고 활성화하기 위해서는 공조(共助) 정신에 따라 각자가 주체적으로 협력하고자 함으로써 활력있는 사회를 만들어 가는 것이 필요하다고 밝혔다.

아페르마주(Affermage)

아페르마주란, 프랑스가 도입한 PPP의 한 형태로, 행정기관이 시설 등을 정비하고 소유권을 계속 보유하는 등 관이 관여하는 부분을 일정하게 남긴 상태에서 민간사업자에게 시설을 임대하고 민간사업자가 이용료·수수료·사업수익·자기투자 등으로 사회 자본을 운영하는 사업 형태이다. 컨세션 방식과의 차이는 시설의 정비를 공공이 실시하는 점과 기간이 8~20년 정도로 비교적 짧은 점을 들 수 있다.

관련 용어: 컨세션(공공시설 등 운영권)

동등한 지위(Equal Footing)

경쟁 조건의 동일화를 말한다. 상품·서비스의 판매에서 쌍방이 대등한 입장에서 경쟁할 수 있도록 기반·조건을 동일하게 하는 것 등을 가리킨다. 예를 들면, PFI와 기존형 공공사업과의 비교에서 동등한 지위의 실현을 위해서는 기존형 공공사업에서 지자체 등이 국가로부터 받고 있는 보조금, 지방 교부세 외에 지자체의 기채에 의한 저리의 자금조달, 법인세나 고정자산세 등의 비과세 조치 등에 의한 비용 면에서의 우위성을 감안해 PFI 사업자에게도 같은 우위성을 부여할 필요가 있다(혹은 차이를 없앰으로써 비교).

일괄 발주

사업을 실시할 때, 업무의 일부 또는 전부를 동일 사업자에게 발주하는 것을 말한다. 일본의 기존 공공사업에서는 설계, 건설, 운영 등을 별도로 발주(분할 발주)하고 있었지만, 이들을 동일 사업자에게 발주하는 것이다. 예를 들어, 인프라 정비 등의 사업을 실시할 때, 설계(Design)와 시공(Build)을 일괄적으로 동일 사업자에게 발주하는 DB 방식이나 PFI로 설립된 특수목적법인(SPC)에 대해 설계·건설·유지관리·운영을 포함한 모든 업무를 일괄 발주하는 사업계약을 체결하는 것 등이 이에 해당한다. 또한, 도도부현이 지역 내의 복수 지방자치단체의 요청에 따라 소규모 업무를 일괄 발주하는 것을 가리키기도 한다.

관련 용어: 성능 발주/사양 발주

인센티브(incentive)

거래 후에 대리인이 의뢰인이 바라는 행위를 하지 않는 상태(도덕적 해이)

를 방지하기 위해 대리인의 의욕과 동기 향상을 유도하는 것을 말한다. 대리인의 행위가 가져올 결과나 성과에 대해 미리 지표를 설정하고 이에 보수를 연동시킴으로써 의뢰인과 대리인 사이에 있는 이해의 불일치(대리인 문제)를 경감시키고자 하는 것이다. 기업 경영에서는 통상적인 급여·상여 이외에 사원의 실적에 따라 지급되는 장려금, 보상금, 또는 승진과 같은 평가 등 여러 가지가 있다. 계약에 인센티브 조항을 포함시킴으로써 통상적으로 기대되는 것 이상의 성과를 얻을 수 있고, 모니터링 비용이 절약되는 등의 이점도 있다.

PPP의 사례로서는, 체육 시설이나 주차장의 지정관리자 제도에서 이용요금 제도를 채택하고 있는 경우, 이용료 수입이 예상을 상회하면 수입의 일정 비율을 민간사업자가 받을 수 있도록 하는 방식 등이 이에 해당한다.

관련 용어: 도덕적 해이, 모니터링, 패널티

인프라 장수명화(長寿命化) 기본계획

2013년 11월 29일 '인프라 노후화 대책 추진에 관한 관계 부처 연락회의'에서 수립된 정부 차원의 계획이다. '국민의 안전과 안녕을 확보하고 중장기적인 유지관리·갱신(재설치, 재건축 등) 등과 관련한 종합비용 절감 및 예산 평준화를 꾀하는 동시에 유지관리·갱신과 관련된 산업 경쟁력을 확보하기 위한 방향성을 나타내는 것으로서 국가와 지방자치단체, 기타 민간기업 등이 관리하는 모든 인프라를 대상으로' 수립됐다.

아울러 동 계획은 '각 인프라의 관리자 및 관리자에게 지도·조언하는 등해당 인프라를 소관하는 입장에 있는 국가나 지방자치단체의 각 기관은, 인프라 장수명화(長寿命化) 기본계획(행동계획)을 인프라의 유지관리·갱신 등을 착실하게 추진하기 위한 중기적인 대책의 방향성을 제시하는 계획으로서' 수립하도록 했다. 정부기관의 각 부처는 이를 바탕으로 대상 인프라에 관한 행동계획을 수립했다. 또한, 지방자치단체는 공공시설 등 종합관리계획을 수립해야 한다.

관련 용어: 공공시설 등 종합관리계획, 입지적 정화계획

인프라 펀드

현금흐름(cash flow)을 창출하는 각종 인프라(예:공항, 항만, 유료도로, 발전소)에 투자가로부터 확보한 자금을 투입하는 펀드를 말한다. 유럽을 비롯한 해외에서는 연금기금 등이 안정적인 현금흐름을 창출하는 투자 대상으로 인프라 펀드에 투자하고 있다. 국가·지방자치단체의 어려운 재정상황과 더불어, 고도 경제성장기에 집중 정비되었던 인프라를 재정비할 필요성에 따라 민간자금을 활용해 사회자본을 정비하는 '주식회사 민간자금 등 활용사업 추진기구'가 2013년 10월에 설립되었다. 그리고 이 기구가 독립채산형(컨세션 방식 포함) 및 혼합형 PFI 사업에 대한 금융지원을 시작했다. 구체적으로는 메자닌(mezzanine)에 대해 투융자를 실시하는 것 외에, 사업 실시 후에는 PFI 사업의 주식·채권 취득 등을 통한 PFI 사업 추진을 검토하고 있다.

관련 용어: PFI, 컨세션(공공시설 등 운영권)

인프라 매니지먼트

도로·항만·철도·통신정보시설·상하수도·공원 등 인프라에 대한 관리 운영에 필요한 비용과 이용 상황 등 동적인 정보를 포함해 데이터를 파악하고 시설의 존속·운영체계를 검토하는 등에 대한 논의를 공유해 시설 갱신의 우선순위나 비용 절감, 평준화 검토 등을 행하는 것을 말한다.

관련 용어: 공공시설 매니지먼트(백서)

변경 제안(Variant Bid)

VFM을 보다 높이기 위해 발주자 요구의 본질이나 컨셉을 바꾸지 않고 과업지시서를 검토해 응모자가 창의적으로 제안하는 입찰이다.

영국의 PFI 사업에서 실시되고 있는 변경 제안은 발주자가 제시한 요구

수준에 근거해 제출하는 기준 입찰(Reference Bid, 제출 필수)과 더불어 VFM이 보다 높아질 수 있도록 과업지시서를 검토한 응모자의 독자적인 제안(성과 및 리스크 분담을 변경할 수 있음)을 함께 제출한다. 변경 제안 제출은 응모자의 임의사항이다.

기준 입찰과 변경 제안에서 제안은 성과나 리스크 분담을 조정한 후의 VFM을 산정하고 비교한다. 일본에서 실시되고 있는 입찰 VE(Value Engineering)는 발주자의 요구 수준(설계도)의 범위 내에서 설계 변경이나 공기 단축, 비용 절감을 위한 공법 변경 등을 제안하는 것인 데 비해, 변경 제안은 민간사업자가 요구 수준을 재검토해 제안함으로써 VFM을 보다 높일 수 있을 것으로 기대된다.

영국 변경 제안의 사례인 내무부 본청사 재건축사업에서는 변경 제안를 채택한 이유로 '행정서비스의 효율성 향상', '장기적으로 평가할 경우에 보다 높은 가치를 창출할 것으로 기대된다', '토지매각 이익 증대(VFM 향상 요소)'를 들고 있다.

관련 용어: PFI, VFM, 민간 제안 제도

에리어 매니지먼트(Area Management, 지역 유지·관리)

일정한 규모를 가진 특정 지역에 양호한 환경이나 지역가치를 유지·향상시키기 위해 단발적인 개발 행위 등, 단지 '만드는 것'만이 아니라 지역의 관리·운영이라는 관점에서 '육성하는 것'까지를 지속적인 관점에서 일관되게 수행하는 활동이다. 이 활동은 지역 담당자에 의한 합의 형성, 재산 관리, 사업자 이벤트 실시 등의 주체적인 대책을 포함한다. 그 결과, 토지·건물 자산가치를 유지·향상시키거나 주택지의 주민 주체가 시행한 대책에 대한 주민 만족도를 향상시킬 수 있을 것으로 기대된다.

에리어 매니지먼트를 지원하는 법적 근거는 '도시재생 특별조치법'에 따른 도시재생 추진법인, 도시편리증진 협정, 도시조성지원강화법에 따른 보행자 네트워크 협정 등이 있다. 보행자 네트워크 협정은 보행자 공간의 정비·관리에 대해 소유자 전원이 합의해 지자체의 인가를 얻은 협정이 승계 효력을 가지는 것이 특징적이다.

국토교통성은 2008년에 '에리어 매니지먼트 추진 매뉴얼'을 공개했으며, 2018년 6월에 시행된 개정 지역재생법에서는 지역재생 에리어 매니지먼트 부담금 제도(일본판 BID)가 도입되어 에리어 매니지먼트 활동 재원을 확보할 수 있는 폭이 넓어졌다.

관련 용어: BID(Business Improvement District)

큰 정부(Big Government)

'요람에서 무덤까지'라는 표현으로 대표되는 과거 영국의 정책에 대한 평처럼, 완전고용이나 사회보장 정책을 적극적으로 펼치는 것을 지향하는 복지국가형 국가 개념이다. 큰 정부는 제2차 세계대전 이후에 선진국 정책의 주류가 됐지만, 재정 비대화 및 공기업의 비효율화를 초래했다. 이에 따라 1970년대 말 이후에는 영국의 대처리즘과 미국의 레이거노믹스(Reaganomics)를 통한 개혁으로 이어졌다.

관련 용어: NPM, 작은 정부, 제3의 길, 내셔널 미니멈, 시빌 미니멈

거버넌스

여러 관계자 간에 역할을 분담해 목적을 달성하는 경우에, 대리인이 바람직한 행동을 취하도록 의뢰인이 대리인을 규율하는 것을 말한다. 민간기업에서는 기업지배구조(기업 경영에 대한 규율)라는 용어가 통상적이다. 이 경우, 소유주인 주주의 이익을 경영자가 추구하도록 하는 방안을 검토하게 된다. PPP에서는 관이 결정한 목적의 전부 또는 일부를 민간에게 실행하도록 의뢰할 경우, 계약에 근거해 민간의 사업 행위를 통치(관리·감독)할 필요가 있으며, 이것이 PPP의 정의에 포함되는 '계약에 의한 통치'의 의미이다.

관련 용어: PPP, 인센티브, 패널티, 모니터링

행정재산

지방자치단체가 소유한 토지나 건물 등의 부동산, 공작물, 선박이나 항공기 등의 동산, 지상권 등의 물권, 특허권 등 무체재산, 국채나 주식 등의 유가증권을 공유재산이라고 하며(지방자치법 제238조), 이는 행정재산과 보통재산으로 분류된다. 국가의 경우는 국유재산이라고 하며 국유재산법에 의해 규정된다.

행정재산은 지방자치단체나 국가가 업무용으로 사용하는 재산을 말하며, 공용 재산과 공공용 재산으로 분류된다. 공용 재산은 이용 목적이 청사나 경찰서·소방서 등 행정업무에 이용되는 것에 비해 공공용 재산은 도로, 공원, 학교 등 주민에 대한 공공서비스로서 이용되는 것을 가리킨다. 이용 목적이 없어진 행정재산은 용도를 폐지해 보통재산으로 관리한다. 행정재산은 원칙적으로 대출, 교환, 매각 등을 할 수 없지만 최근에는 규제가 완화됨으로써 공공시설 내에 민간기업을 유치하는 사례도 생겨나고 있다.

관련 용어: 보통재산

행정 평가

지자체의 행정 평가란, 정책, 시책, 사무 사업에 대해 실시된 내용이나 비용 등의 현황을 파악해 그 달성도나 성과 및 타당성을 검증하고, 나아가 과제를 정리하고 향후 방향성을 검토하는 것을 말한다. 평가는 그 주체에 따라 사업담당과에 의한 자기 평가나 관청 내 조직에 의한 평가가 있으며, 그 외에 전문가나 시민에 의한 외부 평가를 채택하는 지자체도 있다.

평가 단위는 사무 사업이 가장 많으며, 평가 결과는 사무 사업 평가표 등의 명칭으로 불리는 통일된 서식으로 정리돼, 행정 스스로 정책·시책·사무 사업을 개선하거나 예산요구 등에 활용되며, 의회에 보고하거나 홈페이지 등을 통해 공표하고, 주민들에게 지자체 운영에 대한 설명의 책임을 완수하는 역할도 담당하고 있다.

경쟁적 대화/경쟁적 교섭

현재의 조달·계약 제도에서는 종합평가 낙찰방식 등 가격과 품질을 고려한 방법도 있지만, 기본적으로는 가격경쟁·자동낙찰 방식이 원칙이다. 이 방식의 전제는 조건 등을 미리 정할 수 있는 정형적인 재화·역무를 조달한다는 것이다. 그러나 사회적 요구가 다양화·복잡화되고 민간의 기술혁신이 진전됨에 따라, 발주자가 사전에 조건을 정하고, 이에 따라 가격경쟁을 하는 것은 어려워지고 있어 경쟁적 대화 및 경쟁적 협상에 의한 방식이 주목받고 있다.

경쟁적 대화란, 다단계로 심사되는 입찰 프로세스의 진행 과정에서, 발주자와 입찰 참여자가 서면이나 대면 방식으로 대화하는 것이다. 이는 사업 내용 및 사업에서 요구되는 성능(발주 내용) 등을 대화를 통해 명확히 함으로써 보다 나은 사업 제안을 촉진하는 것으로, 영국의 PFI로 채택된 후 유럽에서는 2004년의 EU의 권고를 받아 도입됐다. 일본에서도 2006년의 PFI 관계부처 연락회의 간사회에서 대상 사업(운영 비중이 높은 안건에 적용, 단계적 심사, 대화 방법, 낙찰자 결정 후의 변경)에 대해 정리함으로써, 현재는 국가나 지자체에서 다수 실시하고 있다.

한편, 경쟁적 협상 방식이란, 계약자 선정까지의 단계에서 여러 사업자들에게 기술력이나 경험, 설계에 임하는 체계 등을 포함한 제안서의 제출을 요구하고 경쟁적 프로세스 안에서 각 제안자와 교섭한 후, 이를 공정하게 평가해 업무에 가장 적절한 사업자를 선정하는 방식으로 정의된다. WTO 정부조달협정에서 경쟁적 협상 방식은 일정한 조건하에 인정되고 있으며 미국에서는 연방조달규칙(FAR)을 근거로 인정되고 있다. 경쟁적 대화와 달리 입찰을 실시하지 않으므로, 입찰을 원칙으로 하는 일본에서 이를 도입하기 위해서는 회계법령의 개정이 필요하다. '경쟁적'의 의미에는 모든 참여자에게 대화와 협상의 권리를 부여해 투명성 및 형평성을 확보하고자 하는 취지가 담겨 있다.

관련 용어: 민간 제안 제도

클라우드 펀딩

클라우드 펀딩은 일반적으로 '신규·성장 기업과 투자자를 인터넷 사이트에서 연결시켜 다수의 투자가로부터 각각 소액 자금을 모으는 구조'로 이해된다.

출자자에 대한 수익 대가의 형태에 따라 주로 '기부형', '구입형', '투자형'이 존재하며 그 특징은, '기부형'은 대가 없이, '구입형'은 금전 외의 대가 제공, '투자형'은 금전에 의한 대가 제공으로 정리할 수 있다. 주요 사례로 레디포(READYFOR)(구입형, 기부형), 보안(투자형)을 들 수 있다.

일본에서는 금전에 의한 대가를 수반하지 않는 방식이 중심을 이루고 있으며, 투자형은 한정적이었지만, 내각부에 설치된 '고향 투자 연락회의'를 통해 양질의 안건 형성을 촉진하기 위해 환경 정비에 관한 검토를 시행했다. 이에 따라 2014년에는 금융상품거래법 개정으로 소액(모집 총액 1억 엔 미만, 1인당 투자액 50만 엔 이하)의 투자형 클라우드 펀딩을 취급하는 금융상품 거래업자의 참여 요건이 완화됐다.

관련 용어: 지역 밀착형 금융(릴레이션십 뱅킹)

공회계 개혁

기존의 단식부기·현금주의에 의한 방법을 개정해 복식부기·발생주의에 의한 공공부문 회계를 정비하는 것을 가리킨다. 이는 2006년 성립된 행정개혁추진법, 동년의 총무성 '신지방 회계 제도 연구회 보고서', 2007년 '신지방 공회계 제도 실무연구회 보고서'에 근거한다. 대상은 지자체와 관련 단체 등을 포함해 대차대조표, 행정비용계산서(기업회계에서 말하는 손익계산서), 자금수지계산서, 순자산변동계산서 등 네 가지를 작성한다.

자산·부채액을 공정가치(재조달가격 등)로 평가하는 '기준 모델'과 지방자치단체의 사무 부담 등을 고려하여, 기존의 결산통계 정보를 활용해 작성하는 것을 허용하고 있는 '총무성 방식 개정 모델'이 있다. 그 외, 도쿄도나 오사카부 등의 방식은 발생 시마다 복식부기(복식분개)하는 방식으로,

관청 회계처리와 연동한 시스템을 도입했다. 2010년도 결산부터는 인구 규모와 관계없이 적용하도록 됐다.

2012년부터 국제 공공부문 회계 기준(IPSAS) 혹은 국가의 공공부문 회계 동향에 따라, 지방에서 새로운 공공부문 회계에 대한 검토가 시작돼, 2014년 10월에는 2015~2017년도의 3년간 고정자산대장을 정비하도록 전국의 지자체에 통지하고 아울러 대장의 정비 절차 등을 정리한 지침을 내렸다. 또한, 대장 정비에 필요한 경비에 대해서는 특별교부세를 교부한다. 2017년도 말 시점의 고정자산대장의 정비율은 95.3%, 일반회계 등 재무서류의 정비율은 88.2%이다.

2018년 3월에는 '지방 회계 활용촉진에 관한 연구회 보고서'를 작성해 선진사례를 바탕으로 고정자산대장의 갱신 실무 대처방법, 민간사업자 등에 대한 공표 방법, 재무서류 작성의 적정성과 고정자산대장과의 정합성을 확인하는 체크리스트 정리, 재무서류를 보는 방법이나 지표에 의한 분석 방법과 활용 프로세스에 대한 견해와 실례를 소개했다.

관련 용어: 공적 부동산/CRE (전략), 공공시설 매니지먼트(백서)

공공시설 등 종합관리계획

인프라 장수명화(長壽命化) 기본계획에서 정해진 지방자치단체의 행동계획에 해당한다. 2014년 4월 22일자 총무대신 통지 '공공시설 등의 종합적이고 계획적인 관리 추진에 대해'에 따라 수립이 요청됐으며, 구체적인 내용은 같은 날 발표된 '공공시설 등 종합관리계획 수립 시의 지침'에 제시됐다. 개요를 보면, 1)소유 시설 등의 현황으로서 노후화 상황이나 이용 상황을 비롯한 공공시설 등의 상황, 총인구나 연령별 인구에 대한 향후 전망, 공공시설 등의 유지관리·갱신 등과 관련된 중장기적인 경비나 이 경비에 충당 가능한 재원 전망 등에 대해 현황이나 과제를 객관적으로 파악·분석할 것, 그 후에 2)시설 전체의 관리에 관한 기본적인 방침으로서 10년 이상의 계획으로 할 것, 모든 공공시설 등의 정보를 관리·집약하는 부서를 정하는 등 전 부처적인 대응체계 구축 및 정보관리·공유방책을 강구할 것, 향후 공공시설 등의 관리에 관한 기본방침을 기재할 것, 계획의 진척 상황 등에 관한 평가 실시에 관해 기재할 것 등이 제시돼 있다. 계획 수립에 필요한 경비를 위해서는 특별교부세 조치(경비의 1/2)가 마련됐다. 2017년도에는 공공시설 등 적정 관리 추진 사업채가 창설돼 장수명화, 전용, 제거(철거), 입지 적정화 등에 대한 지방채를 인정했다.

관련 용어: 인프라 장수명화 기본계획, 입지 적정화 계획

공공시설 관리(백서)

공공시설 관리란, 공공시설의 건축 연도, 면적, 구조 등 건축물의 유지관리에 필요한 정적인 정보뿐만 아니라 시설의 관리·운영에 필요한 비용, 이용 상황과 같은 동적인 정보를 포함해 데이터 파악과 시설 간의 비교를 가능하게 함으로써 시민과 행정이 시설의 존속이나 통폐합에 관한 판단 및 운영체계에 관한 검토 등의 논의를 공유해 공공시설의 갱신 우선순위, 재배치 계획 검토 등을 실시하는 것을 말한다. 또한 이와 관련된 해설서로서 공공시설 관리 백서와 공공시설 백서가 있다. 이는 토지, 건물 등에 경영적 관점에 의한 설비 투자와 관리 운영을 실시해 비용의 최소화나 시설 효용의 극대화를 도모하는 시설관리(FM: Facility Management)를 추진하기 위한 기초 자료로서 매우 유용하다.

선진사례로서는 가나가와(神奈川)현 하다노(秦野)시와 지바현(千葉) 나라시노(習志野)시의 사례가 유명하다. 하다노시는 공공시설 백서 작성 후, 곧바로 공공시설 재배치 계획을 수립하고 공공시설 재배치 추진과를 설치해 실행 체계를 마련했다. 나라시노시 역시, 공공시설 관리 백서를 작성해 공공시설 재생 계획을 수립한 후, PPP를 활용해 미이용 자산의 매각이나 시설 경영 개혁 등을 추진하는 자산관리실을 설치했다.

관련 용어: 공적 부동산/CRE(전략), 공공부문 회계 개혁

공모형 제안 방식

공모형 제안 방식이란, 사업 제안을 공모해 최우수 제안자를 우선 협상권자로 하는 방식이다. 교섭 결과로 해당 제안자와 계약하는 것이 원칙이다. 형식적으로는 수의계약이며, 지방자치법상의 수의계약 요건(지방자치법 제234조 제2항, 동법 시행령 제167조의 2 제1항 각 호)을 충족할 필요가 있다.

절차를 투명하고 공평하게 운용함으로써 경쟁력 있는 우수한 제안을 유도할 수 있는 방식이며, 설계업무가 포함되는 안건에서 채택하는 경우가 많다.

관련 용어: 종합평가 일반 경쟁 입찰

민관 합동 시설

공공시설과 민간시설을 결합해 하나의 다용도 건물로 설계·건설하는 시설을 말한다. 관리 운영의 효율화를 도모할 수 있는 점 외에 공공시설의 집객 능력과 민간시설의 매력을 동시에 부여해, 시설 전체의 부가가치 향상과 나아가 지역경제에 파급효과가 기대된다. 이와테(岩手)현 시와(紫波)정에서 해수에 침수돼 있던 10.7ha의 토지를 민관협력으로 개발하는 사업에 이 방법이 사용됐다. 다만, 다수의 소유자에 의한 합동시설은 구분 소유 건물이 되기 때문에 구분 소유자 사이의 관리·운영·수선에 대한 견해를 조정하거나 향후 재건축 시에 합의를 이끌어내야 할 필요가 있다.

관련 용어: 공적 부동산/CRE(전략)

국가전략특구

일본 기업의 국제 경쟁력 강화와 글로벌 비즈니스를 위한 환경 구축을 목적으로 경제사회 분야의 규제 완화 등을 중점적·집중적으로 진행하기 위한 특구 제도이다. 지금까지의 특구가 지방의 제안으로 시행됐던 것에 비해 동 제도는 국가 주도하에 진행되고 있다. 미리 검토해야 할 개혁 사항이 제시돼 각 특구에서 개혁 사항에 따른 프로그램을 제안하고 실시한다.

도시조성, 의료, 고용, 관광, 농업 등의 분야에 대한 검토가 진행되고 있다. 제안 중, 구조개혁에 도움이 될 것으로 판단되는 것은 구조개혁특구로 인정한다. 구조개혁특구의 규제특례조치에 대해서도, 그 계획이 총리대신의 인정을 받으면 활용할 수 있다. 2014년에 도쿄권(도쿄도, 가나가와현, 지바현 나리타시), 간사이권(오사카부, 효고현, 교토부), 니가타시, 효고현 야부시, 후쿠오카시, 오키나와현, 2015년에 아키타현 센보쿠시, 센다이시, 아이치현, 2016년에는 후쿠오카시에 기타규슈시를 추가해 후쿠오카시·기타규슈시에, 그리고 히로시마현·이마바리시가 국가전략특구로 지정됐다.

컨세션(Concession, 공공시설 등 운영권)

컨세션은 유럽을 비롯한 공공시설의 정비·운영과 관련된 PPP 기법으로 활용되고 있다. 공공시설의 정비·운영에서 민간사업자에게 사업 실시에 관한 개발·운영 등의 권리를 부여하고 민간사업자가 민간자금으로 공공시설을 정비하여 그 이용료 수입에서 사업 수익을 얻어 독립채산으로 시설을 운영하는 사업방식을 말한다.

유럽에서는 수도 사업을 시작으로 교량 정비, 유료도로 건설 등 폭넓은 분야에 컨세션 방식의 PPP 사업이 실시되고 있다. 일본에서는 2011년의 개정 PFI법으로 공공시설 등 운영권이 창설됐다. 공공시설 등 운영권은 양도나 저당권의 목적이 되는 동시에 물권으로 인정되며 그 취급에 대해서는 부동산에 관한 규정이 준용된다.

2013년 6월에는 '공공시설 등 운영권 및 공공시설 등 운영 사업에 관한 가이드라인'이 공표됐다. 가이드라인에는 운영권 대가의 산출·지불 방법 등 갱신투자·신규투자에 관한 취급, 사업자 선정 프로세스, 운영권의 양도·이전 등 사업 종료 시의 취급 등에 대해 제도 운용에 관한 기본적인 개념이 해설되어 있다.

공공시설 등 운영권 제도는 이용요금을 징수하는 시설에 적용할 수 있다는 점, 저당권의 설정이나 양도가 가능한 점, 사업 기간 중에 감가상각이 가능한 점 등 인프라를 포함한 공공시설을 민간이 포괄적으로 운영할 때 이점이 있는 제도이므로 향후의 활용이 기대되고 있다.

공항으로는 센다이(仙台) 공항, 간사이(関西) 공항, 이타미(伊丹) 공항, 고베(神戸) 공항, 다카마쓰(高松) 공항에서 민간사업자에 의한 운영이 시작되었으며, 시즈오카, 후쿠오카에서도 사업자가 결정되었고, 홋카이도 7개 공항에서는 사업자 선정이 진행되고 있다. 도로 분야에서는 아이치현 도로공사가 소유한 노선에 대해 민간사업자가 운영을 시작했다. 또한, 중점 분야로 지정돼 있는 상하수도에서도 검토가 진행되고 있다. 시즈오카현 하마마쓰(浜松)시의 하수도 컨세션 사업은 민간 컨소시엄 그룹에 의한 운영이 시작됐다.

컨세션 사업의 적용 확대를 위해 2017년 6월에 결정된 'PPP/PFI 추진 실행계획서'에서는 크루즈선 여객터미널과 MICE 시설을 중점 분야에 새롭게 추가했다. 완전한 독립채산이 아닌 사업에서도 수익 개선이나 비용 부담의 저감이 전망될 경우에는 실시할 의의가 있는 것으로 인식되고 있다.

관련 용어: PFI, 개정 PFI법, 아페르마주, 인프라 펀드, 포괄적 민간위탁

컨버전/리노베이션(Conversion/Renovation)

채산성이나 수익성 등 부동산의 존재가치를 검토해 유효활용하는 경우에 채택하는 방법의 하나로, 기본 골조는 해체하지 않고 설비 등을 손질해 건물을 이용하거나 용도를 변경하는 것이다. '컨버전'은 용도 변경을 수반하는 개보수를, '리노베이션'은 용도 변경이 필수적이지 않은 개보수를 지칭하는 것이 일반적이다.

해체와 신축으로는 수지타산이 맞지 않을 경우나 기존 건물에 보존해야 할 가치가 있는 경우, 해체하면 같은 것을 지을 수 없는 경우 등에 활용된다. 예를 들면, 건물주로부터 일괄적으로 임대해 컨버전함으로써 임대 수입을 증가시키는 방법도 생각할 수 있다. 주택 관리, 상가 재생 등 지자체

및 민간 부동산을 활용하는 방법 중의 하나이다.

관련 용어: 집사(家守, 야모리)

서비스 구입형/독립채산형/혼합형

PFI 사업은 민간사업자의 수입 원천에 따라 다음 세 가지 방식으로 나누어진다.

서비스 구입형이란, PFI 사업자가 정비한 시설·서비스에 공공 주체가 지불하는 대가(서비스 구입료)로 사업비를 조달하는 방식이다. 공공 주체로부터 미리 정해진 서비스 구입료가 지불되므로 안정적인 사업을 영위할 수 있다.

독립채산형이란, PFI 사업자가 정비한 시설·서비스에 이용자가 지불하는 요금 등으로 사업비를 조달하는 방식이다. 이 방식의 경우, 이용자의 증감에 따라 PFI 사업자의 수입이 영향을 받는 등 PFI 사업자가 장기간에 걸쳐 사업 리스크를 크게 부담하게 된다.

혼합형이란, 독립채산형과 서비스 구입형을 조합해 이용자가 지불하는 요금과 서비스 구입료에 의해 사업비를 조달하는 방식이다. 이른바 '조인트 벤처(joint venture)형'이라 불리며 민관 각자가 일정분의 리스크를 부담하기 위한 방식이다. 지금까지의 PFI 사업은 서비스 구입형이 대부분이었지만 근래의 재정난 속에서 공공 주체의 지출을 수반하지 않는 독립채산형이나 혼합형을 추진하는 동시에, 서비스 구입형에서도 실적연동 방식이나 포괄화 등 재정 부담을 줄이는 방법을 강구할 필요가 있다고 인식되고 있다.

관련 용어 : PFI

채무 부담 행위

지자체가 의회의 의결에 의해 계약 등에서 발생하는 장래의 일정 기간, 일정 한도의 지출 부담 비율을 예산 내용의 일부로서 설정하는 것이다. PFI 등에서는 민간에 장기 계약 이행 의무를 부과하고 있으므로, 민간의 지출 부담을 안정시키고자 하는 목적을 가지고 있으며 계약상 동등한 권한을 갖기 위해서는 필수적인 절차이다.

현금 지출을 필요로 할 때에는 다시 세출 예산에 계상해 현재 연도로 처리할 필요가 있다. 계속비와 달리 탄력적인 재정 운영이 가능하기 때문에 사업 기간이 여러 해에 걸친 공공사업 등에서 널리 활용되고 있다. 지방자치법 제214조에 규정이 마련돼 있다. 국가가 채무를 부담하는 경우에는 국고채무 부담 행위가 된다.

시장성 테스트

공공서비스의 제공을 관과 민이 대등한 입장과 공평한 조건하에서 입찰해 가격과 질에서 우수한 측이 서비스를 실시하는 제도이다. 경쟁 원리를 도입함으로써 비용 절감이나 질적 향상 등을 추구하기 위해서이다. 영국의 대처 정부가 1980년대에 도입한 시장성 테스트(Market Testing)에서 기원한 것이며 미국, 호주 등에서도 이미 도입됐다. 일본에서는 2006년 '경쟁 도입에 의한 공공서비스 개혁에 관한 법률'(통칭 '공공서비스 개혁법')에 의해 도입됐다.

동법에서는 특례로서 민간에 위탁할 수 있는 특정 공공서비스를 정할 수 있어, 현재 주민표 교부 업무 등이 지정돼 있다. 시장화 테스트에는 민관 경쟁 입찰 및 민간 경쟁 입찰이 있다. 민관 경쟁 입찰은, '민'과 '관'이 대등한 입장에서 경쟁 입찰에 참여해 질적·가격적 측면에서 가장 우수한 측이 서비스를 제공하는 시스템이다. 민간 경쟁 입찰은 관이 입찰에 참여하지 않고 민간만이 입찰에 참여하는 것을 말한다. 통상적인 업무 위탁과 같지만 시장화 테스트의 범주에서 실시함으로써 공평성, 투명성을 확보할 수 있다.

도입 결정 사업은 370개로, 비용 절감액은 연 217억 엔이며 30%에 가까운 절감 효과를 가져왔다.

지방자치단체 재정건전화법

지방자치단체의 재정 상황을 통일된 지표로 밝히고 재정 건전화 및 재생이 필요한 경우 신속히 대응하기 위한 '지방자치단체의 재정 건전화에 관한 법률(속칭, 지자체 재정건전화법)'이 2009년 4월 전면 시행되면서 4개 지표(실질적자비율, 연결실질적자비율, 실질공채비비율, 장래부담비율) 산정과 공표가 의무화됐다. 기존 제도와의 차이는, ①재정재건단체 기준과 더불어 조기 건전화 기준을 마련하고 조기 건전화를 촉진하는 제도를 도입한 점 ②일반회계를 중심으로 한 지표(실질적자비율)와 더불어 공사나 제3섹터를 포함한 지방자치단체 전체의 재정 상황을 대상으로 한 지표(연결실질적자비율)를 도입한 점 ③단년도 지수뿐 아니라 스톡에 주목한 지표(장래부담비율)를 도입한 점 ④정보 공개를 철저히 고려한 점 ⑤지방공영기업에 대해서도 지표(자금부족비율)를 도입해 경영 건전화를 도모한 점 등이다.

지정관리자 제도

민간기업, NPO 등이 공공시설(주민들이 이용하도록 제공할 목적으로 지자체가 설치하는 시설. 해당 지자체에 소유권, 임차권 취득 등의 조건이 있다)을 관리할 수 있도록 한 제도이다. 2003년의 지방자치법 개정으로 도입되어 2015년 4월 1일 시점으로 전국에서 7만 6,788건이 도입됐다. 구 관리위탁 제도의 경우, 공공시설의 관리 주체는 공공단체(재단법인, 공사 등)나 공공적 단체(산업경제단체, 자치회 등) 등으로 한정되어 있었지만 이 제도의 도입으로 민간기업이나 NPO 등이 관리하는 것도 가능하게 됐다. 이용요금 제도의 적용도 가능하고 지정관리자의 창의적인 아이디어로 얻은 이익은 경영 노력에 대한 인센티브로 지급할 수도 있다. 이런 방식에 따라 시설 이용률 등이 향상된 사례가 있는 한편, 지정관리자의 경직화(기존의 관리단체가 계속 수탁하는 케이스) 등의 폐해가 지적된 사례도 있다. 관련 용어: 이용요금제

시티 매니지먼트(City Management)/시티 매니저(City Manager)

시티 매니지먼트란, 지자체 운영의 경영 방법 혹은 경영적 방법을 도입하는 것과 관련된 전반적인 것을 가리키는 넓은 개념이지만, 구체적으로는 지자체를 경영 조직으로 파악해 지역의 객관적 데이터를 분석하고 공공시설 인프라·매니지먼트나 재정 관리 등 다양한 민간적 경영 방법을 도입해 정책을 입안·실행하는 것을 말한다. 시티 매니저의 유무와는 관계가 없지만, 미국의 경우 60% 이상의 시에서 시장 또는 의회가 임명하는 시티 매니저가 시티 매니지먼트의 주요 담당자 역할을 하고 있다.

시빌 미니멈(Civil Minimum)

지자체가 실현하고자 하는 최저 수준의 생활환경 및 기준을 지칭하는 용어이다. 마츠시타 게이치의 "시빌 미니멈의 사상"에서 이론화된 조어이다. 생활환경 수준을 향상시키고자 하는 각 도시들의 경쟁이 치열해졌던 것이 오늘날 재정 악화의 한 원인이 됐다고 생각된다.

관련 용어: 내셔널 미니멈, 큰 정부

시민참여

시민참여란, 시민이 지역적·공공적 과제를 해결하기 위해 행정이나 사회 등에 대해 어떤 영향을 미치고자 하는 행위로, 여기에서 말하는 시민은 거주자뿐 아니라 재근자·재학생도 포함하는 광범위한 관점에서 파악되기도 한다. 시민참여를 참여 대상에서 분류하면, ①행정(공모위원, 퍼블릭 코멘트, 시민 발의 활동 등) ②의회(청원, 진정 등) ③커뮤니티(반상회, 자치회 등) ④NPO(개인 자원봉사를 포함)의 네 가지를 생각할 수 있으며 좁게는 ①을 시민참여라고 부르기도 한다. 또한, 행정의 정책 과정(예를 들면, ①정책 형성 ②정책 실시 ③정책 평가의 각 단계)의 단계부터 유형화하는 방식이나, 시민 관여의 정도(예를 들면, ①행정 주도형의 시민참여 ②협동 ③자치의 3단계 등)에 따라 유형화하는 방식도 있다.

일본의 주민자치 원리에 기초한 행정참여권으로는 단체장 선거권, 단체장 등 해직 청구권, 조례 제정·개폐 청구권, 사무감사 청구권, 주민감사 청구권, 주민 소송권, 정보공개 청구권, 주민투표권 등이 있으며, 2000년 지방분권 일괄법 시행에 이르는 논의를 포함한 지방분권 개혁 이후, 많은 지자체에서 시민참여와 관련된 조례가 제정됐다.

PPP와 관련해서는 관이 시민의 의향을 충분히 파악하지 않고 서비스의 내용이나 제공 방법을 결정함으로써 생기는 미스매치(관의 결정권 문제)를 피하기 위해 관의 의사결정 전제로서 무작위로 추출한 시민 앙케이트를 통해 시민의 의향을 확인하는 것이나 특정 공공서비스나 자원봉사단체 등의 활동을 지정해 '고향납세' 등을 실시하는 것도 시민참여의 일종으로 이해되고 있다.

시민자금

세금과는 달리 시민의 의사로 공공서비스에 출연하는 자금을 가리킨다. 기부·지방채(주민참여형 공모시장채 등) 구입 출자 등을 포함한다. 특징으로는, ①시민을 중심으로 기업·단체까지 포함한 폭넓은 대상에게 자금을 제공받는 점(자금 제공자의 광범위성) ②시민 스스로 공명하는 공익성이 높은 공공서비스 등에 자금이 활용되는 것을 전제로 하는 점(사업의 특정성) ③시민 등이 스스로의 선택과 책임 아래 참여하고 협력하는 주체적인 의사를 가지고 있는 점(시민의 참여 의사) ④사회에 이익이 된다는 것을 보람으로 삼는 점이 있다. 시민자금 활용은 시민이 주체가 되는 자율적인 지역 경영을 실현할 수 있을 것으로 기대된다.

관련 용어: 클라우드 펀딩, 마이크로 파이넌스

사무의 대리 집행

지자체의 사무 일부를 다른 지자체가 관리·집행하도록 하는 것을 가리킨다. 2014년 지방자치법 개정으로 가능하게 됐다. 기존의 사무 위탁 제도에서는 해당 사무에 대한 법령상의 책임과 권한이 수탁한 단체에 귀속되지만, 대리 집행의 경우, 법령상의 책임과 권한이 위탁하는 단체에 귀속된다. 주로 광역지자체가 사무 관리·집행이 어려운 소규모 지자체의 사무를 보완하는 것으로 상정되고 있어서 공공시설 및 인프라 유지관리 등을 위한 활용이 기대되고 있다. 수탁한 단체는 위탁 측이 정한 방침을 준수해 집행하게 된다. 분쟁 해결 절차를 미리 정해둔 점이 특징적이다.

관련 용어 : 협력협약

수익자 부담

특정한 공공서비스를 받는 자에 대해 이를 향유한 이익에 따른 부담을 요구하는 것을 말한다. 분담금, 부담금, 사용료, 수수료, 실비징수금 등 다양한 종류가 있다. 재정학 분야에서는 수익자 부담의 개념과 함께 수익자 부담의 기준(응익주의, 응능주의) 등에 관해 많은 연구가 축적되어 있다. 법적으로는 개별법에 규정이 있는 정도이며 일반적인 제도로서 확립되어 있지는 않다.

기존에는 공공재원에 의해 공공서비스를 제공하고 그 비용 부담은 요구하지 않거나 부담의 정도를 낮추도록 억제한다는 생각이 일반적이었지만, 최근에는 재정 상황 등을 감안해 재정 건전화·적절한 재원 배분 등을 목적으로 이를 재검토하는 움직임이 확산되고 있다. 또한, 지방자치법 제224조에 특정인 또는 지자체 일부에게 이익에 대한 분담금을 징수할 수 있다고 명시된 점을 감안하여 오사카시는 현행 법제하에서 BID를 도입했다. 2018년의 지역재생법 개정을 통해 '지역 관리 부담금 제도'가 창설됐다.

또한 수익과 부담의 논리를 가시화해 공공서비스의 방향성 등을 재검토하는 방법으로서 사업 구분의 실시, 공공시설 매니지먼트 백서나 재정 백서의 작성 등을 들 수 있다.

관련 용어: 공공시설 매니지먼트(백서), BID

성능 발주/사양 발주

성능 발주는 서비스가 충족해야 할 성과 수준(요구 수준)을 발주자 측이 규정하는 발주 방식이다. 성능 발주에서는 조건 등의 사양을 스스로 디자인하고 제안하기 때문에 제안자의 창의성이 가미될 여지가 크고 업무 효율화에 따른 인센티브가 작용하기 쉽다. 일괄 발주가 전제되는 PFI에서는 성능 발주가 요구되고 있다. 이에 대해 발주자 측이 시설이나 운영에 관한 상세 조건 등의 사양을 정하는 발주 방식을 사양 발주라고 한다.

관련 용어: 일괄 발주, 포괄적 민간위탁

종합평가 일반 경쟁 입찰

종합평가 일반 경쟁 입찰이란, 일정한 참여 요건을 충족하는 자가 공고에 따라 자유롭게 참여할 수 있는 일반 경쟁 입찰의 일종으로, 입찰 금액뿐 아니라 제안 내용의 성능 평가점을 가미한 종합 평가치를 통해 최고 점수를 받은 자를 낙찰자로 하는 방식이다. 국가에서는 1998년에 도입 방침이 제시된 후, 1999년에 시행되었고, 지자체에서도 1999년의 지방자치법 개정(지방자치법 시행령 제167조의 10의 2)에 의해 시행이 가능하게 됐다. PFI 사업에서는 이 방식이 원칙이다. PFI 사업에서는 VFM(여기에서는 가치÷가격의 의미가 아니라 PSC와 PFI의 가격 차이의 의미)의 최대화를 요구하는 것으로 생각되기 쉽지만 실제로는 종합 평가치가 최대화된다.

평가 방법으로는 '성능 평가+가격 평가'로 채점하는 '가산 방식'과 '성능 평가÷가격 평가'로 채점하는 '감산(나눗셈) 방식'이 있다.

관련 용어: PFI, PSC, VFM, 공모형 제안 방식

제3의 길

시장의 효율성을 중시하면서도 국가가 보완해 주는 방식으로 공정성 확보를 지향한다는 기존의 보수-노동 이원론과는 다른 제3의 노선을 말한다. 이른바 자본주의와 사회주의라는 사상과 정책을 초월한 새로운 노선

중 하나이다. '제3의 길'은 영국의 노동당 블레어 전 총리가 설파한 것으로 알려져 있는데, 영국의 사회학자 앤서니 기든스(Anthony Giddens)가 저서 '제3의 길'에서 체계화했다. 이 책에서 기든스는 "(제3의 길이란) 지난 20~30년간 근원적 변화를 이룬 세계에 사회민주주의를 적응시키기 위해 필요한 사고와 정책 입안을 위한 틀이다.(55면)"라고 정의했다. 1990년대 유럽 중도좌파 정권의 탄생에 영향을 미쳤다. 참고로, 첫 번째 길은 복지국가, 두 번째 길은 신자유주의 국가 노선을 말한다.

관련 용어: 큰 정부, 작은 정부

직접 계약(Direct Agreement)

PFI 사업에 있어서 국가, 지자체 등과 금융기관 간에 직접 맺어지는 협정을 가리킨다. 이 협정의 취지는 계약 당사자인 특수목적법인(SPC)이 파산했을 경우 등에 대비해, 특수목적법인을 매개로 간접적인 계약 관계에 있는 양자의 권리와 의무를 명확히 함으로써 공공서비스가 지속될 수 있도록 하는 것이다.

관련 용어: PFI, 프로젝트 파이넌스(project finance)

지역밀착형 금융

금융기관이 고객과의 친밀한 관계를 오래 유지하고 고객에 관한 정보를 축적하고, 이 정보를 바탕으로 대출 등의 금융서비스를 제공함으로써 전개하는 비즈니스 모델이다. 일반적으로 자금을 빌려주는 사람은 빌리는 사람의 신용 위험에 관한 정보가 충분하지 않기 때문에(정보의 비대칭성이 존재한다) 대출 시 지속적인 모니터링 등을 위한 비용(에이전시 비용)이 필요하다.

하지만 대출자와 장기적인 관계를 만들면, 대출자의 재무제표와 같은 정량 정보에서는 결코 얻을 수 없는 정성 정보를 얻을 수 있기 때문에 대출에 따른 신용 비용 등을 경감할 수 있다는 점에서 착안했다. 따라서 지역 금융기관은 지역과 밀착된 관계를 활용해 지역경제 활성화와 지역재생 지원 기능을 담당해야 한다.

2016년 10월에는 '2016 사무연도 금융행정 방침'이 공표되어 자산 사정을 중심으로 했던 과거의 엄격한 감독·검사로부터의 방침 전환이 제시됐다. 주요 내용은, 형식에서 실질로(규제의 형식적인 준수보다 실질적인 양질의 금융서비스 모범사례를 중시), 과거에서 미래로(과거의 일시적 시점의 건전성 확인보다 미래를 위한 비즈니스 모델의 지속가능성 등을 중시), 부분에서 전체로(특정 개별 문제에 대한 대응보다 가장 중요한 문제에 대한 대응이 이루어지고 있는지를 중시)를 주요 내용으로 하고 있다.

그 일환으로서 금융기관이 기업의 재무지표를 중심으로 판단해 사업의 장래성·지속성이 높아도 신용이 낮은 기업에는 융자하지 않는 '일본형 금융 배제'가 발생하지 않았는지에 대해 기업 공청회 등을 통해 실태를 파악하도록 했다.

작은 정부

제2차 세계대전 후, 복지국가 정책으로 인해 재정 지출이 확대된 것에 대한 선진 각국의 반성에서 비롯되었다. 시장 메커니즘이 자원의 효율적 배분을 실현한다는 것을 전제로, 정부의 역할은 시장이 대응할 수 없는 영역으로 한정해야 한다는 것이다. 즉 정부의 역할은 작아야 하며, 그 범위는 최소한의 사회안전망으로 한정해야 한다는 시장 원리적 국가 개념이다.

관련 용어: NPM, 큰 정부, 시빌 미니멈, 제3의 길, 내셔널 미니멈

지방창생

지방창생이란, 지방에서 '일'을 만들어 냄으로써 '사람'을 불러들이고, '사람'이 새로운 '일'을 만들어 내는 '선순환'을 확립하는 것으로, 지방에 대한 새로운 사람의 흐름을 만들어 내고 '마을'의 활력을 되찾는 것을 목적으로 한다. 2014년 12월에 '마을·사람·일자리 창생법'과 '개정 지역재생법'이

마련됐다. '거리·사람·일자리 창생법'은 2060년에 1억 명 정도의 인구를 확보한다는 정부의 '장기 비전'과 5개년 정책의 목표인 '종합 전략(2015-2019)'을 수립하게 했다. 이를 토대로 각 지자체도 2060년까지의 '인구 비전'과 5개년 '지방판 종합 전략'을 수립했다. 지방판 종합 전략에서는 실현해야 할 성과에 대해 수치 목표를 설정하고 각 시책에 대해서도 객관적인 핵심 성과지표(KPI)를 설정하도록 했다.

'지역재생법'에서는 지자체가 일자리 창출과 지역경제 활성화를 위한 대책을 담은 지역재생 계획을 수립해 내각총리대신의 인증을 받음으로써 다양한 지원조치를 받을 수 있도록 한 것이다. 이로 인해 지금까지 각 부처 사업에서 혜택을 받지 못한 사업도 지원받을 수 있게 됐다.

관련 용어: KPI

정기차지권

차지권에는 기한 내에 반드시 계약을 종료하는 정기차지권과 기한의 규정만으로는 종료하지 아니하는 보통차지권이 있다. 정기차지권은 1992년 8월에 시행된 차지차가법에 의해 제도화된 것으로, ①일반 정기차지권 ②건물양도특약부 차지권 ③사업용 정기차지권의 세 종류가 있다. 보통차지권에 비해 계약 기간의 갱신이 인정되지 않는 점, 퇴거료가 불필요한 점, 건물매입청구가 불가능한 점 등에서 임차인의 권리가 약해져 토지 소유자가 토지를 빌려주기 쉬운 제도라 할 수 있다.

가가와(香川)현 다카마쓰(高松)시 마루가메(丸亀)정 상점가의 사례와 같은 민간 주도형 재개발과 지자체 보유지를 이용한 공공시설 정비 등에도 활용되고 있어 지역재생과 도시조성의 유용한 방법으로 기대된다.

내셔널 미니멈(National Minimum)

영국의 S.J. Webb, B. Webb 부부가 1897년의 저서 "산업 민주주의론(Industrial Democracy)"에서 제시한 개념이다. 국가가 국민에게 보장하는 생활 보장의 수준으로, 전국 일률적으로 국민에게 보장된 복지의 최저한도 수준을 나타낸다. 일본에서의 법적 근거는 헌법 25조에 규정된 '건강하고 문화적인 최저한도의 생활'이며 이를 법률로 구현한 것이 생활보호법 등이다. 따라서 국가는 물론 지방자치단체에서도 독자적인 판단으로 내셔널 미니멈을 하회하는 것은 불가능한 것으로 인식되고 있다.

관련 용어 : 시빌 미니멈, 큰 정부

명명권(Naming Rights)

명명권은 주로 시설 등에서 스폰서 이름 등을 사용하는 권리이다. 시설의 건설·운영 자금조달을 위해 장기적으로 안정적인 수입을 확보하고 공공시설의 자립적 경영에 기여하기 위해 도입됐다. 2003년의 아지노모토(味の素) 스타디움(도쿄 스타디움)이 공공시설로서는 일본 최초의 사례이며 이후 각지로 확산되고 있다. 한편, 명명권의 보급으로 인해 새롭거나 특이한 기존의 색채가 희박해져 교섭에 난항을 겪는 사례도 발생하고 있다. 또한 최근에는 명명권의 대상물을 제안하게 해달라고 요구하는 사례도 있다.

Park-PFI

공모 설치 관리를 말한다. 2017년 6월 도시공원법 개정으로 창설됐다. 기존의 민간사업자 등이 '공모 대상 공원시설'을 설치·관리할 수 있었던 '설치관리 허가제도'에서는 설치 허가의 상한이 10년이었다. 그러나 Park-PFI에서는 상한이 20년으로 연장되었고 공원 내에 설치할 수 있는 시설의 건폐율 특례도 새롭게 정했다. 아울러 민간사업자가 공원 내에서 수익활동으로 얻은 수익의 일부를 공원 정비나 유지관리비 등으로 환원시켜 이용자 서비스를 향상시킨다. 또한, 도시공원법 개정으로 공원 내 어린이집 등 사회복지시설 설치가 가능하게 됐다. 명칭은 'PFI'이지만 PFI법에 따른 사업은 아니며, SPC 설치나 의회의 승인이 반드시 필요한 것도 아니다.

재정 균형(Balance Budget)

지자체의 단년도 수지를 적자로 하지 않고 균형을 맞추는 것, 혹은 이를 의무로 하는 법적 시스템이다. 미국에서는 1980년대 재정적자 확대를 계기로 하여 1985년에 연방법으로 제정된 '재정균형 및 긴급적자 통제법(Gramm-Rudman-Hollings Act)'이 유명하다.

그 후, 미국 대부분의 주에서는 각각 재정 균형 및 수지 균형을 조정하는 이 같은 제도가 규정됐다. 또한 그 일환으로서 지자체의 등급 설정이 자금 조달에 영향을 미치기 때문에 공채비 관리가 엄격하게 행해지고 있다(예를 들면, 플로리다주에서는 일반 재원의 7%가 상한). 또한 지자체에 따라서는 예산 편성 책임자를 1명 또는 여러 명 임명해 세입 증가(증세, 자산 매각 등), 세출 감축의 방법이나 영향 등을 구체적으로 분석해 시장·지사나 시티 매니저에게 선택지를 제안한다.

보통재산

공공단체가 소유하는 토지나 건물 같은 부동산 등의 재산 중 행정사무를 위해 제공하거나 공공서비스로서 시민이 이용하는 것을 행정재산이라 하고, 그 외의 것을 보통재산이라 한다. 행정재산은 매각·대출·양여·신탁·사권설정 등이 원칙적으로 인정되지 않지만 보통재산에는 제약이 없다. 이 때문에 최근 지자체들은 재정 악화 등에 따라 이를 민간에게 매각하거나 정기차지권을 통해 임대하거나 다른 행정 목적으로 활용하는 등 이용하고 활용하려는 움직임이 활발하다.

관련 용어: 행정재산

기초 재정 수지(Primary Balance)

기초 재정 수지는 국채·지방채 원리금을 제외한 세출(일반세출)과 국채·지방채 등의 차입금을 제외한 세입과의 차이에 따라 국가·지방의 재정 상황을 나타내는 지표이다. 균형을 이루고 있는 경우, 해당 연도의 정책적인 지출을 새로운 차입금(기채 등)에 의존하지 않고 해당 연도의 세수 등으로 조달하고 있음을 나타낸다. 적자라면 채무 잔액이 확대되게 되고 흑자라면 채무 잔액이 감소한다.

프로젝트 파이넌스(Project Finance)

기업 전체의 신용력에 따라 실시하는 자금조달(corperate finance)이 아니라 어떤 특정 사업에서 창출되는 현금흐름 및 프로젝트 자산에만 의존해 실시하는 자금조달 방법이다. 당해 사업만을 담당하는 특수목적법인(SPC)을 설립해 당해 SPC가 자금을 조달(예: 금융기관에서 융자)하는 것이 일반적이다. 또한 자금변제의무가 SPC의 주주기업 등에 귀속되지 않는다는 점이 특징이다.

프로젝트 파이넌스를 통한 자금조달이 가능해지는 조건은 융자 기간 중에 해당 사업의 확실한 수익이 예상될 것, 해당 영업으로부터 얻을 수 있는 수익의 안정성이 예상될 것, 다양한 사업 리스크 분석과 리스크가 현실화 됐을 경우의 대응책 검토가 이루어지고 있을 것, 이 대응책에 실효성이 인정될 것 등이 있다. 주요 대응책으로는 수입 안정화, 우선순위와 후순위 관계, 메자닌(mezzanine) 도입을 들 수 있다. 수입 안정화의 예로서는, 사업 기간 중에 확실하고 안정된 수익를 확보할 수 있도록 수익처(예: 행정, 주요 상점)와의 장기계약 체결, 리스크 분담 및 리스크가 표면화된 경우의 대응책 명확화, 일정한 수입 보증이나 각종 보험 계약의 체결을 들 수 있다.

패널티

거래 개시 후 정보의 비대칭성을 이용해 대리인이 의뢰인이 원하는 행동을 하지 않는(도덕적 해이) 경우에 보수를 지불하지 않거나 또는 벌금을 부과하는 것을 가리킨다. 대리인이 의뢰인이 원하는 행동을 하는지 감시(모니터링)하는 것과 함께 이루어진다. PFI에서는 패널티를 수치화해 일정 이상의 수준에 도달한 경우에는 계약에서 서비스 구입료의 감액이나 계약 해지와 같은 사항을 정하는 경우가 있다.

관련 용어: 도덕적 해이, 모니터링, 인센티브, KPI

포괄적 민간위탁

공공서비스형 PPP의 한 유형이다. 공공서비스(시설의 관리 운영 등)와 관련된 업무를 포괄적·일체적으로 민간 주체에게 위탁하는 방식이다. 다년간의 계약으로, 성능 발주 방식이 일반적이다. 위탁한 업무와 관련된 비용은 행정이 위탁비로서 민간 주체에게 지불한다. 개별 업무 위탁에 비해 중복 업무와 관련된 비용이 경감되고 민간 주체의 노하우를 발휘하기 쉽다는 이점도 있다. 상하수도 사업, 공업용 수도 등에서 활발하게 활용되고 있다. 또한, 최근에는 일정 지역 내의 도로, 교량 등의 인프라, 또는 다수의 공공 건축물을 대상으로 한 포괄위탁 사례도 있다. 2014년에 개정된 공공 공사품질확보 촉진법에 열거된 다양한 입찰 계약 방식에는 '지역 내 사회자본 유지관리에 기여하는 방식(다년 계약, 복수 공사 일괄 발주, 공동 수주)'이 포함돼 향후 포괄적 민간위탁의 확대가 기대된다. 미국 조지아주의 샌디스프링스의 행정 운영 전반을 일괄 위탁하는 방식을 지칭하기도 한다.

관련 용어: 성능 발주, 사양 발주

마이크로 파이넌스(Micro Finance)

저소득층을 대상으로 소액 신용대출 및 저축 등의 서비스를 제공하는 영세 사업으로 자활을 목표로 하는 금융서비스를 지칭한다. 통상적으로 저소득자층은 물적 담보도 없고 필요한 자금액도 소액이어서 일반 은행에서 대출을 받기가 어렵다. 반면, 마이크로 파이넌스는 ①소액 융자 실시 ②무리 없는 상환 계획 설정 ③담보나 보증인을 요구하지 않는 대신 연대책임제 이용 ④사업 조언 및 지원을 은행이 실시하는 등 회수 리스크를 줄여

금융사업으로 성립시키고 있다. 2006년에는 방글라데시의 그라민 은행과 그 창시자인 무하마드 유누스(Muhammad Yunus)가 노벨 평화상을 수상한 것으로도 널리 알려져 있다. 일본 국내에서는 상기 ①~④의 조건에 모두 합치하는 마이크로 파이넌스의 사례는 없지만 지역재생이나 멤버 간의 상호 경제 원조를 목적으로 한 커뮤니티 펀드나 NPO 뱅크의 사례는 있다.
관련 용어: 시민자금, 클라우드 펀딩

민영화

공기업을 주식회사화해 민간자본을 유치하는 것이다. 국가의 공사, 공단, 사업단, 공고, 지자체의 공영기업을 민영화하는 것을 가리키는 경우가 많다. 민간의 활력을 부분적으로가 아니라 전면적으로 활용함으로써 서비스의 질적 향상, 재정 부담 경감(혹은 매각 이익 확보)을 목적으로 한다.

민간 제안 제도

일본 국내의 '민간 제안 제도'로는 PFI법에 규정된 민간 제안 제도와 각 지자체가 독자적으로 실시하고 있는 민간 제안 제도가 있다. PFI법에 규정된 민간 제안 제도는 2011년 6월에 개정된 PFI법 제5조의 2 실시 방침의 수립 제안으로서 규정돼 있다. 개정 전의 PFI법에서도 민간 발의에 의한 사업 제안은 가능했지만 거의 활용되지 않았다. 이런 점에서 개정 PFI법에서는 민간 발의에 의한 사업 제안에 대해 행정이 반드시 검토하고 그 결과를 사업 제안자에게 통지하게 했다. 이를 통해 민간사업자로부터의 발의를 촉진하고 PFI 활용이 증가할 것으로 기대되고 있다. 개정 PFI법에서는 개정 전의 PFI법에서 명문화되지 않았던 절차의 일부가 구체화되고 2013년 6월에 공표된 'PFI 사업실시 프로세스에 관한 가이드라인'이 구체적인 프로세스를 제시했다.
관련 용어: PFI, 경쟁적 대화/경쟁적 협상

모니터링

의뢰인이 원하는 행동을 대리인이 취하도록 감시하는 것을 말한다. 모니터링 결과, 대리인이 바람직한 행동을 하지 않으면 보수를 주지 않거나 벌금을 부과(패널티)하는 등의 대응으로 문제를 해결할 수 있다.

예를 들어, PFI에서는 사업자 자신, 발주자, 제3자에 의한 모니터링이 이루어지고 지정관리자 제도에서도 동일한 형태가 답습되고 있다. 모니터링이 이루어지지 않으면, 부실공사나 계약 내용과는 다른 운영이 실시되더라도 이를 발견하기가 어려워져 시민 서비스의 질적 저하를 초래하고 행정은 책임을 추궁당하게 된다. 한편, 모니터링 비용이 너무 증가하면 결과적으로 VFM을 확보할 수 없기 때문에, 예상되는 모니터링 비용의 감축 효과를 목적으로 한 KPI(핵심 성과지표) 도입도 시도되고 있다.

관련 용어: 모럴 해저드, 패널티, KPI, VFM

도덕적 해이(Moral Hazard)

의뢰인이 원하는 행동을 대리인이 하지 않는 것을 지칭한다. 의뢰인과 대리인의 이해가 일치하지 않는 경우로, 의뢰인이 대리인의 행동을 파악할 수 없는(거래 개시 후에 정보의 비대칭성이 존재한다) 경우에 야기된다. PPP에서는 관(의뢰인)과 민(대리인) 간에 일어나는 도덕적 해이를 방지하기 위해 계약에 따라 민이 관에게 바람직한 행동을 하도록 유인하고(인센티브) 관이 민의 행동을 감시하고(모니터링), 민이 바람직한 행동을 취하지 않는 경우의 벌칙(패널티)을 정할 필요가 있다.

관련 용어: 모니터링, 인센티브, 패널티

집사(家守, 야모리)

도시활동이 쇠퇴한 지역에서 행정 및 지역주민과 협력해 빈 건물이나 공터, 폐쇄된 공공시설 등의 유휴 부동산을 소유자로부터 빌려 개보수나 용도전환 등을 통해 해당 지역에 필요한 새로운 경제 담당자를 불러들임으로써 지역경제 활성화나 커뮤니티 조성을 목표로 하는 민간사업자를 지칭한다.

관련 용어: 컨버전, 리노베이션

우선적 검토 규정/유니버셜 테스팅

2015년 12월 15일에 개최된 PFI 추진회의에서 '다양한 PPP/PFI 방법 도입을 우선적으로 검토하기 위한 지침'이 결정됨에 따라 국가 각 기관과 도도부현 및 인구 20만 명 이상의 지방자치단체에 대해 2016년도 말까지 '우선적 검토 규정'을 정하도록 요청했다. 이 지침에서 제시한 대상 사업은 '건축물 또는 플랜트 정비에 관한 사업'이나 '이용요금을 징수하는 공공시설의 정비·운영에 관한 사업'이다. 또한 대상은 '사업비의 총액이 10억 엔 이상' 또는 '단년도 운영비가 1억 엔 이상'인 사업이다. 대상 사업은 PPP/PFI 방식을 우선적으로 검토해야 하며, 각 단체가 수립하는 규정은 검토 절차나 기준 등을 제시해야 한다. 2016년 3월에는 내각부가 우선적 검토 규정의 모형이 되는 '안내서'를 공표했다. 우선적 검토 규정은 영국의 PFI 도입 초기에 채택된 유니버셜 테스팅이라 불리는 보급 방식을 참고로 했다. 특정 사업을 PFI로 실시하기에 곤란하다는 것이 입증되지 않는 한, 공공사업으로서 실시할 수 없다는 규정으로, 보급을 위한 보조금(PFI 크레디트)과 함께 지방자치단체의 PFI 보급 촉진, 공무원의 의식 개혁에 큰 효과를 가져왔다.

입지 적정화 계획

2014년 8월 1일 시행된 개정 도시재생 특별조치법에 의거한 계획이다. 개정법에서는, 인구의 급격한 감소와 고령화를 배경으로 재정 및 경제면에서 지속가능한 도시 경영이 가능하도록 의료·복지시설, 상업시설, 주거 등을 종합적으로 입지하도록 해 고령자를 비롯한 주민들이 대중교통으로 이 생활편의시설 등에 왕래할 수 있도록 하는 등, 도시 전체의 구조를 개선하고 '컴팩트 시티 플러스 네트워크'의 관점에서 추진한다는 방침이 제시됐다. 입지 적정화 계획은 동 개정법에 기초해 기초자치단체가 도시 전체의 관점에서 작성하는 '거주 기능이나 복지, 의료, 상업 등 도시 기능의 입지, 대중교통 등에 관한 포괄적인 마스터플랜'으로 현재의 기초자치단체 마스터플랜의 고도화판이다. 동 계획으로 규정되게 되면 도시기능 입지 지원 사업, 도시 재구축 전략 사업 등의 지원을 받을 수 있다.

관련 용어: 인프라 장수명화 기본계획, 공공시설 등 종합관리계획

이용요금 제도

공공시설의 사용료를 지정관리자의 수입으로 할 수 있는 제도이다. 지정 관리자의 자주적인 경영 노력을 발휘하기 쉽도록 하는 효과가 기대되며, 지방자치단체 및 지정관리자의 회계 사무 효율화가 도모된다. 이용요금은 조례로 정하는 범위 내(금액 범위, 산정 방법)에서 지정관리자가 지방자치 단체의 승인을 받아 수립한다. 또한, 지정관리자에게 이용요금을 설정하게 하지 않고, 조례로 이용요금을 규정하는 것도 가능하다. 이용요금제를 채택하지 않는 일반 공공시설에서는 조례에 의해 시설의 이용요금이 정해져 있다. 그리고 그 요금은 지정관리자가 징수를 대행하는데, 최종적으로는 지방자치단체의 수입이 되며 이는 다시 관리 운영에 필요한 경비로 지정관리자에게 지불된다. 이는 요금수수대행 제도로 불린다.

관련 용어: 지정관리자 제도

수익 사업채(Revenue Bond)

미국의 지방채의 하나로 '지정사업 수익채'라고도 한다. 지자체의 일반 재원이 아니라 ①전력·가스·상하수도 공익사업 ②고속도로나 공항 등 수송 인프라 사업 ③주택 사업, 병원 사업 등의 분야에서 특정 프로젝트로 얻은 운영 수익(현금흐름)만으로 원리금 지불 재원을 조달한다. 2017년에는 총 2,829억 달러의 수익 사업채가 발행되어 미국 지방채 시장의 63.2%를 차지했다. 지자체의 징세권을 근거로 하는 일반 재원 보증채와 달리, 만일

수익 사업채의 대상 사업을 담당하는 사업자가 파산했다고 하더라도 지자체는 채무를 이행할 필요가 없다.

한편, 지자체 재정이 파산한 경우에도 수익 사업채의 채권자는 해당 프로젝트로부터 우선적으로 변제를 받을 수 있다는 이점이 있다. 미국 뉴욕시가 야구장인 양키스 스타디움 티켓 수입을 담보로 발행한 수익 사업채처럼 수익성이 높은 프로젝트를 담보로 하면 일반 재원 보증채보다 낮은 이자로 자금을 조달할 수 있는 경우도 있다.

협력 계약

2014년 개정 지방자치단체법(제252조의2)으로 신설된 것으로 지자체 간 광역 협력을 촉진하는 제도이다. 지자체는 다른 지자체와 협력해, 사무를 처리하기 위한 기본적인 방침과 역할 분담을 정하는 협력협약을 맺을 수 있다.

기존의 일부 사무조합과 같은 별도의 조직을 만들 필요가 없어 간소하고 효율적인 행정 운영으로 이어질 것으로 기대된다. 또한 공동 처리에 근거했던 기존의 사무 분담에 비해 지역 실정에 맞는 협력 내용을 협의할 수 있다. 협력협약을 전국 지자체에 확산시키기 위해 일정 조건을 충족하는 3대 도시권 이외에 정령시, 중핵시를 지방 중추 거점도시로 선정해 시범 사업을 전개한다.

관련 용어: 사무의 대체 집행

지은이

네모토 유지(根本 祐二) 제 I 부 제1장, 제 II 부 서장 집필

도쿄 대학교 경제학부 졸업 후, 일본개발 은행(현 일본정책투자 은행) 입사. 지역기획부장 등을 거쳐 2006년 도요 대학교 경제학부 교수로 취임. 현재 동 대학 대학원 경제학 연구과 민관협력 전공장과 PPP 연구센터장 겸임. 내각부 PFI 추진위원 등. 전공은 지역재생, 민관협력, 사회자본.

저서로는, 『풍요로운 지역은 무엇이 다른가』, 『쇠퇴하는 인프라』 등이 있음.

[『豊かな地域はどこが違うのか』(ちくま新書), 「朽ちるインフラ」(日本経済新聞出版社)]

기카와 키요시(吉川 清志) 제 I 부 제2장 집필

지바현 나라시노시 정책경영부 주임간사. 1980년 4월 나라시노 시청 입청 후, 재정과장, 경영개혁추진실장, 신청사 등 건설본부장, 자산관리실장을 역임하는 중에 행정 · 재정개혁, 공공시설 매니지먼트 관련 업무를 수행.

2016년부터 현직. 도요 대학교 대학원 민관협력 전공 수료.

기쿠치 마리에(菊地 マリエ) 제 I 부 제3장 집필

공공 R 부동산 코디네이터. 국제기독교 대학교 교양학부 졸업 후, 일본정책투자 은행 입사, 재직 중에 도요 대학교 민관협력 전공 수료. 2015년 R 부동산 주식회사와 공공 R 부동산의 창업 지원.

현재는 프리랜서로 민관협력 분야의 지자체 재생 및 공공 공간 재생 프로젝트를 다수 수행. 공저로 『CREATIVE LOCAL』과 『공공 R 부동산의 프로젝트 스터디』가 있음. [『CREATIVE LOCAL』(学芸出版, 2017), 『公共R不動産のプロジェクトスタデイ』(学芸出版, 2018)]

하라 마사시(原 征史) 제 I 부 제4장 집필

야마토 리스 주식회사 근무. 공공시설의 리스화, 소유권에 관해 관심을 가지고 연구하고 있음. 논문으로 '학교 수영장의 공동이용과 부지활용의 가능성−한 학교당 한 수영장을 재고한다−'와 '소유권 이전에 의한 사회자본의 효율성 최대화에 관한 연구−관유에서 민유로 패러다임시프트−' 등이 있음[『学校プールの共同利用と跡地活用の可能性−1学校に1プールを問い直す−」, 「所有権移転による社会資本の効率性最大化に関する研究−「官有」から「民有」へのパラダイムシフト−」]. 도요 대학교 PPP 연구센터 리서치 파트너.

마유즈미 마사노부(黛 正伸) 제Ⅰ부 제5장 집필

일본국제협력기구(JICA) 전문가. 와세다 대학교 이공학부 토목공학과 졸업. 도요 대학교 경제학 연구과 민관협력 전공 수료. 16년간 군마현청에서 근무 후, 잠비아에 JICA 전문가, 케냐에서 JICA 광역기획 조사원으로 종사. 현재는 르완다에서 JICA 전문가로서 물 위생공사에 근무. 도요 대학교 PPP 연구센터 리서치 파트너.

사이토 히로키(斎藤 宏城) 제Ⅰ부 제6장

도요 대학교 대학원 경제학 연구과 민관협력 전공. 아오모리현 히라카와시 건강복지부 복지과.

난바유(難波悠) 제Ⅰ부 제7장, 제Ⅱ부 1~4장, 제Ⅲ부

도요 대학교 대학원 준교수. 도요대학교 대학원 경제학 연구과 민관협력 전공 수료. 건설계의 전문지 기자, 도요 대학교 PPP 연구센터 시니어 스텝 및 동 대학 대학원 강사를 거쳐 2017년부터 현직.

원자거(袁子挙) 제Ⅰ부 제8장

중국 강소성(江蘇省) 출신. 중국에서 대학교 졸업 후에 일본에 유학. 도요 대학교 대학원 경제학 연구과 민관협력 전공.

하류(何流) 제Ⅰ부 제8장

중국 흑룡강성(黒竜江省) 출신. 게오 대학교 졸업. 도요 대학교 대학원 경제학 연구과 민관협력 전공.

참고문헌

- 가와하라 쇼이치로, 중국농촌의 토지제도와 토지유동화, 농림수산정책연구소 연구성과 보고회 자료(2016년10월 18s) 河原昌一郎(2016), 「中國農村の土地制度と土地流動化」, 農林水産政策研究所研究成果報告會資料(2016年10月18S)
- 국토교통성(2018a), 공적 부동산(PRE)의 민간활용 안내서 國土交通省(2018a), 「公的不動産(PRE)の民間活用の手引き」
- 국토교통성(2018b), 부동산 증권화 수법을 활용한 공적 부동산 민간활용의 가이드라인 國土交通省(2018b), 「不動産証券化手法を用いたPRE民間活用のガイドライン」
- 국토교통성, PPP/PFI에 관한 지역 워크숍(제17회) 자료, 공적 부동산의 민간활용 안내서 國土交通省PFI・PPPに關する地域ワークショップ(第17回) 資料, 「公的不動産(PRE)の民間活用の手引き」
- 국토교통성, 가케가와 토지은행 시찰 자료 かけがわランド・バンク 視察資料
- 국토교통성, 쓰루가와 토지은행 시찰 자료つるおかランド・バンク 視察資料
- 내각부 경제사회 종합연구소(2016), 민관협력 방법연구회 보고서 內閣府経濟社會總合研究所(2016), 「公民連携手法研究會報告書」
- 내각부 민간자금 등 활용사업 추진회의(2018), PPP/PFI 추진 실행 계획(2018년 개정판) 內閣府民間資金等活用事業推進會議(2018), 「PPP/PFI推進アクションプラン(平成30年改定版)」
- 네모토 유지(2011a), PPP 연구의 틀에 관한 고찰(1), 도요 대학교 PPP 연구센터 기요 1, 19-28 根本祐二(2011a), 「PPP研究の枠組みについての考察(1)」, 『東洋大學PPP研究センター紀要』1, 19-28.
- 네모토 유지(2011b), PPP 연구의 틀에 관한 고찰(2), 도요 대학교 PPP 연구센터 기요 2, 4-20 根本祐二(2011b), 「PPP研究の枠組みについての考察(2)」, 『東洋大學PPP研究センター紀要』2, 4-20.
- 다카하시 마사히코(2016), 증권화와 채권양도 파이넌스에의 학제적 접근, 요코하마 경영 연구 37(2) 高橋正彦(2016), 「証券化と債權讓渡ファイナンスへの學際的アプローチ」, 『橫浜経營研究』37(2)
- 리엔요, 현대 중국의 농촌토지문제에 관한 경제학적 연구-유동화와 전용, 2017년 李妍蓉(2017), 「現代中國の農村土地問題に關する経濟學的研究ー流動化と轉用」
- 북경시 관광발전 위원회 공식 사이트(http://japan.visitbeijing.com.cn/a1/a-XCWM334310E274641F49A8)

- 스미다 나나에, 제2장 중국의 새로운 농업경영 모델의 특징과 성립조건, 개발도상국의 농업경영의 변혁, 조사연구보고서 아시아 경제연구소, 2017년 山田七繪(2017), 「第2章 中國の新たな農業経営モデルの特徴と存立條件」, 『途上國における農業経営の変革』調査研究報告書アジア経済研究所
- 일본종합연구소, 2017년도 지방자치단체의 민관협력 사업에 관한 앙케이트 조사 결과 日本總合研究所, 「2017年度地方自治体における官民連携事業に關するアンケート調査結果」
- 채봉, 중국의 농촌토지 제도 변천의 원인과 그 결과에 관한 역사적 연구−건국기에서 개혁개방기까지를 중심으로, 2015년 蔡鋒(2015), 「中國における農村土地制度の変遷の原因とその成果に關する歷史的研究建國期から改革開放期までを中心として」
- 총무성 지역력 창조 그룹 지역진흥실(2015), 지방자치단체의 공적 부동산과 민간활력의 유효활용에 관한 조사연구 보고서 總務省地域力創造グループ地域振興室(2015), 「地方公共団体における公的不動産と民間活力の有効活用についての調査研究報告書」
- Alexander, F S. "Land Banks and Land Banking"
- Dayaratne, Ranjith, Creating sustainable habitats for the urban poor: Redesigning slums into condominium high rises in Colombo (2010/01/01)
- Detroit Blight Removal Taskforce Plan(http://jack-seanson.github.io/taskforce/)
- Detroit Land Bank Authority; Detroit Building Authority Detroit Demolitions (https://data.detroitmi.gov/Property-Parcels/Detroit Demolitions/rv44~e9di)
- Forbes: www.forbes.com/sites/megacities/2011/05/11/social-reits-to-re-house-slums-regenerate cities/
- Hope Magazine: www.hope-mag.com/index.php?com=news&option=read&ca=l&a=2237
- JETRO, 중앙경제공작회의 개요 JETRO(2017), 「中央経済工作會議の概要」
- KT Press: http://ktPress.rw/2018/04/has-kigali-city-failed-to-explain-to-bannyahe-residents-the-relocation plan/
- OECD(2008), Public-Private Partnerships: In Pursuit of Risk Sharing and Value for Money: OECD Publishing.
- The New Times: www.newtimes.co.rw/rwanda/rwf10billion-estate-commissioned-replace-city-slum
- The New Times: www.newtimes.co.rw/section/read/219817
- U.S. Department of Housing and Urban Devel opment Neighborhood Stabilization Program "Land Banking 101:What is a Land Bank?" (https://www.hudexchange.info/resources/documents/LandBankingBasics.pdf)